高职高专机电一体化专业系列教材

电子技术基础及应用

胡继胜　主　编

齐祥明　刘　恒　副主编

杨林国　主　审

电子工业出版社

Publishing House of Electronics Industry

北京·BEIJING

内 容 简 介

全书包括 9 个单元，内容涵盖模拟电子技术和数字电子技术的核心基础知识。本书收集的应用案例和训练项目多数被编者在教学实践中成功使用过，使用这些应用案例和训练项目，既能进行简单的实验教学，又能实施基于工作过程的项目教学；既可在传统的课堂实施教学，又可以在一体化的教室中开展教学，教师可根据专业要求和本校特点灵活取舍。

本书内容简明扼要、深入浅出、图文并茂，既可作为高职高专机电、电子、电气、计算机类等专业教学用书，也可作为职业院校教师和从事电子技术的工程技术人员的参考书。

图书在版编目(CIP)数据

电子技术基础及应用/胡继胜主编. —北京：电子工业出版社，2014.1

ISBN 978-7-121-22236-8

Ⅰ.①电…　Ⅱ.①胡…　Ⅲ.①电子技术 – 高等学校 – 教材　Ⅳ.①TN

中国版本图书馆 CIP 数据核字(2013)第 311918 号

责任编辑：朱怀永　　特约编辑：王　纲

印　　刷：北京七彩京通数码快印有限公司

装　　订：北京七彩京通数码快印有限公司

出版发行：电子工业出版社

　　　　　北京市海淀区万寿路 173 信箱　邮编　100036

开　　本：787×1092　1/16　印张：22.75　字数：582 千字

印　　次：2021 年 7 月第 10 次印刷

定　　价：49.80 元

凡所购买电子工业出版社图书有缺损问题，请向购买书店调换。若书店售缺，请与本社发行部联系，联系及邮购电话：(010)88254888。

质量投诉请发邮件至 zlts@ phei. com. cn，盗版侵权举报请发邮件至 dbqq@ phei. com. cn。

服务热线：(010)88258888。

丛 书 序 言

2006 年国家先后颁布了一系列加快振兴装备制造业的文件，明确指出必须加快产业结构调整，推动产业优化升级，加强技术创新，促进装备制造业持续稳定发展，为经济平稳较快发展做出贡献，使我们国家能够从世界制造大国成长为世界制造强国、创造强国。党的十八大又一次强调坚持走中国特色新型工业化、信息化道路，推动信息化和工业化深度融合，推动战略性新兴产业、先进制造业健康发展，加快传统产业转型升级。随着科技水平的迅猛发展，机电一体化技术的广泛应用大幅度地提高了产品的性能和质量，提高了制造技术水平，实现了生产方式的自动化、柔性化、集成化，增强了企业的竞争力，因此，机电一体化技术已经成为全面提升装备制造业、加快传统产业转型升级的重要抓手之一，机电一体化已是当今工业技术和产品发展的主要趋向，也是我国工业发展的必由之路。

随着国家对装备制造业的高度重视和巨大的传统产业技术升级需求，对机电一体化技术人才的需求将更加迫切，培养机电一体化高端技能型人才成为国家装备制造业有效高速发展的必要保障。但是，相关部门的调查现实，机电一体化技术专业面临着两种矛盾的局面：一方面社会需求量巨大而迫切，另外一方面职业院校培养的人才失业人数不断增大。这一现象说明，我们传统的机电一体化人才培养模式已经远远不能满足企业和社会需求，现实呼吁要加大力度对机电一体化技术专业人才培养能力结构和专业教学标准的研究，特别是要进一步探讨培养"高端技能型人才"的机电一体化技术人才职业教育模式，需要不断探索完善机电一体化技术专业建设、教学建设和教材建设。

正式基于以上的现状和实际需求，电子工业出版社在广泛调研的基础上，2012 年确立了"高职高专机电一体化专业工学结合课程改革研究"的课题，统一规划，系统设计，联合一批优秀的高职高专院校共同研究高职机电一体化专业的课程改革指导方案和教材建设工作。寄希望通过院校的交流，以及专业标准、教材及教学资源建设，促进国内高职高专机电一体化专业的快速发展，探索出培养"高端技能型人才"机电一体化技术人才的职业教育模式，提升人才培养的质量和水平。

该课题的成果包括《工学结合模式下的高职高专机电一体化专业建设指导方案》和专业课程系列教材。系列教材突破传统教材编写模式和体例，将专业性、职业性和学生学习指南以及学生职业生涯发展紧密结合。具有以下特点：

1. 统一规划、系统设计。在电子工业出版社统一协调下，由深圳职业技术学院等二十余所高职高专示范院校共同研讨构建了高职高专机电一体化专业课程体系框架及课程标准，较好地解决了课程之间的序化和课程知识点分配问题，保证了教材编写的系统性和内在关联性。

2. 普适性与个性结合。教材内容选取在统一要求的课程体系和课程标准框架下考虑，特别是要突出机电一体化行业共性的知识，主要章节要具有普适性，满足当前行业企业的主要能力需求，对于具有区域特性的内容和知识可以作为拓展章节编写。

3. 强调教学过程与工作过程的紧密结合，突破传统学科体系教材的编写模式。专业课程教材采取基于工作过程的项目化教学模式和体例编写，教学项目的教学设计要突出职业性，突出将学习情境转化为生产情境，突出以学生为主体的自主学习。

4. 资源丰富，方便教学。在教材出版的同时为教师提供教学资源库，主要内容为：教学课件、习题答案、趣味阅读、课程标准、教学视频等，以便于教师教学参考。

为保证教材的产业特色、体现行业发展要求、对接职业标准和岗位要求、保证教材编写质量，本系列教材从宏观设计开发方案到微观研讨和确定具体教学项目（工作任务），都倾注了职业教育研究专家、职业院校领导和一线教学教师、企业技术专家和电子工业出版社各位编辑的心血，是高等职业教育教材为适应学科教育到职业教育、学科体系到能力体系两个转变进行的有益尝试。

本系列教材适用于高等职业院校、高等专科学校、成人高校及本科院校的二级职业技术学院机电一体化专业使用，也可作为上述院校电气自动化、机电设备等专业的教学用书。

本系列教材难免有不足之处，请各位专家、老师和广大读者不吝指正，希望本系列教材的出版能为我国高职高专机电类专业教育事业的发展和人才培养做出贡献。

"高职高专机电一体化专业工学结合课程改革研究"课题组

2013 年 6 月

前　言

　　本书紧扣职业院校"以就业为导向"的办学方针，基于高等职业教育课程改革实践经验和成果编写而成。本书编写在内容上突出知识的系统性与知识的应用性，在目标上突出培养学生的专业能力和可持续发展能力。全书采用任务驱动的编写模式，对课程进行内容选取和序化，使教学内容具有很强的针对性和适用性。从教、学、做相结合的能力本位出发，将"教学做"融为一体，能够在"教"中体现任务驱动，在"学"中体现项目导向，在"做"中体现工学结合。在课程内容总量不减少的情况下，把教学内容融于实践任务中，把基础性的知识传授融于能力训练中。

　　本书的主要特点如下。

　　① 将原学科体系内容重构，做到两个重构。

　　● 将教材内容重构——考虑到高职学生的学习能力和高职教育应有的特点，力求将课程的系统性与应用性相结合。

　　● 将教材体系重构——全书编写以学习任务形式为主线，每个学习任务包括六大模块：学习目标、核心知识、应用案例、拓展知识、能力训练、练习与思考。

　　② 本书编写过程中参考了众多优秀教材，结合编者教学过程中的经验，对教材内容进行了序化整合，内容选择体现了典型性、实用性，力求突出基本理论，降低教学难度，重视实践技能，强调专业能力。

　　③ 应用案例和能力训练内容基本上可作为实际教学的载体，多数被编者在教学实践中成功使用过。

　　④ 由于电子技术内容太多，采取"有所为，有所不为"的编写策略。

　　⑤ 对于某些理论上是重点、实践上是难点、操作上是盲点（目前学校无此设备）的内容，采取 EDA 软件仿真操作。

　　本书由安徽职业技术学院胡继胜教授担任主编，齐祥明和刘恒担任副主编，胡继胜编写了第2、3、5、8、9单元和附录；安庆职业技术学院的齐祥明编写了第1、4单元；安徽职业技术学院的刘恒编写了第6、7单元。安徽职业技术学院杨林国担任本书主审。在编写过程中得到了电子工业出版社的大力支持，同时也参考了许多专家的论著，在此一并表示感谢。

　　由于时间仓促及编者水平有限，书中难免有不妥之处，恳请广大读者批评指正，请将问题或意见发至邮箱 hjshjs166@163.com。

编　者

2013 年 8 月

目　录

单元 1 半导体器件

任务 1 二极管特性与应用

学习目标

1. 知识目标

（1）了解半导体的基本知识，掌握 PN 结的单向导电性。

（2）掌握普通二极管伏安特性，熟悉其工作特点及主要参数。

（3）掌握稳压二极管、发光与光电二极管的作用并熟悉其工作特点。

（4）理解二极管理想模型、恒压降模型及其应用。

2. 能力目标

（1）学会二极管识别与检测的基本办法。

（2）能够对二极管的应用电路进行分析。

（3）掌握特殊二极管的功能与应用特点。

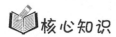核心知识

1.1 半导体的导电特性

1.1.1 本征半导体的导电特性

在自然界中存在着许多不同的物质，按导电能力的不同，可分为导体、半导体和绝缘体三类。

导体通常指金属导体，其内部存在着大量的自由电子，它们在外电场的作用下做定向运动形成较大的电流，如金属铜、铝等。

绝缘体几乎不导电，是因为其内部几乎没有自由电子，即使有外电场作用也不会形成电流，如橡胶、陶瓷、塑料等。

所谓半导体，就是导电能力介与导体和绝缘体之间的物质。这种导电特性是由它的内部结构和导电机理决定的。常用的半导体材料是硅和锗，纯净的半导体具有晶体结构，所以半导体也称晶体，纯净的半导体又叫做本征半导体。

一般来说，本征半导体相邻原子间存在稳固的共价键，导电能力并不强。但在不同条件下的导电能力却有很大差别。例如以下几种情况的导电特性。

有些半导体（如钴、锰、镍等的氧化物）对温度的反应特别灵敏，在温度升高的条件下，导电能力大大增强，这称为半导体材料的热敏性。利用这种特性可制成热敏电阻等敏感元件。

有些半导体（如镉、铅等的硫化物与硒化物）受到光照时，导电能力也大大增强，没有光照时导电能力像绝缘体一样，这称为半导体材料的光敏性。利用这种特性可制成光敏电阻、光电二极管、光电池等器件。

更重要的是，在本征半导体中掺入微量杂质元素后，其导电能力就可增加几十万乃至几百万倍，利用这种特性可以制成各种不同用途的半导体器件，如二极管、三极管、场效应管等。

本征半导体由于导电性差，温度稳定性差，所以，实际上很少用，只有掺杂后才实用。

1.1.2 杂质半导体与 PN 结

在硅、锗的本征半导体结晶中掺入千万分之一到百万分之一某种杂质元素后，半导体称为杂质半导体。其类型有空穴（P）型半导体和电子（N）型半导体。

1. P 型半导体

在硅本征半导体中掺入微量 3 价元素，例如硼或铟，相对于硅的 4 个价电子，硼或铟只有 3 个价电子，所以构成的共价键还缺少一个价电子，形成空穴。

P 型半导体的特点：空穴是多数载流子，自由电子是少数载流子。参与导电的主要是带正电的空穴，"P"表示正电的意思，取自英文 positive 的第一个字母，称为空穴型半导体，简称 P 型半导体。

2. N 型半导体

在硅本征半导体中掺入微量 5 价元素，例如磷或锑，相对于硅的 4 个价电子，磷或锑有 5 个价电子，所以构成的共价键还多余一个价电子成为自由电子。

N 型半导体的特点：自由电子是多数载流子，空穴是少数载流子。参与导电的主要是带负电的电子，"N"表示负电的意思，取自英文 nagative 的第一个字母，称为电子半导体，简称 N 型半导体。

3. PN 结的形成

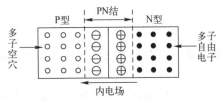

图 1-1　PN 结的示意图

在同一块硅片或锗片上进行掺杂工艺处理，使其一部分是 P 型半导体，另一部分是 N 型半导体，则在两部分的分界面处就会形成一个特殊的空间电荷区——PN 结，如图 1-1 所示。

由于两区载流子浓度不同，导致扩散运动使正负电荷在交界面处形成一个内电场，方向由 N 区指向 P 区。内电场阻碍多数载流子的扩散运动，所以又称阻挡层。内电场有利于少数载流子（P 区自由电子和 N 区空穴）向对方运动，这种在内电场作用下少数载流子有规则的运动称为漂移运动。漂移运动使电荷区变窄，扩散运动使电荷区变宽，当扩散运动和漂移运动达到平衡时，就形成了 PN 结。

1.1.3 PN 结的导电特性原理

1. 加正向电压导通

P 端接电源的正极，N 端接电源的负极，称之为 PN 结正向偏置。如果在电路中接入灯泡，如图 1-2 所示，此时灯泡会亮，说明通过 PN 结的电流较大，PN 结如同一个开关合上，呈现很小的电阻，称之为导通状态。

2. 加反向电压截止

P 端接电源的负极，N 端接电源的正极，称之为 PN 结反向偏置。如果在电路中接入灯泡，如图 1-3 所示，此时灯泡不亮，PN 结如同一个开关打开，呈现很大的电阻，称之为截止状态。当反向电压加大到一定程度，PN 结将发生击穿而损坏。

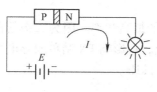

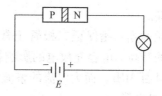

图 1-2 灯泡被点亮　　　　　　图 1-3 灯泡未被点亮

综上所述，PN 结正向偏置时呈导通状态，正向电阻很小，正向电流很大；PN 结反向偏置时呈截止状态，反向电阻很大，反向电流很小，这就是 PN 结的单向导电性。

1.2　晶体二极管

1.2.1　二极管的的伏安特性

二极管的伏安特性是指加在二极管两端电压和流过二极管的电流之间的关系，用于定性描述这两者关系的曲线称为伏安特性曲线。图 1-4 所示是某硅二极管的伏安特性曲线。

1. 正向特性

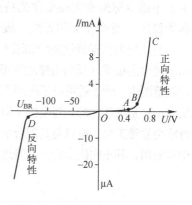

图 1-4　硅二极管伏安特性曲线

外加正向电压较小时，二极管不能导通，流过二极管的正向电流十分微弱。曲线 OA 段称为不导通区或死区。一般硅管的死区电压约为 0.5V，锗的死区电压约为 0.2V，该电压值又称阈值电压。

当外加正向电压超过死区电压时，正向电流开始增加，进入正向导通区，但此时电压与电流不成比例，如 AB 段。随外加电压的增加正向电流迅速增加，如 BC 段曲线陡直，伏安关系近似线性，处于充分导通状态。正向导通后，硅管的压降约为 0.7V，锗管约为 0.3V，称为二极管的"正向压降"。

2. 反向特性

二极管承受反向电压时，仅有很小的反向电流流过二极管，称为反向饱和电流（或漏电流），此时二极管工作在反向截止区。如曲线 OD 段称为反向截止区。实际应用中，反向电流越小说明二极管的反向电阻越大，反向截止性能越好。一般硅二极管的反向饱和电流在几十微安以下，锗二极管则达几百微安，但温度升高，反向电流将随之增加。

当反向电压增大到一定数值时（图 1-4 中 D 点），反向电流急剧加大，进入反向击穿区，D 点对应的电压称为反向击穿电压。二极管被击穿后电流过大将使管子损坏，因此除稳压管外，二极管的反向电压不能超过击穿电压。反向击穿电压因材料和结构的不同差别较大，如二极管 1N4001 的反向击穿电压只有 50V，而 1N4007 却达到 1000V。

1.2.2　二极管的主要参数

最大整流电流 I_{FM}：二极管长期运行时允许通过的最大正向平均电流，通常称为额定工作电流。如果实际工作电流超过该值，则管子会发热而烧坏 PN 结，使管子永久损坏。

最高反向工作电压 U_{RM}：为了保证二极管不至于反向而规定的最高反向电压，通常称为额定工作电压。通常取反向击穿电压的 1/2～1/3。

反向饱和电流 I_R：指二极管未进入击穿区的反向电流。其值越小，则二极管的单向导电性越好。通常硅管 PN 结温度达 150℃ 以上，锗管达 90℃ 以上时，会因反向电流急剧增加而造成热击穿。

最高工作频率 f_M：指保证二极管正常工作的最高频率。因为二极管的 PN 结具有结电容，随着频率的升高结电容充放电的影响将突出，将影响 PN 结单向导电性。一般小电流二极管的 f_M 高达几百 MHz，而大电流的整流管仅几 kHz。

1.3 特殊二极管

二极管的用途非常广泛，除普通二极管外，还有很多特殊二极管。如稳压二极管、发光二极管、光电二极管、光敏电阻等，现分别介绍如下。

1.3.1 稳压二极管

稳压二极管是由硅材料制成的面结合型晶体二极管，它利用 PN 结反向击穿时的电压基本上不随电流的变化而变化的特点，来达到稳压的目的，因为它能在电路中起稳压作用，故称为稳压二极管（又称齐纳二极管，简称稳压管）。

稳压管的伏安特性曲线如图 1-5 所示，当反向电压达到 V_Z 时，即使电压有一微小的增加，反向电流也会猛增（反向击穿曲线很陡直），这时二极管处于击穿状态，如果把击穿电流限制在一定的范围内，管子就可以长时间在反向击穿状态下稳定工作。稳压管与普通二极管不同之处是其反向击穿是可逆性的，当去掉反向电压稳压管又恢复正常，但如果反向电流超过允许范围，二极管将会发热击穿，所以与其配合的电阻往往起到限流的作用。稳压二极管正向工作时，从图 1-5 中可看出，其正向伏安特性与普通二极管一样，其工作情况也与普通二极管一样。

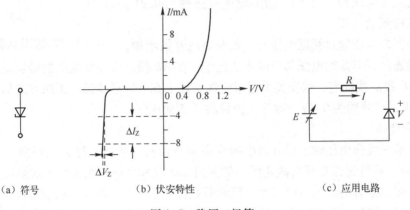

| （a）符号 | （b）伏安特性 | （c）应用电路 |

图 1-5 稳压二极管

1.3.2 发光二极管

发光二极管，简称为 LED（Light Emitting Diode），是由镓（Ga）与砷（As）、磷（P）的化合物制成的二极管，当电子与空穴复合时能辐射出可见光，因而可以用来制成发光二极管。

| （a）实物图 | （b）电气符号 |

图 1-6 发光二极管

发光二极管与普通二极管一样由一个 PN 结组成，也具有单向导电性，正向导通时能发出红、绿、黄、橙等单色光，反向截止时不发光，发光二极管具有体积小、反应快、光度强、寿命长等特点。广泛用于各种电子电路、家电、仪表等设备中，以及用于电源指示或数字显示。常用的是发红光、绿光或黄光的单色二极管，其实物图与电气符号如图 1-6 所示。

发光二极管工作时正向压降在 1.4~3V 之间，一般几毫安电流就能使其正常发光。不同种类的发光二极管正向电压不同，同颜色的发光二极管正向电压也不一样，发光二极管反向击穿电压约为 5V。当电流增加时亮度也会增加，但它们之间不是线性关系，当电流增加到一定值时，发光二极管的亮度变化不大，常用的 5mm 的发光二极管正向最大电流为 25mA，如果电流超过发光二极管的最大正向电流就会将管子烧坏。

根据不同的属性，发光二极管的类型有如下几类。

按其使用材料可分为磷化镓（GaP）发光二极管、磷砷化镓（GaAsP）发光二极管、砷化镓（GaAs）发光二极管、磷铟砷化镓（GaAsInP）发光二极管和砷铝化镓（GaAlAs）发光二极管等多种。

按其封装结构及封装形式除可分为金属封装、陶瓷封装、塑料封装、树脂封装和无引线表面封装外，还可分为加色散射封装（D）、无色散射封装（W）、有色透明封装（C）和无色透明封装（T）。

按其封装外形可分为圆形、方形、矩形、三角形和组合形等多种。

1.3.3 光电二极管

光信号在信号传输与存储等环节中应用越来越广泛，如计算机网络、CD – ROM、计算机导航等装置中均采用光电子系统。光电子系统的突出优点是抗干扰能力较强、传送信息量大、传输耗损小且工作可靠。光电二极管是光电子系统中用于光电转换的电子器件。

光电二极管和普通二极管一样，也是由一个 PN 结组成的半导体器件，也具有单方向导电特性。但是，在电路中不是用它作为整流元件，而是通过它把光信号转换成电信号。那么，它是怎样把光信号转换成电信号的呢？大家知道，普通二极管在反向电压作用时处于截止状态，只能流过微弱的反向电流，光电二极管在设计和制作时尽量使 PN 结的面积相对较大，以便接收入射光。光电二极管是在反向电压作用下工作的，没有光照时，反向电流极其微弱，叫暗电流；有光照时，反向电流迅速增大到几十微安，称为光电流。光的强度越大，反向电流也越大。光的变化引起光电二极管电流变化，这就可以把光信号转换成电信号，成为光电传感器件。图 1-7 分别为光电二极管的电气符号、实物图和输出特性曲线。

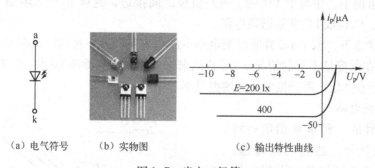

（a）电气符号　（b）实物图　　　　（c）输出特性曲线

图 1-7　光电二极管

光电二极管的工作区域应在图 1-7（c）的第 3 象限与第 4 象限，当有光照射时，产生"光电流"，其大小与光照强度成正比。

1.3.4 光敏电阻

光敏电阻器（photovaristor）又叫光感电阻，光敏电阻的材料主要是金属的硫化物、硒化物和碲化物等半导体。它是利用半导体的光电效应制成的一种电阻值随入射光的强弱而改变的电阻器。在黑暗环境里，它的电阻值很高，当受到光照时，半导体材料中电子－空穴对增加入射光强，使其电阻率变小，从而造成光敏电阻阻值下降。光照愈强，阻值愈低。入射光消失后，由光子激发产生的电子－空穴对将逐渐复合，光敏电阻的阻值也就逐渐恢复原值。光敏电阻没有极性，纯粹是一个电阻器件，使用时既可加直流电压，也可以加交流电压。图 1-8 是光敏电阻的结构图。

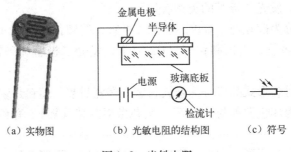

（a）实物图　　　　（b）光敏电阻的结构图　　　（c）符号

图 1-8　光敏电阻

应用案例

1. 二极管开关电路

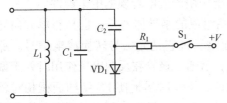

图 1-9　二极管开关特性应用

如图 1-9 所示是一种典型的二极管开关电路。电路中的 VD_1 为开关二极管，电感 L_1 和电容 C_1 构成一个 LC 并联谐振电路。

（1）开关 S_1 断开时，直流电压 $+V$ 无法加到 VD_1 的正极，这时 VD_1 截止，其正极与负极之间的电阻很大，相当于 VD_1 开路，这样 C_2 不能接入电路，L_1 只是与 C_1 并联构成 LC 并联谐振电路。

（2）开关 S_1 接通时，直流电压 $+V$ 通过 S_1 和 R_1 加到 VD_1 的正极，使 VD_1 导通，其正极与负极之间的电阻很小，相当于 VD_1 的正极与负极之间接通，这样 C_2 接入电路，且与电容 C_1 并联，L_1 与 C_1、C_2 构成 LC 并联谐振电路。

上述两种状态下，由于 LC 并联谐振电路中的电容不同，一种情况只有 C_1，另一种情况 C_1 与 C_2 并联，在电容量不同的情况下 LC 并联谐振电路的谐振频率不同。所以 VD_1 所在电路的真正作用是控制 LC 并联谐振电路的谐振频率。

2. 光电转换电路

发光二极管的一种重要用途是将电信号变为光信号，通过光缆传输，然后再用光电二极管接收，再现电信号。图 1-10 为发光二极管发射电路通过光缆驱动光电二极管的电路。在发射端，一个 0～5V 的脉冲信号通过 500Ω 的电阻作用于发光二极管 LED，

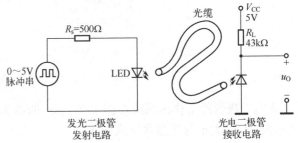

图 1-10　光电传输系统

这个驱动短路可使 LED 产生数字光信号，并作用于光缆。由 LED 发出的光约有 20% 耦合到

光缆。在接收端，传送的光中约有 80% 耦合到光电二极管，在接收电路的输出端复原出 0 ~ 5V 电平的数字信号。

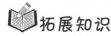拓展知识

1.4　二极管电路的简化模型及应用分析

1.4.1　二极管简化模型

二极管简化模型有理想模型、恒压降模型、折线模型和小信号模型共四种，下面分别予以介绍。

1. 理想模型

理想模型是指二极管在正向偏置时管压降为 0V，而在反向偏置时，认为其电阻无穷大，电流为零。如图 1-11（a）所示是理想二极管的 $V—I$ 特性，其中虚线表示实际二极管的 $V—I$ 特性。在实际电路工作中，当电源电压远大于二极管压降时，利用此模型近似分析是可行的。图 1-11（b）表示的是二极管正向偏置时的电路模型，图 1-11（c）表示的是二极管反向偏置时的电路模型。

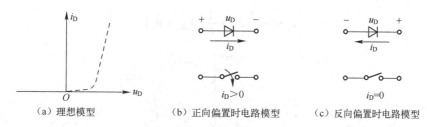

（a）理想模型　　　　（b）正向偏置时电路模型　　　（c）反向偏置时电路模型

图 1-11　二极管的理想模型

2. 恒压降模型

恒压降模型是指二极管导通后，其管压降认为是恒定的，且不随电流而变化，典型值是 0.7V。不过，这只有当二极管的电流 i_D 近似等于或大于 1mA 时才正确，如图 1-12 所示。

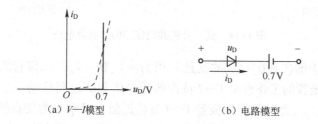

（a）$V—I$ 模型　　　　　　　　（b）电路模型

图 1-12　恒压降模型

3. 折线模型

折线模型认为二极管的管压降不是恒定的，而是随着通过二极管电流的增加而增加的。在模型中用一个电池和一个电阻串联模型来近似，如图 1-13 所示。这个电池电压大小等于二极管的阈值电压 V_{th}，约为 0.5V（硅管）。电阻 r_D 的值由下列公式确定：

$$r_D = \frac{0.7V - 0.5V}{1mA} = 200\Omega$$

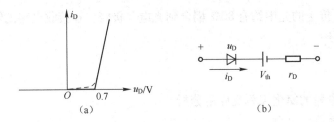

图 1-13　二极管的折线模型

折线模型适用于信号幅度不能远大于二极管压降的电路，由于二极管的分散性，V_{th} 和 r_D 的值不是固定不变的。

4. 小信号模型

小信号模型是指交流电源与直流电源共同作用的电路，分析如图 1-14（a）所示电路，当 $u_s = 0$ 时，二极管的管压降和电流大小对应于图 1-14（b）中的 Q 点的值。Q 点称为静态工作点，反映的是二极管工作在直流状态时的情况。当 $u_s = V_m \sin\omega t$（$V_m \ll V_{DD}$），电路的负载线为

$$i_D = -\frac{1}{R}u_D + \frac{1}{R}(V_{DD} + u_s)$$

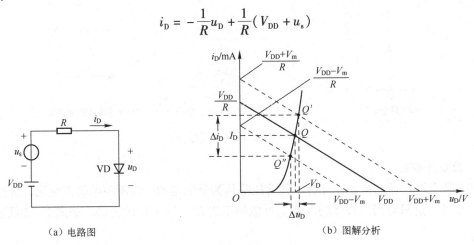

（a）电路图　　　　　　　　　　（b）图解分析

图 1-14　交、直流共同作用的二极管电路

图 1-14（b）中的 Q' 和 Q'' 对应的就是 u_s 值为 $+V_m$ 和 $-V_m$ 时二极管的工作点，即在交流小信号作用下，二极管的工作点沿 $V—I$ 特性曲线在 Q' 和 Q'' 之间移动，二极管的电压和电流变化量为 Δu_D 和 Δi_D，此时可把二极管 $V—I$ 特性近似为以 Q 点为切点的一条直线，其斜率的倒数就是小信号模型的微变电阻 r_d，小信号模型如图 1-15 所示。在 $T = 300K$ 时，其大小为

$$r_d = \frac{26(\text{mV})}{I_D(\text{mA})}$$

式中 I_D 为静态工作点 Q 点所对应的直流电流。该模型主要用于二极管正向偏置且二极管压降远大于 26mV 的条件下。

1.4.2　二极管电路应用分析

二极管应用范围广泛，主要都是利用它的单向导电性。它可用于整流、钳位、限幅、检波、开关等电路中，下面举例说明。

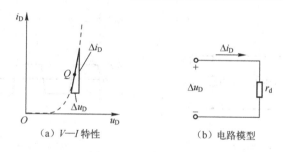

（a）$V-I$ 特性　　　　（b）电路模型

图 1-15　小信号模型

1. 基本电路

例 1-1　电路如图 1-16 所示，利用理想模型、恒压降模型和折线模型求电路中电流 I_D 和电压 U_O 大小，已知 $r_D = 140\Omega$。

解：（1）理想模型

$$V_D = 0,\ I_D = \frac{V_{DD} - V_D}{R} = \frac{5V}{1k\Omega} = 5mA,\ U_O = V_{DD} - V_D = 5 - 0 = 5V$$

（2）恒压降模型

$$V_D = 0.7V,\ I_D = \frac{V_{DD} - V_D}{R} = \frac{5V - 0.7V}{1k\Omega} = 4.3mA$$

$$U_O = V_{DD} - V_D = 5 - 0 = 5V$$

（3）折线模型

$$I_D = \frac{V_{DD} - V_{th}}{R + r_D} = \frac{5V - 0.5V}{1k\Omega + 0.2k\Omega} = 3.75mA$$

$$U_O = I_D R = 3.33mA \times 1k\Omega = 3.75V$$

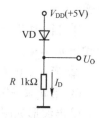

图 1-16　例 1-1 图

2. 钳位电路

二极管的钳位作用是指利用二极管正向导通压降相对稳定，且数值较小（有时可近似为零）的特点，来限制电路中某点的电位。

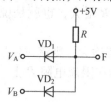

图 1-17　例 1-2 图

例 1-2　在图 1-17 中，输入端 $V_A = 5V$，$V_B = 0V$，电源电压为 +5V，用恒压降模型求输出端 F 的电位大小，设二极管为硅管。

解：因为 $V_B < V_A$，所以 VD_2 优先导通，由于二极管压降 $V_D = 0.7V$，则输出 $V_F = 0.7V$。当 VD_2 导通后，将输出 F 点电位钳制在 0.7V，则 VD_1 反向偏置，处于截止状态。

在这里，VD_2 起钳位作用，将输出 F 点电位钳制在 0.7V，VD_1 起隔离作用，将输入端 B 与输出端 F 隔离开来。

3. 限幅电路

在电子电路中，常用限幅电路对各种信号进行处理。它用来让信号在预置的电平范围内，有选择地传输一部分。限幅电路，又称消波器，利用二极管在外加正向电压超过阈值电压（死区电压）时导通，且导通后管子两端电压基本不变的特点，限制输出电压的幅度。

例 1-3　电路如图 1-18（a）所示，$u_i = 3\sin\omega t$（V），设二极管为硅管，采用恒压降模型分析二极管的限幅作用。

解：由图可知，二极管 VD_1、VD_2 的压降只有大于等于 0.7V 时，两二极管才有可能

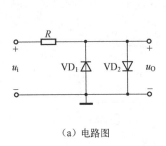

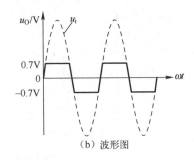

（a）电路图　　　　　　　　　　（b）波形图

图 1-18　例 1-3 图

导通。

① 当 $-0.7V \leqslant u_i \leqslant 0.7V$ 时，VD_1、VD_2 均截止，电路电流为零，电阻 R 上无电压，所以输出 $u_o = u_i$。

② 当 $u_i \geqslant 0.7V$ 时，VD_2 正偏而导通，VD_1 反偏而截止，$u_o = V_{D2} = 0.7V$。

③ 当 $u_i \leqslant -0.7V$ 时，VD_1 正偏而导通，VD_2 反偏而截止，$u_o = V_{D1} = -0.7V$。

输出波形如图 1-18（b）所示。

4. 稳压电路

稳压管正常工作的条件有两个：一是必须工作在反向击穿状态（利用正向特性稳压除外），二是稳压管中的电流要在稳定电流和允许的最大电流之间。下面我们分析一个简单的稳压电路。

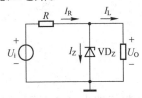

图 1-19　稳压管稳压电路

例 1-4　利用稳压管组成的稳压电路如图 1-19 所示，R 为限流电阻，试分析稳定输出电压 U_o 的原理。

解： 由图可知，当稳压管正常稳压工作时，有下述方程式：

$$U_o = U_Z = U_i - I_R R$$
$$I_R = I_Z + I_L$$

若 U_i 增大，U_o 将会随着上升，稳压管两端的反向电压增加，使电流 I_Z 大大增加，I_R 也随之增加，从而使限流电阻上的压降 $I_R R$ 增大，也就是说 U_i 的增加量绝大部分落在限流电阻 R 上，从而使输出电压 U_o 基本恒定。

若负载电阻 R_L 增大（即负载电流 I_Z 减小），输出电压 U_o 将会随着增大，则流过稳压管的电流 I_Z 大大增加，致使 $I_R R$ 增大，也就是说 U_i 的增加量绝大部分落在限流电阻 R 上，从而使输出电压 U_o 基本恒定。

反之，U_i 下降或负载减小时，同理可分析输出电压也能基本保持稳定。

能力训练

实训 1-1　二极管性能测试与判别

1. 实训目的

（1）掌握 PN 结的性能测试方法。

（2）学会判别晶体二极管的引脚与质量好坏。

2. 实训内容与步骤

1）PN 结电性能的电路测试

在 PN 结的两端各引出一条引线，并用塑料、玻璃或金属材料作为封装外壳，就构成了晶体二极管，P 区引出的电极称为正极或阳极，N 区引出的电极称为负极或阴极。图 1-20 所示为二极管的结构与电气符号。

图 1-20 二极管的结构与电气符号

由于二极管的管芯由一个 PN 结构成，研究 PN 结的导电特性实际上就是研究二极管的导电特性。取一个普通二极管按照图 1-21 所示的电路进行实验，观察直流电流表的数值并记录结果于表 1-1 中。

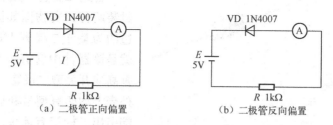

图 1-21 PN 结的导电性测试

表 1-1 PN 结的导电性测试

普通二极管	正向电流	反向电流

2）仿真测试

对于实训条件不具备的学校，计算机仿真是一种非常有效的辅助手段。本书选择最常用的 Multisim 仿真软件进行电路仿真，此款软件易学易用，其界面直观，稍微有点计算机操作基础的人都能快速搭建电路。PN 结的导电性测试仿真电路及参数如图 1-22 所示。

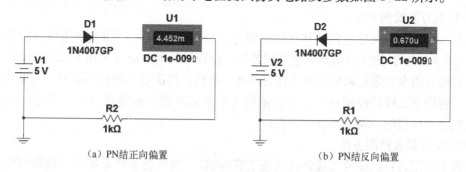

图 1-22 PN 结导电性仿真测试

电路连接好以后，单击运行按钮，我们可以清楚地看到 PN 结加正向电压时有电流流过，大小为 4.452mA；而当 PN 结两端加反向电压时，流过电路电流为 0.67μA，几乎为零。

根据上面的电路测量结果和仿真结果我们可以得出以下结论：

（1）当 PN 结加上正向电压时：外电场与内电场方向相反，当外电场大于内电场时，内电场的作用被抵消，PN 结变薄，多子的扩散运动增加，形成正向电流，外电场越强，正向电流越大，因而 PN 结的正向电阻变小。

（2）当 PN 结加上反向电压时：此时外电场与内电场方向一致，使内电场的作用增强，PN 结变厚，多子的扩散运动难以进行。但内电场却有助于少子的漂移运动，形成反向电流 I_R，由于常温下少子数量很少，因此一般情况下反向电流很小，即 PN 结的反向电阻很大。

综上所述，PN 结具有单向导电性，即 PN 结加正向电压时，正向电阻很小，PN 结导通，形成较大正向电流；而 PN 结加反向电压时，反向电阻很大，PN 结截止，所以反向电流基本为零。二极管、三极管等半导体器件的工作特性都是以 PN 结的单向导电性为基础的。

3）一般二极管的检测与判别方法

（1）认识二极管。

图 1-23　二极管实物图

普通二极管一般有玻璃封装和塑料封装两种，实物图如图 1-23 所示，左边的为整流二极管 1N4007，1N 的意思就是该器件中含有一个 PN 结，右边的是高速开关型二极管 1N4148。在它们的外壳上均印有型号和标记。若是非同向端引出，标记有箭头、色点、色环和电路符号等，箭头所指方向或有色环的一端为负极，靠近色点的一端为正极，如图 1-24 所示。

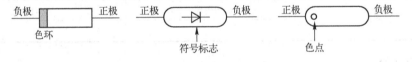

图 1-24　二极管引脚识别

（2）二极管极性判别。

若遇到型号和标记不清楚时，可用万用表的欧姆挡进行判别。

① 模拟万表检测方法。

根据二极管的单向导电性，其正向电阻小，反向电阻大。万用表欧姆挡一般选在 $R \times 100$ 挡或 $R \times 1k$ 挡，测量时用两表笔分别接触二极管的两个电极（见图 1-25），读出测量的阻值，再将万用表表笔对调后接触二极管的两个电极，再次读出测量的阻值。若两次阻值相差很大，说明该二极管性能良好，则测量值为小阻值时黑色表笔所接的一端是二极管的正极，红色表笔所接的一端是二极管的负极。

② 数字万用表检测方法。

将数字万用表打到蜂鸣二极管挡（表上有标识），将两表笔直接接在二极管两端，若万用表显示一个"700"左右的数值（这个数值是二极管的正向压降），则说明万用表的红色表笔接的是二极管的正极，黑色表笔接的是负极。若万用表显示 1（表示阻值很大），则说明红色表笔接的是二极管的负极，黑色表笔接的是正极。

（3）二极管质量判别。

一般二极管的反向电阻比正向电阻大几百倍，可以通过测量正、反向电阻来判断二极管好坏。正向电阻和反向电阻均为零，说明管子短路；正向电阻和反向电阻均为无穷大，说明管子断路；若正、反向电阻比较接近，说明管子失效。

（4）判别硅管、锗管。

如果不知道被测的二极管是硅管还是锗管，可借助于图1-25（c）所示电路来判断，图中电源为1.5V，R为限流电阻（检波二极管R可取140Ω，其他二极管只可取1kΩ），用二极管测量二极管正向压降，硅二极管一般为0.6~0.7V，锗管为0.1~0.3V。

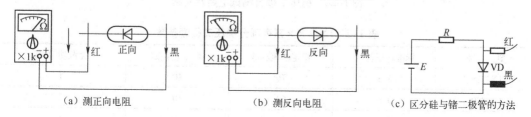

（a）测正向电阻　　　　（b）测反向电阻　　　　（c）区分硅与锗二极管的方法

图1-25　万用表测量二极管

3. 实训总结

（1）总结模拟电子技术实训所需仪器及其操作特点。

（2）总结二极管的单向导电性及其条件。

（3）总结二极管的极性判别方法。

4. 撰写实训报告

撰写实训报告并提交。

实训1-2　特殊二极管的测试

1. 实训目的

（1）熟悉常用特殊二极管的工作原理。

（2）熟悉常用特殊二极管的测试与典型应用。

2. 实训内容与步骤

1）稳压二极管的测试

（1）正、负电极的判别。

稳压二极管的极性判别与普通二极管相同，即用万用表$R \times 1k$挡，将两表笔分别接稳压二极管的两个电极，测出一个结果后，再对调两表笔进行测量。在两次测量结果中，阻值较小那一次，黑表笔接的是稳压二极管的正极，红表笔接的是稳压二极管的负极。若测得稳压二极管的正、反向电阻均很小或均为无穷大，则说明该二极管已击穿或开路损坏。

（2）稳压值的测量。

用0~30V连续可调直流电源，对于12V以下的稳压二极管（如1N47xx系列，其参数见表1-2），可将稳压电源的输出电压调至15V，将电源正极串接一限流电阻后与被测稳压二极管的负极相连接，电源负极与稳压二极管的正极相连接，电路连接如图1-26（a）所示，图1-26（b）所示为1N4733的实物图。

再用万用表测量稳压二极管两端的电压值，所测的读数即为稳压二极管的稳压值。将测量结果填入表1-3中。

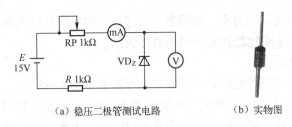

（a）稳压二极管测试电路　　　　　　（b）实物图

图 1-26　稳压二极管测试电路及实物

表 1-2　1N47××系列部分稳压二极管参数

型　　号	标准稳压值/V	稳定电流/mA	动态电阻/Ω	耗散功率/W
1N4728	3.3	76	10	1
1N4729	3.6	69	10	1
1N4730	3.9	64	9	1
1N4731	4.3	58	9	1
1N4732	4.7	53	8	1
1N4733	5.1	49	7	1
1N4734	5.6	45	5	1
1N4735	6.2	41	2	1
1N4736	6.8	37	3.5	1
1N4737	7.5	34	4	1
1N4738	8.2	31	4.5	1
1N4739	9.1	28	5	1
1N4740	10	25	7	1
1N4741	11	22	8.1	1

要求讨论分析：

① 如果稳压二极管极性调过来，会有什么测量结果？

② 没有限流电阻 R，电路工作能否正常？为什么？

③ 将直流电源 E 改为 5V，输出正常吗？为什么？

表 1-3　特殊二极管的测量

测量内容	稳压二极管稳压值	发光二极管正向导通电压
输出		

2）发光二极管的测试

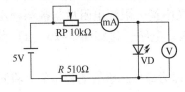

图 1-27　发光二极管测试电路

按照图 1-27 连接好电路，调整电位器，我们会观察到发光二极管从最暗变化到最亮的过程，同时观察流过发光二极管电流的变化情况和变化范围。最后调整电位器使发光二极管正常发光，测量其导通时的电压值，将测量结果填入表 1-3 中。

要求讨论分析：

（1）发光二极管的亮暗程度与什么参数有关？

（2）正常发亮时，发光二极管的导通电流是多大？

3）光电二极管的测试

光电二极管在应用电路中的两种工作状态如下。

（1）光电二极管不施加外部工作电压。

光电二极管上不加电压，利用 PN 结在受光照时产生正向电压的原理，把它用于微型光电池。这种工作状态，通常用于光电检测器。万用表调至 1V 挡，将红表笔接光电二极管"＋"极，黑表笔接"－"极，在光照下，其正向电压与光照强度成比例，一般可达 0.2～0.4V，如图 1-28（a）所示。

（2）光电二极管施加外部反向电压。

当光电二极管加上反向电压时，用黑布遮盖住光电二极管，则由于没有光照，管子截止，电压表没有读数；移走黑布，管子中的反向电流随着光照强度的改变而改变，光照强度越大，反向电流越大，其一般都工作在这种状态，如图 1-28（b）所示。

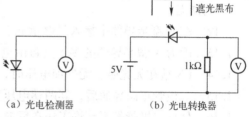

（a）光电检测器　　　　（b）光电转换器

图 1-28　光电二极管

3. 实训总结

（1）总结特殊二极管的工作特点与工作条件。

（2）总结特殊二极管的应用场合。

4. 撰写实训报告

撰写实训报告并提交。

练习与思考

（一）练习题

1. 填空题

1.1　半导体的导电机理是：两种载流子_____和_____共同参与导电。

1.2　N 型半导体主要靠_____来导电，P 型半导体主要靠_____来导电。

1.3　在常温下，硅二极管的门槛电压约为_____，导通后在较大电流下的正向压降约为_____；锗二极管的门槛电压约为_____，导通后在较大电流下的正向压降约为_____。

1.4　二极管最主要的电特性是_____。它的两个主要参数是反映正向特性的_____和反映反向特性的_____。

1.5　杂质半导体的少数载流子浓度由_____决定，多数载流子浓度由_____决定。

1.6　PN 结加正向电压，是指电源的正极接_____区，电源的负极接_____区。

1.7　图题 1.7（a）为_____的符号，（b）为_____的符号。

1.8　电路如图题 1.8 所示，稳压管的稳定电压为 6V。则稳压管工作在状态，$U_0 = $_____V。

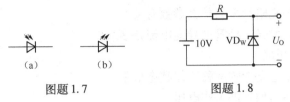

图题 1.7　　　　　　　　　图题 1.8

1.9　二极管正向导通时，正向电流_____，正向电阻_____。反向截止时，反向电流_____，反向电阻_____。

1.10　发光二极管的作用是将_____信号转换成_____信号。

1.11　稳压二极管在使用时，稳压二极管与负载_____联，稳压二极管与输入电源之间必须加入一个_____。

2. 判断题

1.12　在 N 型半导体中掺入足够量的三价元素，可将其改为 P 型半导体。　　（　　）

1.13　因为 N 型半导体的多子是自由电子，所以它带负电。　　（　　）

1.14　PN 结在无光照、无外加电压时，结电流为零。　　（　　）

1.15　二极管正向导通后，其两端电压变化很小，可近似认为是个常数。　　（　　）

1.16　任何二极管都不允许工作在反向击穿区。　　（　　）

1.17　稳压二极管既可工作在反向击穿区，又可工作在正向导通区。　　（　　）

1.18　光电二极管是受光器件，能将光信号转换为电信号。　　（　　）

1.19　稳压二极管在电路中只有串联才能稳压。　　（　　）

1.20　二极管虽然是非线性器件，但可以将其转化为线性电路模型来分析问题。

（　　）

1.21　稳压二极管的正向特性与普通二极管相近。　　（　　）

3. 选择题

1.22　P 型半导体中多数载流子是（　　）。

　　A. 空穴　　　　B. 自由电子　　　　C. 带负电的离子　　　　D. 带正电的离子

1.23　稳压管稳压时工作在（　　）。

　　A. 正向导通　　B. 反向截止　　　　C. 反向击穿　　　　　　D. 死区

1.24　工作在放大区的某晶体管，如果当 I_B 从 $10\mu A$ 增大到 $20\mu A$ 时，I_C 从 $1.1mA$ 变为 $2.1mA$，那么它的 β 值约为（　　）。

　　A. 85　　　　　B. 90　　　　　　C. 95　　　　　　　D. 100

1.25　PN 结加反向电压时，PN 结变（　　），反向电阻（　　）。

　　A. 薄、很小　　B. 薄、很大　　　C. 厚、很小　　　　D. 厚、很大

1.26　电路如图题 1.26 所示，二极管 VD 是理想的。分析可知二极管处于（　　）状态，$U_0 = $（　　）V。

　　A. 导通、0　　B. 导通、12　　　C. 截止、0　　　　　D. 截止、12

1.27　电路如图题 1.27 所示，稳压管 VD_{W1} 和 VD_{W2} 的稳定电压分别为 $8V$ 和 $10V$，若忽略稳压管的正向压降，则输出电压 $U_0 = $（　　）V。

　　A. 8V　　　　　B. 10V　　　　　C. 18V　　　　　　D. 2V

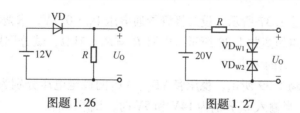

图题 1.26　　　　　　　　　图题 1.27

1.28　用万用表测得晶体管任意两个极之间的电阻均很小，说明该管（　　）。

　　A. 两个 PN 结都短路　　　　　　B. 发射结击穿，集电结正常

　　C. 两个 PN 结都断路　　　　　　D. 发射结正常，集电结短路

1.29　光敏二极管应在（　　）下工作。

　　A. 正向电压　　　　　　　　　　B. 反向电压

　　C. A、B 两种情况下均可　　　　D. 击穿状态

1.30　温度升高时，二极管的正向压降（　　），反向电流（　　）。

　　A. 减小、减小　B. 增大、增大　　C. 增大、减小　　　　D. 减小、增大

1.31　半导体可制成各种光电器件，是利用半导体的（　　）。

　　A. 敏性　　　B. 光敏性　　　　C. 掺杂性　　　　　D. 导电性

1.32　二极管的正向直流电阻随工作电流的增大而（　　）。

　　A. 增大　　　B. 减小　　　　C. 不变　　　　　D. 无法确定

4.　综合题

1.33　设二极管为理想的，试判断图题 1.33 中的二极管是导通还是截止的。

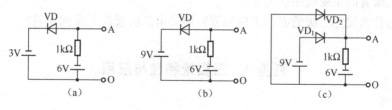

图题 1.33

1.34　电路如图题 1.34 所示，已知 $u_i = 5\sin(\omega t)$ V，试画出 u_i 与 u_o 的波形（二极管的正向压降可忽略不计）。

1.35　电路如图题 1.35 所示，已知 $u_i = 5\sin\omega t$（V），二极管导通电压 $U_D = 0.7V$。试画出 u_i 与 u_o 的波形，并标出幅值。

1.36　电路如图题 1.36 所示，已知发光二极管的导通电压为 1.8V，正向电流 $I_D \geq 5mA$ 即可发光，最大正向电流为 14mA。为使二极管发光，试求电路中电阻 R 的取值范围。

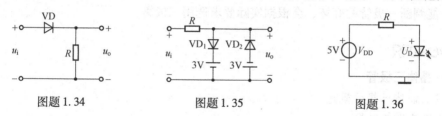

图题 1.34　　　　　　　图题 1.35　　　　　　　图题 1.36

1.37 电路如图题 1.37 所示，设二极管导通电压 $U_D = 0.7V$，求两种情况下的 I_D。

1.38 二极管电路如图题 1.38 所示，电阻 $R_1 = R_2 = 1k\Omega$，试分别用理想模型和恒压降模型求电路中电流 I_1，I_2 的大小。

1.39 电路如图题 1.39 所示，稳压管 VD_1、VD_2 的稳定电压分别为 8V，6V，设稳压管的正向压降是 0.7V，当输入 U_1 分别为 14V 和 5V 时，试求 U_O。

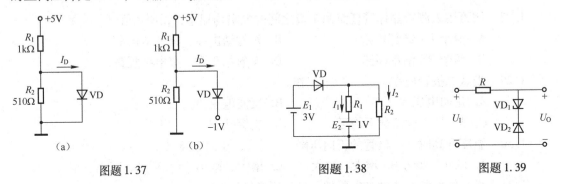

图题 1.37   图题 1.38   图题 1.39

（二）思考题

1.40 什么是本征半导体？什么是杂质半导体？各有什么特点？

1.41 PN 结是如何形成的？其主要特性是什么？

1.42 何为二极管的伏安特性？二极管的主要特征参数有哪些？

1.43 二极管的直流电阻 R_D 和交流电阻 r_d 有何不同？如何在伏安特性上表示？

1.44 二极管的主要应用有哪些？

1.45 为什么发光二极管必须正向偏置？而光电二极管却要反向偏置？

任务2 三极管特性与应用

学习目标

1. 知识目标

（1）了解晶体三极管的结构，正确识别三极管电路符号。

（2）熟悉三极管的伏安特性及主要参数，掌握三极管的放大作用。

（3）掌握三极管电路直流工作状态近似估算方法及放大、饱和、截止状态的判断方法。

2. 能力目标

（1）学会识别与检测晶体三极管的基本方法。

（2）能够对三极管的应用电路进行分析。

（3）能判断三极管的好坏，会根据实际要求选用三极管。

核心知识

1.5 晶体三极管

1.5.1 晶体三极管概述

1. 认识晶体三极管

晶体三极管（Bipolar Junction Transistor，BJT）又称半导体三极管，简称晶体管或三极管，它是电子线路中的核心元件。三极管的基本作用是放大或开关。在模拟电路中利用它的放大作用，构成各种放大器及各种波形产生、变化和信号处理电路；在数字电路中利用它的开关控制作用，构成各种集成逻辑门电路。

常见三极管的实物图如图 1-29 所示。

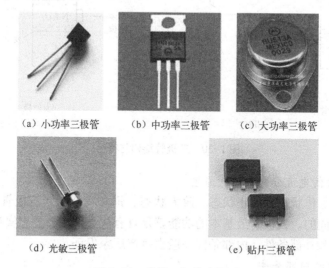

（a）小功率三极管　　　（b）中功率三极管　　　（c）大功率三极管

（d）光敏三极管　　　　　　　　（e）贴片三极管

图 1-29　常见三极管实物图

2. 晶体三极管分类

按极性划分：一种是 NPN 型三极管，是目前最常用的一种；另一种是 PNP 型三极管。

按材料划分：一种是硅三极管，是目前最常用的一种；另一种是锗三极管，以前这种三极管用得多。

按工作频率划分：一种是低频三极管，主要用于工作频率比较低的地方；另一种是高频三极管，主要用于工作频率比较高的地方。

按功率划分：小功率三极管，它的输出功率小些；中功率三极管，它的输出功率大些；大功率三极管，它的输出功率可以很大，主要用于大功率输出场合，一般要加装散热片。

要正确区分三极管的种类，从管子的外形上大致只能确定管子的耗散功率的大小，要分辨是高频管还是低频管，锗管还是硅管，NPN 型管还是 PNP 型管，必须通过观察管子的型号来确定。

3. 晶体三极管的结构和符号

图 1-30 给出了 NPN 和 PNP 型两类三极管的结构示意图和表示符号。这种结构的器件内部有两个 PN 结，且 N 型半导体和 P 型半导体交错排列形成三个区，分别称为发射区、基区和集电区。从三个区引出的引脚分别称为发射极、基极和集电极，用符号 e、b、c 来表示。处在发射区和基区交界处的 PN 结称为发射结，处在基区和集电区交界处的 PN 结称为集电结。

图 1-30（a）所示为 NPN 型三极管，图 1-30（b）所示为 PNP 型三极管，符号中箭头的指向表示发射结处在正向偏置时电流的流向。

晶体三极管是一个具有三个电极的半导体器件。在三极管内，有两种载流子——电子与空穴，它们同时参与导电。

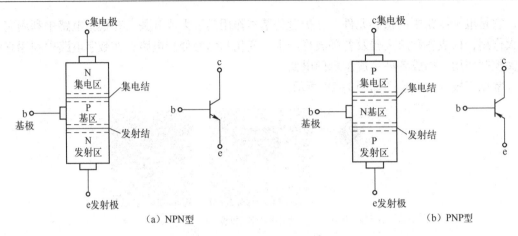

（a）NPN型 （b）PNP型

图 1-30 三极管结构与符号

1.5.2 晶体管的电流分配与放大原理

三极管有三种工作状态：截止状态、放大状态、饱和状态。当三极管用于不同目的时，它的工作状态是不同的。三极管最基本的功能就是具有放大作用，要想实现放大作用，必须同时满足内部条件和外部条件，内部条件一般由生产厂家保证。

1. 三极管放大的内部条件

- 发射区很厚，掺杂浓度最高。
- 基区很薄，掺杂浓度最小。
- 集电区很厚，掺杂浓度比较高。

2. 三极管放大的外部条件

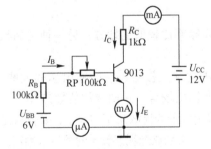

图 1-31 晶体管电流放大作用研究电路

- 发射结正偏。
- 集电结反偏。

三极管放大的外部条件，具体地说，对于 NPN 三极管，三个电极电位必须满足 $U_C > U_B > U_E$；对于 PNP 三极管，三个电极电位必须满足 $U_E > U_B > U_C$。图 1-31 所示电路参数设计满足发射集正偏、集电极反偏的条件，使三极管处于放大状态，连接好电路，测试数据见表 1-4。

表 1-4 晶体管电流放大作用的测试

$I_B/\mu A$	0	20	30	40	50	60	70	80
I_C/mA	0	2.0	3.0	4.0	5.0	6.0	7.0	8.0
I_E/mA	0	2.02	3.03	4.04	5.05	6.06	7.07	8.08

通过测试表明：三极管的集电极电流 I_C 始终与基极电流 I_B 之间有一个倍数关系，且这个倍数是一个常数，用公式表示为 $h_{FE} = \dfrac{I_C}{I_B}$，我们称 h_{FE} 为三极管的直流电流放大系数，一般用 $\overline{\beta}$ 表示。同时，我们用集电极电流的变化量 ΔI_C 比上基极电流的变化量 ΔI_B，发现其比值也

是一个常数，用公式表示为 $\beta = \dfrac{\Delta I_C}{\Delta I_B}$，称 β 为三极管的交流电流放大系数，由于 $\bar{\beta}$ 和 β 非常接近，以后三极管的电流放大系数统一用 $\bar{\beta}$ 表示。

另外，三极管的三个电极电流分配关系符合 $I_E = I_C + I_B$。

三极管电流放大作用的实质："以小控大"——它用基极电流 I_B 来控制集电极电流 I_C 和发射极电流 I_E，没有 I_B 就没有 I_C 和 I_E，只要有一个很小的 I_B，就有一个很大的 I_C。因此，三极管是一个电流控制器件，在放大电路中，就是利用三极管的这一特性来放大信号的。表 1-5 是常见国产三极管和国外三极管参数对比。

表 1-5　国产三极管和国外三极管参数对比

型　号	极　性	功　能	$U_{BR(CEO)}$	I_{CM}	P_{CM}
9011	NPN	高频放大，150MHz	50V	30mA	0.4W
9012	PNP	低频放大	50V	0.5A	0.625W
9013	NPN	低频放大	50V	0.5A	0.625W
9014	NPN	低噪放大，150MHz	50V	0.1A	0.4W
9015	PNP	低噪放大，150MHz	50V	0.1A	0.4W
9012	NPN	高频放大，1GHz	30V	50mA	0.4W
8050	NPN	高频放大，100MHz	40V	1.5A	1W
8550	PNP	高频放大，100MHz	40V	1.5A	1W
3DG6A	NPN	高频小功率，100MHz	15V	14mA	0.1W
3DG6B	NPN	高频小功率，150MHz	14V	14mA	0.1W
3DG6C	NPN	高频小功率，250MHz	14V	14mA	0.1W
3DG6D	NPN	高频小功率，150MHz	30V	14mA	0.1W
3DG12C	NPN	高频小功率，140MHz	45V	0.3A	0.7W

1.5.3　晶体三极管的特性曲线

通过上面研究三极管的放大作用知道，三极管在不同的工作条件下有不同的工作特性，这些特性到底有何规律？我们可以通过三极管的特性曲线进行了解。三极管的伏安特性曲线反映了三极管的性能和各电极的电流和电压之间的关系，实际上是其内部特性的外部表现，是分析放大电路的重要依据。三极管的特性曲线有输入特性和输出特性两部分，为了测定三极管的输入、输出特性，一般可以通过两种方法得出，一是通过三极管图示仪，还有一种方法就是设计一个测量电路。如图 1-32 所示的特性曲线测试电路，它可以分别测出共射电路的输入、输出特性曲线。

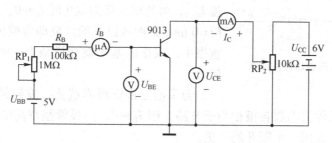

图 1-32　三极管伏安特性曲线测量电路

1. 输入特性曲线

输入特性曲线是反映三极管输入回路电压与电流关系的曲线,是集射极电压 U_{CE} 为定值时,基极电流 I_B 与基射极电压 U_{BE} 之间的关系曲线。

$$i_B = f(u_{BE}) \big|_{U_{CE}=\text{常数}}$$

理想的三极管输入特性曲线如图 1-33 所示。

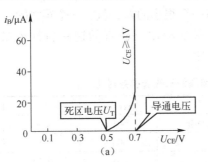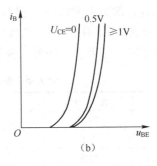

图 1-33 输入特性曲线

图 1-33(a)所示的输入特性曲线是在输出电压 U_{CE} 为一代表性定值时得到的,可以看出三极管的输入特性曲线是非线性的。当输入电压 U_{BE} 小于某一个开启电压 U_T 时,管子不导通,基极电流 I_B 近似为零。这个开启电压 U_T 被称为死区电压(硅管约为 0.5 V,锗管约为 0.2 V)。当 U_{BE} 大于开启电压 U_T 时,I_B 开始上升;上升到某一值时,U_{BE} 不再变化而 I_B 继续上升,此时的 U_{BE} 值称为三极管正常工作时的发射结正向压降(硅管 U_{BE} 为 0.6~0.7V,锗管 U_{BE} 为 0.2~0.3V)。如图 1-33(b)所示的是输入回路电压 U_{BE} 与电流 I_B 之间的关系曲线,它表明 I_B 的变化趋势由 U_{BE} 决定,U_{CE} 的取值超过 1V 以上时基本上对 I_B 没有影响。

2. 输出特性曲线

输出特性曲线是反映三极管输出回路电压与电流关系的曲线,是指基极电流 I_B 为定值时,集电极电流 I_C 与集射极电压 U_{CE} 之间的关系曲线。

$$I_C = f(U_{CE}) \big|_{I_B=\text{常数}}$$

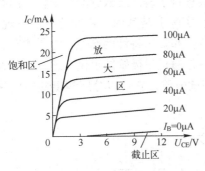

图 1-34 三极管的输出特性曲线

理想的三极管输出特性曲线如图 1-34 所示。输出特性曲线可分为截止区、放大区和饱和区三个区域。

1)截止区

当发射结的电压小于死区电区时,三极管处于截止状态,这时 $I_B = 0$,集电极电流 I_C 很小,即为穿透电流 I_{CEO},可忽略,认为截止时 $I_C \approx 0$。从特性曲线上看,$I_B = 0$ 的那条曲线以下的区域即为截止区。硅管穿透电流很小,截止区基本就在横轴上;而锗管的穿透电流较大。

为了使三极管可靠截止,发射结反偏或零偏,集电结反偏。此时晶体管内部各极相当于开路。因 $I_C \approx 0$,三极管呈现高电阻,此时,C、E 之间相当于断路,如同一个断开的开关。

2）放大区

其为发射结正偏、集电结反偏时的工作区域，即曲线中近似水平的区域。最主要特点是，此时 I_C 与 U_{CE} 基本无关，仅受 I_B 控制，即 $I_C = \beta I_B$。I_B 微量的变化会引起 I_C 较大的变化。另一特点是具有恒流特性，即 I_B 一定时，I_C 不随 U_{CE} 而变化，保持恒定。

由于 I_C 与 I_B 成正比关系，所以该区称为"线性区"。三极管只有工作在这个区域中才具有电流放大作用，故该区为"放大区"。

3）饱和区

当 $U_{CE} < U_{BE}$ 时，发射结、集电结均处于正偏，此时 I_C 不受 I_B 控制，三极管失去电流放大作用，如图中 U_{CE} 较小的区域即为饱和区。

三极管饱和时的 U_{CE} 值称为饱和压降，记为 U_{CES}，小功率硅管的 U_{CES} 约为 0.3V，锗管的约为 0.1V。此时 U_{CE} 电压接近于零而 I_C 较大，三极管呈现低电阻，C、E 极之间相当于短路，如同一个闭合的开关。

综上所述，三极管工作在饱和与截止区时，具有开关特性，可应用于脉冲数字电路中；三极管工作在放大区时具有放大作用，可应用在模拟电路中。

1.5.4　三极管主要参数

三极管的特性除用特性曲线表示外，还可以用参数来说明，三极管的参数可作为设计电路、合理使用器件的重要依据。这里只介绍三极管常用的主要参数。

1. 共发射极电流放大系数

1）直流电流放大系数 $\bar{\beta}$

在静态（无输入信号）时，I_C 与 I_B 的比值称为直流电流放大系数，也称静态电流放大系数，即

$$\bar{\beta} = \frac{I_C}{I_B}$$

2）交流电流放大系数 β

在动态时，基极电流的变化量为 ΔI_B，它引起集电极电流的变化量为 ΔI_C，ΔI_C 与 ΔI_B 的比值称为动态电流（交流）放大系数，即

$$\beta = \frac{\Delta I_C}{\Delta I_B}$$

由上述可见，β 和 $\bar{\beta}$ 的含义是不同的，但两者数值较为接近。今后在估算时，可以认为 $\bar{\beta} = \beta$。由于制造工艺的分散性，即使同一型号的三极管，其 β 值也有很大差别。常用的三极管 β 值为几十至几百之间。

2. 极间反向电流

（1）集电结反向饱和电流 I_{CBO}：指发射极开路、集电结反偏时，流过集电结的反向电流，其值很小。I_{CBO} 受温度的影响大，在室温下，小功率的硅管一般在 1μA 以下，锗管在几微安至十几微安。I_{CBO} 值越小越好。

（2）穿透电流 I_{CEO}：指基极开路，集电结反偏时的集电极电流。在输出特性曲线上，它对应 $I_B = 0$ 时的 I_C 曲线，与集电结反向饱和电流 I_{CBO} 间满足 $I_{CEO} = (1 + \beta) I_{CBO}$。又因为它好像直接从集电极穿透三极管到达发射极，所以又称穿透电流。硅管约为几微安，锗管约为几

十微安，它是衡量三极管质量好坏的重要参数之一，I_{CEO} 值越小越好。

3. 极限参数

（1）集电极最大允许电流 I_{CM}：三极管正常工作时集电极允许流过的最大电流，在使用中若 $I_C > I_{CM}$，则 β 将下降到正常值的 2/3 以下，管子性能显著变差，甚至烧坏管子。

（2）集电极－发射极间反向击穿电压 $U_{(BR)CEO}$：当基极开路时，集电极－发射极间允许加的最高反向电压。下标中 B 表示击穿，R 表示反向。若电压 U_{CE} 大于此值，集电极电流将很大，产生击穿现象，导致三极管损坏。当温度升高时，$U_{(BR)CEO}$ 值下降。

（3）集电极最大允许功率损耗 P_{CM}：由于集电极电流在流经集电结时将产生热量，使结温升高，从而引起三极管参数变化。当三极管因受热而引起的参数变化不超过允许值时，集电极所消耗的最大功率，称为集电极最大允许损耗功率 P_{CM}。

例 1-5　测得放大电路中的两个 BJT 的两个电极电流如图 1-35 所示。

（1）求另一电极电流的大小。

（2）判断是 NPN 还是 PNP 管。

（3）标出 e、b、c 电极。

（4）估算 β 值。

解：图 1-35（a）中两个电极电流方向一致，因此可知这两个电极必为 b、c，并且 $I_B = 0.04\text{mA}$，$I_C = 3.2\text{mA}$。所以有：

（1）$I_E = I_B + I_C = 0.04 + 3.2 = 3.24\text{mA}$。

（2）因为 b、c 电流都流入三极管，所以为 NPN 管。

（3）e、b、c 电极如图 1-36 所示。

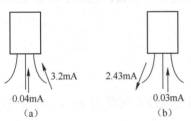

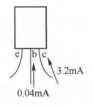

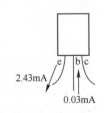

图 1-35　例 1-5 图 1　　　　　图 1-36　例 1-5 图 2　　　　图 1-37　例 1-5 图 3

（4）$\beta = \dfrac{I_C}{I_B} = \dfrac{3.2}{0.04} = 80$。

图 1-35（b）中两个电极电流方向相反，且数值相差较大，因此可知这两个电极必为 b、e，并且 $I_B = 0.03\text{mA}$，$I_E = 2.43\text{mA}$。所以有：

（1）$I_C = I_E - I_B = 2.43 - 0.03 = 2.4\text{mA}$。

（2）因为 e 极电流流出三极管，而 b 极电流流入三极管，所以为 NPN 管。

（3）e、b、c 电极如图 1-37 所示。

（4）$\beta = \dfrac{I_C}{I_B} = \dfrac{2.4}{0.03} = 80$。

例 1-6　如图 1-38 所示，设 $U_{BE} = 0.7\text{V}$，三极管饱和压降为 $U_{CES} = 0.3\text{V}$，说明三极管在不同工作状态下应满足的条件。

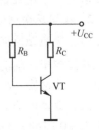

图 1-38　例 1-6 图

解： 无论是 NPN 还是 PNP 型管，判断三极管的工作状态的条件是：

发射结正偏、集电结反偏，三极管处于放大状态。

发射结反偏、集电结反偏，三极管处于截止状态。

发射结正偏、集电结正偏，三极管处于饱和状态。

但是具体到实际电路时，应以各极电位的大小来判断，本题是 NPN 型三极管。

若 $U_{BE}=0.7V$，$U_{CES}<U_{CE}<U_{CC}$，则三极管处于放大状态。

若 $U_{BE}\leqslant U_T$，$U_{CE}\approx U_{CC}$，则三极管处于截止状态。

若 $U_{BE}=0.7V$，$U_{CE}=U_{CES}$，则三极管处于饱和状态。

应用案例

1. 晶体三极管的恒流特性应用

利用三极管在放大区电流受基极电流控制的特点，只要基极电流恒定，则在放大条件内，集电极电流也具有恒定的特点，可以做成晶体管恒流源。如图 1-39 所示，改变输出负载大小，而输出电流恒定不变。

2. 晶体三极管的开关特性应用

图 1-40 是典型的三极管开关应用电路，当设备正常工作时，触发信号值为 0，三极管处于截止状态，继电器不工作，设备工作正常指示灯亮。当设备出现异常或故障时，触发信号产生一个正脉冲，三极管饱和导通，报警指示灯亮，同时继电器线圈得电工作，正常工作指示灯熄灭。由于发光二极管电流不能过大，所以必须串联一限流电阻。

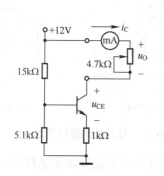
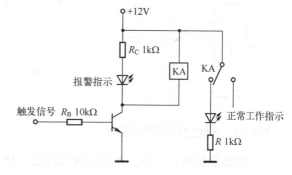

图 1-39　晶体三极管的恒流特性电路　　　　图 1-40　三极管开关应用电路

拓展知识

1.6　光敏三极管

光敏三极管又称光电三极管，与普通半导体三极管一样，是采用半导体制作工艺制成的具有 NPN 或 PNP 结构的半导体管。它在结构上与半导体三极管相似，它的引出电极通常只有两个，也有三个的。光敏三极管的实物图和结构如图 1-41 所示。为适应光电转换的要求，它的基区面积做得较大，发射区面积做得较小，入射光主要被基区吸收。和光敏二极管一样，管子的芯片被装在带有玻璃透镜的金属管壳内，当光照射时，光线通过透镜集中照射在芯片上。

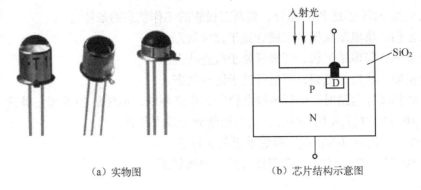

（a）实物图　　　　　　　　　　（b）芯片结构示意图

图1-41　光敏三极管

当集电极加上正电压，基极开路时，集电极处于反向偏置状态。当光线照射在集电结的基区时，会产生电子－空穴对，在内电场的作用下，光生电子被拉到集电极，基区留下空穴，使基极与发射极间的电压升高，这样便有大量的电子流向集电极，形成输出电流，且集电极电流为光电流的 β 倍，如图1-42所示。

图1-43是光敏三极管在脉冲编码器电路中的应用，V_i 为24V电源电压，V_0 为输出电压，N 为光栅转盘上总的光栅辐条数，R_1 和 R_2 为限流电阻器，而A和B则分别是发光二极管和光敏三极管。

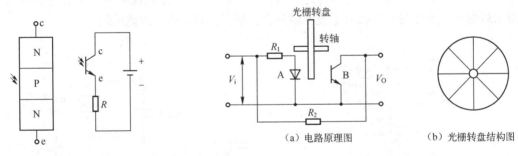

图1-42　光敏三极管光照示意图

（a）电路原理图　　　　（b）光栅转盘结构图

图1-43　脉冲编码器原理图

当转轴以转速 n 转动，光栅转盘也转动，当发光二极管产生的光被辐条遮挡住，光敏三极管截止，V_0 输出为高电位；光经过光栅照射在光敏三极管上，光敏三极管导通，V_0 输出为低电位。转盘转动一圈，接收端将接收 N 个光信号，输出端输出 N 个电脉冲信号。脉冲编码器输出的电信号 V_0 的频率 f 是由转轴的转速 n 确定的，即

$$f = nN$$

图1-44是含有光敏三极管的路灯控制电路。白天有光照时，光敏三极管有较大电流通过，通过调节电位器 R_P，使其电压大于0.7V，开关三极管 VT_1 导通，开关三极管 VT_2 基极电压低于0.7V，不导通。继电器KA失电，不动作。天黑后，光敏三极管几乎没有电流通过，电位器 R_P 分压电压小于0.7V，开关三极管 VT_1 不导通，开关三极管 VT_2 导通。继电器KA得电吸合，其常开触点闭合，路灯亮。

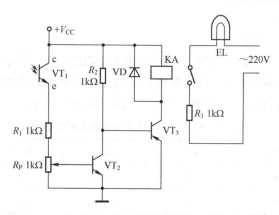

图 1-44　路灯控制电路图

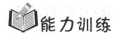 能力训练

实训 1-3　晶体三极管特性仿真研究

1. 实训目的

（1）熟悉三极管的不同工作状态及其对应工作条件。

（2）掌握仿真软件在电子电路中的应用。

2. 实训内容与步骤

1）电流放大作用仿真研究

由三极管的输出特性可知，在不同工作条件下，三极管将工作在不同状态，很多初学者不能根据工作条件判断三极管的工作状态，下面我们通过仿真电路来说明。

根据放大作用的条件，设计仿真电路并运行，结果如图 1-45 所示。

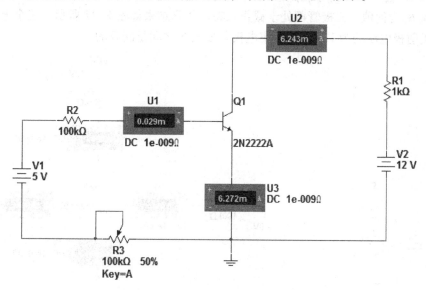

图 1-45　三极管放大作用仿真电路

从仿真结果可以得到以下结论：

（1）$I_E = I_B + I_C$

(2) $\beta = \dfrac{I_C}{I_B} = \dfrac{6.243}{0.029} = 215$

双击三极管打开其元件属性对话框,我们可看到2N222A三极管的电流放大倍数是为35～300,说明上面仿真结果符合要求。改变电位器的值,基极电流随之改变,记录结果于表1-6中,我们发现集电极电流也发生了变化,但仍然满足上面两个结论。

表1-6 三极管电流放大作用仿真测试数据

I_B/mA	0.022	0.025	0.033	0.036	0.043
I_C/mA	4.759	5.557	7.141	7.677	9.066
I_E/mA	4.781	5.583	7.174	7.713	9.109

我们现在理论分析电路工作情况,由输入回路可知回路总电阻为 $R = 100 + 100 \times 50\% = 150\text{k}\Omega$(电位器正处于50%位置),三极管发射结压降 $V_{BE} \approx 0.7\text{V}$,则由回路方程可以得到基极电流为

$$I_B = \frac{V_1 - V_{BE}}{R} = \frac{5\text{V} - 0.7\text{V}}{150\text{k}\Omega} = 0.029\text{mA}$$

与仿真结果相同。

2)截止和饱和作用仿真研究

三极管工作于截止和饱和状态时,就如同一个电子开关,截止对应开关断开,饱和相当于开关合上。因此只要保证条件满足,就可以灵活地利用三极管实现各种控制作用。

(1)截止情况研究。

如图1-46所示,这是三极管开关电路的规范画法。

当输入端 V_{BB} 为0V时,发射结反偏,集电极电源是+12V,所以集电结也反偏,此时不论基极电阻 R_B 为何值,三极管都处于截止状态。仿真结果如图1-47所示,三个电极的电流均为零,集射极电压约为12V,表明集电极与发射极之间是断开的。

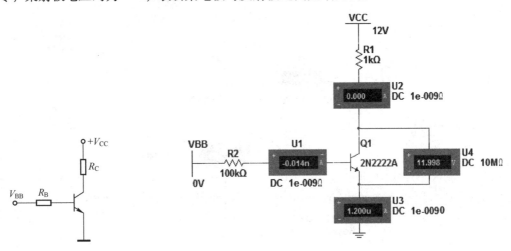

图1-46 三极管开关电路　　　　　图1-47 三极管截止仿真电路

（2）饱和情况研究。

三极管的饱和条件设置要复杂些，如图 1-48 所示，首先发射结正偏，选择 $V_{BB}=5V$，集电结正偏要取决于电路的其他参数，其中基极电阻要根据计算结果进行选择，由前面输出特性分析可知，三极管在饱和时，其集射极电压 $U_{CES} \leqslant 0.3V$，在实际应用中甚至更小，因此得集电极饱和电流

$$I_{CS} = \frac{V_{CC} - U_{CES}}{R_C} = \frac{12 - 0.3}{1} \approx 12mA$$

假设 $\beta = 140$，从而基极电流必须满足

$$I_{BS} \geqslant \frac{I_{CS}}{\beta} = \frac{12mA}{200} = 60\mu A$$

则基极电阻范围为

$$R_B \leqslant \frac{V_{BB} - V_{BE}}{I_{BS}} = \frac{5V - 0.7V}{60\mu A} = 72k\Omega$$

实际应用中 R_B 取得较小，就很容易使三极管处于深饱和状态，这里取 $R_B = 10k\Omega$。仿真结果如图 1-48 所示，基极电流为 $430\mu A$，远远大于 $60\mu A$，集电极电流为 $12mA$，已接近理论上的最大值，集射极电压约为 $0V$，表明集电极与发射极之间相当于短路。

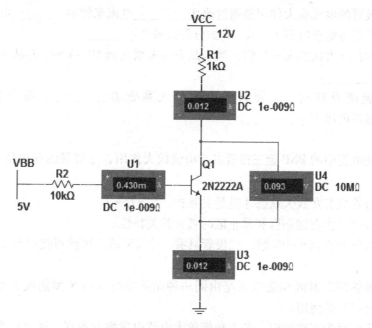

图 1-48　三极管饱和仿真电路

3. 实训总结

（1）分析总结晶体三极管的不同工作状态分别适用于什么场合。

（2）总结晶体三极管基极偏置电阻对其工作状态的影响。

4. 撰写实训报告

撰写实训报告并提交。

📖**练习与思考**

（一）练习题

1. 填空题

1.46 三极管处于放大状态的工作条件是发射结_____，集电结_____。

1.47 三极管可分为 NPN 管和 PNP 管。图题 1.47（a）为_____管的符号，图题 1.47（b）为_____管的符号。

1.48 图题 1.48 所示的三极管处于_____状态。

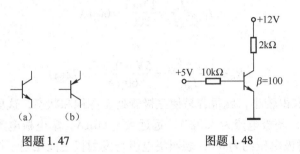

图题 1.47　　　　　　图题 1.48

1.49 三极管的电流放大作用是通过改变_____电流来控制_____电流。

1.50 三极管各电极电流 I_B、I_E、I_C 的分配关系为_____。

1.51 工作在放大区的某三极管，当 I_B 从 30 μA 增大到 50 μA 时，I_C 从 3mA 变为 5mA，则它的 β 值为_____。

1.52 当温度升高时，三极管的电流放大系数 β _____，反向饱和电流 I_{CBO} _____，发射结电压 U_{BE} _____。

2. 判断题

1.53 要使电路中的 PNP 型三极管具有电流放大作用，三极管的各电位一定满足 $U_C < U_B < U_E$。　　　　　　　　　　　　　　　　　　　　　　（　　）

1.54 三极管只有在放大状态才满足关系式：$I_E = I_B + I_C$。　　　　（　　）

1.55 三极管工作在饱和区和截止区时具有开关特性。　　　　　　　（　　）

1.56 三极管具有两个 PN 结，二极管具有一个 PN 结，因此可把两只二极管当做一只三极管使用。　　　　　　　　　　　　　　　　　　　　　　（　　）

1.57 三极管的发射区和集电区是由同一种杂质半导体（N 型的或 P 型的）构成的，故 e 极和 c 极可以互换使用。　　　　　　　　　　　　　　　　　　（　　）

1.58 输入信号为正弦波时，若三极管放大电路出现饱和失真，通过示波器观察输出电压波形正半周出现削顶失真。　　　　　　　　　　　　　　　　　　（　　）

1.59 工作在放大状态的三极管，流过发射结的电流主要是扩散电流。　（　　）

3. 选择题

1.60 工作在放大区的某晶体管，如果当 I_B 从 10μA 增大到 20μA 时，I_C 从 1.5mA 变为 2.5mA，那么它的 β 值约为（　　）。

　　　A. 85　　　　　B. 90　　　　　C. 95　　　　　D. 100

1.61 测得放大状态下的 BJT 三个引脚 1，2，3 对地电位分别为 0V，-0.7V，-6V，则 1，2，3 脚对应的三个极是（　　　）。

  A. e，b，c   B. e，c，b

  C. c，b，e   D. b，e，c

1.62　NPN 三极管工作在放大状态时，其两个结的偏压为（　　　）。

  A. $U_{BE} < 0$，$U_{BE} > U_{CE}$ B. $U_{BE} < 0$，$U_{BE} < U_{CE}$

  C. $U_{BE} > 0$，$U_{BE} < U_{CE}$ D. $U_{BE} > 0$，$U_{BE} > U_{CE}$

1.63　对某电路中 NPN 管的各极电位进行测试，测得 $U_{BE} < 0$，$U_{BC} < 0$，$U_{CE} > 0$，则此管工作在（　　　）状态。

  A. 放大   B. 饱和   C. 截止   D. 击穿

1.64　三极管的控制方式为（　　　）。

  A. 输入电流控制输出电流   B. 输入电流控制输出电压

  C. 输入电压控制输出电压   D. 输入电压控制输出电流

1.65　只能放大电流，不能放大电路的是（　　　）组态放大电路。

  A. 共射   B. 共集   C. 共基   D. 以上都是

4．综合题

1.66　已知三极管各脚对地电压如图题 1.66 所示，请判断图中三极管处于何种工作状态？管子是否损坏？

1.67　电路如图题 1.67 所示，测得某放大电路中三极管其中两个电极电流大小，求出另一个电极的电流大小并在圆圈中画出三极管的符号及各极名称。

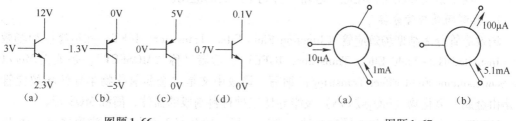

    图题 1.66   图题 1.67

1.68　已知三极管的 $P_{CM} = 100\text{mW}$，$I_{CM} = 14\text{mA}$，$U_{(BR)CEO} = 15\text{V}$，试问在下列几种情况下，哪个能正常工作？哪个不能正常工作？为什么？

（1）$U_{CE} = 3\text{V}$，$I_C = 10\text{mA}$

（2）$U_{CE} = 2\text{V}$，$I_C = 40\text{mA}$

（3）$U_{CE} = 10\text{V}$，$I_C = 14\text{mA}$

（二）思考题

1.69　晶体三极管放大作用的条件是什么？如果将发射极与集电极对调使用，是否具有放大作用？

1.70　三极管安全区受哪些极限参数的限制？

1.71　如何通过 BJT 的输出特性曲线说明三极管是电流控制电流源器件？

1.72　BJT 是由发射结和集电结构成的，能否用两个二极管构成一个 BJT？

任务3 场效应管特性与应用

 学习目标

1. 知识目标

（1）了解场效应管的结构与类型，正确识别场效应管电路符号。

（2）熟悉场效应管的伏安特性，理解场效应管的工作原理。

（3）熟悉场效应管的基本应用。

2. 能力目标

（1）能根据实际应用需要正确选择场效应管。

（2）会分析场效应管的应用电路。

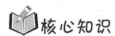 核心知识

1.7 场效应管基础知识

1.7.1 场效应管概述

晶体三极管是一种电流控制型器件，而场效应晶体管（Field Effect Transistor，FET）或场效应管是一种电压控制型器件，它利用输入电压产生电场效应来控制半导体材料的导电能力。场效应管由于只有多子参与导电，因此属于单极型晶体管，输入电阻极高，一般可达 $10^8 \sim 10^{15} \Omega$，几乎不消耗信号源电流。它具有热稳定性好、噪声低、抗辐射能力强、制造工艺简单、便于集成等优点，在电子电路中得到了广泛的应用。

1. 典型场效应管分类

场效应管分为结型场效应管（Junction Field Effect Transistor，JFET）和绝缘栅型场效应管（Insulated Gate Field Effect Transistor，IGFET），后者又称"MOSFET"，是英文 MetalOxide Semicoductor Field Effect Transistor 的缩写，译成中文是"金属氧化物半导体场效应管"。它是由金属、氧化物（SiO_2 或 SiN）及半导体三种材料制成的器件，简称 MOS 管。

MOSFET 分为增强型和耗尽型两种，而以上每一种又有 N 沟道和 P 沟道之分；而 JFET 只有耗尽型一种，也有 N 沟道和 P 沟道之分，如图 1-49 所示。

图 1-49　场效应管的类型

其中绝缘栅型由于制造工艺简单，便于实现集成化，因此应用更广泛。本节我们将以绝缘栅增强型 N 沟道场效应管为代表来研究场效应管的特性与应用。

2. 典型场效应管的结构与符号

图 1-50 是典型平面 N 沟道增强型场效应管（MOSFET）的剖面图。它用一块 P 型硅半

导体材料作为衬底［见图1-50（a）］，在其面上扩散了两个N型区［见图1-50（b）］，再在上面覆盖一层二氧化硅（SiO_2）绝缘层［见图1-50（c）］，最后在N区上方用腐蚀的方法做成两个孔，用金属化的方法分别在绝缘层上及两个孔内做成三个电极：G（栅极）、S（源极）及D（漏极），如图1-50（d）所示。

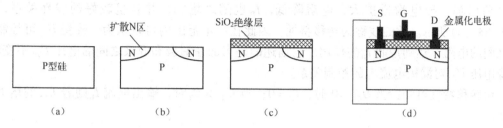

图1-50　N沟道增强型MOSFET结构图

从图1-50中可以看出栅极G与漏极D及源极S是绝缘的，D与S之间有两个PN结。一般情况下，衬底与源极在内部连接在一起。

场效应管的栅极与源极、栅极与漏极均无电接触，故称之为绝缘栅场效应管，它们的S、G、D极分别对应晶体晶体管的e、b、c极，N沟道增强型绝缘栅场效应管电气符号如图1-51（a）所示。P沟道增强型绝缘栅场效应管电气符号如图1-51（b）所示。B为衬底引线，一般与源极S相连，B的箭头方向总是由P指向N，箭头向内表示为N沟道，反之为P沟道。

1.7.2　绝缘栅增强型场效应管的工作原理

要使增强型N沟道场效应管（MOSFET）工作，要在G、S之间加正电压U_{GS}，以及在D、S之间加正电压U_{DS}，则产生正向工作电流I_D。改变U_{GS}的电压可控制工作电流I_D，如图1-52所示。

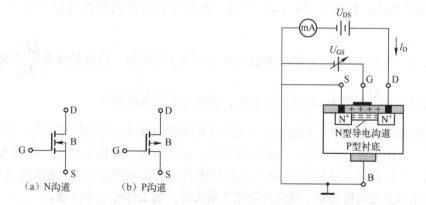

（a）N沟道　　（b）P沟道

图1-51　增强型绝缘栅MOSFET电气符号图　　图1-52　增强型绝缘栅MOSFET工作原理

若先不接U_{GS}（即$U_{GS}=0$），在D与S极之间加一正电压U_{DS}，漏极D与衬底之间的PN结处于反向，因此漏源之间不能导电。如果在栅极G与源极S之间加一电压U_{GS}，此时可以将栅极与衬底看成电容器的两个极板，而氧化物绝缘层作为电容器的介质。当加上U_{GS}时，在绝缘层和栅极界面上感应出正电荷，而在绝缘层和P型衬底界面上感应出负电荷。这层感应的负电荷和P型衬底中的多数载流子（空穴）的极性相反，所以称为"反型层"，这反型层有可能将漏与源的两 N 型区连接起来形成导电沟道。当 U_{GS} 电压太低时，感应出来的负电荷较少，它将被 P 型衬底中的空穴中和，因此在这种情况时，漏源之间仍然无电流 I_D。当 U_{GS} 增加到一定值时，其感应的负电荷把两个分离的 N 区沟通形成 N 沟道，这个临界电压称为开启电压，用符号 U_T 表示（一般规定在 $I_D = 10\mu A$ 时的 U_{GS} 作为 U_T）。当 U_{GS} 继续增大，负电荷增加，导电沟道扩大，电阻降低，I_D 也随之增加，并且呈较好的线性关系，如图 1-53 （a)所示。此曲线称为转移特性。因此在一定范围内可以认为，改变 U_{GS} 可控制漏源之间的电阻，达到控制 I_D 的作用。它描述的是当加在漏极和源极之间的电压 U_{DS} 不变时，栅源电压 U_{GS} 对漏极电流 I_D 的控制关系。

由转移特性可知：当 $U_{GS} = 0$ 时，$I_D = 0$；当 $U_{GS} > U_T$ 时，输出电流 I_D 随着 U_{GS} 的增大而增大。

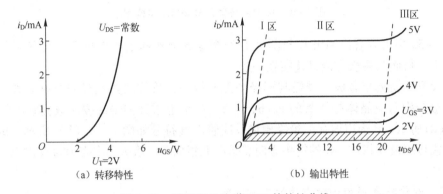

（a）转移特性　　　　　　　　（b）输出特性

图 1-53　增强型 N 沟道 MOS 管特性曲线

1.7.3　输出特性曲线

它描述的是当加在栅极和源极之间的电压 $U_{GS} > U_T$ 并保持不变时，漏极电流 I_D 随着漏源电压 U_{DS} 变化的曲线，如图 1-53 （b） 所示。场效应管的输出特性可以分为三个区域来讨论。

在 Ⅰ 区内，当 U_{GS} 一定时，输出电流 I_D 随 U_{DS} 增加而增加，曲线的斜率 $\dfrac{\Delta U_{DS}}{\Delta I_D}$ 是变化的，表明输出电阻 $r_0 = \dfrac{\Delta U_{DS}}{\Delta I_D}$ 随 U_{DS} 的变化而变化，所以称为可调电阻区。

在 Ⅱ 区内曲线近似水平，漏极电流 I_D 几乎不随漏源电压 U_{DS} 的变化而变化，管子的工作状态相当于一个恒流源，所以此区又叫做恒流区。在此区内，漏极电流 I_D 只随栅源电压 U_{GS} 增大而增大，曲线的间隔反映出 U_{GS} 对 I_D 的控制能力。从这个意义上说，恒流区又可称为放大区，而且基本上是线性关系。场效应管用于放大时，就工作在这个区域。

在 Ⅲ 区内，特性曲线快速上升，即 U_{DS} 增大到一定值后，漏极电流 I_D 急剧增大，漏极和源极之间会发生击穿，所以此区称为击穿区。如无限流措施，会造成 MOS 管损坏。由于这种结构在 $U_{GS} = 0$ 时，$I_D = 0$，称这种场效应管为增强型。

另一类场效应管，在 $U_{GS} = 0$ 时也有一定的 I_D（称为 I_{DSS}），这种场效应管称为耗尽型。图 1-54 （a） 所示为耗尽型 N 沟道 MOSFET 的转移特性曲线，图 1-54 （b） 是其电气符号。耗尽型与增强型主要区别是在制造 SiO_2 绝缘层中有大量的正离子，使在 P 型衬底的界面上感应出较多的负电荷，即在两个 N 型区中间的 P 型硅内形成一 N 型硅薄层，从而形成一导电沟道，所以在 $U_{GS}=0$ 时，有 U_{DS} 作用时也有一定的 I_D（I_{DSS}），当 U_{GS} 有电压时（可以是正电压或负电压），改变感应的负电荷数量，从而改变 I_D 的大小。它的转移特性如图 1-54（c）所示，其中 U_P 为夹断电压（$I_D=0$）。

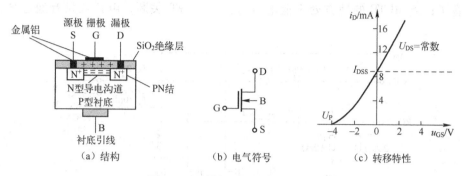

图 1-54　耗尽型 N 沟道 MOSFET

📖 应用案例

1. JFET 的放大特性应用

如图 1-55 所示为简易送话器前置放大电路，放大管采用 N 沟道结型场效应管，送话器 MIC 将声音转换为音频信号送到场效应管栅极，放大后从漏极经耦合电容 C 输出。

2. MOSFET 的开关特性应用

在讨论 MOSFET 的工作原理时已经知道，对 N 沟道增强型 MOSFET，当 $U_{GS}<U_T$ 时，管子处于截止状态；$U_{GS}>U_T$ 时，管子处于导通状态。因此，MOSFET 的另一

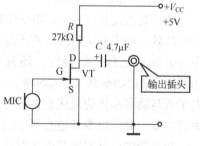

图 1-55　场效应管放大电路应用实例

个特性就是它的开关特性。当用做电子开关时，由于 MOSFET 接通时漏极和源极之间直接连通，不存在直流漂移，而且控制栅极与信号通路是绝缘的，控制通路与信号通路之间没有直流电流，所以，MOSFET 较三极管更适合做理想的开关元件。电路如图 1-56 所示，图 1-56（a）是开关电路；图 1-56（b）是当 $U_{GS}>U_T$ 时，MOS 管相当于开关合上；图 1-56（c）是当 $U_{GS}<U_T$ 时，MOS 管相当于开关断开。

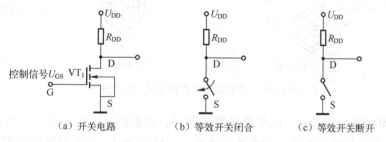

图 1-56　MOS 管开关模型

MOS 管的开关应用如图 1-57 所示，这是一个耳机声音的主控电路。声音的左右声道分别通过隔直流电容 C_1、C_2 和电阻 R_3、R_4 送到耳机孔。但是在电阻 R_3、R_4 和耳机孔之间却接入了一个 N 沟道的 MOS 场效应管，这个场效应管的栅极连接在一起受 MUTE 的控制，当 MUTE 的地方处于高电位时，VT_1、VT_2 导通，就会把声音通过 VT_1、VT_2 入地，耳机里就不会有声音了；当 MUTE 的地方处于低电位时，VT_1、VT_2 关断，声音就只有通过耳机而发出了。

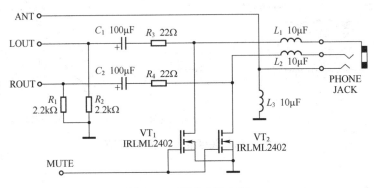

图 1-57 耳机主控电路

3. 功率 MOSFET 应用

功率场效应管（Power MOSFET）也叫电力场效应晶体管，是继 MOSFET 之后新发展起来的高效、功率开关器件。它不仅继承了 MOS 场效应管输入阻抗高（≥108W）、驱动电流小（0.1μA 左右）的特性，还具有耐压高（最高可耐压 1140V）、工作电流大（1.5～100A）、输出功率高（1～250W）、跨导的线性好、开关速度快等优良特性。正是由于它将电子管与功率晶体管之优点集于一身，因此在电压放大器（电压放大倍数可达数千倍）、功率放大器、开关电源和逆变器中获得了广泛应用。

功率场效应管封装与电气符号如图 1-58 所示，图中 G、D、S 分别代表其栅极、漏极和源极。功率 MOSFET 为功率集成器件，内含数百乃至上万个相互并联的 MOSFET 单元。为提高其集成度和耐压性，大都采用垂直结构（VMOS），按垂直导电结构的不同，又可分为两种：V 形槽 VVMOSFET 和双扩散 VDMOSFET。

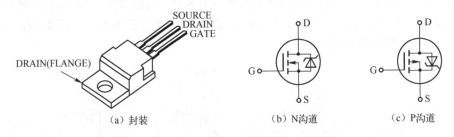

（a）封装　　　　　　（b）N沟道　　　　　　（c）P沟道

图 1-58 功率场效应管的封装与电气符号

传统的 MOS 场效应管是一次扩散形成的器件，其栅极、源极和漏极大致处于同一水平面的芯片上，其工作电流基本上沿水平方向流动，横向导电。功率场效应管则不同，其有两大结构特点：第一，金属栅极采用 V 形槽结构；第二，具有垂直导电性。由于漏极从芯片的背面引出，所以 I_D 不沿芯片水平流动，而自重掺杂 N+区（源极 S）出发，经过 P 沟道流入轻掺杂 N⁻ 漂移区，最后垂直向下到达漏极 D。因为流通截面积增大，所以能通过大电流。由于在栅极与芯片之间有二氧化硅绝缘层，因此它仍属于绝缘栅型 MOS 场效应管。图 1-59 所示为 N 沟道增强型双扩散功率场效应晶体管一个单元的剖面图。

MOSFET 是电压控制型器件，即 MOS 管处于恒流特性区，可以通过栅源电压 U_{GS} 来控制漏源电流 I_D 的改变，在某些恒流源场合，需要驱动电流较大，所以一般选择功率 MOS 管来达到驱动目的。利用此特点可以对 LED 进行调光控制，电路如图 1-60 所示。由于负反馈的作用，电阻 R 上的电压大小等于输入电压，则其电流 I_0 受输入电压控制，而流过发光二极管 VD 的电流 I_D 大小等于 I_0，因此只要改变输入电压大小，就可控制流过 LED 的电流大小，从而调节 LED 发光亮度。

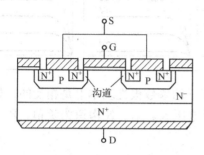

图 1-59 VMOS 功率场效应管结构示意图

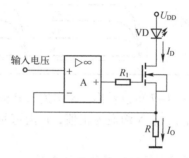

图 1-60 功率 MOSFET 的调光电路

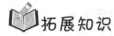 拓展知识

1.8 绝缘栅场效应管的特性与参数

1.8.1 绝缘栅场效应管的特性

绝缘栅场效应管共有四种，其工作原理、电路符号、转移与传输特性都不尽相同，但通过比较，发现它们之间有许多规律，具体见表 1-7。

表 1-7 绝缘栅场效应管的比较

名　　称		N 沟道		P 沟道	
		增强型	耗尽型	增强型	耗尽型
符号		(符号图)	(符号图)	(符号图)	(符号图)
可调电阻区	条件	$U_{GS} > U_{GS(th)}$ $U_{DS} < U_{GS} - U_{GS(th)}$	$U_{GS} > U_{GS(off)}$ $U_{DS} < U_{GS} - U_{GS(off)}$	$U_{GS} < U_{GS(th)}$ $U_{DS} > U_{GS} - U_{GS(th)}$	$U_{GS} < U_{GS(off)}$ $U_{DS} > U_{GS} - U_{GS(off)}$
恒流区	条件	$U_{GS} > U_{GS(th)}$ $U_{DS} \geqslant U_{GS} - U_{GS(th)}$	$U_{GS} > U_{GS(off)}$ $U_{DS} \geqslant U_{GS} - U_{GS(off)}$	$U_{GS} < U_{GS(th)}$ $U_{DS} \leqslant U_{GS} - U_{GS(th)}$	$U_{GS} < U_{GS(off)}$ $U_{DS} \leqslant U_{GS} - U_{GS(off)}$
	特点	$i_D = I_{DO}\left(\dfrac{u_{GS}}{U_{GS(th)}} - 1\right)^2$ 说明：I_{DO} 是 $u_{GS} = 2U_{GS(th)}$ 时的 i_D 值	$i_D = I_{DSS}\left(1 - \dfrac{u_{GS}}{U_{GS(th)}}\right)^2$ 说明：I_{DSS} 是 $u_{GS} = 0$ 时的 i_D 值	$i_D = I_{DSS}\left(1 - \dfrac{u_{GS}}{U_{GS(th)}}\right)^2$ 说明：I_{DSS} 是 $u_{GS} = 0$ 时的 i_D 值	$i_D = I_{DO}\left(\dfrac{u_{GS}}{U_{GS(th)}} - 1\right)^2$ 说明：I_{DO} 是 $u_{GS} = 2U_{GS(th)}$ 时的 i_D 值

名　　称	N 沟道		P 沟道	
	增强型	耗尽型	增强型	耗尽型
转移特性				
输出特性				

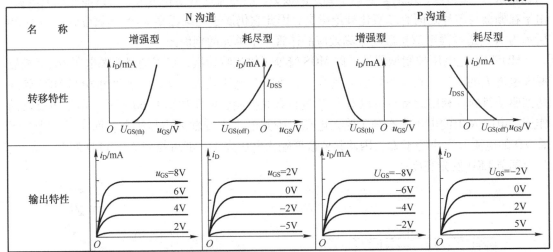

由表 1-7 可以看出，N 沟道与 P 沟道的 MOS 管子的参数极性基本上是相反的，如开启电压 $U_{GS(th)}$，N 沟道为正值，P 沟道是负值；夹断电压 $u_{GS(off)}$，N 沟道为负值，P 沟道是正值。

1.8.2　场效应管的主要参数

（1）开启电压 $U_{GS(th)}$：指 U_{DS} 为某一固定值（通常为 10V），使增强型绝缘栅场效应管开始导通的栅源电压 U_{GS} 最小值。对于 N 沟道管子，$U_{GS(th)}$ 为正值，对 P 沟道管子 $U_{GS(th)}$ 为负值。它是增强型 MOS 管的参数。

（2）夹断电压 $U_{GS(off)}$：指 U_{DS} 为某一固定值（通常为 10V），使耗尽型绝缘栅场效应管处于刚开始截止的栅源电压 U_{GS}，N 沟道管子的 $U_{GS(off)}$ 为负值。它是耗尽型 MOS 管的参数。

（3）饱和漏极电流 I_{DSS}：指在 $U_{GS} = 0$ 条件下，$|U_{DS}| > |U_P|$ 时所对应的漏极电流。它是耗尽型 MOS 管的参数。

（4）直流输入电阻 R_{GS}：它是漏、源极间短路的条件下，栅源之间 U_{GS} 所加直流电压与栅极直流电流 I_G 之比值，即栅源极之间的直流电阻。一般绝缘栅型场效应管的 $R_{GS} > 10^9 \Omega$。

（5）低频跨导（互导）g_m：在 U_{DS} 为某一固定值时，漏极电流 I_D 的微变化量和引起它变化的 U_{GS} 微变化量之比值，即

$$g_m = \frac{\mathrm{d}i_D}{\mathrm{d}u_{gs}}$$

g_m 反映了栅源电压 U_{GS} 对漏极电流 I_D 的控制能力，单位为西门子（S），也常用 mS（即 mA/V）或 μS（即 μA/V）表示。g_m 也就是转移特性曲线工作点的切线的斜率，可见，它与管子的工作电流 I_D 有关，I_D 越大，g_m 就越大。一般场效应管的跨导为零点几到几十毫西门子。

（6）最高工作频率 f_M：指保证管子正常工作的频率的最高极限。

（7）最大耗散功率 P_{DM}：指 $P_{DM} = U_{DS}I_D$ 不能超过的极限值。它受管子的最高工作温度的限制，与晶体管的 P_{DM} 相似，是决定管子温升的参数。

（8）漏源击穿电压 $U_{(BR)DS}$：它是漏、源间所能承受的最大电压，即 U_{DS} 增加到一定数值，PN 结发生雪崩击穿，使 I_D 开始急剧上升（管子击穿）时的 U_{DS} 值。

1.8.3 场效应管与晶体管的比较

（1）场效应管是电压控制元件，而晶体管是电流控制元件。在只允许从信号源取较少电流的情况下，应选用场效应管；而在信号电压较低，又允许从信号源取较多电流的条件下，应选用晶体管。

（2）场效应管利用多数载流子导电，所以称之为单极型器件，而晶体管即利用多数载流子，也利用少数载流子导电，称为双极型器件。

（3）MOSFET 和晶体管均可用于放大或电子开关。但用于电子开关时，由于 MOSFET 接通时漏极、源极之间不存在固有的直流漂移，而且控制极（栅极）与信号通路是绝缘的，控制通路与信号通路之间无直流电流，所以，MOSFET 较晶体管更适合用于理想的开关元件。

（4）晶体管由于发射区和集电区结构上的不对称，所以正常使用时，发射极和集电极是不能互换的。但 MOSFET 在结构上是对称的，所以源极和漏极可以互换使用。但要注意，分立元件的 MOSFET，有时厂家已将衬底和源极在管内短接，遇到这种情况时，漏极和源极就不能互换使用了。

（5）MOSFET 制造工艺简单，功耗小，封装密度极高，适合于大规模、超大规模集成电路。而晶体管电路的放大倍数具有（增益）高、非线性失真小等优点，所以，在分立元件电路和中、小规模集成电路中有一定优势。

（6）场效应晶体管具有较高输入阻抗和低噪声等优点，因而也被广泛应用于各种电子设备中。尤其用场效应管做整个电子设备的输入级，可以获得一般晶体管很难达到的性能。

（7）场效应管的放大系数 g_m 一般较小，因此场效应管的放大能力较差；三极管导通电阻大，场效应管导通电阻小，只有几百毫欧姆，在现在的用电器件上，一般都用场效应管做开关，它的效率是比较高的。

（8）MOSFET 的输入电阻极高，所以，一旦栅极感应上少量电荷，就很难泄放掉。MOSFET 的绝缘层很薄，极间电容 C_{GS} 很小，当带电荷的物体靠近它的栅极时，感应少量电荷就会产生很高的电压，将绝缘层击穿，损坏 MOS 管。因此，使用 MOSFET 时，要特别小心，尤其是焊接 MOS 管时，电烙铁外壳要良好接地。管子存放时，应使 MOS 管的栅极和源极短接，避免栅极悬空。

能力训练

实训 1-4 场效应管放大电路

1. 实训目的

（1）了解结型场效应管的性能和特点。

（2）进一步熟悉放大器动态参数的测试方法。

2. 实训电路

实训电路如图 1-61 所示。

3. 实训内容与步骤

（1）静态工作点的测量和调整。

按照图 1-61 所示实训线路用导线正确连接，将 +12V 直流稳压电源和地连接到实训电路中，打开电源开关。令 $u_i = 0$，用直流电压表测量 U_G、U_S 和 U_D。检查静态工作点是否在特性曲线放大区的中间部分。如合适，则把结果记入表 1–8。若不合适，则适当调整 R_{g2} 和 R_S，调好后，再测量 U_G、U_S 和 U_D 记入表 1–8。

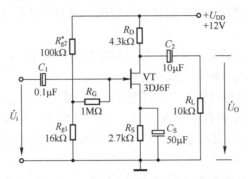

图 1–61　结型场效应管共源级放大器

表 1–8　静态工作点测量

测　量　值						计　算　值		
U_G/V	U_S/V	U_D/V	U_{DS}/V	U_{GS}/V	I_D/mA	U_{DS}/V	U_{GS}/V	I_D/mA

（2）电压放大倍数 A_u 和输出电阻 R_0 的测量。

在放大器的输入端加入 $f=1\text{kHz}$ 的正弦信号 U_i（$\approx 50\sim 100\text{mV}$），并用示波器监视输出电压 u_0 的波形。在输出电压 u_0 没有失真的条件下，用交流毫伏表分别测量 $R_L=\infty$ 和 $R_L=10\text{k}\Omega$ 时的输出电压 U_0（注意：保持 U_i 幅值不变），记入表 1–9。

表 1–9　动态参数测量

	测　量　值				计　算　值	
	U_i/V	U_0/V	A_u	R_0/kΩ	A_u	R_0/kΩ
$R_L=\infty$						
$R_L=10\text{k}\Omega$						

（3）用示波器同时观察 u_i 和 u_0 的波形，分析它们的相位关系。

4. 实训总结

（1）整理实训数据，将测得的 A_u、R_i、R_0 和理论计算值进行比较。

（2）把场效应管放大器与晶体管放大器进行比较，总结场效应管放大器的特点。

5. 撰写实训报告

撰写实训报告并提交。

练习与思考

（一）练习题

1. 填空题

1.73　场效应晶体管主要有_____和_____两类。同双极型三极管相比，其输入电阻_____，热稳定性_____。

1.74 场效应晶体管是一种_____控制型器件，晶体三极管是一种_____控制型器件。

1.75 图题 1.75（a）为_____沟道_____型 MOSFET 的转移特性曲线，图题 1.75（b）为_____沟道_____型 MOSFET 的转移特性曲线。

1.76 场效应管的漏极电流由_____载流子漂移运动形成，N 沟道增强型 MOS 管的漏极电流由_____漂移运动形成，其开启电压是_____（正值、负值）。

图题 1.75

2. 判断题

1.77 场效应管的输入电阻很大，输入电流几乎为零。　　　　　（　　）

1.78 MOSFET 有两种载流子参与导电。　　　　　　　　　　（　　）

1.79 功率 MOS 与传统 MOS 导电机理相同，但结构上有很大区别。（　　）

1.80 JFET 有增强型和耗尽型两种类型。　　　　　　　　　（　　）

1.81 由于 FET 放大电路输入回路可视为开路，所以其输入端的耦合电容一般可以比 BJT 放大电路中相应的耦合电容小。　　　　　　　　　　　　　（　　）

1.82 对于耗尽型的 MOSFET，其 U_{GS} 可正、可负或为零。　　　（　　）

3. 选择题

1.83 场效应管主要是（　　）载流子导电，三极管是（　　）载流子导电。

　　A. 1 种，1 种　　　　B. 1 种，2 种　　　　C. 2 种，1 种　　　　D. 2 种，2 种

1.84 下列说法中错误的是（　　）。

　　A. 场效应管是电压控制型器件，几乎没有输入电流

　　B. 场效应管的温度稳定性较差，三极管的温度稳定性好

　　C. 场效应管的输入电阻很高，一般在 $10^8\,\Omega$ 以上

　　D. 场效应管只有一种载流子参与导电，称为单极性晶体管

1.85 某 FET 的 $I_{DSS}=8\text{mA}$，$I_{DSQ}=10\text{mA}$，电流自漏极流进，则该管是（　　）。

　　A. N 沟道增强型　　　　　　　　　B. N 沟道耗尽型

　　C. P 沟道增强型　　　　　　　　　D. P 沟道耗尽型

4. 综合题

1.86 四个 FET 的转移特性如图题 1.86 所示，试分别说明是何种类型、何种沟道。如果是增强型，指出它的开启电压 $U_{GS(th)}$ 大小；如果是耗尽型，指出它的夹断电压 $U_{GS(off)}$ 和饱和电流 I_{DSS} 的大小。

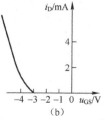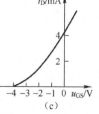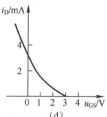

图题 1.86

1.87 已知 N 沟道 JFET 的 $I_{DSS}=4mA$，$U_{GS(off)}=-3V$，画出它的转移特性曲线。

（二）思考题

1.88 绝缘栅场效应管的栅极为何不能开路？

1.89 N 沟道增强型和耗尽型 MOSFET 有何不同？

1.90 FET 与 BJT 比较各有何特点？

1.91 功率 MOSFET 结构上有何特点？

单元 2　放大电路基础

学习目标

1. 知识目标

（1）掌握共射基本放大电路的结构、组成及其工作原理。

（2）理解静态工作点设置的作用与意义，掌握直流通路的分析方法。

（3）掌握共集放大电路（射极跟随器）的组成、特点与应用，了解共基放大电路的组成、特点与应用。

（4）理解放大电路性能指标的含义，了解放大电路的微变等效分析方法。

2. 能力目标

（1）掌握放大电路的调整测试的基本方法，熟悉常用电子仪器的使用方法。

（2）能通过参数与条件分析放大电路的工作状态。

（3）能够对三极管构成的应用电路进行分析。

核心知识

2.1　共射基本放大电路研究

2.1.1　认识放大电路

在生产实践和科学研究中需要利用放大电路放大微弱的信号，以便观察、测量和利用。如图 2-1 所示，扩音机输入端送入话筒的微弱电信号，经扩音机内部的放大器放大后输出较强的电信号，驱动喇叭发出足够的声音，所以放大器实质上是一种能量转换器。

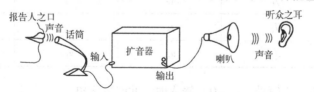

图 2-1　放大器典型应用示意图

一个基本放大电路的组成如图 2-2 所示。

图 2-2 是最简单的共发射极组态放大器的电路原理图。因为交流输入电压信号 u_i、交流输出电压信号 u_0 和晶体管的发射极共地，所以称其为共发射极放大电路。又因为对这种静态工作点稳定的放大电路而言，其静态 I_{BQ} 是固定的，不能随温度的变化而自动调整，所以这种放大电路又称固定偏置的放大电路。

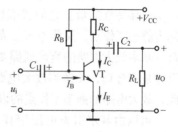

图 2-2　共发射极基本放大电路

各部件的作用如下。

（1）直流电源 V_{CC}：为发射结提供正向偏置电压，为集电结提供反向偏置电压，并通过 R_C 为输出信号提供能量，一般为几伏到几十伏。

（2）基极偏置电阻 R_B：一是给发射结提供正向偏置电压通路，二是限定电路在没有信号输入的情况下（静态）基极电流 I_{BQ} 的大小。I_{BQ} 称为偏置电流，R_B 称为偏置电阻，一般为几十千欧到几百千欧。

（3）输入耦合电容 C_1、输出耦合电容 C_2：起"隔直流，通交流"的作用，即允许输入信号的交流成分加到晶体管的输入端，允许放大后信号的交流成分传递给负载，并降低前后级的直流成分对本级放大电路静态工作点的影响。它们一般是电容量为几十微法的电解电容，正端接高电位、负端接低电位。

（4）集电极负载电阻 R_C：一是给集电结提供反向偏置电压通路，二是把集电极放大后的电流 I_C 转换成电压输出到负载，一般为几千欧到几十千欧。

（5）放大电路的负载电阻 R_L：是放大了的交流信号的承受者，如果电路中不接 R_L，则称为输出开路。

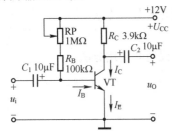

图 2-3　共射基本放大电路

2.1.2　共射基本放大电路静态工作点分析

正常的进行小信号放大的共射基本放大电路如图 2-3 所示，将晶体三极管基极偏置电阻改成一个电位器与固定阻值电阻串联的形式，这样做可以因为晶体管的差异性灵活地调整放大电路的静态工作点，使输入信号不失真地进行放大。

由于放大电路中的电压、电流的名称与对应表示符号有多种，现列于表 2-1 中以示区别。

表 2-1　放大电路中的电压、电流符号

名　　称	直流分量	交流分量	瞬　时　值	有　效　值
基极电流	I_B	i_b	i_B	I_b
集电极电流	I_C	i_c	i_C	I_c
发射极电流	I_E	i_e	i_E	I_e
集 - 射极电压	U_{CE}	u_{ce}	u_{CE}	U_{ce}

当放大电路没有交流信号（$u_i = 0$）输入时，此时放大电路的各极直流电压、电流（一般为 I_{BQ}、I_{CQ}、I_{EQ}、U_{BEQ}、U_{CEQ}）都是直流量，它们代表输入、输出曲线上的一个点，称为静态工作点，又称 Q 点。静态工作时的电路称为直流通路。基本放大电路的直流通路如图 2-4 所示。静态工作点的设置是否合理，关系到放大电路能否正常、稳定地工作。因此，放大电路的静态工作点的设置与调节是十分重要的。

可以由基尔霍夫电压定律（KVL）列出方程先计算出 I_{BQ} 的值，即

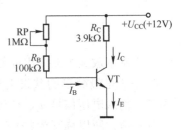

图 2-4　共射基本放大电路的直流通路

$$(R_{RP} + R_B)I_{BQ} + U_{BEQ} = U_{CC}$$

则有

$$I_{BQ} = \frac{U_{CC} - U_{BEQ}}{R_{RP} + R_B} \approx \frac{U_{CC}}{R_{RP} + R_B}$$

电路的其他静态工作点由下列关系式确定：

$$I_{BQ} = I_{EQ}/(1 + \beta)$$
$$I_{CQ} = \beta I_{BQ}$$
$$U_{CEQ} = U_{CC} - I_{CQ}R_C$$

例 2-1　在图 2-5 所示的电路中，$\beta = 80$，设 $U_{BE} = 0.7\text{V}$，其他元件参数如图所示，求 I_B、I_C、I_E 和 U_{CE} 的值。

解：　$I_B = \dfrac{U_{CC} - U_{BE}}{R_B} = 0.024\text{mA}$

$I_C = \beta I_B = 80 \times 0.024\text{mA} = 1.92\text{mA}$

$U_{CE} = U_{CC} - I_C R_C = 12\text{V} - 1.92\text{mA} \times 3.9\text{k}\Omega = 4.5V$

为了加深静态工作点的分析与估算能力，我们现在用仿真软件来辅助分析和验证例 2-1。在 Multisim 软件中搭建如图 2-5 所示的直流通路并将各元件参数设置一致。特别要注意的是：在软件中晶体管型号是 2N2222，双击打开其属性对话框，我们可发现其直流电流放大系数范围为 35 ~ 300，在属性对话框中单击"Edit Model"按钮，将其 β 设置为 80，与上面例题参数一致，然后运行电路。结果如图 2-6 所示，与上面理论计算几乎完全相等。

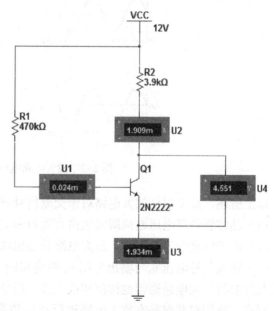

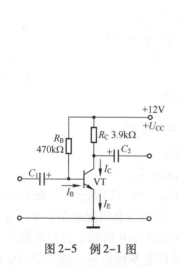

图 2-5　例 2-1 图　　　　　　　　图 2-6　例 2-1 电路仿真结果

2.1.3　共射基本放大电路的动态分析

对于图 2-4 所示共射基本放大电路，可以通过调节偏置电阻 R_P 阻值大小来调整放大电路的静态工作点，使晶体管发射结正偏、集电结反偏，处于放大状态。下面我们来分析放大电路是如何对输入端的交流信号 u_i（比如几十毫伏）进行放大并输出的。

u_i如图2-7（a）所示，通过电容C_1耦合后送到晶体管的基极和发射极；电源V_{CC}通过偏置电阻R_B提供U_{BEQ}，基－射极电压u_{BE}是交流信号u_i与直流电压U_{BEQ}的叠加，如图2-7（b）所示，由晶体管输入特性可知，$u_{BE} = U_{BEQ} + u_i$，产生基极电流$i_B = I_{BQ} + i_b$（几十微安），如图2-7（c）所示；i_B电流经放大后获得对应的集电极电流$i_C = I_{CQ} + i_c$（几毫安），如图2-7（d）所示；集电极电流i_C通过集电极电阻R_C改变了集－射极电压u_{CE}：

$$u_{CE} = V_{CC} - i_C R_C = V_{CC} - (I_{CQ} + i_c)R_C$$
$$= V_{CC} - I_{CQ} R_C - i_c R_C$$
$$= U_{CEQ} + (-i_c R_C) = U_{CEQ} + u_{ce}$$

i_c电流变大时，负载电阻R_C的压降也相应变大，使集电极对地的电位u_{CE}降低；反之i_c电流变小时，集电极对地的电位升高，因此集－射极电压u_{CE}波形与i_c变化情况正相反，如图2-7（e）所示；集电极的信号经过耦合电容C_2后隔离了直流成分U_{CEQ}，输出的只是放大信号的交流成分u_{ce}，即放大的交流输出信号u_0，其大小$u_0 = -i_c R_C$，波形如图2-7（f）所示，可以看出输出信号u_0与输入信号u_i相位相反。

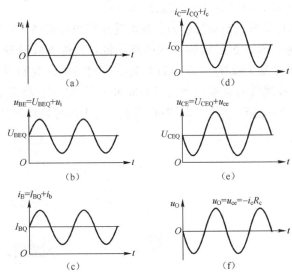

图2-7　放大电路电压、电流波形

综上所述，共发射极放大电路对于交流信号放大，有三个特点：

（1）晶体管各极电压电流瞬时值由直流量和交流量组成。

（2）由于隔直电容的作用，放大电路只输出放大的交流信号。

（3）输入信号电压u_i与输出电压u_0频率相同、相位相反、幅度得到放大，因此这种单级的共发射极放大电路通常也称反相放大器，信号流向与工作点变化情况如图2-8所示。

同样，我们对共射基本放大电路进行动态仿真，电路如图2-9所示。我们取输入信号有效值为20mV，然后用四踪示波器分别观察输入信号、晶体管基极信号、晶体管集电极信号、放大电路输出信号的波形，结果如图2-10所示，清楚地反映了晶体管基极电位变化的情况，输出信号与输入信号相位相反。

2.1.4　基本放大电路的性能指标

一个放大电路的主要性能指标有哪些？这些参数的大小与电路的功能作用有何联系？如

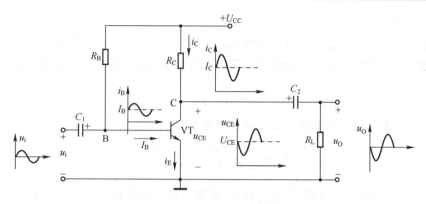

图 2-8　基本放大电路信号流向示意图

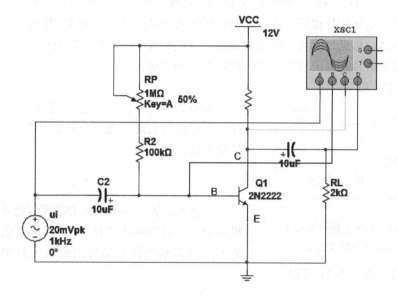

图 2-9　共射基本放大电路的动态分析仿真电路

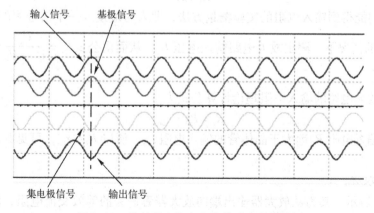

图 2-10　共射基本放大电路的动态分析结果

何提高电路的性能指标？下面我们主要研究交流电压放大倍数 A_u、输入电阻 R_i、输出电阻 R_0 等。

1. 放大倍数

放大倍数又称增益，是衡量放大器放大信号能力的特性指标。常用的放大倍数有电压放大倍数和电流放大倍数。电压放大倍数是指输出电压有效值与输入电压有效值之比，定义为

$$A_u = \frac{U_o}{U_i}$$

电压放大倍数的理论计算很复杂，其公式如下

$$A_u = \frac{U_o}{U_i} = \frac{-\beta I_b R'_L}{I_b r_{be}} = -\frac{\beta R'_L}{r_{be}}$$

上式中，$r_{be} = 300 + (1+\beta)\frac{26(\text{mV})}{I_{EQ}(\text{mA})}\Omega$，称为"基射极等效电阻"，一般为 $200 \sim 300\Omega$；I_{EQ} 是晶体管发射极静态电流，单位是毫安；r_{be} 的值一般为几百欧到几千欧。式中负号表示输出电压与输入电压相位相反。带负载时，$R'_L = R_C /\!/ R_L$；不带负载时 $R'_L = R_C$，R'_L 称为放大电路的交流负载。可见，放大电路的负载愈大（R_L愈小），放大倍数愈小。实践中用输出与输入信号的测量值计算电压放大倍数是较好的一种方法。

2. 输入电阻 R_i

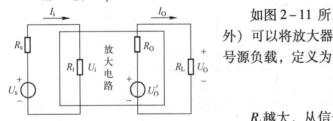

图 2-11 放大电路的输入、输出电阻等效示意图

如图 2-11 所示，从信号的输入端（信号源除外）可以将放大器看成一个等效电阻，这个电阻是信号源负载，定义为

$$R_i = \frac{U_i}{I_i}$$

R_i越大，从信号源索取的电流就越小，则信号源提供给放大器的输入电压 U_i 就越接近信号源的电动势 U_s，尤其是当信号源的内阻较大时更要考虑放大器的输入电阻。由图 2-11 可得

$$U_i = \frac{R_i}{R_i + R_s} \times U_s$$

由上式我们能得到输入电阻的实验测量方法，即人为地接入一个信号源的等效内阻 R_s，在给定 U_s 大小的情况下，测出放大电路输入电压 U_i，从而由公式 $R_i = \frac{U_i}{U_s - U_i} \times R_s$ 计算出输入电阻的大小。

共射基本放大电路的输入电阻理论计算公式为

$$R_i = R_B /\!/ r_{be}$$

一般基极偏置电阻 R_B 远大于晶体管的输入电阻 r_{be}，所以 $R_i \approx r_{be}$，可见共射放大电路的输入电阻不大。

3. 输出电阻 R_0

如图 2-11 所示，其为从放大器输出端向放大器看进去的等效交流电阻，注意不包括外接负载电阻 R_L，定义为

$$R_0 = \frac{U'_o}{I_o}$$

R_0越小，放大器负载变化时，输出电压越稳定，放大电路带负载能力越强。因此，当

放大器作为一个电压放大器来使用时，其输出电阻越小越好。从图2-11中可得

$$U_O = \frac{R_L}{R_0 + R_L} \times U'_O$$

由上式我们能得到输出电阻的实验测量方法，即人为地接入负载电阻 R_L，测出放大电路空载输出电压 U'_O 和带负载电压 U_O，从而由公式 $R_0 = \frac{U'_O - U_O}{U_O} \times R_L$ 计算出输出电阻的大小。

共射基本放大电路的输出电阻理论计算公式为

$$R_0 \approx R_C$$

例2-2 在图2-3所示放大电路中，已知 $V_{CC} = 12V$，$U_{BEQ} = 0.7V$，$R_B = 100k\Omega$，$R_P = 370k\Omega$，$R_C = 3.9k\Omega$，$R_L = 3.9k\Omega$，晶体管的 $\beta = 80$，试计算放大电路的电压放大倍数 A_u、输入电阻 R_i 和输出电阻 R_0。

解： 由例2-1得到

$$I_E = I_C = \beta I_B = 80 \times 0.024\text{mA} = 1.92\text{mA}$$

$$r_{be} = 300 + (1+\beta)\frac{26(\text{mV})}{I_E(\text{mA})} = 300 + (1+\beta)\frac{26(\text{mV})}{1.92(\text{mA})} \approx 1.4k\Omega$$

$$R'_L = R_C // R_L = \frac{3.9 \times 3.9}{3.9 + 3.9} = 1.95k\Omega$$

$$A_u = -\frac{\beta R'_L}{r_{be}} = -80 \times \frac{1.95}{1.4} = -111$$

$$R_i \approx r_{be} = 1.4k\Omega$$

$$R_0 = R_C = 3.9k\Omega$$

下面我们通过仿真软件来测试上面几个性能指标，如图2-12所示，输入信号有效值为14mV，通过仿真得出输出信号的有效值为1.506V（双击电压表模型，将其属性设置为AC，即测量交流电压，一般默认为测量直流电压），则由定义可得该电路的电压放大倍数是 $A_u = -\frac{U_O}{U_i} = -\frac{1506\text{mV}}{14\text{mV}} \approx -108$，这与上面理论计算结果 $A_u = -111$ 非常接近。

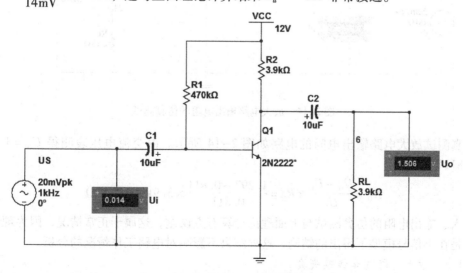

图2-12 放大电路电压放大倍数的仿真测试

仿真测试放大电路输入电阻的电路如图 2-13 所示。由交流电压表测得 $U_i = 7.27\text{mV}$，得 $R_i = \dfrac{U_i}{U_s - U_i} \times R_s = \dfrac{7.27}{14 - 7.27} = 1.1\text{k}\Omega$。

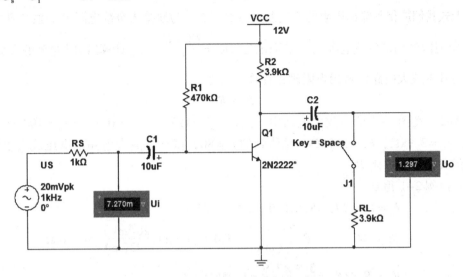

图 2-13　放大电路输入电阻的仿真测试

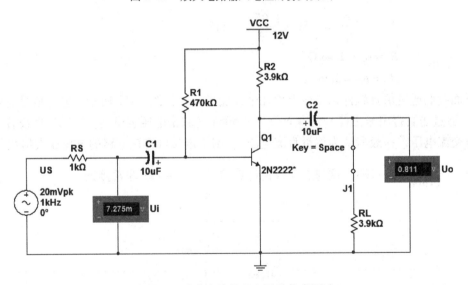

图 2-14　放大电路输出电阻的仿真测试

仿真测试放大电路输出电阻的电路如图 2-14 所示。由交流电压表测得 $U_O = 1.297\text{V}$，$U_L = 0.811\text{V}$，得

$$R_O = \frac{U_O - U_L}{U_L} \times R_L = \frac{1.297 - 0.811}{0.811} \times 3.9\text{k}\Omega = 2.3\text{k}\Omega$$

输入、输出电阻的仿真测试与上面理论计算有点误差，这属于正常情况，因为理论计算本身就是在小信号模型下得出的结论，这种结果不影响对电路工作情况的分析。

2.1.5　放大电路的非线性失真

所谓失真，是指放大电路的输出信号波形与输入信号的波形不成比例。例如，在音频放大电路中表现为声音失真，在电视扫描放大电路中表现为图像比例失真。引起失真的主要原因是晶体管的静态工作点进入饱和区或截止区，使放大器的工作范围超出了晶体管的线性范围，这种失真称为非线性失真。

1. 截止失真

截止失真是由于放大电路静态工作点的位置太低，当输入信号 $u_i < 0.5V$ 时，发射结截止，输入电流 i_b 不随 u_i 变化，晶体管进入截止区，造成集电极电流 i_c 的负半周被削平，这种失真就叫做截止失真，如图 2-15 所示。

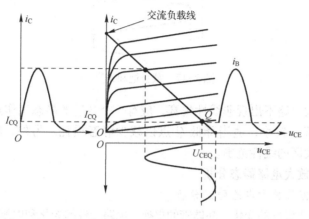

图 2-15　截止失真

2. 饱和失真

饱和失真是由于放大电路静态工作点的位置太高，在输入信号的正半周，晶体管进入饱和区，造成集电极电流 i_c 的正半周被削平，这种失真就叫做饱和失真，如图 2-16 所示。

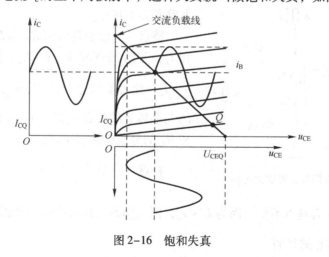

图 2-16　饱和失真

3. 截止饱和失真

截止饱和失真是由于放大电路的输入信号 u_i 过大造成的，导致输出电压的正负半周都会被削去，形成两个平顶，即同时出现了截止和饱和失真，称为截止饱和失真，如图 2-17所示。

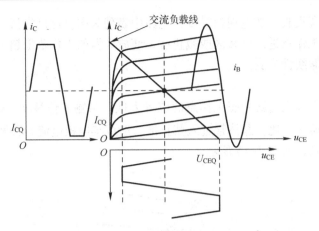

图 2-17 截止饱和失真

可见，为使放大电路不出现非线性失真，应有一个合适的静态工作点 Q，一般 Q 点选在交流负载线中部。若 u_i 较小，适当降低 Q 点以减少静态损耗。另外，输入信号不能太大，以免超过三极管放大区的线性范围。

2.2 其他形式放大电路静态分析

2.2.1 分压式偏置放大电路静态分析

实际工作中，由于温度的变化、晶体管的更换、电路元件的老化和电源电压波动等原因，都可能导致静态工作点不稳定，在这诸多因素中，以温度的变化影响最大。固定偏置放大电路工作点固定，无法对温度的变化做出调整，而分压偏置放大电路可以克服温度对工作点的影响。

1. 电路组成

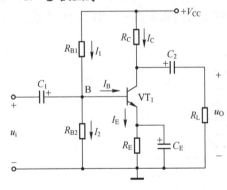

图 2-18 分压偏置共射放大电路

图 2-18 所示为一分压偏置共射放大电路，该电路有如下特点。

特点一：设偏置电阻 R_{B1} 和 R_{B2} 的电流分别为 I_1 和 I_2，若适当选取 R_{B1} 和 R_{B2}，满足 $I_1 \gg I_{BQ}$，则 $I_1 \approx I_2$，此时基极电位为 $U_B = \dfrac{R_{B2}}{R_{B1} + R_{B2}} V_{CC}$，因此，$U_B$ 与晶体管的参数无关，不受温度影响，而由 R_{B1} 和 R_{B2} 的分压电路所决定。

特点二：若满足 $U_B \gg U_{BE}$，则 $I_E = \dfrac{U_B - U_{BE}}{R_E} \approx$

$\dfrac{U_B}{R_E}$，即发射极电流 I_E 基本不变。因为 $I_C \approx I_E$，因此静态工作点不受温度影响，是固定值，达到了稳定静态工作点的目的。

2. 稳定静态工作点的原理

当温度上升时，晶体管参数变化使得集电极电流 I_C 增大，这时增大的 I_C 使得发射极电阻 R_E 上的压降 U_E（$= I_E R_E$）增大。由于基极电位 U_B 基本稳定，因此 U_E 的增大会导致 U_{BE}（$= U_B - U_E$）减小，U_{BE} 的减小将使基极电流 I_B 降低，致使集电极电流 I_C 降低，静态工作点得以稳定。其稳定静态工作点的过程如下：

$$T\uparrow \to I_C\uparrow \to I_E\uparrow \to U_E\uparrow \to U_{BE}\downarrow \to I_B\downarrow \to I_C\downarrow$$

可见，静态工作点的稳定是由 U_B 和 R_E 共同作用实现的，它利用变化的 I_C 在发射极电阻 R_E 上的压降 U_E 和 U_B 比较后，通过 U_{BE} 的变化来控制 I_C 的变化。发射极电阻 R_E 越大，电路的稳定性越好，但 R_E 上的交流压降也会使交流电压 u_{be} 减小，降低了放大电路的电压放大倍数。但是 R_E 两端并联了大电容 C_E，只要 C_E 足够大，C_E 对交流信号可视为短路，从而保证电路的电压放大倍数不受 R_E 的影响，其电容值一般为几十微法到几百微法。

3. 静态工作点

分压式偏置放大电路的直流通路如图 2-19 所示，可以求出静态参数：

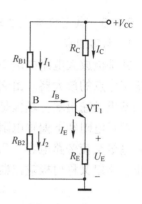

$$U_{BQ}=\frac{R_{B2}}{R_{B1}+R_{B2}}V_{CC}$$

$$I_{CQ}\approx I_{EQ}=\frac{U_{BQ}-U_{BE}}{R_E}$$

$$I_{BQ}=\frac{I_{CQ}}{\beta}$$

$$U_{CEQ}=V_{CC}-I_{CQ}(R_C+R_E)$$

图 2-19　分压式偏置放大电路的直流通路

分压式偏置放大电路在实际电路中应用广泛，它不仅提高了静态工作点的热稳定性，而且在更换晶体管时，对由于晶体管参数不同而引起的 Q 点的变化，也具有自动调节作用。这一点给放大电路的维修工作带来了很大方便。

2.2.2 共集电极放大电路静态分析

1. 电路组成

共集电极放大电路如图 2-20（a）所示。由交流通路可知（见拓展知识部分），基极和集电极是输入端，发射极和集电极是输出端，集电极是输入、输出回路的公共端，故称为共集电极放大电路。R_B 是基极偏置电阻，R_E 是发射极电阻，C_1 和 C_2 是耦合电容，R_L 是放大电路负载。因为输出信号从发射极输出，所以又称射极输出器。

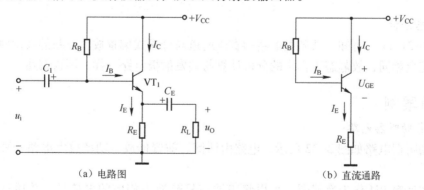

（a）电路图　　　　　　　　　　　（b）直流通路

图 2-20　共集电极放大电路

2. 静态分析

由图 2-20（b）所示直流通路可以直接求出静态参数：

$$I_{BQ} = \frac{V_{CC} - U_{BE}}{R_B + (1 + \beta) R_E}$$

一般 $V_{CC} \gg U_{BE}$，则

$$I_{BQ} \approx \frac{V_{CC}}{R_B + (1 + \beta) R_E}$$

$$I_{CQ} = (1 + \beta) I_{BQ}$$

$$U_{CEQ} = V_{CC} - I_{EQ} R_E \approx V_{CC} - I_{CQ} R_E$$

2.2.3 共基极放大电路静态分析

1. 电路组成

共基极放大电路如图 2-21（a）所示，又称集电极 – 基极偏置放大电路，是另一种具有稳定工作点的放大器。由交流通路可知（见拓展知识部分），发射极和基极是输入端，集电极和基极是输出端，基极是输入、输出回路的公共端，故称共基极放大电路。R_{B1}、R_{B2} 分别是上偏置电阻和下偏置电阻，R_C 是集电极直流负载，R_E 是发射极电阻，起稳定 Q 点的作用，C_b 是基极交流旁路电容，C_1 和 C_2 是耦合电容，R_L 是放大电路负载。因为输出信号从发射极输出，所以又称射极输出器。

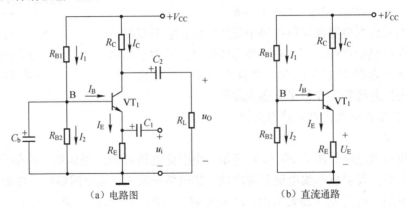

（a）电路图　　　　　　　　（b）直流通路

图 2-21　共基极放大电路

2. 静态分析

由图 2-21（a）可知，共基极电路的直流通道与分压式偏置放大电路的共发射极电路的直流通路完全相同，故静态工作点的分析计算与共发射极电路一样，不再赘述。

 **应用案例**

1. 简易助听器电路

简易助听器电路如图 2-22 所示，电路由话筒、前置低放、功率放大电路和耳机等部分组成。

驻极体话筒 BM 作为换能器，可以将声波信号转换为相应的电信号，并通过耦合电容 C_1 送至前置低频放大电路（共发射极组态）进行放大，R_1 是驻极体话筒 BM 的偏置电阻，即给话筒正常工作提供偏置电压。

VT_1，R_2，R_3 等元件组成前置低频放大电路，将经 C_1 耦合来的音频信号进行前置放大，放大后的音频信号经 R_4，C_2 加到电位器 R_P 上，电位器 R_P 用来调节音量。VT_2，VT_3 组成功率

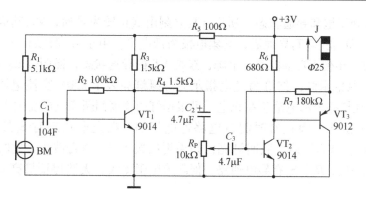

图2-22　简易助听器电路

放大电路，使音频信号的功率进一步放大，并通过耳机插孔推动耳机工作。R_6、R_7电阻为VT_2、VT_3提供偏置电压。

VT_2是共射组态放大电路，VT_3是共集电极组态，其特点是输出电阻小，具有很强的带负载能力，因此一般都作为输出级。

2. 应急照明灯

图2-23是应急照明电路，U_1为220V交流电降压整流滤波稳压后的直流电，这里省去了整流电路，直接用直流10V作为充电电源；U_2是镍氢充电电池，是备用电源。合上电源开关S表示电路有电；电路处于充电状态；断开开关S，表示电路断电，则备用电源点亮照明灯。

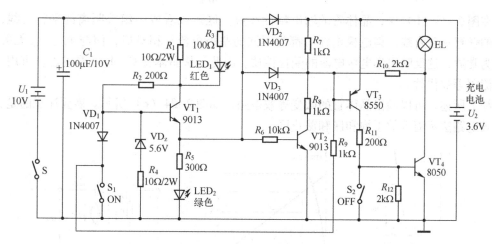

图2-23　应急照明电路

电路的工作原理如下：

有电时，VT_1基极接有稳压二极管VD_Z，电阻R_2既是VT_1的基极偏置电阻，又是稳压二极管VD_Z的限流电阻，使VT_1基极电压约为5.6V，经过两个0.7V压降，充电电压最高约4.2V。其充电电流随着电池电压的变化而变化，电池电压越低充电电流越大；反之则越小。在充电状态，VT_2饱和导通，VT_3由于VD_3、R_9的作用而截止，VT_4也截止，照明灯EL不亮。

停电时，即220V交流电源因故停电时，电路中直流10V电压消失，VD_3正极无电压，

由于 VT_2 断电前处于饱和导通状态，所以 VT_3 立刻由截止转为导通，VT_4 基极电位升高，随之导通，照明灯 EL 亮。VT_4 导通后，其集电极为低电平，由于 R_{10} 跨接在 VT_3 基极与 VT_4 集电极之间，它进一步使 VT_3 基极电位下降，维持 VT_3 的导通状态，照明灯 EL 一直点亮。

绿灯为主电源指示灯，红灯为充电指示灯。绿灯亮表示 220V 交流电源、10V 直流和 VT_1 电路有电；红灯亮表示电池正在充电，可根据灯的亮度判断充电电流大小。

按钮 S_1 和 S_2 是在电源正常时测试电路性能用的。在充电状态时 S_1 按下，VT_1 截止，LED_2 绿灯灭，VT_3、VT_4 导通，照明灯亮；如果再次按下 S_2，VT_4 截止，此时，即使备用电源、照明灯 EL、R_{10}、R_9、S_1 有导电通路，但限流电阻太大，无法保证灯亮所需的电流，照明灯 EL 灭。

 拓展知识

2.3 放大电路的动态分析

2.3.1 晶体管微变等效电路

微变等效电路法就是在低频小信号作用下，晶体管的输入伏安特性曲线在一段小范围内就可以看成直线，此时可以把非线性元件晶体管当成线性元件。

在图 2-24（a）中，当输入信号较小时，在静态工作点 Q 附近的曲线可以看成直线，即从晶体管的 B－E 极看去可等效为一个电阻 r_{be}，称为"基射极等效电阻"，它的估算公式：

$$r_{be} = r_b + (1 + \beta)\frac{26\text{mV}}{I_{EO}\text{mA}}(\Omega)$$

在图 2-24（b）中，晶体管的输出特性在放大区可以看成一组等距离的平行直线，对其中的任意一条直线，集电极电流 i_c 都与不同的基极电流 i_b 相对应，而与电压 u_{CE} 无关，β 近似为常数，这反映出集电极电流的受控性质。因此，从晶体管 C－E 极看进去，可用一受控电流源等效代替。

综上所述，可以画出晶体管的微变等效电路，如图 2-24（c）所示。需要注意的是，微变等效电路法不能等效于饱和区和截止区。

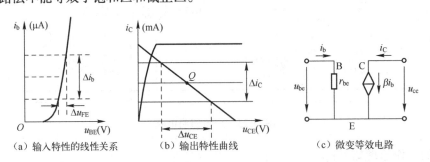

（a）输入特性的线性关系　　　（b）输出特性曲线　　　（c）微变等效电路

图 2-24　晶体管微变等效电路

2.3.2 共射基本放大电路动态分析

1. 交流通路和微变等效电路

交流通路是指动态时，放大电路交流电流通过的路径。在交流状态下电容视为短路，电感用相应的感抗代替，直流电源的内阻很小，也视为短路，就得到放大电路的交流通路。

图2-25（a）是基本共射放大电路的交流通道。

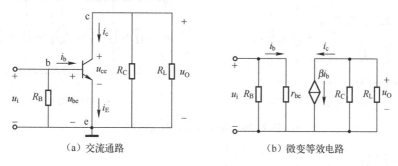

（a）交流通路   （b）微变等效电路

图2-25 共发射极放大电路

在放大电路的交流通道中，将晶体管用它的等效电路代替就得到放大电路的等效电路，如图2-25（b）所示。

2. 动态参数的估算

（1）放大倍数：电压放大倍数是输出电压有效值与输入电压有效值之比，根据等效电路可得

$$A_u = \frac{U_O}{U_i} = \frac{-\beta I_b R'_L}{I_b r_{be}} = -\frac{\beta R'_L}{r_{be}}$$

另外，放大电路的电流放大倍数为

$$A_i = \frac{I_O}{I_i} = \frac{I_C}{I_b} = \beta$$

（2）输入电阻：根据等效电路可得

$$R_i = \frac{U_i}{I_i} = R_B /\!/ r_{be}$$

（3）输出电阻：输出电阻相对于负载 R_L 来说，可看成一个电压源的内阻。计算方法是伏安法，令独立电源为零（短路），负载 R_L 开路，在输出端加电压，确定其电流 I_O，则

$$R_O = \frac{U_O}{I_O}$$

在图2-25（b）中，U_i 为独立电源，当 $U_i = 0$ 时有：$I_B = 0$，$I_C = \beta I_B = 0$，即受控电流源开路。因此

$$R_O = \frac{U_O}{I_O} = R_C$$

2.3.3 分压式偏置放大电路动态分析

1. 交流通路和微变等效电路

分压式偏置放大电路的交流通路和微变等效电路如图2-26（b）和图2-26（c）所示。

2. 动态参数的估算

由图2-26（b）所示微变等效电路可以求出电路交流参数。

（1）电压放大倍数：

$$A_u = -\beta \frac{R'_L}{r_{be}} = -\beta \frac{R_C /\!/ R_L}{r_{be}}$$

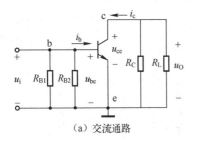 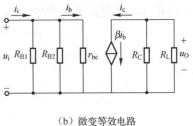

（a）交流通路　　　　　　　　　　　　（b）微变等效电路

图 2-26　分压式偏置放大电路

（2）输入电阻：

$$R_i = R_B // r_{be} = R_{B1} // R_{B2} // r_{be} \approx r_{be}$$

（3）输出电阻：

$$R_0 = R_C$$

2.3.4　共集电极放大电路动态分析

1. 交流通路和微变等效电路

共集电极放大电路的交流通道和微变等效电路如图 2-27（a）和图 2-27（b）所示。

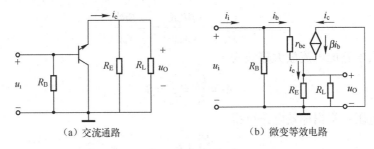

（a）交流通路　　　　　　　　　　　　（b）微变等效电路

图 2-27　共集电极放大电路的交流通路和微变等效电路

2. 动态参数的估算

由图 2-27（b）所示微变等效电路，可以求出电路动态参数。

（1）电压放大倍数：

$$A_u = \frac{U_0}{U_i} = \frac{(I_b + I_c)R'_L}{I_b r_{be} + U_0} = \frac{(1+\beta)I_b R'_L}{I_b r_{be} + U_0} = \frac{(1+\beta)R'_L}{r_{be} + (1+\beta)R'_L} \approx 1$$

上式中 $R'_L = R_E // R_L$，可见，共集放大电路的输出电压与它的输入电压同相位，而且电路的电压放大倍数接近于1。这正是射极跟随器或电压跟随器的由来。

应该指出的是，射极跟随器没有电压放大能力，但仍然有电流放大作用

$$A_i = \frac{I_0}{I_i} \approx \frac{i_c}{i_b} = \beta$$

（2）输入电阻：

$$R_i = R_B // \left[r_{be} + (1+\beta)(R_E // R_L) \right]$$

一般 R_B 的阻值在几十千欧到几百千欧之间，$(1+\beta)R_E // R_L$ 也远比 r_{be} 大得多，所以射极输出器的输入电阻 R_i 比较大，对信号源的影响很小。因此，射极输出器常被用在多级放大器的输入级，以减少信号电压在信号源内阻上的损耗，尽可能大地获得输入信号电压。

（3）输出电阻低：

$$R_O = R_E // \left[\frac{r_{be} + (R_B // R_S)}{(1+\beta)} \right]$$

可见，射极输出器具有极小的输出电阻，一般为几欧到几十欧，表明电路具有很强的带负载能力。因此射极输出器常被用做多级放大器的最后一级，用于驱动负载。

值得提出的是，射极输出器还可以作为中间缓冲级进行阻抗变换。实际上，射极输出器在电路设计中具有广泛的用途。

例2-3 电路如图2-28所示，晶体管的 $\beta = 80$，$r_{be} = 1k\Omega$。分别求出 $R_L = \infty$ 和 $R_L = 3k\Omega$ 时电路的 A_u 和 R_i。

解：（1）$R_L = \infty$ 时

$$R_i = R_b // [r_{be} + (1+\beta) R_e] \approx 110k\Omega$$

$$\dot{A}_u = \frac{(1+\beta) R_e}{r_{be} + (1+\beta) R_e} \approx 0.996$$

（2）$R_L = 3k\Omega$ 时

$$R_i = R_b // [r_{be} + (1+\beta)(R_e // R_L)] \approx 76k\Omega$$

$$\dot{A}_u = \frac{(1+\beta)(R_e // R_L)}{r_{be} + (1+\beta)(R_e // R_L)} \approx 0.992$$

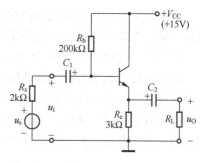

图2-28 例2-3图

2.3.5 共基放大电路动态分析

1. 交流通路和微变等效电路

共基电极放大电路的交流通道和微变等效电路如图2-29所示。

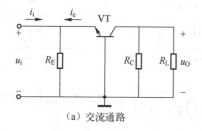

（a）交流通路

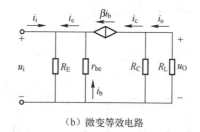

（b）微变等效电路

图2-29 共基极放大电路交流通路和微变等效电路

2. 动态参数的估算

由图2-29（b）所示微变等效电路可求出电路动态参数。

（1）电压放大倍数：

$$A_u = \frac{U_O}{U_I} = \frac{-\beta I_b R_e // R_L}{-I_b r_{be}} = \frac{\beta R_C // R_L}{r_{be}} = \frac{\beta R'_L}{r_{be}}$$

可见，共基极放大器的电压放大倍数与共射极放大器的电压放大倍数完全相同，但输出电压和输入电压的相位同相，即共基极放大器是一个同相放大器，而共发射极放大器是一个反相放大器。

应该指出的是，共基极放大电路的电流放大倍数是

$$A_i = \frac{I_C}{I_e} < 1 \quad （为 0.9 \sim 0.99）$$

（2）输入电阻：

$$R_i' = \frac{U_i}{-I_e} = \frac{-I_b r_{be}}{-(1+\beta) I_b} = \frac{r_{be}}{1+\beta}$$

$$R_i = R_E // R_i' = R_E // \frac{r_{be}}{1+\beta}$$

（3）输出电阻：

$$R_0 = R_C$$

由此可见，共基极放大电路的输入电阻比较小，使得它比较适合与信号是电流源的前级衔接。输出电阻与共射放大电路相同，也比较大。

2.3.6　三种基本放大电路的比较

共发射极、共集电极、共基极是放大电路的三种基本组态，各有自己的特点，这是从交流的角度来分类的，其名称是以三种放大电路的交流通路公共端是什么极来确定的。实质上，作为放大器这一共性，它们的直流状态是一样的，即发射结正偏、集电结反偏。建立合适而稳定的工作点，是三种组态放大器的共同要求。它们的基本性能见表2-2。

表2-2　晶体管放大电路的三种基本组态性能比较

	共射放大电路	共集放大电路	共基放大电路
电路组成			
微变等效电路			
静态工作点的估算	$I_{BQ} = \dfrac{V_{CC} - U_{BE}}{R_B} \approx \dfrac{V_{CC}}{R_B}$ $I_{CQ} = \beta I_{BQ}$ $U_{CEQ} = V_{CC} - I_{CQ} R_C$	$I_{BQ} = \dfrac{V_{CC} - U_{BE}}{R_B + (1+\beta) R_E}$ $\approx \dfrac{V_{CC}}{R_B + (1+\beta) R_E}$ $I_{EQ} \approx I_{CQ} = \beta I_{BQ}$ $V_{CEQ} \approx V_{CC} - I_{CQ} R_E$	$U_B = V_{CC} \dfrac{R_{B2}}{R_{B1} + R_{B2}}$ $I_{CQ} = \dfrac{U_B - V_{BEQ}}{R_E}$ $I_{BQ} = \dfrac{I_{CQ}}{\beta}$ $U_{CEQ} \approx V_{CC} - I_{CQ} (R_C + R_E)$
R_i	$R_i = R_B // r_{be}$ （中）	$R_i = R_B // [r_{be} + (1+\beta) \cdot (R_E // R_L)]$ （高）	$R_i = R_E // \dfrac{r_{be}}{1+\beta}$ （中）
R_0	$R_0 = R_C$ （高）	$R_0 = R_E // \left[\dfrac{r_{be} + (R_B // R_S)}{(1+\beta)} \right]$ （低）	$R_0 = R_C$ （高）

续表

	共射放大电路	共集放大电路	共基放大电路
A_u	$A_u = -\beta \dfrac{R_C /\!/ R_L}{r_{be}}$ （高）	$A_u \approx 1$ （低）	$A_u = \beta \dfrac{R_C /\!/ R_L}{r_{be}}$ （高）
相位	u_O 与 u_i 反相	u_O 与 u_i 同相	u_O 与 u_i 同相
频响	高频特性差	高频特性好	高频特性好
用途	常用于多级放大器的中间级	常用于多级放大器的输入、输出级和中间缓冲级	常用于高频放大器、宽频带放大器和恒流电路

能力训练

实训 2-1　分压偏置共射放大电路测试及研究

1. 实训目的

（1）掌握放大器静态工作点的调试方法。

（2）掌握放大器电压放大倍数的测试方法。

（3）掌握放大器输入、输出电阻的测试方法。

（4）了解放大电路非线性失真与静态工作点的关系。

（5）进一步熟悉常用电子仪器及模拟电路实训的方法。

2. 电路组成

现给出一个实际的分压偏置共射放大电路，如图 2-30 所示。要求在此电路上完成静态工作点的测量与分析，以及交流性能指标的测量与分析。

3. 实训内容与步骤

1）静态工作点的测量

按照图 2-30 所示电路连接好测试电路。先将 RP 调至最大，函数信号发生器输出旋钮旋至零。将实训台上 +12V 直流稳压电源和地连接到实训电路中，打开电

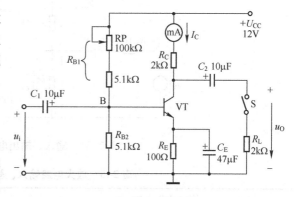

图 2-30　共射极单管放大器实训电路

源开关。调节 RP，使 $I_C = 3.0\text{mA}$ 左右（或者使 $U_{CE} = 6\text{V}$ 左右），用直流电压表测量 U_B，U_E、U_C 及用万用表测量 R_{B1} 值（此值要断开一端导线进行测量）。记入表 2-3。

表 2-3　静态工作点的测量

测　量　值				计　算　值		
U_B/V	U_E/V	U_C/V	$R_{B1}/k\Omega$	U_{BE}/V	U_{CE}/V	I_C/mA

2）测量电压放大倍数

当放大电路有了合适的静态工作点以后，若在放大器的输入端加入正弦交流信号电压 u_i，放大器就会表现出一些交流特性，同时在放大器的输出端得到放大的交流输出信号。

打开实训台上函数信号发生器的电源开关，在放大器输入端加入频率为 1kHz 的正弦信号 u_i，调节函数信号发生器的输出幅度旋钮使放大器输入电压 $U_i \approx 10mV$，同时调整电路上电位器 RP，使放大器的输出波形达到最大不失真状态。在波形不失真的条件下，用交流毫伏表测量放大器的输入、输出电压，计算电压放大倍数 A_u 并把测量值、计算值填入表 2-4，用双踪示波器观察 u_0 和 u_i 的相位关系，绘出 u_0 和 u_i 的波形。

表 2-4　电压放大倍数的测量

$R_C/k\Omega$	$R_L/k\Omega$	U_0/V	U_i	A_u	A_u 计算值
2	∞				
2	2				

3）放大电路输入、输出电阻的测量

在前面测量的基础上，为电路加入信号源，如图 2-31 所示，在信号源端加入 $f=1kHz$、有效值 $U_S=100mV$ 的正弦交流信号，用交流毫伏表测出 R_S 与信号源 u_S 两端的电压有效值 U_i，填入表 2-5 中；输入端信号源不变，用示波器观察输出信号使其不失真，并用交流毫伏表测出空载（$R_L=\infty$）时输出电压有效值 U_0 和带负载（$R_L=2k\Omega$）时的输出电压有效值 U_L，填入表 2-5。最后按照表 2-5 中所给公式计算输入、输出电阻。

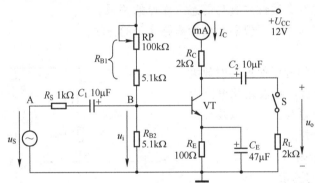

图 2-31　输入、输出电阻测量电路

表 2-5　放大电路输入、输出电阻的测量

输入电压/mV		输出电压/mV	
$U_i =$	$U_S =$	$U_0 =$　（$R_L = \infty$）	$U_L =$　（$R_L = 2k\Omega$）
输入电阻 $r_i = \dfrac{U_i}{U_S - U_i} \times R_S =$		输出电阻 $r_0 = \left(\dfrac{U_0}{U_L} - 1\right) \times R_L =$	

4）非线性失真与静态工作点的关系研究

（1）调节偏置电阻 R_{RP} 的大小，使 U_{CE} 两端的电压在 1V 左右，使静态工作点处于放大区的上部，靠近饱和区，然后输入 1kHz 的交流信号，逐渐增大输入信号电压，得到明显的失真电压波形，记录于表 2-6 中。

（2）截止失真的研究。

调节偏置电阻 R_{RP} 的大小，使 U_{CE} 两端的电压接近电源电压，即使静态工作点处于放大区的下部，靠近截止区，然后输入 1kHz 的交流信号，逐渐增大输入信号电压，得到明显的失真电压波形，记录于表 2-6 中。

（3）输入大信号引起的失真。

调节偏置电阻 R_{RP} 的大小，使 U_{CE} 两端的电压在约为电源电压的一半，即使静态工作点处于放大区的中部，然后输入 1 kHz 的交流信号，此时输出信号应不失真，逐渐增大输入信号电压，直到输出明显的失真电压波形，记录于表 2-6 中。

表 2-6　放大电路波形失真研究

U_{CE}/V	输入信号波形	输出信号波形	失真类型	解决办法
接近 1V				
接近 U_{CC}				
接近 $\frac{1}{2}U_{CC}$				

从上述测试结果可以看出：

（1）静态工作点 U_B 由电路参数决定，不受温度变化的影响，这样就能保证基极电流 I_B 的稳定，同时，三极管发射极电阻 R_E 也具有稳定静态工作点的作用，其原理是负反馈，这在后续章节中加以介绍。

（2）如果静态电流设置太大，使静态工作点过高而接近饱和状态，容易引起信号输出电压的饱和失真；如果静态电流设置太小，使静态工作点过低而接近截止状态，容易引起信号输出电压的截止失真；而静态工作点设置合适时，如果输入信号电压过大，也会引起饱和与截止失真，即由于晶体管的非线性引起的非线性失真，也叫双向失真。解决的办法是，先通过输出波形的失真特征来确定是饱和失真，还是截止失真，还是因输入信号过大的非线性失真，然后对电路静态工作点或输入信号的大小进行调整，达到输出波形的不失真。

（3）放大电路的交流电压放大倍数及最大不失真输出电压，说明放大电路具有电压放大能力。从输出电压的波形与输入电压相反的现象中，说明输出电压与输入电压反相，放大电路具有倒相能力。

通过对电路的测试结果进行如下分析。

（1）根据测试电路画出其交流通路，运用相关的理论知识，具体计算该电路的输入电阻、输出电阻与电压放大倍数。与实际测试的结果是否相符？为何存在误差？讨论引起这种误差的主要因素。

（2）如果发射极 47μF 电容断开，对电路的输入电阻、输出电阻和电压放大倍数有何影响？

（3）放大电路所接的负载电阻的大小，对电路的放大倍数有何影响？如果要减小负载对放大电路的影响，即提高放大电路的带负载能力，你认为放大电路的输出电阻应该增大还是减小？

（4）放大电路主要有几种失真？分别如何改正？

4. 撰写实训报告

撰写实训报告并提交。

实训 2-2　共集电极放大电路仿真分析

按照图 2-32 在仿真软件 Multisim 中接好实训仿真电路，调节 RP 使晶体三极管集射极

电压 U_{CE} 为 6V 左右，使三极管能工作在放大区。

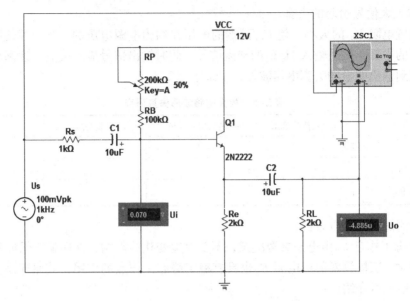

图 2-32　共集电极放大电路仿真原理图

（1）调节函数信号发生器输出频率为 $f=1\mathrm{kHz}$，幅值为 $U_s=100\mathrm{mV}$ 的正弦信号源 u_s，接到放大电路的输入端。将电压表设置在 AC 挡，分别测出信号源电压 u_s、净输入电压 u_i 和输出电压 u_0 的大小，同时用双踪示波器观察输入、输出电压的波形。将结果填入表 2-7 并计算出输入、输出电阻及电压放大倍数。

（2）将信号源电压幅值调至 $U_s=1\mathrm{V}$，再重复步骤（1）的测量。

（3）断开负载电阻 R_L，净输入电压 u_i 保持不变的情况下，重复步骤（1）、（2）的测量。

表 2-7　共集电极放大电路的测量

$R_L/\mathrm{k\Omega}$	U_s	U_i	U_0	A_u	输入、输出电压相位关系
2	100mV				
	1V				
输入电阻			输出电阻		
∞	100mV				
	1V				
输入电阻			输出电阻		

从上述测试结果可以看出，射极输出器的放大倍数略小于等于 1，且输出电压与输入电压同相，这种没有电压放大能力的输出电压跟着输入电压变化的电路，称为电压跟随器。测试得到的输入电阻达到上百千欧，而输出电阻则降低到百欧以下。

通过对电路的测试进行如下讨论。

（1）根据测试电路画出其交流通路，运用相关的理论知识，具体计算该电路的输入电阻、输出电阻与电压放大倍数。与实际测试的结果是否相符？为何存在误差？讨论引起这种误差的主要因素。

（2）共集电极放大在实际电路中有何用处？这种电路有没有电流放大能力？

练习与思考

（一）练习题

1. 填空题

2.1　三极管单级放大电路中，输出电压与输入电压反相的是共_____极电路，同相的有共_____极电路、共_____极电路。

2.2　放大器的静态工作点过高可能引起_____失真，过低则可能引起_____失真。

2.3　在三极管多级放大电路中，已知 $A_{u1}=20$，$A_{u2}=-10$，$A_{u3}=1$，则可知其接法分别为：A_{u1} 是_____放大器，A_{u2} 是_____放大器，A_{u3} 是_____放大器。

2.4　为稳定共射极放大电路的静态工作点，基极常采用_____偏置。

2.5　某放大电路在负载开路时的输出电压为 4V，接入 12kΩ 的负载电阻后，输出电压降为 3V，这说明放大电路的输出电阻为_____。

2.6　在单级共射放大电路中，如果输入为正弦波形，用示波器观察 U_0 和 U_I 的波形，则 U_0 和 U_I 的相位差为_____；当为共集电极电路时，则 U_0 和 U_I 的相位差为_____。

2.7　三极管放大电路的三种基本组态中，其中共射和_____组态有电压放大作用，_____组态有电流放大作用，_____组态有倒相作用，_____组态带负载能力强，_____组态向信号源索取的电流小，_____组态的频率响应好。

2.8　放大器的功能是把_____电信号转化为_____的电信号，实质上是一种能量转换器，它将_____电能转换成驱动电能，输出给负载。

2.9　直流通路而言，放大器中的电容可视为_____，电感可视为_____，信号源可视为_____；对于交流通路而言，容抗小的电容器可视为_____，内阻小的电源可视为_____。

2.10　分压式偏置电路的特点是可以有效地稳定放大电路的_____。

2. 判断题

2.11　只有电路既放大电流又放大电压，才称其有放大作用。　　　　（　　）

2.12　可以说任何放大电路都有功率放大作用。　　　　（　　）

2.13　放大电路中输出的电流和电压都是由有源元件提供的。　　　　（　　）

2.14　电路中各电量的交流成分是交流信号源提供的。　　　　（　　）

2.15　放大电路必须加上合适的直流电源才能正常工作。　　　　（　　）

2.16　由于放大的对象是变化量，所以当输入信号为直流信号时，任何放大电路的输出都毫无变化。　　　　（　　）

2.17　当一个电路的输入交流电压有效值为 1V 时，输出交流电压的有效值只有 0.9V，则该电路不是一个放大电路。　　　　（　　）

2.18　放大器通常用 I_B，I_C，U_{CE} 表示静态工作点。　　　　（　　）

2.19　为消除放大电路的饱和失真，可适当减小偏置电阻 R_B。　　　　（　　）

2.20　放大器 $A_u=-50$，其中负号表示波形缩小。　　　　（　　）

3. 选择题

2.21　基本组态晶体三极管放大电路中，输入电阻最大的是（　　）电路。

A. 共发射极　　　　B. 共集电极　　　　C. 共基极　　　　D. 不能确定

2.22　检查放大器中的三极管在静态时是否进入截止区，最简单、可靠的方法是测量（　　）值。

A. I_B　　　　B. U_{BE}　　　　C. U_{CE}　　　　D. I_C

2.23　放大电路的放大作用，是指输出（　　）的关系。

A. 脉动分量与输出信号　　　　　　　B. 交流分量与三极管的静态 U_{be}

C. 交流分量与输入信号　　　　　　　D. 直流分量与输入信号

2.24　在图题 2.24 所示共发射极分压偏置式放大电路中，若电容 C_E 开路，则电压放大倍数将（　　）。

A. 不变　　　　B. 增大　　　　C. 无法确定　　　　D. 减小

2.25　在图题 2.25 所示电路中，用直流电压表测得 $V_{CE} \approx V_{CC}$，有可能是因为（　　）。

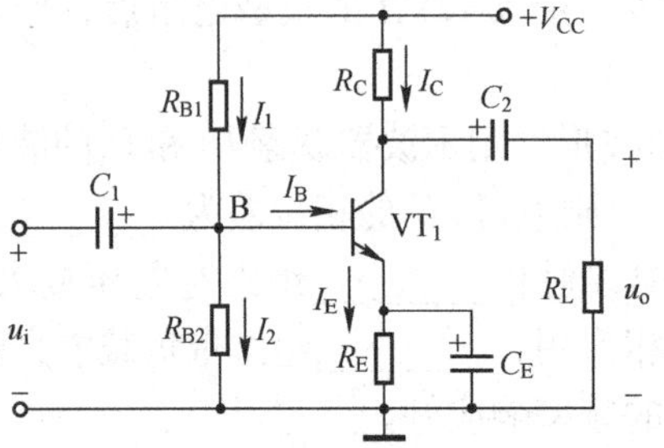

图题 2.24 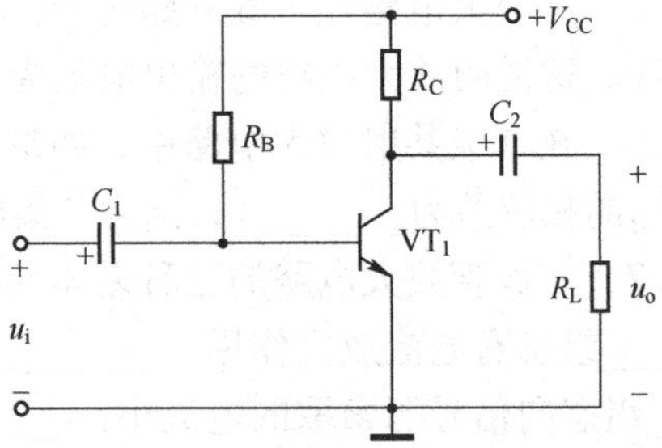　　　　　　　　　　　　　　图题 2.25

A. R_B 开路　　　　B. R_L 短路　　　　C. R_C 开路　　　　D. R_B 过小

2.26　放大电路测量中，输入 $u_i = 10\sqrt{2}\sin\omega t$（mV）的小信号，测得输出有效值为 1V，则该放大电路的电压放大倍数为（　　）。

A. 100　　　　B. 70.7　　　　C. 141.4　　　　D. 50

2.27　在基本共射放大电路中，负载电阻 R_L 减小时，输出电阻 R_0 将（　　）。

A. 增大　　　　B. 减少　　　　C. 不变　　　　D. 不能确定

2.28　在固定偏置放大电路中，若偏置电阻 R_b 断开，则（　　）。

A. 三极管会饱和　　　　　　　　　　B. 三极管可能烧毁

C. 三极管发射结反偏　　　　　　　　D. 放大波形出现截止失真

2.29　放大电路在未输入交流信号时，电路所处工作状态是（　　）。

A. 静态　　　　B. 动态　　　　C. 放大状态　　　　D. 截止状态

2.30　放大电路设置偏置电路的目的是（　　）。

A. 使放大器工作在截止区，避免信号在放大过程中失真

B. 使放大器工作在饱和区，避免信号在放大过程中失真

C. 使放大器工作在线性放大区，避免放大波形失真

D. 使放大器工作在集电极最大允许电流 I_{CM} 状态下

2.31　在基本放大电路中，测得 $U_{CE} = U_{CC}$，则可以判断三极管处于（　　）状态。

A. 放大　　　　B. 饱和　　　　C. 截止　　　　D. 短路

2.32　描述放大器对信号电压的放大能力，通常使用的性能指标是（　　）。

A. 电流放大倍数　　　B. 功率放大倍数　　　C. 电流增益　　　D. 电压放大倍数

2.33　放大器外接一负载电阻 R_L 后，输出电阻 R_o 将（　　）。

A. 增大　　　　　　B. 减小　　　　　　C. 不变　　　　　　D. 等于 R_L

4. 综合题

2.34　电路如图题 2.34 所示，RP 为滑动变阻器，$R_{BB}=100\text{k}\Omega$，$\beta=50$，$R_C=1.5\text{k}\Omega$，$V_{CC}=20\text{V}$。

（1）如要求 $I_{CQ}=2.5\text{mA}$，则 R_B 值应为多少？

（2）如要求 $U_{CEQ}=6\text{V}$，则 R_B 值又应为多少？

2.35　电路如图题 2.35 所示，$V_{CC}=15\text{V}$，$\beta=100$，$U_{BE}=0.7\text{V}$。试问：

（1）$R_b=50\text{k}\Omega$ 时，U_0 为多少？

（2）若 VT 临界饱和，则 R_b 为多少？

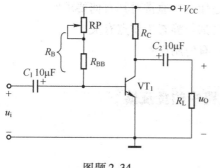
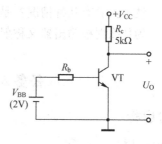

图题 2.34　　　　　　　　　　　　　　　图题 2.35

2.36　三极管放大电路如图题 2.36 所示，已知 $V_{CC}=12\text{V}$，$R_{B1}=120\text{k}\Omega$，$R_{B2}=39\text{k}\Omega$，$R_C=3.9\text{k}\Omega$，$R_E=2.1\text{k}\Omega$，$R_L=\infty$，三极管的 $U_{BEQ}=0.6\text{V}$，$\beta=50$，$r_{bb'}=200\Omega$，各电容在工作频率上的容抗可略去，试求：静态工作点（I_{BQ}，I_{CQ}，U_{CEQ}）。

2.37　如图题 2.37 所示电路的静态工作点合适，电容值足够大，试指出 VT$_1$、VT$_2$ 所组成电路的组态。

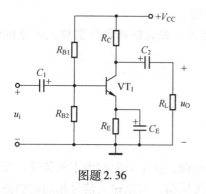
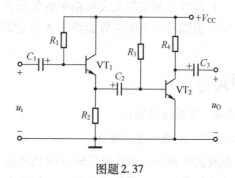

图题 2.36　　　　　　　　　　　　　　　图题2.37

2.38　电路如图题 2.38 所示，晶体管的 $\beta=80$，$r_{be}=1\text{k}\Omega$。分别求出 $R_L=\infty$ 和 $R_L=3\text{k}\Omega$ 时电路的 A_u 和 R_i。

2.39　电路如图题 2.39 所示，晶体管的 $\beta=80$，$R'_{bb}=300\Omega$。分别计算 $R_L=\infty$ 和 $R_L=3\text{k}\Omega$ 时的 A_u、R_i 和 R_0。

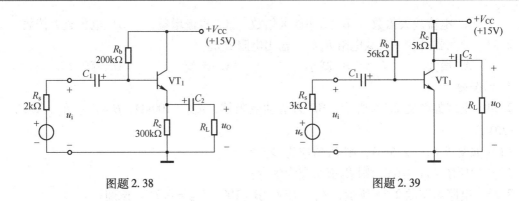

图题 2.38 图题 2.39

（二）思考题

2.40 放大电路中的耦合电容极性是如何确定的？

2.41 放大电路的输入、输出电阻的意义是什么？通常对其有何要求？

2.42 波形失真有几种情况？是否所有失真都与静态工作点有关？

2.43 为什么射极输出器又称射极跟随器？有何用途？

任务2 放大电路中的负反馈

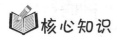学习目标

1. 知识目标

（1）了解多级放大电路的耦合方式，掌握直接耦合电路的特点。

（2）掌握负反馈放大电路类型、极性的判别方法，熟悉负反馈对放大电路性能的影响。

（3）理解负反馈在放大电路中的作用。

（4）熟悉不同类型负反馈放大电路的性能、特点，了解放大电路中引入负反馈的一般原则。

2. 能力目标

（1）能够分析实际放大电路中的负反馈形式与作用。

（2）根据放大电路需要能够引入合适的负反馈形式，并会估算负反馈放大电路的性能指标。

核心知识

2.4 反馈基础知识

2.4.1 反馈的基本概念

在放大电路中，信号的传输方向是从输入端到输出端，这个方向称为正向传输。反馈就是将输出信号取出一部分或全部送回到放大电路的输入回路，与原输入信号相加或相减后再作用到放大电路的输入端。反馈信号的传输是反向传输。所以，放大电路无反馈称为开环，放大电路有反馈称为闭环。反馈的示意图如图 2-33 所示。

图中 x_i 是输入信号，x_f 是反馈信号，x_{id} 称为净输入信号。所以有

$$x_{id} = x_i - x_f$$

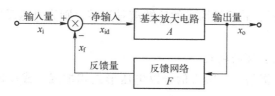

图 2-33　反馈放大电路组成框图

2.4.2　反馈的判断

1. 有无反馈的判断

反馈放大电路的特征是存在反馈元件，即只要放大电路输入回路和输出回路之间存在反馈元件，则电路就有反馈存在。

2. 正负反馈的判断

1）正反馈

反馈信号（x_f）与输入信号（x_i）同相，使净输入信号（x_{id}）增强，称为正反馈。正反馈使放大电路的闭环增益提高，使放大电路工作不稳定，易产生自激振荡，一般用于波形产生（即振荡）电路。

2）负反馈

反馈信号（x_f）与输入信号（x_i）反相，使净输入信号（x_{id}）削弱，称为负反馈。负反馈使放大电路的闭环增益降低，它使放大电路工作稳定、可靠，并能有效地改善放大电路的各项性能指标。在放大电路中一般引入负反馈。

3）反馈极性的判断方法

采用瞬时极性法判断反馈极性的步骤如下。

在放大电路的输入端，假设一个输入信号的电压极性，可用 +、- 表示。按信号传输方向依次判断相关点的瞬时极性，直至判断出反馈信号的瞬时电压极性。如果反馈信号的瞬时极性使净输入减小，则为负反馈；反之为正反馈。

3. 直流反馈与交流反馈的判断

1）直流反馈

反馈信号只有直流成分时为直流反馈，主要用于稳定静态工作点。

2）交流反馈

反馈信号只有交流成分时为交流反馈，常用以改善放大电路的交流性能。

3）交直流反馈

既有交流成分又有直流成分时为交直流反馈，如图 2-34 所示。

4. 电压反馈和电流反馈的判断

1）电压反馈

反馈信号的大小与输出电压成比例的反馈称为电压反馈。

2）电流反馈

反馈信号的大小与输出电流成比例的反馈称为电流反馈。

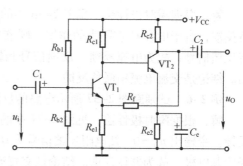

图 2-34　交直流反馈电路

将输出电压"短路",若反馈回来的反馈信号为零,则为电压反馈;若反馈信号仍然存在,则为电流反馈。

5. 串联反馈与并联反馈的判断

(1)串联反馈:反馈信号与输入信号以电压形式相加减,或反馈信号与输入信号加在输入回路的同一点上。

(2)并联反馈:反馈信号与输入信号以电流形式相加减,或反馈信号与输入信号加在输入回路的不同点上。

2.4.3　放大电路中负反馈类型的判断

负反馈在电子电路中的应用非常广泛,引入负反馈后,虽然放大倍数降低了,但是换来了很多好处,在很多方面改善了放大电路的性能。例如,提高了放大倍数的稳定性;改善了波形失真;尤其是通过选用不同类型的负反馈,来改变放大电路的输入电阻和输出电阻,以适应实际的需要。负反馈可分为四种类型:电压串联负反馈、电压并联负反馈、电流并联负反馈、电流串联负反馈。

例2-4　试判断图2-35所示电路的反馈组态。

解: R_e、R_L是输出回路和输入回路的公共电阻,故为反馈元件,R_e上的电压即为反馈电压 u_f。设 u_i 的瞬时极性为 +,经过三极管放大后,发射极输出电压 u_0 与 u_i 同相,该电压又是反馈电压,即 u_f 与 u_0 同相,放大电路的净输入电压 $u_{id} = u_i - u_f$ 减小,故为负反馈。发射极为电压输出端,反馈信号取自发射极,$u_f = u_0$,故为电压反馈。输入信号 u_i 与反馈信号 u_f 不在同一节点上引入,分别引入基极和发射极,故为串联反馈。结论是:该电路为电压串联负反馈放大电路。

例2-5　试判断图2-36所示电路的反馈组态。

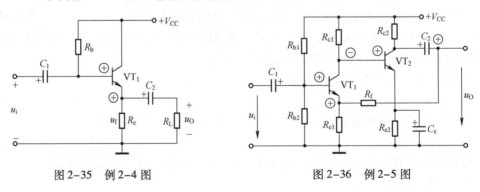

图2-35　例2-4图　　　　　　　　图2-36　例2-5图

解: 根据瞬时极性法,见图2-36中的 +、- 号,可知经电阻 R_f 加在 VT_1 发射极上的是负反馈,由于电容 C_2 有隔直的作用,则该反馈为交流反馈。令输出 $u_0 = 0$,R_{e1} 电阻上仍然有反馈信号,故为电流反馈;反馈信号和输入信号加在三极管两个输入电极,故为串联反馈。结论是交流电流串联负反馈。

例2-6　试判断图2-37所示电路的反馈组态。

解: 根据瞬时极性法,见图2-37中的 +、- 号,可知经电阻 R_f 加在 VT_1 基极上的是负反馈。令输出 $u_0 = 0$,R_f 电阻反馈信号为0,故为电压反馈;反馈信号和输入信号都加在三极管基电极,故为并联反馈。结论是交直流电压并联负反馈。

例2-7　试判断图2-38所示电路的反馈组态。

解：根据瞬时极性法，见图 2-38 中的 + 、 – 号，可知经电阻 R_f 加在 VT_1 基极上的是负反馈。令输出 $u_o = 0$，R_f 电阻反馈信号不为 0，故为电流反馈；反馈信号和输入信号都加在三极管基电极，故为并联反馈。结论是交直流电流并联负反馈。

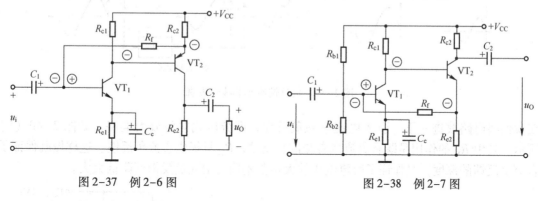

图 2-37   例 2-6 图   图 2-38   例 2-7 图

2.5 负反馈放大电路分析

2.5.1 负反馈对放大电路性能的影响

1. 负反馈提高放大电路的稳定性

引入负反馈后，闭环放大倍数的相对变化量为 $\dfrac{\mathrm{d}A_f}{A_f} = \dfrac{1}{1+AF}\dfrac{\mathrm{d}A}{A}$，变为开环放大倍数相对

变化量的 $\dfrac{1}{1+AF}$，即闭环放大倍数的相对稳定度提高了。

例如，某放大电路开环增益 $A = 10000$，由于元件参数和环境温度发生了变化，使增益下降为 9000，即开环增益相对变化量为

$$\frac{\mathrm{d}A}{A} = \frac{10000 - 9000}{10000} = 10\%$$

若引入反馈系数 $F = 0.1$ 的反馈网络，其反馈深度为

$$1 + AF = 1 + 10000 \times 0.1 = 1001$$

因此有负反馈时，闭环增益为

$$A_f = \frac{A}{1+AF} = \frac{10000}{1001} \approx 10$$

则闭环增益相对变化量为

$$\frac{\mathrm{d}A_f}{A_f} = \frac{1}{1+AF}\frac{\mathrm{d}A}{A} = \frac{1}{1001} \times 10\% = 0.1\%$$

由此可见，引入负反馈后，放大电路的增益稳定性提高了 100 倍左右。

2. 负反馈改善非线性失真

如图 2-39（a）所示，若输入信号经放大器产生了非线性失真，由图 2-39（b）所示引入负反馈可以减小这种非线性失真。

注意，负反馈只能改善反馈环内产生的非线性失真，如果输入信号本身就有失真，引入负反馈也无能为力。

例如，对于共射基本放大电路，由于没有负反馈的存在，如图 2-40（a）所示，尽管可以调整电位器 RP 来调整工作点，但由于晶体管本身的非线性，导致输出波形畸变失真。现

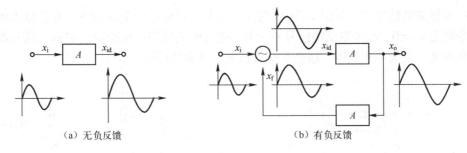

（a）无负反馈　　　　　　　　　　　（b）有负反馈

图2-39　负反馈减小非线性失真

在我们将电路改进一下，引入电流串联负反馈，即分压式共射放大电路，如图2-40（b）所示。其中R_{E1}的作用是既有直流也有交流负反馈，R_{E2}只提供直流负反馈。这样做既保证了直流负反馈的深度，又保证了交流电压放大倍数不因为引入负反馈而降低太大。

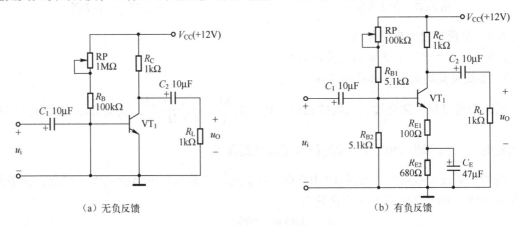

（a）无负反馈　　　　　　　　　　　（b）有负反馈

图2-40　共射放大电路

图2-41和图2-42是无负反馈的仿真电路和仿真结果，图2-43和图2-44是有负反馈的仿真电路和仿真结果。从图中可以明显看出引入负反馈后输出波形性能得到了改善。

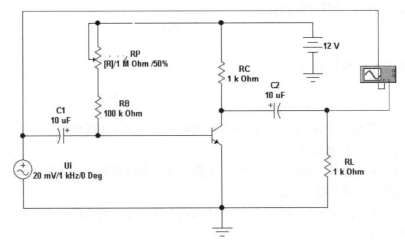

图2-41　无负反馈放大电路的仿真图

输入波形　　输出波形

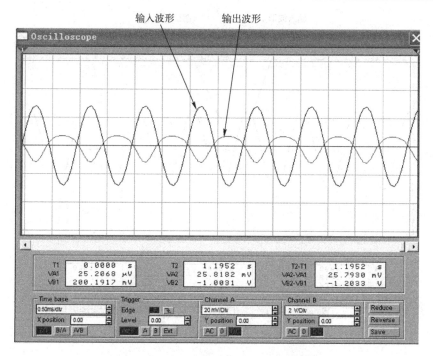

图2-42　无负反馈放大电路的仿真结果

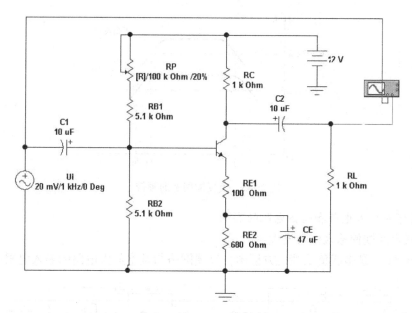

图2-43　有负反馈放大电路的仿真图

3. 负反馈可展宽通频带

通频带是放大电路的重要技术指标，引入负反馈是展宽频带的有效措施之一，如图2-45所示。可以证明，对于单级放大电路引入负反馈后通频带展宽了（$1+AF$）倍。对于多级放大电路负反馈可展宽通频带，但展宽为开环带宽的（$1+AF$）倍的结论不成立。

输入波形　　　　　输出波形

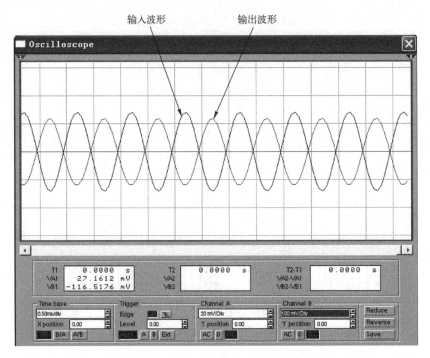

图 2-44　有负反馈放大电路的仿真结果

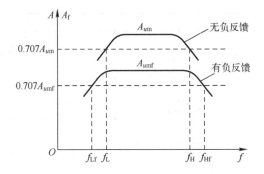

图 2-45　负反馈展宽通频带

4. 负反馈对输入电阻和输出电阻的影响

1) 串联负反馈使输入电阻增大

图 2-46（a）是串联负反馈的方框图，反馈网络与基本放大电路的输入电阻串联。

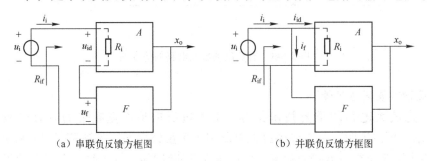

（a）串联负反馈方框图　　　　　　　　（b）并联负反馈方框图

图 2-46　负反馈对输入电阻的影响

开环输入电阻为

$$R_i = \frac{u_{id}}{i_i}$$

引入负反馈后的闭环输入电阻为

$$R_{if} = \frac{u_i}{i_i} = \frac{u_{id} + u_f}{i_i} = \frac{u_{id} + (1+AF)u_{id}}{i_i} = (1+AF)R_i$$

可见，引入串联负反馈后，闭环输入电阻 R_{if} 是开环输入电阻 R_i 的 $(1+AF)$ 倍。

2）并联负反馈使输入电阻减小

图 2-46（b）是并联负反馈的方框图，反馈网络与基本放大电路的输入电阻并联。

开环输入电阻为

$$R_i = \frac{u_i}{i_{id}}$$

引入负反馈后的闭环输入电阻为

$$R_{if} = \frac{u_i}{i_i} = \frac{u_i}{i_{id} + i_f} = \frac{u_i}{i_{id} + AFi_{id}} = \frac{1}{1+AF}R_i$$

可见，引入并联负反馈后，闭环输入电阻 R_{if} 是开环输入电阻 R_i 的 $\frac{1}{1+AF}$ 倍。

3）电压负反馈使输出电阻减小

电压负反馈取样于输出电压，具有稳定输出电压的作用。就是说，当负载变化时，电压负反馈的输出趋于一恒压源，其输出电阻很小。可以证明，有电压负反馈时的闭环输出电阻为无负反馈时开环输出电阻的 $\frac{1}{1+AF}$。反馈愈深，闭环输出电阻 R_{of} 愈小，带负载能力越强。

4）电流负反馈使输出电阻增加

电流负反馈取样于输出电流，具有稳定输出电流的作用。就是说，当负载变化时，电流负反馈的输出趋于一恒流源，其输出电阻很大。可以证明，有电流负反馈时的闭环输出电阻为无负反馈时开环输出电阻的 $(1+AF)$。反馈愈深，闭环输出电阻 R_{of} 愈大。

2.5.2 负反馈放大电路的稳定性问题

交流负反馈能够改善放大电路的许多性能，且改善的程度由负反馈的深度决定。但是，如果电路组成不合理，反馈过深，反而会使放大电路产生自激振荡而不能稳定地工作。

1. 产生自激振荡的原因

前面讨论的负反馈放大电路都是假定其工作在中频区，这时电路中各电抗性元件的影响可以忽略。按照负反馈的定义，引入负反馈后，净输入信号 $\dot{X}_{ia}$ 在减小，因此，$\dot{X}_f$ 与 $\dot{X}_i$ 必须是同相的，即满足

$$\varphi_A + \varphi_F = 2n\pi, \quad n=0, 1, 2, \cdots$$

可是，在高频区或低频区时，电路中各种电抗性元件的影响不能再被忽略。$\dot{A}$、$\dot{F}$ 是频率的函数，因而 $\dot{A}$、$\dot{F}$ 的幅值和相位都会随频率而变化。相位的改变，使 $\dot{X}_f$ 和 $\dot{X}_i$ 不再同相，产生了附加相移（$\Delta\varphi_a + \Delta\varphi_f$）。可能在某一频率下，$\dot{A}$、$\dot{F}$ 的附加相移达到180°，即满足

$$\varphi_A + \varphi_F = (2n+1)\pi$$

这时，放大电路就由负反馈变成了正反馈。即使输入端不加信号（$\dot{X}=0$），输出端也会产生输出信号，电路产生自激振荡。由上面的分析可知，负反馈放大电路产生自激振荡的条件是环路增益 $\dot{A}\dot{F}=-1$。

它包括幅值条件和相位条件，即

$$\begin{cases} |\dot{A}\dot{F}|=1 \\ \varphi_{a}+\varphi_{f}=(2n+1)\times180° \end{cases}$$

$\dot{A}\dot{F}$ 的幅值条件和相位条件同时满足时，负反馈放大电路就会产生自激。在 $\Delta\varphi_{a}+\Delta\varphi_{f}=\pm180°$ 及 $|\dot{A}\dot{F}|>1$ 时，更加容易产生自激振荡。

电路出现自激振荡时，会失去正常的放大作用而处于一种不稳定的状态。

2. 消除自激振荡的方法

发生在放大电路中的自激振荡是有害的，必须设法消除。其指导思想是：在反馈环路内增加一些含电抗元件的电路，从而改变 $\dot{A}\dot{F}$ 的频率特性，破坏自激振荡的条件，使电路稳定工作。

最简单的方法是减小反馈深度，如减小反馈系数 $\dot{F}$，但这又不利于改善放大电路的其他性能。为了解决这个矛盾，常采用频率补偿的办法（或称相位补偿法）。频率补偿的形式很多，这里仅介绍滞后补偿法。

1）电容滞后补偿

这种补偿是将电容并接在基本放大电路中时间常数最大的回路里，即前级的输出电阻和后级的输入电阻都比较大的地方，如图2-47（a）所示。图2-47（b）是该补偿电路的高频等效电路。只要选择合适的电容 C，使相移达到180°时，其幅值条件不能使 $|\dot{A}\dot{F}|<1$，所以负反馈放大电路一定不会产生自激振荡。

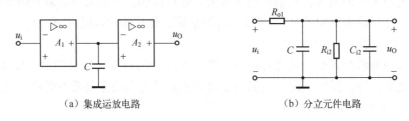

（a）集成运放电路　　　　　　　　　　（b）分立元件电路

图 2-47　电容滞后补偿

2）RC 滞后补偿

电容滞后补偿虽然可以消除自激振荡，但使通频带变得太窄。采用 RC 滞后补偿不仅可以消除自激振荡，而且可使带宽得到一定的改善。具体电路如图2-48（a）所示，图2-48（b）是它的高频等效电路。

3）密勒效应补偿

前两种滞后补偿电路中所需电容、电阻都较大，在集成电路中难以实现。通常可以利用密勒效应，将补偿电容等元件跨接于放大电路中，如图2-49（a）、图2-49（b）所示，这样用较小的电容（几皮法～几十皮法）同样可以获得满意的补偿效果。

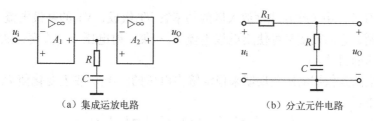

（a）集成运放电路　　　　　　　　（b）分立元件电路

图 2-48　RC 滞后补偿

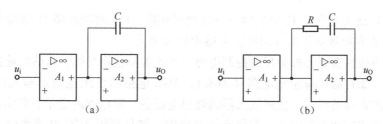

（a）　　　　　　　　　　　　　（b）

图 2-49　密勒效应电路

应用案例

1. 负反馈在稳压电源中的应用

图 2-50 是一个输出直流 9V 的串联型稳压电路，J_1 接口输入的是电源变压器输出的交流低压，经桥式整流滤波后进行稳压由 J_2 接口输出。稳压过程主要由取样环节、基准环节、比较放大环节及调整环节四个部分组成。

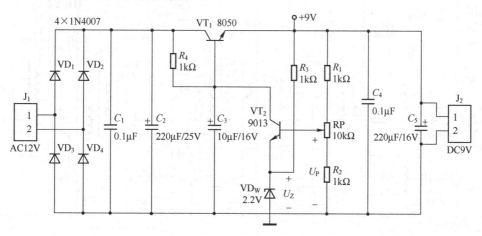

图 2-50　9V 串联稳压电路

（1）取样环节。由 R_1，RP，R_2 组成的分压电路构成，它将输出电压 U_O 分出一部分作为取样电压 U_P，送到比较放大环节。

（2）基准环节。由稳压二极管 VD_W 和电阻 R_3 构成的稳压电路组成，它为电路提供一个稳定的基准电压 U_z，作为调整、比较的标准。

（3）比较放大环节。由 VT_2 和 R_4 构成的直流放大器组成，其作用是将取样电压 U_p 与基准电压 U_z 之差放大后去控制调整管 VT_1。

（4）调整环节。由工作在线性放大区的功率管 VT_1 组成，VT_1 的基极电流 I_{B1} 受比较放大电路输出的控制，它的改变又可使集电极电流 I_{C1} 和集、射电压 U_{CE1} 改变，从而达到自动调整稳定输出电压的目的。

实际上该电路是依靠电压负反馈来稳定输出电压的。当 U_i 或 I_o 变化使 U_o 升高时，电路负反馈过程如下：

$$U_O\uparrow \rightarrow U_p\uparrow \rightarrow I_{B2}\uparrow \rightarrow I_{C2}\uparrow \rightarrow I_{B1}\downarrow \rightarrow I_{C1}\downarrow \rightarrow U_{CE1}\downarrow$$

$$U_O\downarrow$$

同理，当 U_i 或 I_o 变化使 U_o 降低时，调整过程相反，U_{CE1} 将减小使 U_o 保持基本不变。

2. 负反馈在自动增益控制（AGC）电路中的应用

电子设备中往往需要各种类型的控制电路，来改善其性能指标。这些电路都是利用反馈原理来实现的。如自动增益控制电路（AGC），AGC 电路的作用是根据输入信号电压的大小，自动调整放大器的增益，使得放大器的输出电压在一定范围内变化。它实际上就是利用负反馈的原理来实现增益调整的。在收音机电路中，就是利用 AGC 电路来保证接收机输出电压恒定的。如图 2-51 所示，是 HX108-2 七管半导体收音机电路原理图，电路中电阻 R_8 接到检波输出中周 B_5 的另一端，其中高频信号经由 C_7 滤除，低频信号通过 R_8 加到 VT_2 的基极进行 AGC 控制。当信号增大时，VT_2 基极电位降低，VT_2 集电极电流减小，使增益减小，反之则增益增大。该电路的优点是在一级 AGC 控制下就达到了较高的 AGC 控制水平。

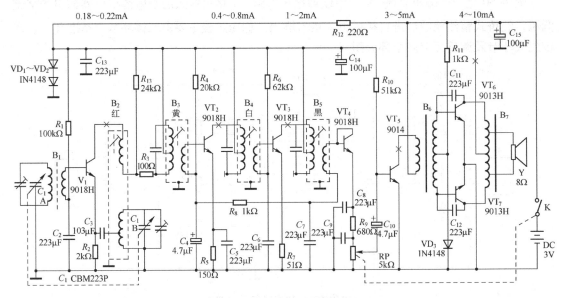

图 2-51　自动增益控制原理图

📖 **拓展知识**

2.6　多级放大电路简介

一个三极管构成的单管放大电路的放大倍数一般只有几倍~几十倍。而实际应用的电子设备中，要求的放大倍数往往很大。因此需要将若干个单级放大电路串联起来组成多级放大电路。放大电路的结构如图 2-52 所示。

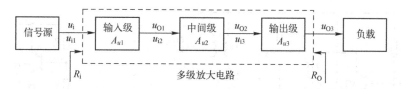

图 2-52　多级放大电路的结构

由图 2-52 可知，多级放大电路的电压放大倍数为

$$A_u = \frac{u_O}{u_i} = \frac{u_{O3}}{u_{i1}} = \frac{u_{O1}}{u_{i1}} \cdot \frac{u_{O2}}{u_{i2}} \cdot \frac{u_{O3}}{u_{i3}} = A_{u1} \cdot A_{u2} \cdot A_{u3}$$

这里要注意的是，各级电压放大倍数都是在把后一级的输入电阻作为前一级的负载电阻的情况下求得的。

多级放大器中各级之间的连接方式称为耦合方式，一方面要确保各级放大器有合适的直流工作点，另一方面应使前级输出信号尽可能不衰减地加到后级的输入端。常用的耦合方式有直接耦合、阻容耦合、变压器耦合及光电耦合等。

1. 直接耦合

如图 2-53 所示为直接耦合两级放大电路。

直接耦合的优点是：既可以放大交流信号，又可以放大直流和缓慢变化的信号，频率响应特性好；电路制造简单，容易集成。缺点是：各级静态工作点相互影响，设计调整困难，容易产生零点飘移。

2. 阻容耦合

如图 2-54 所示为阻容耦合两级放大电路。

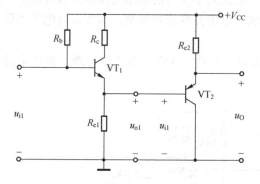

图 2-53　直接耦合两级放大电路

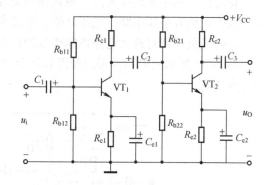

图 2-54　阻容耦合两级放大电路

阻容耦合的优点是：前后级静态工作点相互独立，互不影响；只要电容选取得足够大，在一定频率范围内的信号几乎不衰减地传送到下一级。缺点是：不能传送直流及缓慢变化的信号，大容量电容在集成电路中难以制造。

3. 变压器耦合

如图 2-55 所示为变压器耦合放大电路。

变压器耦合的优点是：级与级之间容易进行阻抗匹配，以获得最大功率增益；各级工作点相互独立，互不影响。缺点是：频带比较窄，体积大、笨重、价格较贵。

4. 光电耦合

光电耦合放大电路如图 2-56 所示。

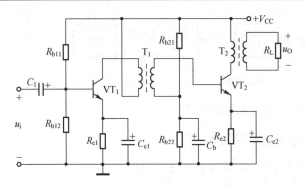
图 2-55　变压器耦合放大电路

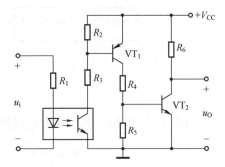
图 2-56　光电耦合放大电路

光电耦合放大电路是依靠光电耦合器件完成的，发光二极管为输入回路，光敏三极管为输出回路，光电耦合电路主要应用在输入电路地线与输出回路地线需要相互隔离的场合。

能力训练

实训 2-3　两级负反馈放大电路测试

1. 实训目的

（1）了解负反馈的实际电路。

（2）加深理解放大电路中引入负反馈的方法。

2. 实训电路

负反馈在电子电路中有着广泛的应用，在放大电路中适当地引入负反馈，可以提高放大器的稳定性、减小非线性失真、展宽通频带等。因此几乎所有的实用电路都带有负反馈。负反馈放大电路有电压串联、电压并联、电流串联、电流并联四种类型，本实训以电压串联为例，来研究负反馈对放大电路性能指标的影响。

图 2-57 所示的电路原理图是阻容耦合两级放大电路。分析电路工作原理，按照电路正确完成接线。

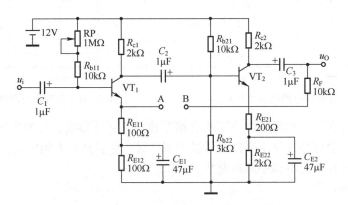
图 2-57　负反馈放大电路实训原理图

3. 实训内容与步骤

下面进行静态工作点测量训练。

（1）接通 $U_{CC} = +12V$，调 RP，使 U_{C1} 为 11.5V 左右，然后将图 2-57 所示电路中的 A，

B 点用导线连接,这样就构成了带有负反馈的两级放大电路。

(2)静态工作点测量。将输入端短路,按表 2-8 进行测量并记录。

表 2-8 静态工作点测量

测量参数	U_{BQ1}	U_{EQ1}	U_{CQ1}	U_{BQ2}	U_{EQ2}	U_{CQ2}
测量值/V						

(3)先断开 A,B 端,向放大器输入 $f = 1\text{kHz}$,$U_i = 10\text{mV}$ 的正弦交流信号;用示波器观察输出波形,使之不失真,若波形失真可微调 RP,测出输入、输出电压值并记入表 2-9;接上 A,B 两点,测量在相同输入信号下的输出电压值,填入表 2-9 并计算电压放大倍数。

表 2-9 电压放大倍数测量记录

有无负反馈	输入信号 U_i/mV	输出信号 U_0/V	电压放大倍数 A_u
无	$U_i = 10\text{mV}$		
有	$U_i = 10\text{mV}$		

(4)断开 A,B,逐渐加大输入信号的幅度,在示波器上观察输出电压的波形,直至输出信号 u_0 刚好失真,测出 u_i 和 u_0 的有效值记入表 2-10,再接上 A,B,观察输出信号的变化情况,测出 u_i 和 u_0 的值记入表 2-10。

表 2-10 电压放大倍数测量记录

有无负反馈	输入信号 U_i/mV	输出信号 U_0/V	输出波形失真情况
无			
有			

根据上面的测试结果可以看出,电压串联负反馈可以使放大电路的电压放大倍数减小,但放大电路在负载变化时输出电压的稳定性提高了,输入电阻增大了,输出电阻减小了,通频带展宽了。也就是说,在损失电压放大倍数的前提下,放大电路的各项性能改善了。

这里仅仅讨论电压串联负反馈放大电路的一些基本特性,为了更加全面地了解负反馈对放大电路的影响,从已经测试的电路出发,讨论如下几个问题。

(1)负反馈放大电路有哪几种类型?能否根据负反馈前后输入、输出电阻的大小变化情况来确定负反馈的类型?如果要稳定输出电流,应该采用什么类型的负反馈?

(2)在反馈支路为什么要串联一个反馈电容 C_f?如果不串联反馈电容 C_f,这个反馈支路对放大电路有何影响?如果保留反馈电容 C_f,把反馈电阻 R_f 短路,此时负反馈放大电路的工作是否正常?电路的电压放大倍数为多大?由此说明反馈电阻的大小对电路性能改善的作用。

(3)直流负反馈与交流负反馈对电路各有什么作用?

4. 撰写实训报告

撰写实训报告并提交。

📖**练习与思考**

（一）练习题

1. 填空题

2.44 根据反馈信号与输入信号在输入端连接方式的不同，分为_____和_____，根据从输出端的取样对象的不同，反馈分为_____和_____。

2.45 在反馈放大电路中，基本放大电路的输入信号称为_____信号，它不但决定于_____信号，还与反馈信号有关。

2.46 某负反馈放大电路的开环增益 $\dot{A} = 100$，当反馈系数 $\dot{F} = 0.04$ 时，其闭环增益 $\dot{A}_F = $_____。

2.47 为了稳定放大电路的输出电压，应引入_____负反馈；为了稳定放大电路的输出电流，应引入_____负反馈；当放大电路所用信号源的内阻很大时，应引入_____负反馈。当所用信号源内阻很小时，应引入_____负反馈。

2.48 电压串联负反馈能稳定电路的_____，同时使输入电阻_____。

2.49 负反馈对放大电路性能的改善体现在：提高_____、减小_____、抑制反馈环内_____、扩展_____、改变输入电阻和输出电阻。

2. 判断题

2.50 若放大电路的放大倍数为负，则引入的反馈一定是负反馈。 （ ）

2.51 若放大电路引入负反馈，则负载电阻变化时，输出电压基本不变。 （ ）

2.52 阻容耦合放大电路的耦合电容、旁路电容越多，引入负反馈后，越容易产生低频振荡。 （ ）

2.53 只要在放大电路中引入反馈，就一定能使其性能得到改善。 （ ）

2.54 放大电路级数越多，引入的负反馈越强，电路的放大倍数也就越稳定。 （ ）

2.55 电路中引入负反馈后，只能减小非线性失真，而不能消除失真。 （ ）

3. 选择题

2.56 直流负反馈是指（ ）。

    A. 只存在于直接耦合电路中的负反馈

    B. 直流通路中的负反馈

    C. 放大直流信号时才有的负反馈

    D. 只存在于阻容耦合电路中的负反馈

2.57 在放大电路中，为了稳定静态工作点，可以引入（ ）。

    A. 交流负反馈   B. 直流负反馈   C. 直流正反馈   D. 交流正反馈

2.58 放大电路的输入量保持不变的情况下，若引入反馈后（ ），则说明引入的反馈是负反馈。

    A. 输出量增大   B. 净输入量增大   C. 净输入量减小   D. 反馈量增加

2.59 图题2.59所示电路为（ ）放大电路。

    A. 电压串联负反馈   B. 电压并联负反馈

    C. 电流串联负反馈   D. 电流并联负反馈

2.60　在深度负反馈条件下，图题 2.60 所示电路的 $\dot{A}_u =$ （　　　）。

　　A. -3　　　　　　B. 3　　　　　　C. 4　　　　　　D. -4

2.61　图题 2.61 所示电路为 （　　　）。

　　A. 电压放大器　　　　　　　　　　B. 电压 - 电流转换器

　　C. 电流放大器　　　　　　　　　　D. 电流 - 电压转换器

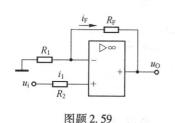
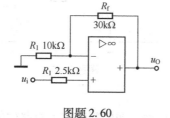
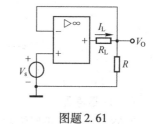

图题 2.59　　　　　　　　图题 2.60　　　　　　　　图题 2.61

2.62　构成反馈通路的元件 （　　　）。

　　A. 只能是电阻

　　B. 只能是晶体管、集成运放等有源器件

　　C. 只能是无源元件

　　D. 可以是无源元件，也可以是有源器件

2.63　在深度负反馈放大电路中，若开环放大倍数 A 增加一倍，则闭环增益 A_f 将 （　　　）。

　　A. 基本不变　　　　B. 增加一倍　　　　C. 减小一倍　　　　D. 不能确定

2.64　某传感器产生的电压信号（几乎不能提供电流）经放大器放大后，希望输出电压与信号成正比，这个放大电路应选择（　　　）负反馈。

　　A. 电压并联　　　　B. 电流并联　　　　C. 电压串联　　　　D. 电流串联

2.65　电路引入负反馈以后，下列叙述正确是（　　　）。

　　A. 带宽变窄　　　　B. 输出稳定　　　　C. 失真严重　　　　D. 放大倍数增大

4. 综合题

2.66　试判断图题 2.66 所示各电路是否存在反馈。若存在请说明是什么反馈？

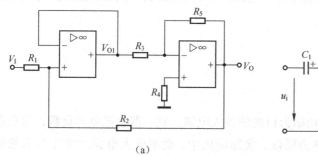
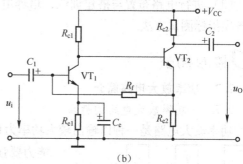

　　　　　　（a）　　　　　　　　　　　　　　　（b）

图题 2.66

2.67　图题 2.67 所示电路中，已知晶体管 VT_1，VT_2 的参数 $\beta_1 = \beta_2 = 100$，$R_{c1} = R_{c2} = 10k\Omega$，$R_{e1} = 1k\Omega$，$R_{e2} = 2k\Omega$，$R_s = 1k\Omega$，$R_f = 10k\Omega$，$V_{CC} = 15V$，试求：

（1）判断 R_f 构成的反馈极性和组态。

（2）假设负反馈满足深度负反馈条件，估算闭环电压放大倍数。

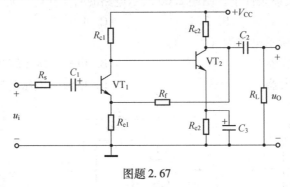

图题 2.67

（二）思考题

2.68 什么是正反馈和负反馈？如何判断放大电路中的正、负反馈？

2.69 什么是深度负反馈？它是如何影响放大电路的放大倍数和稳定性的？

2.70 负反馈有几种类型？如何快速判断？

2.71 简述负反馈对输入、输出电阻的影响。

任务3 功率放大电路

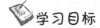学习目标

1. 知识目标

（1）掌握典型功率放大器的结构组成、性能指标及工作特点。

（2）掌握典型功率放大器性能指标的测试方法及改善功放电路性能的措施，能够区分 OCL 和 OTL 功放。

2. 能力目标

（1）会计算典型功率放大器输出功率及选择功率器件。

（2）能够用仿真技术验证分析结果。

（3）进行电路布置与搭建训练，培养电子电路故障排除能力，掌握分立前置功放电路的各项指标测试方法。

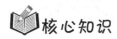核心知识

2.7 功率放大电路简介

2.7.1 功率放大电路的特点

功率放大电路是一种以输出较大功率为目的的放大电路。它一般直接驱动负载，带负载能力要强。实际应用中，功率放大电路通常作为多级放大电路的输出级。在很多电子设备中，要求放大电路的输出级能够带动某种负载，例如驱动仪表，使指针偏转；驱动扬声器，使之发声；或驱动自动控制系统中的执行机构等。总之，要求放大电路有足够大的输出功率。这样的放大电路统称为功率放大电路。图 2-58 所

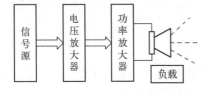

图 2-58 音频功放电路组成框图

示为音频功放电路组成框图。

功率放大电路和电压放大电路都是利用三极管的放大作用工作的，但所要完成的任务不同。电压放大器的主要任务是放大微弱的信号电压，主要指标是电压放大倍数、输入和输出电阻等，输出功率不一定大。而功率放大电路则不同，它的主要任务是不失真地放大信号功率，通常在大信号状态下工作，主要要求是输出功率要大、电源效率要高、非线性失真小，以及功率管能够承受高电压、大电流，同时还要解决功率管的散热及保护问题。

2.7.2 功率放大电路的基本要求

1. 输出功率大

为了获得尽可能大的输出功率，要求功放管的电压和电流都有足够大的输出幅度，因此功放管往往在接近极限状态下工作。

2. 效率要高

由于输出功率大，因此直流电源消耗的功率也大，这就存在一个效率问题。所谓效率就是负载得到的有用信号功率和电源供给的直流功率的比值。这个比值越大，意味着效率越高。

3. 非线性失真要小

功率放大电路在大信号下工作，所以不可避免地会产生非线性失真，而且同一功放管输出功率越大，非线性失真往往越严重，这就使输出功率和非线性失真成为一对主要矛盾。但是，在不同场合下，对非线性失真的要求不同，例如，在测量系统和电声设备中，这个问题显得重要，而在工业控制系统等场合中，则以输出功率为主要目的，对非线性失真的要求就降为次要问题了。

4. 散热少

在功率放大电路中，有相当大的功率消耗在管子的集电结上，使结温和管壳温度升高。为了充分利用允许的管耗而使管子输出足够大的功率，放大器件的散热就成为一个重要问题。

5. 功放管选择

在功率放大电路中，为了输出较大的信号功率，管子承受的电压要高，通过的电流要大，功率管损坏的可能性也就比较大，所以功率管的参数选择与保护问题也不容忽视。

2.8 典型功放电路

2.8.1 OCL 功放电路分析

双电源互补对称电路属于无输出电容功率放大电路，OCL 为英文 Output Capacitor Less 的缩写。它由一对性能相同的异型三极管以互补形式连接构成，两管皆构成共集电极电路，电路如图 2-59 所示。

1. 原理分析

静态时，$u_i = 0$，VT$_1$，VT$_2$ 均处于零偏置，两管的基极电流 $I_{BQ} = 0$，集电极电流 $I_{CQ} = 0$，没有直流电流通过负载，负载电压 $u_0 = 0$，因此输出端不接隔直电容，此时晶体管不消耗功率。

动态时，$u_i > 0$，VT$_1$ 因发射结正偏而导通，VT$_2$ 因发射结反偏而截止，则电源 $+V_{CC}$ 通过 VT$_1$ 向 R_L 提供电流 i_{C1}，R_L 电压为 u_0 的正半周。$u_i < 0$，VT$_2$ 因发射结正偏而导通，VT$_1$ 因发射结反偏而截止，则电源 $-V_{CC}$ 通过 VT$_2$ 向 R_L 提供电流 i_{C2}，R_L 电压为 u_0 的负半周。

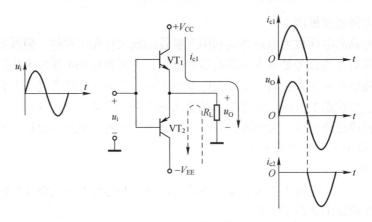

图 2-59   OCL 电路

综上所述，VT$_1$，VT$_2$轮流导通，使负载 R_L 获得了与输入信号波形相近、频率相同、功率放大的信号，两个管子都工作在乙类状态，工作性能对称，故通常称为乙类互补对称功率放大电路。

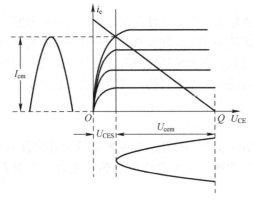

图 2-60   乙类互补功放电路图解分析

2. 性能指标计算

1）输出功率

由电路为射极跟随器可知，u_0 在任一个半周期内为导通三极管的 u_{ce}，即 $u_0 = -u_{ce} = u_i$。通常要求功率放大电路工作在最大输出状态，输出电压幅值为 $u_{Om(max)} = U_{CC} - U_{CES} \approx U_{CC}$，如图 2-60 所示。此时，截止管承受的最大电压为 $2U_{CC}$。当功率放大电路工作在非最大输出状态时，输出电压幅值为 $U_{Om} = I_{Om}R_L = U_{cem} = U_{im}$，其大小随输入信号幅度而变。这些参数间的关系是计算输出功率和管耗的重要依据。

所以最大不失真输出功率为

$$P_{Om} = \frac{1}{2}U_{cemax}I_{cmax} = \frac{U_{cemax}^2}{2R_L} \approx \frac{V_{CC}^2}{2R_L}$$

2）效率

直流电源提供的总功率为电源电压 V_{CC} 和流过管子的直流平均电流的乘积。

$$P_{DC} = \frac{V_{CC}}{\pi}\int_0^{\pi} I_{cm}\sin\omega t\, d(\omega t) = \frac{2}{\pi}V_{CC}\frac{U_{cem}}{R_L}$$

所以电路的效率为

$$\eta = \frac{P_O}{P_{DC}} = \frac{\pi}{4} \cdot \frac{U_{cem}}{V_{CC}}$$

由上式可知，当 R_L 一定时，电源提供的功率是与输出电压成正比的，因此电路的效率也是变化的，当电路输出功率为 P_{Om} 时，此时输出电压为 $U_{cemax} \approx V_{CC}$，直流电源提供功率最大，电路的效率也最大，即

$$\eta_{\max} = \frac{\pi}{4} \times 100\% = 78.5\%$$

3. 互补管的选择

互补管在使用时应确保集电极最大允许耗散功率 P_{CM}、最大耐压 $U_{(BR)CEO}$ 和集电极允许最大电流 I_{CM} 工作在安全状态下，即应满足以下条件。

集电极最大允许耗散功率

$$P_{CM} \geqslant 0.2\, P_{Om}$$

功率管的最大耐压值

$$U_{(BR)CEO} \geqslant 2\, V_{CC}$$

集电极允许最大电流

$$I_{CM} \geqslant \frac{V_{CC}}{R_L}$$

例 2-8 OCL 功率放大电路，$V_{CC} = \pm 12V$，$R_L = 8\Omega$，试求电路输出最大功率及管子的参数要求。

解：（1）最大输出功率

$$P_{Om} = \frac{1}{2} \cdot \frac{V_{CC}^2}{R_L} = \frac{1}{2} \times \frac{12^2}{8} = 9W$$

（2）集电极最大允许耗散功率

$$P_{CM} \geqslant 0.2\, P_{Om} = 0.2 \times 9 = 1.8W$$

（3）最大耐压值

$$U_{BR(CEO)} \geqslant 2\, V_{CC} = 2 \times 12 = 24V$$

（4）集电极最大允许电流

$$I_{CM} \geqslant \frac{V_{CC}}{R_L} = \frac{12}{8} = 1.5A$$

功率管的参数选择应满足上述要求，在实际选择功率管型号时，其极限参数还应留有一定余量。

4. OCL 功放电路的仿真

OCL 功放仿真电路如图 2-61 所示，由于功放电路是放大电路的末级，且是射级跟随组态，主要进行的是电流放大，因此我们直接将输入电压设置得较大。打开仿真开关，观察输入与输出电压的波形，如图 2-62 所示。

从上述仿真测试结果可以看出，工作在乙类的功率放大电路在进行信号功率放大时，在 u_i 的正半周，VT_1 正偏导通，VT_2 反偏截止，负载获得输出 u_o 的正半周信号，在 u_i 的负半周，VT_2 正偏导通，VT_1 反偏截止，负载获得输出 u_o 的负半周信号，在一个信号周期内，两个管子交替导通，而负载上获得一个完整的周期信号，这就是乙类工作状态，但是输出波形存在交越

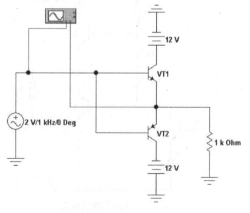

图 2-61 OCL 功放电路仿真

失真，即两管交替工作的交界过程中，波形会产生失真。失真的原因是晶体管静态时处于截止状态，可当输入信号电压在正负极性变换过程中，晶体管存在一个门槛电压，在接近于零电压附近管子不导通而产生波形失真。

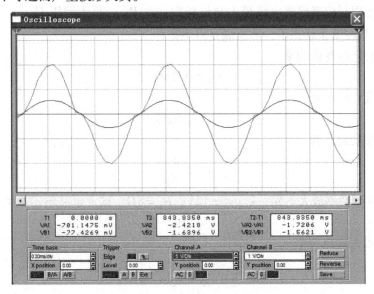

图 2-62　OCL 功放电路仿真结果

消除的方法就是静态时，先给晶体管加一个直流电压，使晶体管进入微导通状态，这样就可以消除因门槛电压存在所导致的交越失真。

5. 甲乙类 OCL 功放电路的仿真

甲乙类双电源互补对称电路如图 2-63 所示。其中图 2-63（a）所示的偏置电路是克服交越失真的一种方法。由图可见，VT_1 组成前置放大级（注意，图中未画出 VT_1 的偏置电路），VT_2 和 VT_3 组成互补输出级。静态时，在 VD_1、VD_2 上产生的压降为 VT_2、VT_3 提供了一个适当的偏压，使之处于微导通状态。由于电路对称，静态时 $i_{c1} = i_{c2}$，$i_L = 0$，$u_o = 0$。有信号时，由于电路工作在甲乙类，即使 u_i 很小，VD_1 和 VD_2 的交流电阻也小，基本上可线性地进行放大。

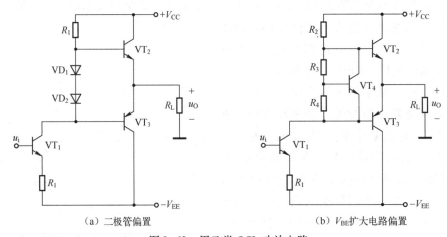

（a）二极管偏置　　　　　　　　　　　　（b）V_{BE} 扩大电路偏置

图 2-63　甲乙类 OCL 功放电路

上述偏置方法的缺点是，其偏置电压不易调整。而在图 2-63（b）中，流入 VT_4 的基极电流远小于流过 R_3，R_4 的电流，则由图可求出 $U_{CE4} = U_{BE4} \times (R_3 + R_4)/R_4$，因此，利用 VT_4 管的 U_{BE4} 基本为一固定值（硅管为 $0.6 \sim 0.7V$），只要适当调节 R_3，R_4 的比值，就可改变 VT_2 和 VT_3 的偏压值。这种方法在集成电路中经常用到。

2.8.2 OTL 功放电路分析

如果将 OCL 电路的双电源修改为单电源，并在两个功率管的发射极与负载中间串入一个电解电容，该电路输出电阻较小，能与低阻抗负载较好匹配，无须变压器进行阻抗匹配，所以又称 OTL（Output Transformer Less）电路，即无输出变压器功放电路，如图 2-64 所示。

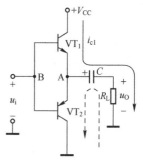

图 2-64　OTL 基本电路

1. 原理分析

静态时，$U_B = V_{CC}/2$，由于 VT_1，VT_2 特性相同，两管的发射极电位为 $V_A = V_{CC}/2$。无信号输入时，两管发射极电压 $U_{be} = U_B - U_A = 0$，两管均处于截止状态，电容 C 的电压为 $V_{CC}/2$。

动态时：$u_i > 0$，VT_1 管导通，VT_2 管截止，输出信号电流经电容 C 流向 R_L，形成输出信号的正半周。

$u_i < 0$，VT_2 管导通，VT_1 管截止，耦合电容 C_1 放电向 VT_2 管提供电源，并在负载 R_L 上形成输出信号的负半周。

注意：在负半周时，VT_1 管截止，使电源无法向 VT_2 供电，此时耦合电容 C_1 代替电源向 VT_2 管放电。在电路工作时，由于电容量足够大，可认为电容两端电压基本维持在 $U_C = V_{CC}/2$，以保证 VT_2 的正常工作，而不像 OCL 电路需要两个电源供电。

综上所述，VT_1 管放大信号的正半周，VT_2 管放大信号的负半周，两管工作性能对称，在负载上获得正、负半周完整的输出波形。

2. 性能指标计算

OTL 电路输出功率和效率的表达式与 OCL 电路基本相同，由于是单电源供电，每只管子的电压不是原来的 V_{CC}，而是 $V_{CC}/2$，将 OCL 的输出功率和效率公式中的 V_{CC} 用 $V_{CC}/2$ 取代即可。

（1）最大输出功率：

$$P_{Om} = \frac{V_{CC}^2}{8\,R_L}$$

（2）电源提供的直流功率（最大输出功率时的电源功率）：

$$P_{DC} = \frac{4\,P_{Om}}{\pi}$$

（3）理论最大效率：

$$\eta = 78.5\%$$

2.8.3 实用 OTL 功放电路

OTL 实际功放电路如图 2-65 所示。

1. 激励放大级

激励放大级主要由 VT_3，RP，R_1，R_2，R_E，C_E，R_C 等元件组成，采用工作点稳定的分

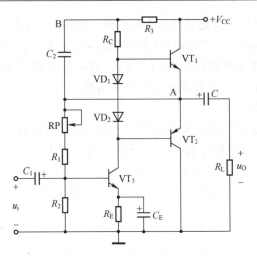

图 2-65   OTL 实际功放电路

压式偏置放大电路。

R_P，R_1 为上偏置电阻，R_2 为下偏置电阻，$V_A = V_{CC}/2$ 通过偏置电阻分压为前置放大管 VT$_3$ 提供基极电压。同时电阻 R_{RP}，R_1 是反馈电阻，引入了电压并联负反馈，稳定静态工作点和输出信号电压。

R_E 是发射极电阻，C_E 是旁路电容，因此 R_E 只起直流负反馈作用，稳定静态电流，而无交流负反馈，使放大倍数不会因 R_E 而降低。

R_C 是 VT$_3$ 管集电极电阻，将放大的电流放大为电压信号，一端加至输出管 VT$_1$，VT$_2$ 的基极，另一端通过 C_2 加至 VT$_1$，VT$_2$ 的发射极，为功放输出级提供足够的推动信号。

2. 功率放大输出级

VT$_1$，VT$_2$ 是输出级的互补管，与激励级采用直接耦合方式。输入信号 u_i 经 VT$_1$ 管放大后，在 R_C 上获得反向的放大信号，该信号加至输出管的输入端。为了克服交越失真，在两个互补管的基极之间串接二极管 VD$_1$，VD$_2$，使输出管工作在甲乙类状态。

为了改善输出波形，OTL 电路增加了 R_3，C_2 组成的自举电路。在输出端电压向 V_{CC} 接近时，VT$_1$ 管的基极电流较大，在偏置电阻 R_C 上产生压降，使 VT$_1$ 管的基极电位低于 A 点电位，因而限制了其发射极输出电压的幅度，使输出信号顶部出现平顶失真。

接入较大电容量的电容 C_2 后，使 R_3C_2 的时间常数足够大，则电容 C_2 上的电压 $U_{C2} \approx V_{CC}/2$。则 B 点电位 $V_B = V_A + V_{CC}/2$。这样在输入信号作用下，随着 A 点电位的升高，B 点电位也跟着升高，这就是自举作用。当 A 点电位接近 V_{CC} 时，B 点电位被抬高到近 $1.5V_{CC}$，保证 VT$_1$ 的基极有足够的电流，使管子工作在饱和状态，输出电压 U_{Om} 接近 $V_{CC}/2$，提高最大不失真电压幅度。故电路称为自举电路。

📖 应用案例

1. OTL 功放电路的参数设计

在实际功放电路的应用中，由于负载功率不同，则对于同一种结构的电路，各元件的参数取值也不同。如何使功放电路参数更合理，输出效率更高？下面通过 OTL 功放电路的计算来说明这一设计过程。

电路如图 2-66 所示，要求如下。

输出电压增益：10 倍

输出功率：0.5W（负载 $R_L = 8\Omega$）

频率特性：20Hz ~ 20kHz

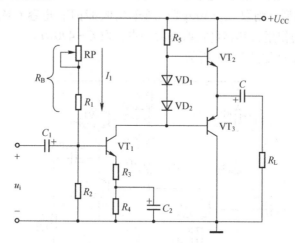

图 2-66　OTL 功放电路原理图

设计过程如下。

（1）功放管选择：输出功率为 0.5W，可选择耗散功率 1W 左右且互补的功放管，8050 和 8550 类型可以，但其型号众多且功率大小不一，经查资料 C8050 和 C8550 可以满足。按 三极管后缀号分为 B，C，D 档，放大倍数 B 档为 85 ~ 160，C 档为 120 ~ 200，D 档为 160 ~ 300。后续计算取 $\beta = 150$。VT_1 主要是电压放大，取 9013。

（2）电源电压确定：由负载 $R_L = 8\Omega$，输出功率 $P_o \geqslant 0.5W$ 得到输出电压 $U_o \geqslant \sqrt{R_L * P_o} = 2V$。峰峰值为 $U_{OPP} = 4\sqrt{2}V \approx 5.7V$，因为是单电源供电，所以直流电源电压 $\frac{1}{2}U_{CC} > 5.7V$，所以取 $U_{CC} = 15V$ 较为合适。

（3）R_5 阻值确定：输出电流 $I_0 = \dfrac{U_{Om}}{R_L} = \dfrac{5.7V}{8\Omega} \approx 350mA$，取 $I_0 = 400mA$，取 $\beta = 150$，$I_{B1} = I_0/\beta = 2.7mA$，考虑到基极电流与流过二极管的电流相比是较小的，因此 R_5 上的电流取 $I_5 = 27mA$，所以 $R_5 = \dfrac{(15 - 7.5 - 0.7)V}{27mA} = 250\Omega$，取 220Ω。

（4）r_{be1} 的确定：

$$r_{be1} = 300 + (1 + \beta)\frac{26}{I_{E1Q}} = 300 + 151 \times \frac{26}{27} = 450\Omega$$

（5）VT_1 发射极电阻确定：已知 $U_{C1} = U_{B3} = 7.5 - 0.7 = 6.8V$，因 VT_1 是前置放大，则其 $U_{CE1} = 6.8/2 = 3.4V$ 较好。则 $U_{E1} = U_{C1} - U_{CE1} = 3.4V$，$VT_1$ 发射极总电阻 $R_E = R_3 + R_4 = 3.4V/27mA = 125\Omega$。由电压放大倍数 $A_u = -\dfrac{\beta R_5}{r_{be1} + (1 + \beta)R_3} = 10$ 得 $R_3 = 15\Omega$，所以 $R_4 = 125 - 15 = 110\Omega$，取 $R_4 = 100\Omega$。

（6）VT_1 基极偏置电阻的确定：VT_1 三极管基极电流 $I_{B1} = I_{C1}/\beta = I_5/\beta = 27mA/150 =$

0.18mA，由分压电路工作性质可知 I_1 为 5～10 倍的 I_{B1}，取 $I_1 = 2\text{mA}$，$U_{B1} = 3.4 + 0.7 = 4.1\text{V}$，所以 $R_1 = 4.1\text{V}/2\text{mA} \approx 2\text{k}\Omega$。

同理，$R_B = (15\text{V} - 4.1\text{V})/2\text{mA} = 5.5\text{k}\Omega$，取 $R_1 = 4.7\text{k}\Omega$，$R_{RP} = 4.7\text{k}\Omega$。

（7）电容确定：C_1 是音频耦合电容，频率在 20Hz～20kHz，计算得 C_1 在 10μF～1000μF 之间，若以 1kHz 为典型，则 $C_1 = 100$μF；同样 C_2 取 47μF；电容 C 除了耦合音频信号外，还起给 VT_3 提供电源的作用，其容量宜取得大一点，取 $C = 470$μF。

最后，完整电路设计如图 2-67 所示。

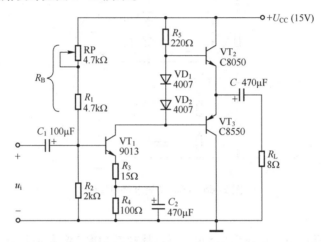

图 2-67　OTL 功放电路设计图

2. 通用 2.1 多媒体音箱电路

图 2-68 是通用 2.1 多媒体音箱电路，电路主要由两个集成芯片组成。JRC4558 内部包

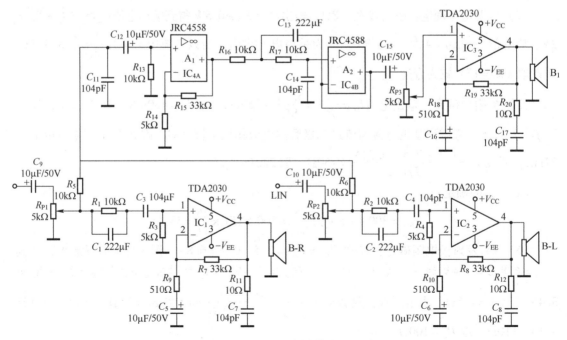

图 2-68　通用 2.1 多媒体音箱电路

括两个独立的、高增益、内部频率补偿的双运算放大器。TDA2030A 是德律风根生产的单声道的功率放大集成电路，TDA2030A 只有五只引脚，正电源、负电源、正向输入、反向输入和输出。TDA2030A 做立体声放大器必须使用两只 TDA2030A。TDA2030A 具有具有体积小、输出功率大、失真小等特点，它的优良性能使得它十几年来一直受到青睐，很多外表豪华的有源音箱、中档功放、低音炮也都采用了 TDA2030。

原理分析如下。

1）左右声道放大电路

左右声道放大电路的作用就是为了制造立体声效果，其电路结构、参数及工作原理是完全一致的。我们只以右声道为例来说明信号放大过程。右声道音尖信号从 R_{IN} 输入，经过耦合电容 C_9 进入音量电位器，音量电位器实际上起衰减音量的作用。通过音量电位器将信号进入由 R_1/C_1 组成的高音提升电路，当信号频率升高时，C_1 近似短路，使高频信号得到提升，从而使声音更加清晰。而后信号经过耦合电容 C_3 进入右声道功放 TDA2030 的 1 脚，经过功率放大后，由 TDA2030 的 4 脚输出，推动主音箱发声。图中的 R_7 为反馈电阻，R_7/R_9 决定了 TDA2030 芯片的放大倍数。因此，调整 R_7 的阻值，就可以调整放大倍数。R_{11}，C_7 为扬声器补偿网络，改善输出音频质量。

2）超低音功放电路

一般低音炮发出 20～200Hz 的低频声音，在能量不是很强时人是较难听到的，且很难分清音源方位。超低音功放电路负责再生声音中的低频音效，用来补足主音箱不足的低频量感受，使低音能量增加，产生震撼的感觉。声音信号由左右声道经两个 10kΩ 电阻 R_5，R_6 后至 C_{11} 耦合电容，然后信号进入集成运放 JRC4558 的 3 脚，集成运放 A_1 为超低音的前置放大器。前置放大器的放大倍数设置为 6 倍（R_{15}/R_{14} 的比值）左右。经过前置放大后，才能保证足够大的驱动电压，获得足够大的音量。JRC4558 的 1 脚为前置输出，经 R_{19} 后进入由集成运放 A_2，C_{13}，C_{14}，R_{17} 组成的低通滤波器。低通滤波器的作用是滤除 200Hz（R_{17} 和 C_{13} 决定截止频率）以上的高频信号，让 200Hz 以下的低频信号进入后面的 TDA2030，经功率放大后推动低音喇叭发声。

📖 拓展知识

2.9　集成功率放大器

集成功率放大器除具有一般集成电路的特点外，还具有温度稳定性好、电源利用率高、功耗低、非线性失真小、工作可靠、使用方便等优点。只要在器件外部适当连线，即可向负载提供一定的功率。下面仅介绍小功率通用型集成芯片 LM386。

1. LM386 引脚排列图

LM386 是 8 脚 DIP（Dual In – Line Pakage）封装，即双列直插封装，如图 2-69 所示。其 6 脚为电源端，4 脚为接地端，2，3 脚分别为反向、同向输入端，5 脚为功率输出端，1 和 8 脚为电压增益设定端，7 脚为旁路电容端，使用时与地之间接一个电容。

2. LM386 的典型应用电路

LM386 是目前应用较广的一种小功率通用型集成功率放大器，它的特点是 OTL 电路类型、电源电压范围宽（4～16V）、

图 2-69　LM386 引脚排列

功耗低（小于1W）、频带宽（300kHz）、谐波失真小等。应用时不必加装散热片，主要用于收音机、对讲机、信号发生器等电路中。

图2-70是LM386典型应用电路。7脚通过一个2.1pF的去耦电容接地，它可防止电路产生自激振荡，5脚输出端接入0.047μF电容和10Ω电阻组成容性负载，用来抵消扬声器的感性负载，可以防止在信号突变时，扬声器感应出瞬时电压而造成器件的损坏，并且还可以改善输出音频质量，220μF电容和负载串联，构成OTL功率放大电路。图中10μF电容和电阻用来调节电压放大倍数，图2-71是其不同增益对应的电路形式。

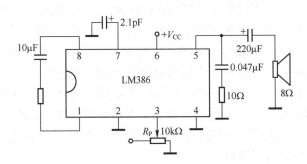

图2-70　LM386典型应用电路

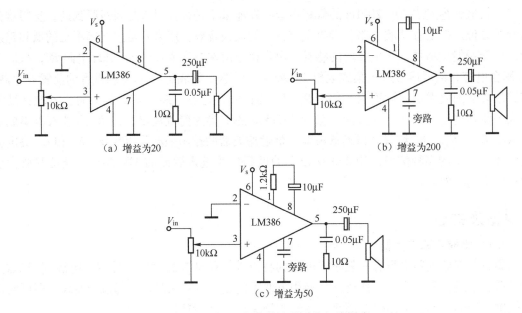

图2-71　LM386几种增益不同的电路形式

能力训练

实训2-4　实用功放电路组装与测试

1. 电路组装

图2-72所示的电路原理图是由分立元件组成的前置功率放大电路，元件清单见表2-11，要求：

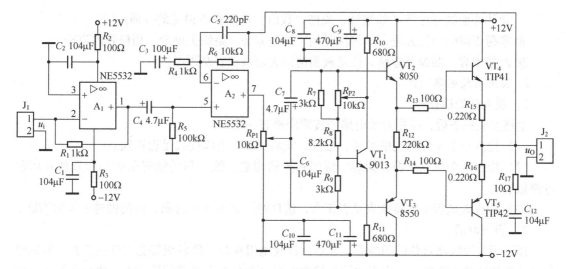

图 2-72　实用功放电路

表 2-11　元件清单表

标号	名称	型号	数量	标号	名称	型号	数量
R_1，R_4，R_{13}，R_{14}	电阻	1kΩ	4	C_4，C_{18}	电解电容	4.7μF/25V	1
R_2，R_3	电阻	100Ω	2	C_5	元片电容	220pF	1
R_5	电阻	100kΩ	1	C_8，C_{10}	电解电容	470μF/25V	1
R_6	电阻	10kΩ	1	VT_1	三极管	9013	1
R_7，R_9	电阻	3kΩ	2	VT_2	三极管	8050	1
R_8	电阻	8.2kΩ	1	VT_3	三极管	8550	1
R_{10}，R_{11}	电阻	680Ω	2	VT_4	达林顿管	TIP41	1
R_{15}，R_{16}	电阻	0.22Ω	2	VT_5	达林顿管	TIP42	1
R_{17}	电阻	10Ω	2	J_1	音频输入插孔	—	1
R_{P1}，R_{P2}	电位器	10kΩ	1	J_2	音频输出插孔	—	1
C_1，C_2，C_6 C_7，C_9，C_{11}	瓷片电容	104μF	6	R_L	喇叭	8Ω/5W	1
C_3	电解电容	100μF/25V	1	U1	集成运放	NE5532	1

（1）分析功放电路工作原理。

（2）根据要求选择合适的电子元器件及其参数、规格。

（3）在万能板上焊接。组装焊接要求如下。

① 元器件的检测：在安装前应对元件的好坏进行检查，防止已损坏的元件被安装。

② 根据原理图布置好元件布局图。

③ 安装时，要确保元件的极性正确，如三极管的 e，b，c 极，电解电容的正、负极。

④ 在空间允许时，功率元件的引脚应尽量留得长一些，以有利于散热，注意其他元件与功率管不要靠得太近。

⑤ 导线尽量布在板子的底面，注意走线美观且易于检查。

⑥ 同一种元件的高度应当尽量一致。

⑦ 元件外形的标注字（如型号、规格、数值）应放在看得见的一面。

⑧ 掌握正确的焊接方法，如焊接时间、送锡方法、烙铁头处理、用松香的道理。

⑨ 严禁虚焊、漏焊及短路，注意板面清洁无划痕和安全用电。

2. 实用功放电路测试

1）通电前的检查

电路安装完毕后，应先对照电路图按顺序检查一遍：

（1）检查每个元件的规格型号、数值、安装位置、引脚接线是否正确。

（2）检查每个焊点是否有漏焊、假焊和搭锡现象，线头和焊锡等杂物是否残留在印制电路板上。

（3）检查调试所用仪器仪表是否正常，清理好测试场地和台面，以便做进一步的调试。

2）静态调试

用万用表逐级测量各级的静态工作点。改变电阻参数，使各级静态工作点正常。若测量值与计算值相差太远的话，应考虑该级偏置电路是否存在虚焊或元件错误，要检查修正。接上 $+12\text{V}$ 电源用电压表测量 VT_4，VT_5 管的发射极中点电压，观察是否为 0V。

3）动态测试

在输入端输入 1kHz 的正弦波信号，用示波器观察输出信号波形，输入信号由小逐渐增大，直至输出波形增大到恰好不失真为止。

（1）观察输出波形有无交越失真，波形正、负半周是否对称。

（2）测量电压放大倍数，即用交流毫伏表测量输入、输出信号电压的有效值，或直接用示波器测量输入、输出的峰峰值。

（3）测量最大不失真功率。

方法：采用间接测量的方法，在电路的输出端固定负载 $R_\text{L} = 8\Omega$，输入端加单音频正弦信号（$f = 1000\text{Hz}$），用示波器观测负载 R_L 上的波形，调节输入信号的幅度，使输出信号为最大且不出现削顶失真（即只考虑限幅失真）。测得输出幅度 U_Omax（有效值），由式 $P_\text{Om} = \dfrac{U_\text{Omax}^2}{R_\text{L}}$ 即可求得。比较实际测得的最大不失真输出功率与理论最大不失真输出功率。

（4）测量电路的转换效率 η。

断开电源支路，按电流流向，将 2A 挡电流表串入电源支路，直流电流表的读数 I 就是电源输出的平均电流（忽略其他支路的电流），根据公式可算出电源供给的最大功率为 $P_\text{E} = V_\text{CC} \cdot I$。功放电路的最大效率可由公式 $\eta_\text{m} = P_\text{Om}/P_\text{E}$ 来计算。

（5）晶体管的管耗测试。

最大输出功率时晶体管的管耗公式为 $P_\text{T} = P_\text{E} - P_\text{Om}$。将上述实验及运算数据填入表 2-12。

表 2-12 实用 OTL 功放电路分析

测量参数	理　想	实　际
电源输出功率 P_E		
最大输出功率 P_O		
管耗 P_T		
最大输出效率 η		

（6）将负载电阻换成喇叭，在输入端接入音乐信号，调节音控电位器 R_{P1}，试听音量效果。

通过对电路测试要求分析讨论：

（1）根据测试结果，你是否真正理解功率放大电路的性能指标？

（2）总结 OTL 和 OCL 放电路的优缺点。

（3）查阅资料，搜集学习集成功放电路的应用。

（4）目前甲类功放和乙类功放的应用状况如何？

练习与思考

（一）练习题

1. 填空题

2.72 乙类互补对称功率放大电路产生特有的失真现象叫_____失真。

2.73 乙类功放的主要优点是_____，但出现交越失真，克服交越失真的方法是_____。

2.74 双电源互补对称功率放大电路（OCL）中 $V_{CC}=8V$，$R_L=8\Omega$，电路的最大输出功率为_____，此时应选用最大功耗大于_____功率管。

2.75 单电源互补对称功放电路简称_____电路，其中点电位为_____。

2.76 由于在功放电路中，功放管常常处于极限工作状态，因此，在选择功放管时要特别注意_____、_____和_____三个参数。

2.77 乙类功率放大电路中，功放晶体管静态电流 $I_{CQ}=$_____。

2. 判断题

2.78 乙类功放电路中没有交越失真。 （　　）

2.79 功率放大电路的主要作用是向负载提供足够大的电压信号。 （　　）

2.80 OCL 功率放大电路需要正负电源供电。 （　　）

2.81 功率放大器中的晶体管一般处于小信号工作状态。 （　　）

2.82 OTL 功率放大电路输出电容 C 只有信号耦合作用。 （　　）

2.83 在功率放大电路中，输出功率愈大，功放管的功耗愈大。 （　　）

2.84 功率放大电路的最大输出功率是指在基本不失真情况下，负载上可能获得的最大交流功率。 （　　）

3. 选择题

2.85 OCL 功放电路要求在 8Ω 的负载上获得 9W 的最大不失真功率，电源电压应为（　　）。

    A. 6V   B. 9V   C. 12V   D. 24V

2.86 与乙类功率放大方式比较，甲乙类 OCL 功放的主要优点是（　　）。

    A. 不用输出变压器   B. 不用输出端大电容

    C. 效率高   D. 无交越失真

2.87 在乙类互补推挽功率放大电路中输出效率最高是（　　）。

    A. 100%   B. 80%   C. 78.5%   D. 60%

2.88 功率放大电路与电压放大电路的区别是（　　）。

A. 前者比后者电源电压高

B. 前者比后者效率低

C. 前者比后者电压放大倍数数值大

D. 在电源电压相同的情况下，前者比后者的最大不失真输出电压大

2.89 复合管电路如图题 2.89 所示，其中等效为 NPN 管的是（　　　）。

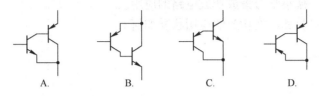

图题 2.89

4. 综合题

2.90 功率放大电路如图题 2.90 所示，设输入 u_i 为正弦波。

（1）静态时，输出电容 C_2 上的电压应调为多少伏？

（2）R_L 得到的最大不失真输出功率大约是多少？

（3）直流电源供给的功率为多少？

（4）该电路的效率是多少？

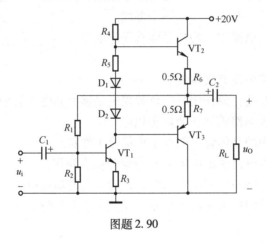

图题 2.90

2.91 功率放大电路如图题 2.91 示。设三极管的饱和压降 V_{CES} 为 1V，为了使负载电阻获得 12W 的功率。请问：

（1）正负电源至少应为多少伏？

（2）三极管的 I_{CM}，$U_{(BR)CEO}$ 至少应为多少？

2.92 OTL 如图题 2.92 所示，C 容量足够大，$V_{CC}=12V$，$R_L=8\Omega$，U_{CES} 忽略不计。求：

（1）电路的最大不失真输出功率。

（2）若输入 $U_i=4V$，则输出功率为多大？

2.93 电路如图题 2.93 所示，已知 VT$_1$ 和 VT$_2$ 的饱和管压降 $|U_{CES}|=2V$，直流功耗可忽略不计。

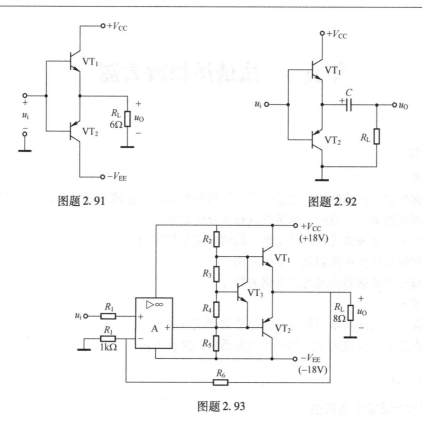

图题2.91   图题2.92

图题2.93

回答下列问题：

（1）R_3，R_4 和 VT_3 的作用是什么？

（2）负载上可能获得的最大输出功率 P_{Om} 和电路的转换效率 η 各为多少？

（3）设最大输入电压的有效值为1V。为了使电路的最大不失真输出电压的峰值达到16V，电阻 R_6 至少应取多少千欧？

（二）思考题

2.94 功率放大电路与电压放大电路有何不同要求？

2.95 为什么乙类功率放大器输入信号越小，输出失真反而明显？

2.96 乙类功放为什么会出现交越失真？如何克服？

2.97 乙类互补推挽功放的最后一级是什么组态放大器？主要放大什么？

2.98 OTL 电路中，为什么耦合电容 C 的容量必须足够大？

单元 3 集成运算放大器

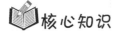学习目标

1. 知识目标

（1）了解集成运放的结构，熟悉集成运放的基本知识，正确识别集成运放的电路符号。

（2）掌握理想集成运放的工作条件及基本分析方法。

（3）掌握集成运放的几种线性运算电路的组成及其应用。

（4）了解集成运放在仪器测量中的应用。

（5）了解有源低通和高通滤波电路的特性。

2. 能力目标

（1）掌握集成运放基本运算电路的组装与测试方法。

（2）掌握集成运放应用电路的设计及元器件的选择方法。

核心知识

3.1 集成运算放大器概述

3.1.1 认识集成运放

1. 封装形式

集成运算放大器是一种高增益、高输入电阻和低输出电阻的直接耦合多级放大器，最常见的封装是双列直插封装和贴片封装，图 3-1 列举了常见 8 脚集成运放的实物图（μA741、LM358、OP07）。

图 3-1 集成运放的封装图

虽然都是 8 个脚的封装，但是 μA741 和 OP07 是单运放芯片，而 LM358 却是双运放芯片，其内部结构图如图 3-2 所示。

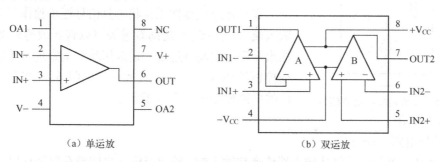

（a）单运放　　　　　　　　　　　　（b）双运放

图 3-2　几个 8 脚运放的内部结构图

市场上最常用的通用型单运放 741 有 CF741、μA741、LM741、HA741 等型号，其中 CF 指的是中国产的运放，简称 FOO7；μA741 是美国仙童公司的早期产品，现在其他公司也有生产（如德州仪器公司 Texas Instruments，意法半导体公司 ST Microelectronics）；LM741 是美国半导体公司（Nationl Semiconductor）的产品，LM 是模拟电路的意思；HA741 是日本日立公司的产品，其中 HA 也是模拟电路的意思。

2. 引脚功能

μA741 的引脚排列如图 3-3 所示，一般集成运放正面都有标记，如图将凹口朝左，从左下角开始逆时针旋转，引脚依次为 1，2，…，8。有的集成芯片上标记为色点。

图 3-3　集成运算放大器的引脚排列

μA741 引脚功能如下。

引脚 2——反向输入端，即当同相输入端接地时，信号加在反相输入端，则输出信号与输入信号相位相反。

引脚 3——同相输入端，即当反相输入端接地时，信号加在同相输入端，则输出信号与输入信号相位相同。

引脚 6——输出端。

引脚 4，7——分别接负电源（$-U_{EE}$）和正电源（$+U_{CC}$）。

引脚 1 和 5——外接调零电位器，当输入为零而输出不为零时，调节调零电位器使输出为零。

3. 集成运放符号

集成运放的符号如图 3-4 所示。"$-$"表示反相输入端，输入信号为 u_-，左边的"$+$"表示同相输入端，输入信号为 u_+，右边的"$+$"表示输出信号相位与同相输入端的信号相位同相。▷表示信号从左向右传输，∞ 表示集成运放的开环电压放大倍数为无穷大。

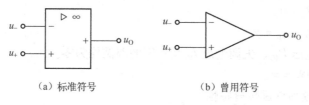

（a）标准符号　　　　　　　　　　　（b）曾用符号

图 3-4　集成运算放大器的符号

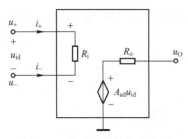

图 3-5 集成运放的电路模型

3.1.2 集成运放的基本知识

1. 电路模型

集成运放在线性工作状态且信号源单独作用时：从净输入端（$u_+ - u_-$）之间看进去可以将运放等效为 R_i，从输出端和地之间看进去，运放用戴维南定理可等效为一个受控恒压源 $A_{ud}(u_+ - u_-)$ 和一个内阻 R_0 相串联。集成运放的电路模型如图 3-5 所示。

2. 基本概念

1）开环电路（Open Loop）

所谓开环，就是信号仅从输入端传递到输出端，输出与输入之间没有反馈环路。

2）差模信号（Differential Mode）和共模信号（Common Mode）

差模信号是指大小相等、极性相反的信号，用 u_{id} 表示；共模信号是指大小相等、极性相同的信号，用 u_{ic} 表示。在图 3-4（a）中，差模信号 $u_{id} = u_- - u_+$；共模信号 $u_{ic} = u_- + u_+$。同时，任意输入信号皆可分解成差模信号和共模信号。反相端输入信号 $u_- = u_{ic} + \frac{1}{2}u_{id}$，同相端输入信号 $u_+ = u_{ic} - \frac{1}{2}u_{id}$。差模信号是有用信号，是运放端的实际输入信号，需要增强，共模信号是无用信号，如温度等因素引起的同时叠加在两个输入端的干扰信号，需要抑制。

3）差模增益和共模增益

差模增益是输出信号与输入差模信号的比值，即 $A_d = \dfrac{u_0}{u_{id}}$；共模增益是输出信号与输入共模信号的比值，即 $A_c = \dfrac{u_0}{u_{ic}}$。差模增益一般很大，达到 10^6 以上，共模增益一般很小。

3. 实际集成运放的特点

（1）开环电压放大倍数 $A_{ud} = 10^6 \sim 10^8$。

（2）差模输入电阻 $R_i = 10^6 \sim 10^{11} \Omega$。

（3）输出电阻 $R_0 = 10 \sim 100\Omega$。

（4）共模抑制比 $K_{CMR} = 80 \sim 140dB$。

4. 理想集成运放的特点

这是指将各项指标理想化之后的集成运放。理想运放具有以下理想特性：

（1）开环差模电压放大倍数 $A_{ud} = \infty$。

（2）差模输入电阻 $R_{id} = \infty$。

（3）输出电阻 $R_0 = 0$。

（4）共模抑制比 $K_{CMR} = \infty$。

（5）输入失调电压 U_{IO}、失调电流 I_{IO} 及它们的温漂均为零。

（6）开环带宽 $BW = \infty$。

3.1.3 集成运放的电压传输特性

电压传输特性是指开环状态下，集成运放的输出电压与输入电压之间的关系曲线，它的传输特性如图 3-6（a）所示。图中横坐标为差模信号，BC 段为集成运放工作的线性区，AB 段和 CD 段为集成运放工作的非线性区（即饱和区）。由于理想情况下集成运放的电压放大倍数极高，BC 段与纵轴重合，所以它的理想传输特性如图 3-6（b）所示。其线性放大区极窄，对于理想运放则趋于零，故开环运放无法用做线性放大器。

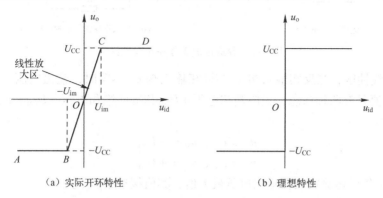

（a）实际开环特性　　　　　　　　　　（b）理想特性

图 3-6　集成运放电压传输特性

1. 集成运放工作在线性区时的特点

当集成运放的反相输入端和输出端有负反馈时，工作在线性区，如图 3-7 所示引入负反馈电路。

此时集成运放的输出电压与两个输入端电压之间存在线性放大关系，即

$$u_0 = A_{ud}(u_+ - u_-)$$

上式中 u_0 是集成运放输出端电压，u_+ 和 u_- 分别是同相输入端和反相输入端的输入信号，A_{ud} 是运放开环电压放大倍数。

理想运放工作在线性区时有两个重要特点。

1）同相输入端电位等于反相输入端电位

理想运放的 $A_{ud} = \infty$，输出电压 u_0 又是一个有限值，则

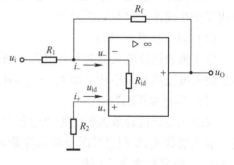

图 3-7　集成运放工作在线性区

$$u_i = u_+ - u_- = \frac{u_0}{A_{ud}} = 0$$

即

$$u_+ = u_-$$

可见，理想集成运放的差模输入电压等于零，两输入端似乎短路，称为"虚短"。

2）理想集成运放的输入端电流等于零

理想运放的 $R_i = \infty$，则两输入端不取用电流，即

$$i_+ = i_- \approx 0$$

可见，理想集成运放的两输入端电流近似为零，相当于断路，但又不是真正的断路，称为"虚断"。

2. 集成运放工作在非线性区时的特点

当集成运放处于开环状态或有正反馈时，工作在非线性区，如图 3-8 所示电路。

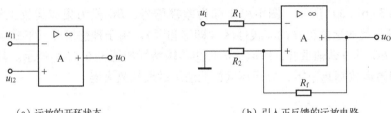

（a）运放的开环状态　　　　　　　　（b）引入正反馈的运放电路

图 3-8　集成运放工作在非线性区

（1）在非线性区，当反相输入端 u_- 与同相输入端 u_+ 不等时，输出电压 u_O 是一个恒定的值，u_O 的取值只有两种状态：正向饱和电压 $+U_{OM}$ 和负向饱和电压 $-U_{OM}$。$u_+=u_-$ 是两种状态的转折点。

$$u_->u_+，u_O=-U_{OM}$$
$$u_-<u_+，u_O=+U_{OM}$$

其中 U_{OM} 是集成运算放大器输出电压最大值，其值接近于 U_{CC}。

（2）理想集成运放的输入端电流等于零。

非线性区的集成运放同样有"虚断"特点。

3. 集成运放的分析及工作条件

1）线性区

当集成运放输出与输入之间有深度负反馈连接时，则认为集成运放工作在线性区，集成运放工作在线性区时有如下特点。

（1）具有虚断的特点。

由于集成运算放大器的开环电阻一般高达几百千欧以上，故认为反相输入端和同相输入端的输入电流可忽略不计，即 $I_-\approx I_+=0$，通常称之为"虚断"。

（2）具有虚短的特点。

又由于集成运算放大器的输出电压是有限值，即输出电压 $u_O=A_{od}(u_+-u_-)$，而其开环电压放大倍数 A_{od} 在理想情况下可认为是无穷大，因此净输入信号（u_+-u_-）接近于零，即 $u_+\approx u_-$，通常称之为"虚短"。

2）非线性区

当集成运放工作在开环（输出与输入之间开路）或正反馈状态下，则认为集成运放工作在非线性区，集成运放工作在非线性区时有如下特点。

（1）具有虚断的特点，即集成运放两端不取电流，$I_-\approx I_+=0$，但没有虚短的特点。

（2）输出只有两个极限值且被限幅，当 $u_+>u_-$ 时，输出电压 $u_O=+U_{OM}$，当 $u_+<u_-$ 时，输出电压 $u_O=-U_{OM}$。U_{OM} 一般小于集成运放的工作电源电压值。

3.2　集成运放线性应用

用集成运放和外接电阻、电容可构成比例、加减、微分与积分的运算电路，这时集成运放必须工作在线性区。在分析基本运算电路时，将集成运放看成理想运放，可根据"虚短"和"虚断"特点来分析电路，较为简便。

3.2.1　比例运算放大电路

比例运算放大电路包括反相比例、同相比例基本运算电路。它们是其他各种运算电路的基础。

1. 反相比例运算电路

若输入信号 u_i 经电阻 R_1 从反相输入端输入，反馈电阻 R_F 跨接在输出端与反相输入端之间，并引入深度电压并联负反馈，如图 3-9（a）所示，称为反相比例运算电路。反相比例运算电路中，同相输入端经过电阻 R_2 接地，$u_+ = 0$，为保证运放的两个输入端处于平衡的工作状态，应使反相输入端与同相输入端对地的电阻相等，即 $R_2 = R_1 // R_F$，R_2 称为平衡电阻或补偿电阻。其中 i_1 是流过外接电阻 R_1 的电流，i_F 是流过反馈支路 R_F 的电流。

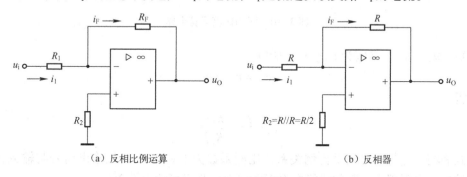

（a）反相比例运算　　　　　（b）反相器

图 3-9　反相比例运算电路

根据"虚短"特点，$u_- = u_+$，则 $u_- = u_+ = 0$。这表明，运放反相输入端与地端等电位，但又不是真正接地，这种情况通常称为反相输入端"虚地"。

根据"虚断"特点，$i_- = i_+ = 0$，则

$$i_1 = i_F$$

即

$$\frac{u_i - u_-}{R_1} = \frac{u_- - u_O}{R_F}$$

因为 $u_- = 0$，由此可得

$$u_O = -\frac{R_F}{R_1} u_i$$

可见，u_O 与 u_i 之间符合比例关系，比例系数为 R_F / R_1。负号表示输出信号与输入信号反相，这就是反相比例运算电路。由上式可看出，u_O 与 u_i 的关系与集成运放本身的参数无关，仅与外部电阻 R_1 和 R_F 有关，只要电阻的精度和稳定性很高，反相比例运算电路的运算精度和稳定性就很高。

若电路中 $R_1 = R_F = R$，则 $u_O = -u_i$，表明输出电压 u_O 与输入电压 u_i 大小相等相位相反，此时电路没有放大作用，只是进行了一次"变号"运算，具有这种功能的运算电路称为"反相器"或"倒相器"，如图 3-9（b）所示。

2. 同相比例运算电路

若输入信号 u_i 经电阻 R_2 从同相输入端输入，反相输入端经过电阻 R_1 接地，电阻 R_F 跨接在输出端与反相输入端之间，并引入深度电压串联负反馈，称为同相比例运算电路，如图 3-10（a）所示。在同相比例运算的实际电路中，也应使 $R_2 = R_1 // R_F$，以保持两个输入端对地的电阻平衡。

根据虚断，$i_- = i_+ = 0$，所以 $u_+ = u_i$，$i_1 = i_F$，则

$$\frac{u_-}{R_1} = \frac{u_O - u_-}{R_F}$$

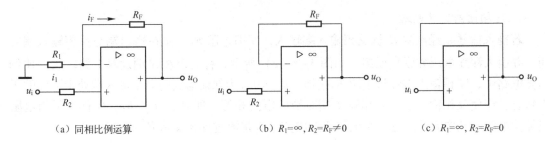

（a）同相比例运算　　　　　　（b）$R_1=\infty$，$R_2=R_F\neq0$　　　　（c）$R_1=\infty$，$R_2=R_F=0$

图 3-10　同相比例运算电路

根据虚短，$u_- = u_+$，又因为 $u_+ = u_i$，所以

$$u_- = u_+ = u_i$$

整理可得

$$u_O = \left(1 + \frac{R_F}{R_1}\right)u_i$$

上式表明，u_O 与 u_i 之间呈比例关系，比例系数为 $1 + R_F/R_1$，且输出信号与输入信号同相。它的输入电阻很大，其数量级在 $10\text{M}\Omega$ 以上，甚至可达上百 $\text{M}\Omega$。

若去掉电阻 R_1，如图 3-10（b）所示，这时

$$u_O = u_- = u_+ = u_i$$

可见，输出电压 u_O 与输入电压 u_i 大小相等，相位相同，起到电压跟随作用，故该电路称为电压跟随器。电压跟随器是同相比例运算电路 $R_1 = \infty$，$R_2 = R_F \neq 0$ 或 $R_1 = \infty$，$R_2 = R_F = 0$ 时的特例［见图 3-10（c）］。其电压放大倍数为

$$A_{uf} = \frac{u_O}{u_1} = 1$$

电压跟随器与射极输出器具有相同的功能，但其性能更好，具有更高的输入电阻和更低的输出电阻，在电路中能起良好的隔离作用。

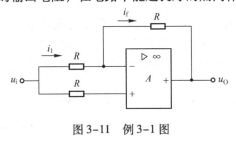

图 3-11　例 3-1 图

例 3-1　电路如图 3-11 所示，计算输出电压 u_O 的表达式。

解：由虚短可知 $u_+ = u_-$，又由虚断可得 $u_+ = u_i$。

所以 $u_- = u_i$，则 $i_1 = \dfrac{u_i - u_-}{R} = 0$。

又 $i_f = i_1$，所以 $i_f = 0$，则有 $u_O = u_i$。

3.2.2　加法运算与减法运算电路

1. 加法运算电路

加法运算即对多个输入信号进行求和，根据输出信号与求和信号之间是反相还是同相关系可为反相加法运算和同相加法运算。

1）反相加法运算电路

图 3-12（a）所示为反相输入加法运算电路，它是利用反相比例运算电路实现的。图中输入信号 u_{i1}，u_{i2} 通过电阻 R_1，R_2 由反相输入端引入，同相端通过一个直流平衡电阻 R_3 接地，要求 $R_3 = R_1 // R_2 // R_F$。

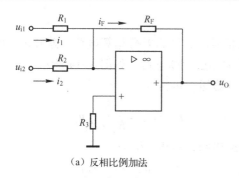
（a）反相比例加法

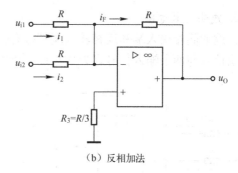
（b）反相加法

图 3-12 反相加法运算电路

根据运放反相输入端"虚断"可知 $i_F \approx i_1 + i_2$，即

$$\frac{u_- - u_O}{R_F} = \frac{u_{i1} - u_-}{R_1} + \frac{u_{i2} - u_-}{R_2}$$

而根据运放反相时输入端"虚地"可知 $u_- \approx 0$，代入上式整理得

$$u_O = -R_F\left(\frac{1}{R_1}u_{i1} + \frac{1}{R_2}u_{i2}\right)$$

可见，该电路对输入电压按一定比例进行加法运算，负号表示输出电压与输入电压相位相反，该电路可完成模拟函数关系 $y = k_1x_1 + k_2x_2$ 的运算。

若 $R_1 = R_2 = R_F = R$，电路如图 3-12（b）所示，则电路变成了反相加法运算。

$$u_O = -(u_{i1} + u_{i2})$$

可见，输出电压与输入电压的代数和呈反相比例关系，该电路可模拟函数 $y = k(x_1 + x_2)$ 的运算。

2）同相加法运算电路

图 3-13 所示为同相加法运算电路，它是利用同相比例运算电路实现的。图中的输入信号 u_{i1}，u_{i2} 是通过电阻 R_2，R_3 由同相输入端引入的。为了使直流电阻平衡，要求 $R_2 // R_3 = R_1 // R_F$。

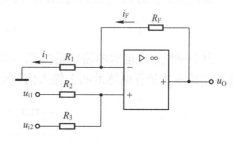

通过分析，该电路本质上是同相比例运算电路，只要能计算出 u_+ 的电压，就能根据同相运算比例电路的公式计算出 u_O，根据运放同相端"虚断"，对 u_{i1}，u_{i2} 应用叠加原理可求得 u_+ 为

图 3-13 同相加法运算电路

$$u_+ = \frac{R_3}{R_2 + R_3}u_{i1} + \frac{R_2}{R_2 + R_3}u_{i2}$$

将 u_+ 代入的关系式 $u_O = \left(1 + \frac{R_F}{R_1}\right)u_+$ 可得

$$u_O = \left(1 + \frac{R_F}{R_1}\right)\left(\frac{R_3}{R_2 + R_3}u_{i1} + \frac{R_2}{R_2 + R_3}u_{i2}\right)$$

可见实现了同相加法运算。若取 $R_2 = R_3$，$R_1 = R_F$，则上式简化为

$$u_O = u_{i1} + u_{i2}$$

2. 减法运算电路

运放的同相输入端和反相输入端都接有输入信号时，称为差分运算电路。差分运算电路的输出信号与两个输入信号之差成正比，所以又称减法运算电路，如图 3-14 所示。

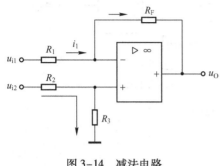

图 3-14　减法电路

根据虚短，可得

$$u_- = u_+ = \frac{R_3}{R_2 + R_3} u_{i2}$$

根据虚断，可得　$i_1 = i_F$

即

$$\frac{u_{i1} - u_-}{R_1} = \frac{u_- - u_O}{R_F}$$

联立上式可得

$$u_O = \left(1 + \frac{R_2}{R_1}\right) \frac{R_3}{R_2 + R_3} u_{i2} - \frac{R_2}{R_1} u_{i1}$$

当电路外部参数满足匹配条件

$$R_1 = R_2, \quad R_3 = R_F$$

则输出电压为

$$u_O = \frac{R_F}{R}(u_{i2} - u_{i1})$$

若 $R_F = R$，则

$$u_O = u_{i2} - u_{i1}$$

可见，输出信号与两个输入信号的差值成正比。

例 3-2　写出如图 3-15 所示二级运算电路的输入、输出关系。

解：图中，运放 A_1 组成同相比例运算电路，故

$$u_{O1} = \left(1 + \frac{R_2}{R_1}\right) u_{i1}$$

由于理想集成运放的输出阻抗 $R_0 = 0$，故前级输出电压 u_{O1} 即为后级输入信号。因而运放 A_2 组成减法运算电路的两个输入信号分别为 u_{O1} 和 u_{i2}。

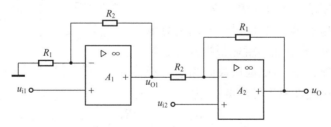

图 3-15　例 3-2 图

由叠加原理可得输出电压 u_O 为

$$u_O = -\frac{R_1}{R_2} u_{o1} + \left(1 + \frac{R_1}{R_2}\right) u_{i2} = -\frac{R_1}{R_2}\left(1 + \frac{R_2}{R_1}\right) u_{i1} + \left(1 + \frac{R_1}{R_2}\right) u_{i2}$$

$$= -\left(1 + \frac{R_1}{R_2}\right) u_{i1} + \left(1 + \frac{R_1}{R_2}\right) u_{i2} = \left(1 + \frac{R_1}{R_2}\right)(u_{i2} - u_{i1})$$

可见，这是一个减法运算电路。

例3-3　电路参数如图3-16所示，求输出电压u_O。

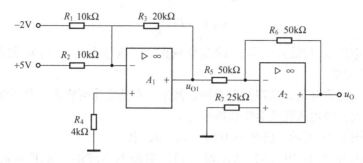

图3-16　例3-3图

解：第一个运放构成反相加法运算，第二个运放是反相比例运算，由公式得

$$u_{O1} = -\frac{20}{10} \times (5-2) = -6\text{V}$$

$$u_O = -\frac{50}{50} \times (-6) = 6\text{V}$$

3.2.3　积分运算与微分运算电路

1. 积分运算电路

基本积分运算电路如图3-17所示，它与反相比例运算电路的不同之处只在于用C来代替反馈电阻R_F。

根据反相输入端虚地可得

$$i_1 = \frac{u_i}{R}, \qquad i_C = -C\frac{\mathrm{d}u_O}{\mathrm{d}t}$$

根据虚断$i_1 = i_C$，可得输出电压

$$u_O = -\frac{1}{RC}\int u_i \mathrm{d}t$$

可见，输出电压u_O是输入电压u_i对时间的积分，负号表示u_O与u_i的相位关系，$\tau = RC$称为积分时间常数。

2. 微分运算电路

微分运算是积分运算的逆运算，将积分运算电路中的电阻和电容元件位置互换，便构成了基本微分运算电路，如图3-18所示。

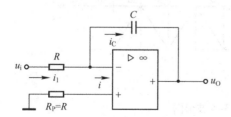

图3-17　基本积分运算电路

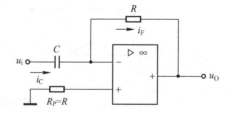

图3-18　基本微分运算电路

根据反相输入端虚地可得

$$i_F = -\frac{u_O}{R}, \qquad i_C = C\frac{\mathrm{d}u_i}{\mathrm{d}t}$$

根据虚断 $i_F = i_C$，可得输出电压

$$u_O = -RC \frac{\mathrm{d}u_i}{\mathrm{d}t}$$

可见，输出电压 u_O 与输入电压 u_i 的微分成正比，负号表示 u_O 与 u_i 的相位关系，$\tau = RC$ 称为微分时间常数。

积分和微分电路常常用以实现波形变换。例如，积分电路可将方波电压变换为三角波电压，微分电路可将方波电压变换为尖脉冲电压。

例3-4 如图3-19所示，已知 $t = 0$ 时，$u_O = 0$，求：

（1）输入电压如图3-19（b）所示时，画出输出电压波形，并求出 u_O 由0V变化到 -5V需要的时间。

（2）输入电压波形如图3-19（c）所示时，画出输出电压波形，并标出其幅值大小。

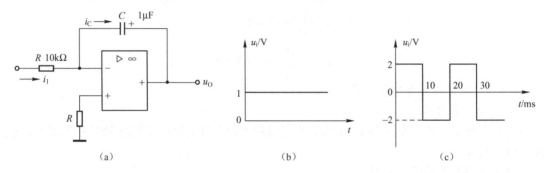

图3-19 例3-4图

解：（1）由积分运算公式

$$u_O = -\frac{1}{RC} \int_0^t u_i \mathrm{d}t = -\frac{1}{10 \times 10^3 \times 1 \times 10^{-6}} \times u_i t = -100 u_i t$$

当 $u_i = 1$V 时，$-5 = -100t$ 得 $t = 50$ms。

输出电压波形是一次函数，如图3-20（a）所示。

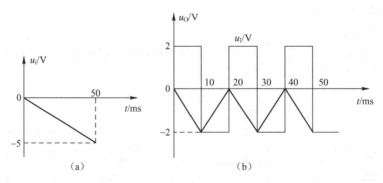

图3-20 例3-4波形图

（2）输入电压为矩形波，分析可知输入信号正半周时，电容反向充电，输出线性减小；输入信号负半周时，电容正向充电，输出线性增大。根据（1）的结论得

当 $u_i = 2$V 时，在 $t = 10$ms 时，$u_{O1} = -100 u_i t = -100 \times 2 \times 10 \times 10^{-3} = -2$V。

当 $u_i = -2$V 时，t 从 10ms 变化到 20ms 时，

$$u_{O2} = u_{O1} - 100\, u_i t = -2 - 100 \times (-2) \times 10 \times 10^{-3} = -2 + 2 = 0V$$

依此类推，可以画出输出电压波形如图3-20（b）所示。

应用案例

1. 温度控制电路

图3-21是温度监测及控制实验电路，现简单分析其电路工作原理。

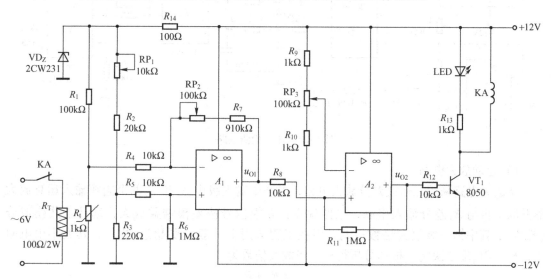

图3-21 温度监测及控制电路

1）测温电桥

由 R_1，R_2，R_3，RP_1 及 R_t 组成测温电桥，其中 R_t 是温度传感器，它是负温度系数电阻特性的热敏电阻（NTC元件）。其呈现出的阻值与温度呈线性变化关系且具有负温度系数，而温度系数又与流过它的工作电流有关。为了稳定 R_t 的工作电流，达到稳定其温度系数的目的，设置了稳压管 VD_Z。RP_1 可决定测温电桥的平衡。

2）差动放大电路

由 A_1 及外围电路组成的差动放大电路，将测温电桥输出电压 ΔU 按比例放大。其输出电压 U_{O1} 仅取决于两个输入电压之差和外部电阻的比值。

3）滞回比较器

差动放大器的输出电压 U_{O1} 输入由 A_2 组成的滞回比较器。与反相输入端的参考电压 U_R 相比较。当同相输入端的电压信号大于反相输入端的电压时，A_2 输出正饱和电压，三极管 VT_1 饱和导通。通过发光二极管 LED 的发光情况，可见负载的工作状态为加热。反之，同相输入信号小于反相输入端电压时，A_2 输出负饱和电压，三极管 VT_1 截止，LED 熄灭，负载的工作状态为停止。调节 RP_3 可改变参考电平，也同时调节了上下门限电平，从而达到设定温度的目的。

2. 压力检测电路

图3-22是集成运放构成的压力检测电路，其主要功能是将压力传感器转换过来的与被测压力成正比的微弱电压信号进行处理、放大，以便对压力信号进行测量显示或控制，整个

电路由两块集成运放构成，TL084 是高输入阻抗的集成四运放，μA741 是通用集成单运放。

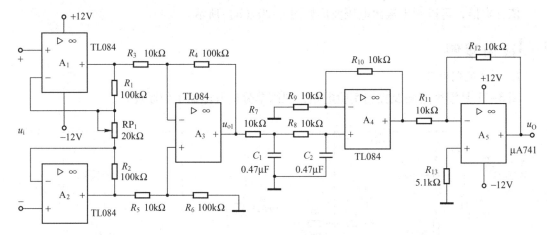

图 3-22　压力检测电路

1）差动放大电路

本放大电路采用三运放差分放大电路，电路中输入级由 A_1 和 A_2 两个同相输入运算放大器并联，再与 A_3 差分输入串联，电路优点：差模信号按差模增益放大，远高于共模成分（噪声）；其中第一级放大倍数可调，但在工程应用上一般不要超过 30 倍，其大小由电阻 R_1，R_2，RP$_1$ 取值决定。根据分析得第一级放大倍数为

$$A_{u1} = \frac{2R_1 + R_{W1}}{R_{W1}}$$

若 RP$_1$ 取 10kΩ，则一级放大倍数为 21。

第二级放大的放大倍数为 $A_{u2} = \dfrac{R_4}{R_3} = \dfrac{100}{10} = 10$，所以整个差动放大电路的放大倍数为 210 倍。

2）低通滤波电路

在信号检测的应用电路中，经常在微弱的有用信号中混有 50Hz 的工频干扰信号，所以需要将其滤除。图 3-22 中的是二阶低通滤波电路，可以滤除 50Hz 及以上频率的干扰信号，它由两节 RC 滤波电路和同相比例放大电路组成。有源滤波具有电路输入阻抗高、输出阻抗低以及 Q 值高等特点，在电路中有一定的电压放大和缓冲作用，本级通带放大倍数 $A_{u3} = 1 + \dfrac{R_{10}}{R_9} = 2$。

滤波器的截止频率 $f_0 = \dfrac{1}{2\pi RC} = 33\text{Hz}$。

3）缓冲驱动电路

最后一级放大电路由通用集成单运放 μA741 构成，电路没有电压放大作用，主要是增强驱动负载的能力。

3. 全波精密整流电路

图 3-23 是由集成运放构成的全波整流电路。A_1 组成反相比例运算电路，A_2 组成反相求和运算电路，经分析可知输出电压：

当 $u_i > 0$ 时，$u_{O1} = -2u_i$，$u_O = -(-2u_i + u_i) = u_i$；

当 $u_i < 0$ 时，$u_{O1} = 0$，$u_O = -u_i$，所以 $u_O = |u_i|$。

故此电路也称绝对值电路。当输入电压为正弦波时，电路输出波形如图 3-24 所示。

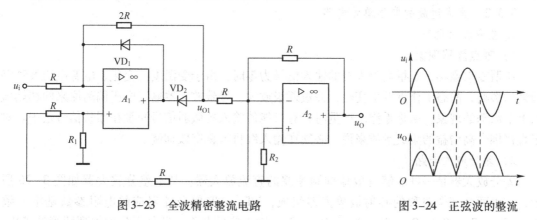

图 3-23 全波精密整流电路　　　　　图 3-24 正弦波的整流

 拓展知识

3.3 集成运算放大器的典型结构

3.3.1 集成运放组成

集成运放的内部电路由输入级、中间电压放大级、输出级和偏置电路四部分组成，如图 3-25 所示。集成运算放大器的基本单元电路是恒流源电路和差分放大器。

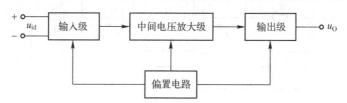

图 3-25 集成运算放大器的内部组成电路框图

1. 输入级

输入级又称前置级，对于高增益的直接耦合放大电路，减小零点漂移的关键在第一级，所以要求输入级温漂小、共模抑制比高，因此，集成运放的输入级都由具有恒流源的差动放大电路组成。

2. 中间级

集成运放中间级的主要作用是为整个电路提供足够大的增益，为此，常采用具有恒流源负载的共射放大电路，利用恒流源动态电阻大的特点提高中间级的增益。通用型集成运放电压放大倍数可高达千倍以上。

3. 输出级

输出级要直接驱动负载，所以也称功率级。它应具有较大的电压输出幅度、较高的输出功率与较低的输出电阻的特点，常由射极输出器或互补对称电路组成。此外，输出级还设有保护电路，以防输出端意外短路或负载电流过大把管子烧坏。

4. 偏置电路

偏置电路为以上各级电路提供稳定的、合适的、几乎不随温度而变化的偏置电流，以稳定工作点，有时还作为放大器的有源负载，一般由各种恒流源构成。

3.3.2 集成运放的典型单元电路

1. 差分放大电路

1）零点漂移现象

所谓零点漂移，是指当放大器的输入信号为零时，由于受温度的变化、电源电压波动等因素的影响，静态工作点发生变化，并被逐级放大，导致放大器输出电压偏离原来的初始值而上下漂动的现象，简称零漂。严重时，有可能使输入的微弱信号湮没在漂移信号之中。对于直接耦合高增益的集成运放来说，必须在输入级将零飘有效抑制。

2）差分放大电路

差分放大器是一种能够有效地抑制零漂的直流放大器。基本差分放大器如图 3-26 所示，它由两个完全对称的共射极放大器组成，VT_1，VT_2 管及相对应的电阻参数基本一致 $R_{B1} = R_{B2} = R_B$，$R_{S1} = R_{S2} = R_S$，$R_{C1} = R_{C2} = R_C$。输入信号电压 u_i 经分压分别加到两管的基极，输出电压等于两管集电极电压之差。

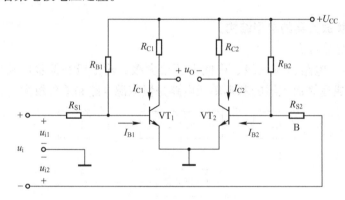

图 3-26　差分放大电路

静态时，输入电压 $u_i = 0$，由于电路完全对称，$I_{B1} = I_{B2}$，$I_{C1} = I_{C2}$。

$U_{C1} = U_{C2}$，则输出电压 $u_O = 0$，也就是说差分放大器具有零输入时零输出的特点。当温度升高时，将使 I_{C1} 增加、U_{C1} 下降，根据对称的原则，I_{C2} 的增加和 U_{C2} 的下降也和前者相同，即输出变化量相同 $\Delta U_{C1} = \Delta U_{C2}$，则输出电压 $u_O = 0$。可见，利用两管的零漂在输出端的对称性有效地抑制了零漂。

由于两侧单管共射极放大器对称，电压放大倍数 A_{u1} 和 A_{u2} 相等，即 $A_{u1} = A_{u2} = A_u$，经分析差模放大倍数为 $A_{ud} = \dfrac{u_{od}}{u_{id}} = A_u = -\dfrac{\beta R_C}{R_S + r_{be}}$。

可见，基本差分放大器的差模放大倍数等于单管放大电路的放大倍数，差分放大器的特点是用多一倍的元件来换取对零漂的抑制能力。

2. 典型差分放大电路

基本差分放大器存在两个问题：第一，若在每个管子的集电极端对"地"取输出信号，即单端输出时，仍然存在零漂问题。第二，实际的电路绝对对称是不可能的，所以零漂不能完全被抑制。因此，通常采用如图 3-27 所示典型电路，该电路两管的发射极接有公共射极反馈电阻 R_e 和负电源 V_{EE}，仍然保持电路对称。V_{EE} 称为辅助电源。

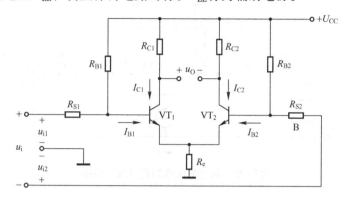

图 3-27 具有负反馈的差分放大电路

由于采用双电源供电，静态时，输入信号 $u_i = 0$，两个输入端对地短路。此时因流过电阻 R_{B1} 和 R_{B2} 的电流很小可忽略，偏置电阻 R_{B1}，R_{B2} 对静态工作点的影响已被大大地削弱，典型差分放大器的简化电路如图 3-28 所示。

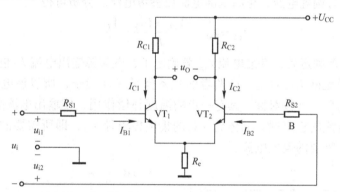

图 3-28 典型差分放大电路

当共模信号输入时，由于差分放大器在 R_e 上形成的反馈电压是单管的两倍，故对共模信号有很强的抑制能力。

当差模信号输入时，将使一个三极管射极电流增加，另一个三极管的电流减小，且增大量和减小量相等，这样流过射极电阻 R_e 的电流保持不变，射极电位不变，所以引入 R_e 不影响对信号的放大倍数。

3. 具有恒流源的差分放大器

差分放大器中，射极电阻 R_e 越大，共模负反馈作用越强，抑制零漂的效果愈好。但是，R_e 越大，必须相应地增大负电源 V_{EE}，其次 R_e 太大在集成电路中也难以制作。因此用一个恒流源代替射极电阻 R_e，其等效电路如图 3-29 所示。

由于恒流源的内阻无穷大，所以电路中相当于接了一个阻值为无穷大的发射极电阻 R_e，抑制共模信号的能力很强，共模抑制比可达到 60 ~ 120dB，且恒流管直流压降小，无须提高负电源 V_{EE} 的电压值。

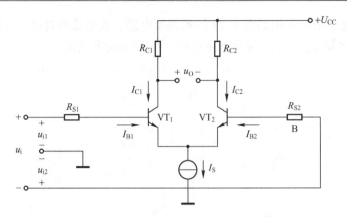

图 3-29 具有恒流源的差分放大电路

4. 镜像电流源电路

镜像电流源也叫电流镜，其电路结构如图 3-30 所示。在集成电路中，VT_1，VT_2 特性参数完全相同，故 $I_{C1} = I_{C2}$。图中 VT_1 的集电极与基极连接在一起，当电源接通时，R 和 VT_1 就有电流流过，并同时供给 VT_2 基极电流 I_{B2}，使 VT_2 工作。即 R，VT_1 充当了 VT_2 的基极偏置电路，电流 I_{REF} 称为偏置电流，也叫基准电流或参考电流。分析可得

$$I_{C2} \approx I_{REF} = \frac{V_{CC} - U_{BE}}{R} \approx \frac{V_{CC}}{R}$$

当电源 V_{CC} 和 R 确定后，基准电流 I_{REF} 就确定了，电流源输出电流 I_{C2} 也随之确定。任凭温度的变化，I_{C2} 总是随 I_{REF} 而定，这两者的关系像是一面镜子，所以该电路称为镜像电流源。该电路结构简单，参数对称，具有一定的温度补偿作用，使输出电流受温度影响很小，有利于提高输出电流的稳定性。晶体管 VT_2 的集电极电流 I_{C2}，即所需要的输出电流，将提供其他放大电路所需要的偏置电流。

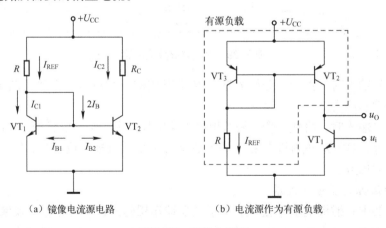

(a) 镜像电流源电路   (b) 电流源作为有源负载

图 3-30 镜像电流源

镜像电流源具有直流电阻小、交流电阻大的特点，在集成电路的内部广泛使用电流源作为负载，称为有源负载。在共射放大电路中，电流源负载可使每级电压放大倍数达到 10^3 甚至更高。图 3-30（b）为具有电流源负载的放大电路，VT_1 是放大管，VT_2，VT_3 组成镜像电流源作为 VT_1 的集电极有源负载。

3.3.3　通用型集成运放 F007

F007 具有输入阻抗高、共模抑制比高、耗电省、噪声低等优点,可获得 10 万倍以上的电压放大效果,是国内最广泛应用的集成电路之一。其内部原理电路如图 3-31 所示。

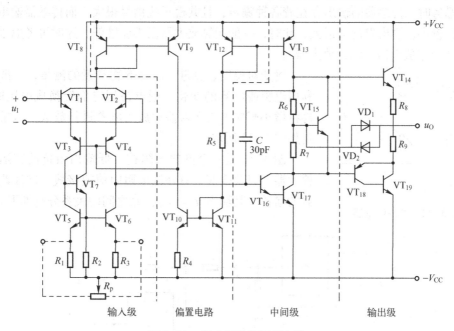

图 3-31　集成运放的原理电路

1. **输入级**

输入级是差分输入电路,由 VT_1、VT_2、VT_3、VT_4 组成,VT_5、VT_6 构成有源负载,可以有效抑制共模增益。作为集成运放的同相和反相输入,VT_1、VT_2 是共集组态,具有较高的差模输入电阻。VT_3、VT_4 是共基组态,有电压放大作用。又因 VT_5、VT_6 充当有源负载,所以可以得到很高的电压放大倍数,并且共基组态使频率响应得到了改善。

2. **中间级**

中间级由 VT_{16}、VT_{17} 组成的复合管构成,VT_{13} 作为其有源负载。所以中间级不仅能提供很高的电压放大倍数,而且具有很高的输入电阻,避免降低前级的电压放大倍数。

3. **输出级**

输出级由 VT_{14} 与 VT_{18}、VT_{19} 组成的复合管构成准互补对称电路。可以使输出级提供较好的带负载能力。VD_1、VD_2 和电阻 R_8、R_9 组成过载保护电路。

4. **偏置电路**

偏置电路由 $VT_8 \sim VT_{12}$、VT_{10}、VT_{11}、R_4 和 R_5 组成微电流源电路,由 I_{C10} 供给输入级中 VT_3、VT_4 的偏置电流。VT_8、VT_9 组成镜像电流源,I_{C8} 供给输入级 VT_1、VT_2 的工作电流。VT_{12}、VT_{13} 也组成镜像电流源,提供中间级 VT_{16}、VT_{17} 的静态工作电流,并充当其有源负载。由图 3-31 可知,流过电阻 R_5 的电流为

$$I_R = \frac{V_{CC} + V_{EE} - 2U_{BE}}{R_5} \approx \frac{V_{CC} + V_{EE}}{R_5}$$

只要 V_{CC}、V_{EE} 恒定不变,则电流 I_R 为一常数,所以称 I_R 为偏置电路的基准电流。由于

I_R数值可以确定，则各级偏置电流及恒流源电流均可以确定。

3.4 精密测量电路

在工业信号的测控中，集成运放常用来对传感器转换过来的信号进行调理。当传感器工作环境恶劣时，传感器的输出存在着各种噪声，且共模干扰信号很大，而传感器输出的有用信号又比较小，输出阻抗又很大，此时，一般运算放大器已不能胜任，这时可考虑采用仪表放大器（数据放大器、测量放大器）。

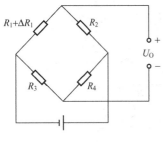

图 3-32　电桥传感器

例如对温度、流量、压力等物理量的测量，一般传感器利用电阻或电容的变化，用电桥把它们转换成电压的变化，再将微小感应电压送入差动放大电器进行放大。电桥转换电路如图 3-32 所示。

图 3-33 是一个高输入阻抗、低输出阻抗的三运放差动放大器，只要改变一只外接电阻阻值或接线，即能改变放大器的增益，其输出 u_o 与 u_{i1}，u_{i2} 之间的关系分析如下。

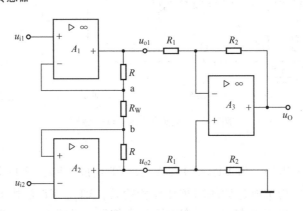

图 3-33　差动放大器

根据集成运放线性应用特点，利用"虚断"和"虚短"的概念分析可知

$$\frac{u_{O1} - u_{i1}}{R} = \frac{u_{i1} - u_{i2}}{R_W} = \frac{u_{i2} - u_{O2}}{R}$$

得　　　　　$u_{O1} = \left(\frac{R + R_W}{R_W}\right)u_{i1} - \frac{R}{R_W}u_{i2},$　　　　$u_{O2} = \left(\frac{R + R_W}{R_W}\right)u_{i2} - \frac{R}{R_W}u_{i1}$

对于第三个运放，同样应用"虚断"和"虚短"的概念有

$$\frac{u_{O1} - u_-}{R_1} = \frac{u_- - u_o}{R_2}$$

得　　　　　$u_o = \left(1 + \frac{R_2}{R_1}\right)u_- - \frac{R_2}{R_1}u_{O1}$

又　　　　　$u_- = u_+ = \frac{R_2}{R_1 + R_2}u_{O2}$

将 u_- 代入，经化简得到

$$u_o = \frac{R_2}{R_1}(u_{O2} - u_{O1}) = \frac{R_2}{R_1}\left(\left(\frac{R + R_W}{R_W}\right)u_{i1} - \frac{R}{R_W}u_{i2} - \left(\frac{R + R_W}{R_W}\right)u_{i2} + \frac{R}{R_W}u_{i1}\right)$$

$$=\frac{R_2}{R_1}\Big(1+\frac{2R}{R_{\mathrm w}}\Big)(u_{\mathrm{i1}}-u_{\mathrm{i2}})=\frac{R_2}{R_1}\Big(1+\frac{2R}{R_{\mathrm w}}\Big)\Delta u_{\mathrm i}$$

为了提高仪用放大器的共模抑制比（CMRR），要求 R_1 和 R_2 误差要尽可能小，一般选用金属膜或线绕电阻。调节增益时，不要调节 R_1 和 R_2 电阻。如果希望调节增益，必须用改变电阻 $R_{\mathrm w}$ 实现，这样对仪用放大器的 CMRR 影响不大。

3.5　有源滤波器

滤波器的功能是从输入信号中选出有用的频率信号使其顺利通过，而将无用的或干扰的频率信号加以抑制，起衰减作用。滤波器在无线电通信、信号检测和自动控制中信号处理、数据传送和干扰抑制等方面获得了广泛应用。

滤波电路均由无源元件 R、L、C 组成，称为无源滤波器。若采用有源器件集成运放和元件 R、C 组成，称为有源滤波器。它与无源滤波器相比，具有一系列优点。由于电路中没有电感和大电容元件，故体积小、重量轻。另外由于集成运放的开环增益和输入阻抗高、输出阻抗低，可兼有电压放大作用和一定的带载能力。但其缺点是集成运放频率带宽不够理想，因此有源滤波器只能在有限的频带内工作。一般使用频率在几千赫以下，而当频率高于几千赫时，常采用 RC 无源滤波器，效果较好。

根据幅频特性所表示的通过或阻止信号频率范围的不同，滤波器可分为低通滤波器、高通滤波器、带通滤波器和带阻滤波器。其理想的幅频特性如图 3-34 所示。

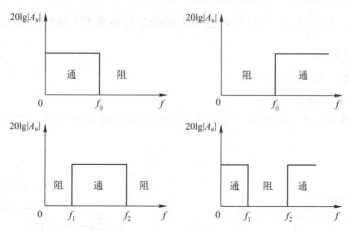

图 3-34　各种有源滤波器

我们把通带与阻带的分界点的频率称为截止频率或转折频率。图 3-34 中 f_0、f_1、f_2 均为截止频率，其中 f_1、f_2 分别称为上限和下限截止频率，图中的 $A_{\mathrm u}$ 称为通带的电压放大倍数。

3.5.1　一阶有源低通滤波器

一阶低通滤波电路由简单 RC 网络和运放构成，如图 3-35 所示。该电路具有滤波功能，还有放大作用，带负载能力较强。

由图 3-35 可知

$$\dot U_-=\frac{R_1}{R_1+R_{\mathrm F}}\times\dot U_{\mathrm o}$$

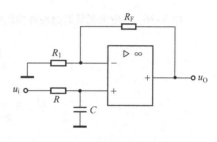

图 3-35　一阶低通有源滤波器

$$\dot{U}_+ = \frac{\frac{1}{j\omega C}}{R + \frac{1}{j\omega C}} \times \dot{U}_i = \frac{1}{1 + j\omega RC}\dot{U}_i$$

根据 $U_+ = U_-$ 得

$$\frac{\dot{U}_o}{\dot{U}_i} = \left(1 + \frac{R_F}{R_1}\right)\frac{1}{1 + j\omega RC}$$

幅频特性为

$$\frac{U_o}{U_i} = \left(1 + \frac{R_F}{R_1}\right)\frac{1}{\sqrt{1 + \left(\frac{\omega}{\omega_0}\right)^2}}$$

其中，$\omega_0 = \frac{1}{RC}$，即 $f_0 = \frac{1}{2\pi RC}$。

式中 f_0 为滤波器的截止频率，即高于这个值的信号经过滤波器将被阻止，无法通过。一阶有源低通滤波器幅频特性如图 3-36 所示。

此电路的特点：

（1）$f = 0$ 时，$\frac{U_o}{U_i} = \left(1 + \frac{R_F}{R_1}\right) = A_{uP}$，称之为通带增益。

（2）$f = f_0$ 时，$A = \frac{1}{\sqrt{2}}A_{uP}$，即信号增益小于通带增益的 0.707 倍时，此信号频率即定义为滤波器的上限截止频率。

（3）运放输出，带负载能力强。

3.5.2 一阶有源高通滤波器

将低通滤波器中的 R，C 对调，低通滤波器就变成了高通滤波器，如图 3-37 所示。

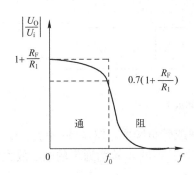

图 3-36 一阶有源低通滤波器幅频特性

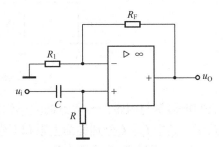

图 3-37 一阶有源高通滤波器

$$\dot{U}_- = \frac{R_1}{R_1 + R_F} \times \dot{U}_o$$

$$\dot{U}_+ = \frac{R}{R + \frac{1}{j\omega C}} \times \dot{U}_i = \frac{1}{1 + j\frac{1}{\omega RC}}\dot{U}_i$$

根据 $U_+ = U_-$ 得

$$\frac{\dot{U}_O}{\dot{U}_i} = \left(1 + \frac{R_F}{R_1}\right)\frac{1}{1 + j\,\dfrac{1}{\omega RC}}$$

幅频特性为

$$\frac{U_O}{U_i} = \left(1 + \frac{R_F}{R_1}\right)\frac{1}{\sqrt{1 + \left(\dfrac{\omega_0}{\omega}\right)^2}}$$

其中，$\omega_0 = \dfrac{1}{RC}$，即 $f_0 = \dfrac{1}{2\pi RC}$。

式中，f_0 为滤波器的截止频率，即低于这个值的信号经过滤波器将被阻止，无法通过。一阶有源高通滤波器幅频特性如图 3-38 所示。

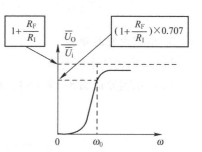

图 3-38　一阶有源高通
滤波器幅频特性

此电路的特点：

（1）$f = 0$ 时，$\dfrac{U_O}{U_i} = \left(1 + \dfrac{R_F}{R_1}\right) = A_{uP}$，称之为通带增益。

（2）$f = f_0$ 时，$A = \dfrac{1}{\sqrt{2}}A_{uP}$，即信号增益小于通带增益的 0.707 倍时，此信号频率即定义为滤波器的下限截止频率。

（3）运放输出，带负载能力强。

能力训练

实训 3-1　集成运放的基本运算电路

1. 实训目的

（1）掌握集成运算放大器正确的使用方法。

（2）熟悉用线性放大器构成基本运算电路的方法。

2. 实训电路

本次实训主要完成比例运算和加减运算，由集成运放构成的运算电路分别如图 3-39 和图 3-40 所示。

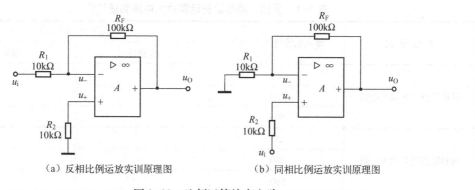

（a）反相比例运放实训原理图　　　（b）同相比例运放实训原理图

图 3-39　比例运算放大电路

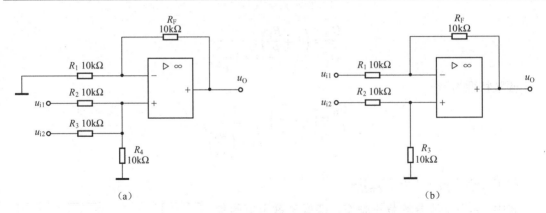

（a）   （b）

图 3-40　加减法运算电路

3．实训内容与步骤

1）反相比例运算电路

（1）正确分析图 3-39（a），然后接好实训电路，图 3-41 是参考接线图。

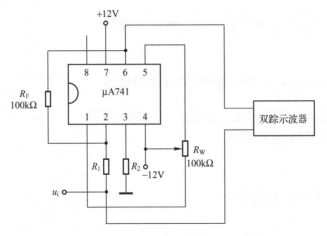

图 3-41　反相比例运算放大电路接线图

（2）调节函数信号发生器输入 $f=1\mathrm{kHz}$ 的正弦信号。

（3）用双踪示波器同时观察输入与输出信号，按表 3-1 进行测试并记录测量结果，并与理论值进行比较。

表 3-1　反相、同相比例运算放大电路测量记录

电 路 形 式	输入交流电压 U_i/mV	输出电压 U_0/V	
		实测值	理论值
反相比例运算放大电路	20		
	100		
	500		
同相比例运算放大电路	20		
	100		
	500		

2）同相比例运算放大电路

（1）按图 3-39（b）接好实训电路，调节函数信号发生器输入 $f = 1\text{kHz}$ 的正弦信号。

（2）用双踪示波器同时观察输入与输出信号，按表 3-1 进行测试并记录测量结果，并与理论值进行比较。

（3）将 R_1 断开，调节输入信号，观察输出与输入信号之间的关系。

3）加、减法运算电路

（1）图 3-40（a）和图 3-40（b）分别为加法和减法运算电路，要求先进行理论分析，推导出输出与输入的关系式。

（2）按照图 3-40（a）、图 3-40（b）分别连接电路，检查无误后接入输入信号，注意此处应输入直流电压信号，按照表 3-2 所给的参数进行测量并将结果填入表中。

表 3-2　加法、减法运算放大电路测量记录

电 路 形 式	输入电压 U_{i1}/V	输入电压 U_{i2}/V	输出电压 U_O/V	
			实测值	理论值
加法运算放大电路	1	2		
	2	2		
	3	2		
减法运算放大电路	1	2		
	2	2		
	3	2		

　　根据上述测试电路及所得测试结果可以看出，集成运放必须加入负反馈网络，降低集成运放的电压放大倍数，展宽电压传输特性曲线中的线性区域，才能使电路工作在线性放大区，使输出电压与输入电压成正比变化。此时电路的电压放大倍数，或者输出电压与输入电压的比例系数与反馈电压及输入端电阻的阻值大小有关，与集成运放本身的电压放大倍数无关。

通过对电路的测试分析讨论：

（1）根据上述线性应用电路，运用相关的理论知识，得出各种输入条件下，电路的输出电压与输入电压间的关系式。

（2）前面应用电路是反向输入端输入信号电压，如果从同向输入端输入信号电压，电路应该如何连接？此时输出电压与输入电压的关系式如何？同向输入信号与反向输入信号两者有何异同点？

（3）如果在集成运放组成的电路中，不加负反馈网络，集成运算放大器工作在什么状态？此时电路有何用途？

（4）在集成运放组成的电路中，既有负反馈网络，又有正反馈网络，电路能否正常工作？如果可能使电路正常工作，请举例说明。

4. 撰写实训报告

撰写实训报告并提交。

📖练习与思考

（一）练习题

1. 填空题

3.1 差分式放大电路能放大直流和交流信号，它对 _____ 具有放大能力，它对 _____ 具有抑制能力。

3.2 差动放大电路能够抑制 _____ 和 _____。

3.3 集成运放是一个具有高增益、高输入阻抗、低输出电阻的 _____ 耦合放大器。

3.4 理想集成运算放大器的理想化条件是 $A_{ud} =$ _____ ，$R_{id} =$ _____ ，$K_{CMR} =$ _____ ，$R_0 =$ _____。

3.5 工作在线性区的理想集成运放有两条重要结论，分别是 _____ 和 _____。

3.6 集成运放通常由 _____、中间级、输出级、 _____ 四部分组成。

3.7 _____ 比例运算电路的输入电流等于零，而 _____ 比例运算电路的输入电流等于流过反馈电阻中的电流。

3.8 反相比例运算电路的输入电阻 _____ ，而同相比例运算电路的输入电阻 _____。

3.9 集成运放的线性和非线性应用电路均存在 _____ 的概念，而其线性应用则还有 _____ 概念存在。

3.10 要让集成运算放大器工作于放大区必须在电路中引入 _____。

2. 判断题

3.11 集成运放不是直接耦合的放大器。 （　　）

3.12 通常运算放大器的输入电阻都很大。 （　　）

3.13 集成运放既能放大直流信号，又能放大交流信号。 （　　）

3.14 运放的输入失调电压 U_{IO} 是两输入端电位之差。 （　　）

3.15 运放的输入失调电流 I_{IO} 是两端电流之差。 （　　）

3.16 同相比例运算电路的输入电流几乎等于零。 （　　）

3.17 在运算电路中，集成运放的反相输入端均为虚地。 （　　）

3.18 凡是运算电路都可利用"虚短"和"虚断"的概念求解运算关系。 （　　）

3.19 只要集成运放引入正反馈，就一定工作在非线性区。 （　　）

3.20 当集成运放工作在非线性区时，输出电压不是高电平，就是低电平。 （　　）

3.21 一般情况下，在电压比较器中，集成运放不是工作在开环状态，就是仅仅引入了正反馈。 （　　）

3.22 单限比较器比滞回比较器抗干扰能力强，而滞回比较器比单限比较器灵敏度高。 （　　）

3.23 集成运放工作在线性区时，$U_+ \neq U_-$。 （　　）

3. 选择题

3.24 集成运放级间耦合方式是（　　）。

　　A. 变压器耦合　　　　B. 直接耦合　　　　C. 阻容耦合　　　　D. 以上都是

3.25 理想运算放大器的共模抑制比为（　　）。

　　A. 零　　　　　　　　B．约 120dB　　　　　C. 140dB　　　　　　D. 无穷大

3.26　所谓零点漂移，是指（　　）。

　　A. 输入为 0 时，输出端电压不为 0，且随温度变化而波动

　　B. 输入变化时，输出端随之变化的现象

　　C. 输入级静态偏离的一种现象

　　D. 由噪声干扰形成的不稳定现象

3.27　同相输入比例运算放大器电路中的反馈极性和类型属于（　　）。

　　A. 正反馈　　　　　　　　　　　　　B. 串联电流负反馈

　　C. 并联电压负反馈　　　　　　　　　D. 串联电压负反馈

3.28　在运算放大器电路中，引入深度负反馈的目的之一是使运放（　　）。

　　A. 工作在线性区，降低稳定性

　　B. 工作在非线性区，提高稳定性

　　C. 工作在线性区，提高稳定性

　　D. 工作在非线性区，降低稳定性

3.29　选择运放时，以下说法错误的是（　　）。

　　A. 一般情况下，在考虑增益的同时，要兼顾带宽的要求

　　B. 在满足精度要求的情况下，选低增益可以降低成本

　　C. A_{od} 越高越好

　　D. 要考虑通用运放与专用运放的区别

3.30　集成运放的同相输入端的同相是指（　　）。

　　A. 输入信号与输出信号相位相差 0°

　　B. 输入信号与输出信号相位相差 90°

　　C. 输入信号与输出信号相位相差 180°

　　D. 输入信号与输出信号相位相差 270°

3.31　集成运放电路采用直接耦合方式是因为（　　）。

　　A. 可获得很大的放大倍数　　　　　　B. 可使温漂小

　　C. 集成工艺难于制造大容量电容　　　D. 以上都是

3.32　直接耦合放大电路中，抑制零点漂移最有效的方法是（　　）。

　　A. 采用差动放大电路　　　　　　　　B. 选用精密的直流电压源

　　C. 采用温度补偿　　　　　　　　　　D. 采用负反馈方式

3.33　电路如图题 3.33 所示，当 R_f 减小时，放大电路的（　　）。

　　A. 频带变宽，稳定性降低　　　　　　B. 频带变宽，稳定性提高

　　C. 频带变窄，稳定性降低　　　　　　D. 频带变窄，稳定性提高

3.34　电路如图题 3.34 所示，输入为 u_i，则输出 u_0 为（　　）。

　　A. u_i　　　　　　　B. $2u_i$　　　　　　　C. 0　　　　　　　D. ∞

3.35　电路如图题 3.35 所示，该电路为（　　）。

　　A. 加法运算电路　　　　　　　　　　B. 减法运算电路

　　C. 比例运算电路　　　　　　　　　　D. 微分电路

3.36　设图题 3.36 所示电路中运放为理想集成运放，那么电路的输出电压 u_0 为（　　）。

A. $R_F u_i / R_1$ 　　　　　　　　　　　B. $-R_F u_i / R_1$

C. $(1 + R_F / R_1) u_i$ 　　　　　　　　D. $-(1 + R_F / R_1) u_i$

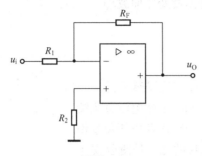　　　　　　　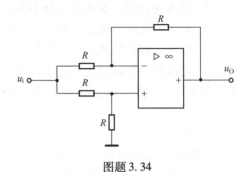

图题 3.33 　　　　　　　　　　　　　图题 3.34

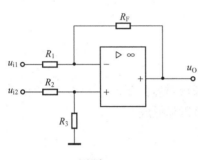　　　　　　　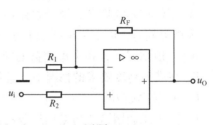

图题 3.35 　　　　　　　　　　　　　图题 3.36

3.37　图题 3.37 所示电路名称是（　　）电路。

　　　A. 加法 　　　　　　　　　　　　B. 减法

　　　C. 电压跟随 　　　　　　　　　　D. 反相比例

3.38　电路如图题 3.38 所示，输入为 u_i，则输出 u_O 为（　　）。

　　　A. u_i 　　　　　B. $2u_i$ 　　　　　C. 0 　　　　　D. ∞

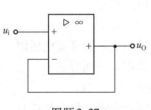　　　　　　　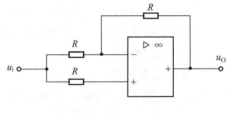

图题 3.37 　　　　　　　　　　　　　图题 3.38

3.39　集成运放一般分为两个工作区，它们是（　　）工作区。

　　　A. 线性与非线性 　　　　　　　　B. 正反馈与负反馈

　　　C. 虚短和虚断 　　　　　　　　　D. 输入和输出

4. 综合题

3.40　求出图题 3.40 所示电路输出与输入的运算关系。

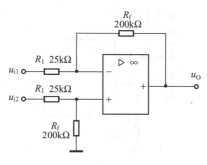

图题 3.40

3.41 写出图题 3.41 所示电路输出与输入关系式。

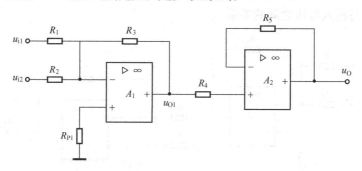

图题 3.41

3.42 电压－电流转换电路如图题 3.42 所示，当 $V_i = 5V$ 时，$R = 1k\Omega$，电源电压为 $\pm 15V$。求：

（1）电流 I_L。

（2）若要保证 I_L 为恒流，负载 R_L 范围如何确定？

3.43 电路如图题 3.43 所示，求下列情况下 u_O 和 u_i 的关系式。

（1）S_1 和 S_3 闭合，S_2 断开

（2）S_1 和 S_2 闭合，S_3 断开

（3）S_2 闭合，S_2 和 S_3 断开

（4）S_1，S_2 和 S_3 都闭合

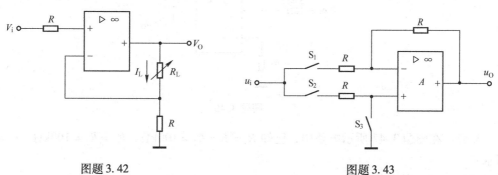

图题 3.42   图题 3.43

3.44 图题 3.44 所示电路是恒流源电路，其输出电流不随负载 R_L 变化。求：当 $U_Z = 6V$ 时，$I_L = ?$

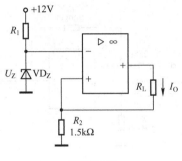

图题 3.44

3.45 图题 3.45 所示电路中电阻 $R_1 = R_2 = R_4 = 10\text{k}\Omega$，$R_3 = R_5 = 20\text{k}\Omega$，$R_6 = 100\text{k}\Omega$，试求它的输出电压与输入电压之间的关系。

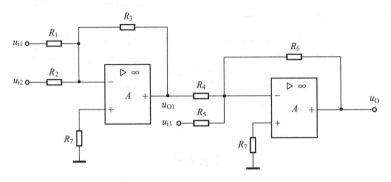

图题 3.45

3.46 电路如图题 3.46 所示，试求：

（1）输入电阻；

（2）比例系数。

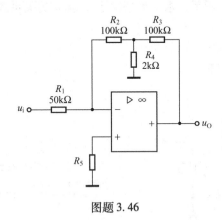

图题 3.46

3.47 在图题 3.47 所示电路中，已知 $R_1 = R = R_3 = 100\text{k}\Omega$，$R_2 = R_F = 100\text{k}\Omega$，$C = 1\mu\text{F}$。试求：

（1）u_0 与 u_i 的运算关系。

（2）设 $t = 0$ 时 $u_0 = 0$，且 u_i 由零跃变为 -1V，试求输出电压由零上升到 $+6\text{V}$ 所需要的时间。

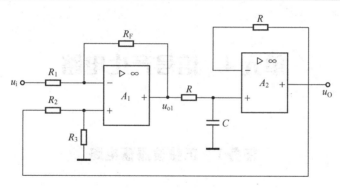

图题3.47

（二）思考题

3.48 理想集成运放工作在线性区的依据是什么？它的输出电压是否随负载改变而改变？

3.49 理想集成运放工作在非线性区时，是否可以认为 $u_{id}=0$，$i_-=i_+=0$？

3.50 什么是虚地，在比例运算电路中，哪几种电路有虚地？

3.51 集成运放的开环电压放大倍数很高，但在实际应用中其电压放大倍数有时很小？是何原因？

3.52 有源滤波器与无源滤波器相比有何优点？一阶滤波器与二阶滤波器的差别是什么？

单元 4　信号产生电路

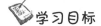学习目标

1. 知识目标

（1）掌握正弦波振荡电路的振荡条件与起振条件。

（2）掌握 RC 串并联（文氏电桥）正弦波振荡电路的组成与工作原理。

（3）熟悉 LC 正弦波振荡电路的组成、基本形式及工作原理。

（4）了解石英晶体的基本特性及其振荡电路的工作特点。

（5）了解集成函数信号发生器的应用。

2. 能力目标

（1）会用瞬时极性法判断电路的相位平衡条件。

（2）掌握信号产生电路的调整与测试方法。

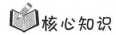核心知识

4.1　正弦波振荡电路概述

在电子技术测试中，常用到激励信号送入电路的输入端，通过观察分析研究输出信号与输入信号的关系，从而更好地研究电路的性能。最常见的激励信号是正弦波和矩形波，如图 4-1 所示。能够产生这类信号的电路称为函数信号发生器，这是电子技术测量中必不可少的仪器。本单元主要研究信号产生的机理与应用。

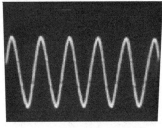
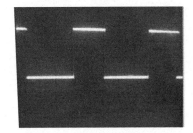

（a）正弦波　　　　　　　　　　　　（b）矩形波

图 4-1　常见激励信号

正弦波产生电路是一种能量转换装置，它不需要外加信号，就能自动地将直流电能转换成具有一定频率、一定幅度和一定波形的正弦交流信号。正弦波振荡电路一般有 RC 振荡器、LC 振荡器等。

1. 自激振荡原理

信号发生电路能产生各种波形的输出信号，都基于自激振荡原理。自激振荡原理的方框

图如图 4-2 所示。

由图 4-2 可见，为使电路产生振荡，电路中应引入正反馈，并使输入信号 $\dot{X}_i = 0$，即有 $\dot{X}_f = \dot{X}_d$，称为振荡的平衡条件。

基本放大电路的开环放大倍数为 $\dot{A} = \dfrac{\dot{X}_o}{\dot{X}_d}$，反馈网络的反馈系数为 $\dot{F} = \dfrac{\dot{X}_f}{\dot{X}_o}$，则有

$$\dot{X}_f = \dot{F}\dot{X}_o = \dot{A}\dot{F}\dot{X}_d$$

因此，振荡的平衡条件为

$$\dot{A}\dot{F} = 1$$

（1）幅度平衡条件：$|\dot{A}\dot{F}| = 1$，即放大器放大倍数 $\dot{A}$ 与反馈网络反馈系数 $\dot{F}$ 的乘积的模为 1，也就是说反馈信号与输入信号幅度相等。

图 4-2　自激振荡原理的方框图

（2）相位平衡条件：$\varphi_a + \varphi_f = 2n\pi\,(n = 1, 2, 3, \cdots)$，即反馈信号与输入信号相位相同，表示输入信号经过放大电路产生的相移 φ_a 和反馈网络的相移 φ_f 之和为 $2n\pi$，即电路必须引入正反馈。

只有当幅度平衡条件和相位平衡条件同时满足，才能使振荡电路维持一定频率的正弦波等幅稳态振荡。幅度平衡条件可以确定振荡电路的输出信号幅度，相位平衡条件可以确定振荡信号的频率。

2. 自激振荡的过程

正弦波振荡器的自激振荡最初是如何产生的？在放大电路接通电源的瞬间，总会有通电瞬间的电冲击、电干扰、晶体管的热噪声等，电路受到扰动，在放大器的输入端将产生一个微弱的扰动电压，成为初始的输入信号。它具有十分丰富的频率分量，经过放大、选频，使得只有一种能满足自激振荡条件的频率为 f_0 的信号通过反馈网络送回到放大器的输入端，而其他频率的信号被抑制。这样经过放大→选频→正反馈→再放大→再反馈的过程，如图 4-3 所示。

输出信号的幅度很快增加，振荡便由小到大建立起来，输出端得到如图 4-4 中 ab 段所示的起振波形。

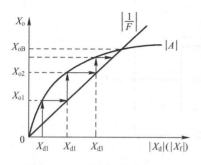

图 4-3　正弦波振荡建立过程

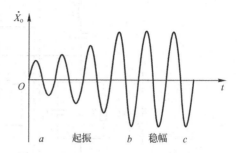

图 4-4　自激振荡的起振波形

当振荡电路的输出达到一定幅度后，通过稳幅环节将使输出幅度减小，维持一个相对稳定的稳幅振荡，如图 4-4 的 bc 段所示。也就是说，在振荡建立的初期，必须使反馈信号大

于原输入信号，反馈信号一次比一次大，才能使振荡幅度逐渐增大；当振荡建立后，利用三极管非线性区域的限制作用，管子的放大作用削弱，振幅不再增大，使反馈信号等于原输入信号，振荡得以维持下去。

综上所述，在开始振荡时，必须满足 $|\dot{A}\dot{F}| > 1$，使振荡电路能起振。起振后输出将逐渐增大，当输出信号的幅值增加到一定程度时就要限制它继续增加，使振幅条件从 $|\dot{A}\dot{F}| > 1$ 回到 $|\dot{A}\dot{F}| = 1$，电路维持稳幅振荡，产生稳定的输出信号。电路从起振到形成稳幅振荡的时间是极短的，大约经历几个振荡周期的时间。

3. 正弦波振荡电路组成

正弦波振荡电路要想实现电路自激振荡，必须要由放大电路、正反馈网络、选频网络和稳幅环节几部分组成。

1）放大电路和正反馈网络

放大电路和正反馈网络配合，要实现振荡的两个条件，首先要使电路形成正反馈，保证电路起振，其次要有一定的放大倍数，保证信号达到合适的大小。

2）选频网络

选频网络本身具有一个固有的频率，它的作用就是选择信号频率与其固有频率相等的信号通过，抑制其他频率的信号。在有些电路中，往往选频网络和反馈网络合二为一。

3）稳幅环节

如果正反馈量大，则增幅，输出幅度越来越大，最后由于三极管的非线性限幅，必然产生非线性失真；反之，如果正反馈量不足，则减幅，可能停止振荡，为此振荡电路要有一个稳幅环节。

4.2 RC 正弦波振荡电路

RC 正弦波振荡器结构简单，性能可靠，用来产生几兆赫兹以下的低频信号，常用的 RC 振荡电路有 RC 桥式振荡电路和 RC 移相式振荡电路。这里重点介绍 RC 桥式振荡电路。

1. 电路组成

图 4-5 是 RC 桥式振荡器原理图，由同相放大器和具有选频作用的 RC 串并联正反馈网

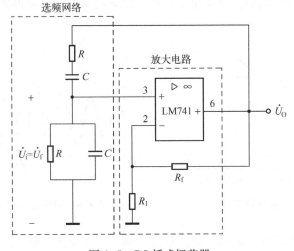

图 4-5　RC 桥式振荡器

络构成。同相比例放大器由集成运放和电阻 R_1，R_f 组成，引入电压串联负反馈，具有输入电阻高，输出电阻低的特点。RC 串并联选频网络接在运放的输出端与同相输入端之间，引入正反馈。RC 串并联电路以及 R_f 和 R_1 正好构成一个桥路，称为文氏桥，所以此电路称为 RC 桥式振荡器。

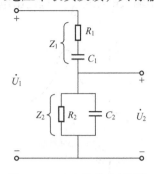

图 4-6 RC 串并联选频网络

2. 选频网络和反馈网络

RC 文氏电桥正弦波振荡电路的选频网络和反馈网络合二为一。如图 4-6 所示，设 Z_1 为 RC 串联电路，Z_2 为 RC 并联电路。

根据电路分析理论，可求得电路的输出电压 $\dot{U}_2$ 与输入电压 $\dot{U}_1$ 之比：

$$\frac{\dot{U}_2}{\dot{U}_1} = \frac{Z_2}{Z_1 + Z_2} = \frac{R_2 // \dfrac{1}{j\omega C_2}}{R_1 + \dfrac{1}{j\omega C_1} + R_2 // \dfrac{1}{j\omega C_2}}$$

在实际电路中，一般取 $R_1 = R_2 = R$，$C_1 = C_2 = C$，则上式可化简为

$$\frac{\dot{U}_2}{\dot{U}_1} = \frac{1}{3 + j\left(\omega RC - \dfrac{1}{\omega RC}\right)}$$

若将 RC 串并联电路作为振荡电路的选频网络和反馈网络，则反馈系数 $\dot{F} = \dfrac{\dot{U}_2}{\dot{U}_1}$，令谐振角频率 $\omega_0 = \dfrac{1}{RC}$，即谐振频率 $f_0 = \dfrac{1}{2\pi RC}$，则

$$\dot{F} = \frac{\dot{U}_2}{\dot{U}_1} = \frac{1}{3 + j\left(\dfrac{f}{f_0} - \dfrac{f_0}{f}\right)}$$

根据上式可得 RC 串并联网络的幅频响应和相频响应分别为

$$F = |\dot{F}| = \frac{1}{\sqrt{3^2 + \left(\dfrac{f}{f_0} - \dfrac{f_0}{f}\right)^2}}$$

$$\varphi_f = -\arctan\frac{\dfrac{f}{f_0} - \dfrac{f_0}{f}}{3}$$

由上式可知，当输入信号频率等于谐振频率 f_0 时，RC 串并联网络发生谐振，输出电压的幅值最大，即 $F = \dfrac{1}{3}$；相频响应的相位角为零，即 $\varphi_f = 0$。幅频响应和相频响应曲线如图 4-7 所示。

这就是说，当输入电压的幅值一定而频率可调时，若有 $f = f_0 = \dfrac{1}{2\pi RC}$，则输出电压的幅

值是输入电压的 $\dfrac{1}{3}$，且输出电压与输入电压同相，即 RC 串并联电路具有选频作用。

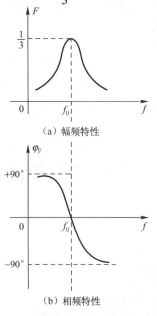

（a）幅频特性

（b）相频特性

图 4-7　RC 串并联选频网络的频率特性

3. 振荡条件

首先分析电路是否满足振荡的相位平衡条件。放大电路的输出频率为 f_0，电压 u_o 通过 RC 串并联网络反馈到放大器的同相输入端，作为放大器的输入电压和反馈电压，RC 串并联网络的相位移为零，$\varphi_f = 0°$；同相放大器的输入信号与输出信号的相位移 $\varphi_A = 0°$，所以信号的总相位移 $\varphi_A + \varphi_f = 0°$，满足相位平衡条件，属于正反馈。因此对信号中频率为 f_0 的信号能够产生自激振荡，而对于其他频率的信号，RC 串并联网络的相位移不为零，不满足相位平衡条件。

其次分析电路是否满足振荡的幅值平衡条件。由于 RC 串并联网络在 $f = f_0$ 时的反馈系数 $F = 1/3$，根据幅值平衡条件 $AF = 1$，应有 $A_u = 3$。同相放大器的闭环电压放大倍数 $A_u = 1 + \dfrac{R_f}{R_1}$，适当调整 R_f 和 R_1 的比值，使 $R_f = 2R_1$，即可保证振荡器有幅度稳定的正弦波输出。而在实际电路中，为了便于起振，电路应满足起振条件 $|\dot{A}\dot{F}| > 1$，因此放大器的电压增益 A_u 应略大于 3，即 $R_f > 2R_1$。

4. 振荡频率

RC 串并联网络的振荡频率为

$$f_0 = \dfrac{1}{2\pi RC}$$

可见，只要改变 R，C 的参数值，就可以调节电路的振荡频率。

5. 稳幅措施

根据以上分析，当 $f = f_0$ 时，电路满足相位平衡条件，为便于起振，适当调整负反馈的强弱，使 A_u 略大于 3，即满足起振条件，实现增幅振荡。但如果 A_u 的值远大于 3，则因振幅的增长，致使放大器件工作到非线性区，波形将产生严重的非线性失真，输出近似方波，因此应采取稳幅措施。实现稳幅的方法是使电路的 R_f/R_1 值随输出电压幅度增大而减小。例如，在图 4-8 所示振荡电路中，起振时振荡幅度较小，R_1 上电压不足以使 VD_1，VD_2 导通，此时运放的电压放大倍数较大；当振幅增至某一值时，两个二极管分别在输出电压的正负半周轮流导通，而且由于二极管的非线性，正向电压越大，正向电阻越小，使振荡器的负反馈加深，则放大倍数 A_u 下降。当 u_o 幅值达到某一值时，$A_u = 3$，使输出电压的幅值稳定，达到自动稳幅的目的。

RC 振荡器的特点是电路结构简单，容易起振，但调节频率不太方便，振荡频率不高，一般适用于 $f_0 < 1\text{MHz}$ 的场合。这是由于选频网络中的电阻 R 太小，使放大电路负载加重；C 太小容易受寄生电容影响，使振荡频率 f_0 不稳定。若需要更高频率的信号，则应采用 LC 振荡器。

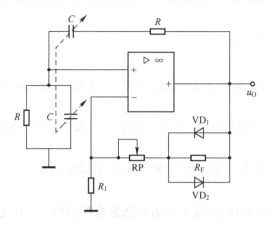

图 4-8 二极管稳幅文氏电桥振荡器

例 4-1 图 4-9 所示 RC 桥式振荡电路中，RP 的有效阻值是 18kΩ，电路能稳定输出正弦波振荡信号，二极管压降为 0.7V，粗略估算输出正弦波电压的幅度 U_{Om}。

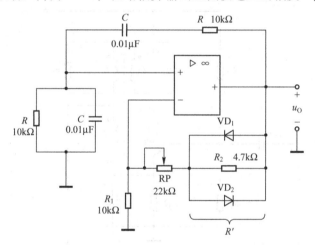

图 4-9 例 4-1 图

解：稳幅振荡时，电路参数满足

$$1 + \frac{R_F}{R_1} = 3$$

即

$$R_F = 2R_1 = 2 \times 10 = 20\text{k}\Omega$$

上式中 R_F 由 RP，R' 串联组成，其中 R' 由 R_2，VD_1，VD_2 并联组成，由此可得

$$R' = 20\text{k}\Omega - 18\text{k}\Omega = 2\text{k}\Omega$$

因二极管压降为 0.7V，则流过负反馈支路的电流为 $I = 0.7\text{V}/2\text{k}\Omega = 0.35\text{mA}$。所以输出电压幅度为

$$U_{Om} = I(R_1 + R_F) = 0.35 \times 20 = 7\text{V}$$

4.3 LC 正弦波振荡器

LC 振荡器是由 LC 谐振回路作为选频网络的一种高频振荡电路，它能产生几万赫兹到几百兆赫兹以上的正弦波信号。常见的 LC 振荡器有变压器耦合 LC 振荡器和三点式 LC

振荡器。

4.3.1 变压器耦合 LC 振荡器

1. 电路组成

变压器耦合 LC 振荡电路由放大电路、反馈网络和选频网络三部分组成，如图 4-10 所示。

R_{b1}、R_{b2} 构成分压式偏置电路。R_e 是发射极直流负反馈电组，它们提供了放大器的静态偏置。

C_1 是耦合电容，C_e 是发射极旁路电容，对振荡频率而言，C_1、C_e 容抗很小，相当于短路。

L_1、C 组成的并联谐振电路构成了振荡电路的选频网络，并作为三极管的集电极负载。当信号频率等于固有谐振频率 f_0 时，L_1C 并联谐振电路发生谐振，放大器通过 L_1C 并联谐振回路使频率为 f_0 的信号输出最大，且相位移为零。

L_2 是反馈线圈，将输出信号反馈到三极管的基极。L_3 是输出线圈。

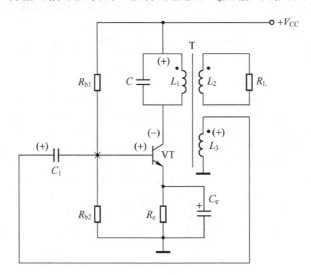

图 4-10 变压器耦合 LC 振荡器

2. 振荡条件

首先判断电路是否满足自激振荡的相位条件，利用瞬时极性法。在反馈点 b 处断开，设基极瞬时极性为 ⊕，在谐振频率 f_0 下，L_1C 并联电路呈纯电阻性，所以放大器集电极的等效负载为纯电阻，经倒相作用，输出电压与输入电压反相 $\varphi_a = 180°$，集电极瞬时极性为 ⊖，即变压器 1 端极性为 ⊖。按变压器同名端的符号可以确定 L_2 的 4 端为 ⊕，即反馈信号 u_f 为 ⊕，反馈信号 u_f 与输出电压 u_0 极性相反，$\varphi_f = 180°$，于是 $\varphi_a + \varphi_f = 360°$，反馈回基极的电压极性为正，满足相位平衡条件。

其次判断电路是否满足自激振荡的幅度平衡条件，变压器耦合 LC 振荡电路的幅度平衡条件由变压器的变比和三极管的电流放大系数 β 共同决定，只要这两个参数选择适当，就能满足振幅平衡条件。反馈线圈匝数越多，耦合越强，电路越容易起振。而振荡的稳定是利用放大器的非线性来实现的，当振幅大到一定程度时，虽然三极管集电极的电流波形可能明显失真，但由于集电极的负载 L_1C 并联谐振电路具有良好的选频作用，因此输出电压的波形失真不大。

3. 振荡频率

振荡频率由 L_1C 并联谐振电路的固有谐振频率 f_0 决定，即

$$f \approx f_0 = \frac{1}{2\pi\sqrt{LC}}$$

4. 电路特点

共射变压器耦合式振荡器功率增益高，容易起振，输出电压较大；由于采用变压器耦合，易满足阻抗匹配的要求；调频方便，一般在 LC 回路中采用接入可变电容器的方法来实现，调频范围较宽，工作频率通常在几兆赫左右。但由于电流放大系数 β 随工作频率的增高而急剧降低，故其振荡幅度很容易受到振荡频率的影响，因此常用于固定频率的振荡器。

4.3.2　三点式 LC 振荡器

三点式振荡器是另一种常用的 LC 振荡器，分为电感三点式和电容三点式，反馈电压分别取自于电感或电容，也称电感反馈式或电容反馈式。它们的共同点都是从 LC 并联谐振回路中引出三个端点，直接与晶体管的三个电极相连，或接在运放的输入、输出端，所以称为三点式。

1. 电感三点式 LC 振荡器

1）电路结构

电感三点式 LC 振荡器又称哈特莱振荡器，原理电路如图 4-11（a）所示，交流通路如图 4-11（b）所示。R_{b1}、R_{b2}、R_e 构成的共射组态作为放大环节；L_1、L_2、C 组成正反馈选频网络，并利用电感 L_2 将谐振电压反馈回基极；C_e 为射极旁路电容，C_1 为隔直电容，用以防止电源地线经 L_2 与基极接通。

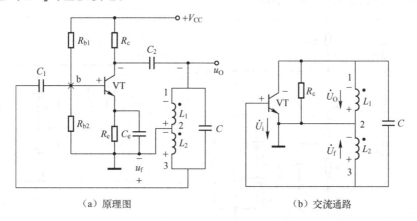

（a）原理图　　　　　　　　　　（b）交流通路

图 4-11　电感三点式 LC 振荡器

2）振荡条件

首先分析相位条件。在反馈点三极管基极 b 处将电路断开，设基极瞬时电压极性为 ⊕，在谐振频率 f_0 下，L_1C 并联电路呈纯电阻性，所以放大器集电极的等效负载为纯电阻，经倒相作用，集电极瞬时极性为 ⊖。因电感中间抽头交流接地，电感上的电压下正上负，L_2 上的

反馈电压 u_f 的瞬时极性也为下正上负，因此反馈电压与输入电压极性相同，即为正反馈，满足振荡的相位平衡条件。

电感三点式 LC 振荡器的幅值平衡条件较容易满足，只要 LC 并联谐振回路的品质因数和三极管的电流放大系数 β 不是太低，并适当选取 L_2、L_1 的比例，电路就能起振。由于反馈电压取自电感 L_2 两端，所以改变线圈抽头的位置，即改变 L_2 的大小，就可调节反馈电压的大小，通常反馈线圈 L_2 的匝数为电感线圈总匝数的 $1/8 \sim 1/4$。

3）振荡频率

调整谐振电容器 C 可调节振荡频率 f_0。

$$f = f_0 = \frac{1}{2\pi \sqrt{(L_1 + L_2 + 2M)C}}$$

改变线圈抽头的位置，可调节 u_f 的大小，从而调节振荡器的输出幅度。L_2 匝数愈多，反馈愈强，输出振荡信号愈大。

4）电路特点

由于 L_1 和 L_2 之间耦合很紧，正反馈较强，故电路易起振，输出幅度大。通常电容 C 采用可变电容器，便于获得较大的频率调节范围，一般为数百千赫兹至十兆赫兹。但反馈电压取自电感 L_2 两端，它对高次谐波的阻抗大，反馈也强，因此在输出波形中含有较多高次谐波成分，输出波形不理想。所以这种振荡电路常用于对波形要求不高的设备中，如接收机的本机振荡等。

2. 电容三点式 LC 振荡器

1）电路结构

为了获得良好的振荡波形，可将电感三点式中的 L_1、L_2 用对高次谐波呈低阻抗的电容 C_1、C_2 替代，同时将电容 C 改成 L，就构成了电容三点式 LC 振荡器，又称考毕兹振荡器，如图 4-12 所示是其原理图和交流通路。

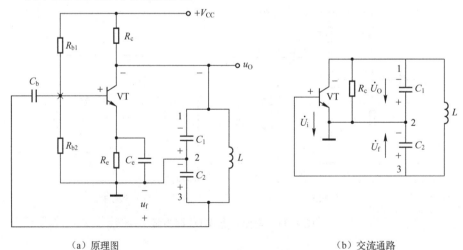

（a）原理图　　　　　　　　　　　　（b）交流通路

图 4-12　电容三点式 LC 振荡器

2）振荡条件

相位平衡条件分析方法同电感三点式 LC 振荡器。另外，由于反馈电压取自电容 C_2 两端，所以适当地选择 C_1、C_2 的数值，并使放大器有足够的放大量，就可满足振幅平衡条件，电路起振。

3）振荡频率

电路的振荡频率近似等于谐振回路的谐振频率，即

$$f \approx f_0 = \frac{1}{2\pi \sqrt{LC}}$$

上式中，$C = \dfrac{C_1 C_2}{C_1 + C_2}$ 为谐振回路的总电容。

4）电路特点

电路容易起振，振荡频率高，可达 100MHz 以上。反馈电压取自 C_2，电容对高次谐波的阻抗小，反馈电压中的谐波成分少，故振荡波形较好。但是调节频率不方便，因为 C_1、C_2 的大小既与振荡频率有关，也与反馈量有关，改变 C_1（或 C_2）时会影响反馈系数，从而影响反馈电压的大小，使输出信号幅度发生变化，甚至会使振荡电路停振，因此为了保持反馈系数 F 不变，满足起振条件，调节频率时必须同时改变 C_1 和 C_2。

5）电路的改进

为了改善电路调频的不便，提高频率的稳定性，可采用改进型电容三点式振荡器。

（1）串联改进型电容三点式 LC 振荡器。

串联改进型电容三点式 LC 振荡器又称克拉泼振荡器，如图 4-13 所示。该电路的特点是在电感支路中串入一个容量很小的微调电容 C_3，谐振回路的总电容为

$$C = \frac{1}{\dfrac{1}{C_1} + \dfrac{1}{C_2} + \dfrac{1}{C_3}}$$

当 $C_3 \ll C_1$，$C_3 \ll C_2$ 时，$C \approx C_3$。此时振荡频率近似为

$$f_0 = \frac{1}{2\pi \sqrt{LC_3}}$$

振荡频率仅由 C_3 和 L 来决定，与 C_1、C_2 基本无关，所以反馈系数和频率互不影响，较好地解决了电容反馈式电路中存在的反馈系数和频率调节之间的矛盾。振荡频率主要由 C_3 决定，C_1、C_2 的容量相对可以取得较大，减弱了三极管极间电容的影响，提高了频率稳定度。但如果 C_3 过小，可能停振，因此也就限制了振荡频率的提高。克拉泼振荡器的振荡频率通常可达 100MHz 以上，它通常用在调幅和调频接收机中，利用同轴电容来调节振荡频率。

（2）并联改进型电容三点式 LC 振荡器。

这种振荡器又称西勒振荡器，如图 4-14 所示。该振荡器与克拉泼振荡器的区别是在电感 L 上并联了一个可变电容 C_4、C_1、C_2、C_3 均为固定电容，且满足 $C_3 \ll C_1$，$C_3 \ll C_2$，通常 C_3、C_4 为同一数量级的电容，谐振回路的总电容为

$$C = \frac{1}{\dfrac{1}{C_1} + \dfrac{1}{C_2} + \dfrac{1}{C_3}} + C_4 \approx C_3 + C_4$$

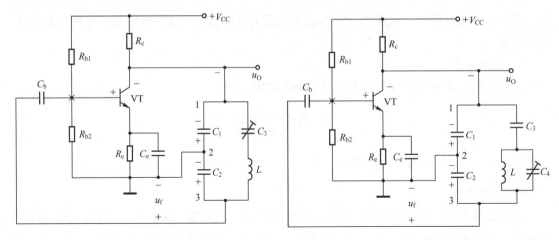

图 4-13　克拉泼振荡器　　　　　　　　　图 4-14　西勒振荡器

电路振荡频率近似为

$$f_0 = \frac{1}{2\pi\sqrt{LC}} \approx \frac{1}{2\pi\sqrt{L(C_3 + C_4)}}$$

西勒振荡器不仅频率稳定性高，输出幅度稳定，频率调节方便，而且振荡频率范围宽，振荡频率高，是目前应用较广的一种三点式振荡器。

例 4-2　根据图 4-14 所示西勒电路的电路结构，设计一个频率在 5MHz 左右的振荡器，并通过仿真进行验证。

解：（1）振荡回路参数的确定。

回路中的各种电抗元件都可归结为总电容 C 和总电感 L 两部分。确定这些元件参量的方法是，可根据经验先选定一种，然后按振荡器工作频率再计算出另一种电抗元件参量。因振荡器的工作频率为

$$f_0 = \frac{1}{2\pi\sqrt{LC}}$$

当 LC 振荡时，回路的谐振频率 f_0 主要由 C_3，C_4，L 决定，按题目要求令 $f_0 = 5\text{MHz}$，先取 $L = 10\mu\text{H}$，则有

$$C_3 + C_4 = \frac{1}{4\pi^2 f^2 L} \approx 100\text{pF}$$

因 C_3、C_4 是同一数量级，一般要遵循 $C_3 > C_4$ 的原则，故取 $C_3 = 82\text{pF}$，C_4 取 47pF 的可调电容器。由 $C_3 \ll C_1$，$C_3 \ll C_2$ 的原则，取 $C_1 = 680\text{pF}$，则 $C_2 = 680\text{pF}$。

（2）静态工作点的设置。

合理地选择振荡器的静态工作点，对振荡器的起振、工作的稳定性、波形质量的好坏有着密切的关系。一般小功率振荡器的静态工作点应选在远离饱和区而靠近截止区的地方。根据上述原则，一般小功率振荡器集电极电流 I_{CQ} 在 $0.8 \sim 4\text{mA}$ 之间选取，故本电路中：

选 $I_{CQ} = 2\text{mA}$，$U_{CEQ} = 6\text{V}$，则有

$$R_e + R_c = \frac{V_{CC} - U_{CEQ}}{I_{CQ}} = \frac{12 - 6}{2} = 3\text{k}\Omega$$

正常晶体管的 β 在 100 左右，所以 $I_B = 20\mu A$ 左右。

为提高电路的稳定性，R_e 值适当增大，取 $R_e = 1k\Omega$，则 $R_c = 2k\Omega$。

因振荡电路的直流通路为共射分压式放大电路，一般取流过 R_{b2} 的电流为 $5\sim10I_{BQ}$，这里取 $10I_{BQ}$，即为 0.2mA，因 $U_{BQ} = U_{EQ} + 0.7 = 2.7V$，所以有

$$R_{b2} = \frac{U_{BQ}}{I_{BQ}} = \frac{2.7}{0.2} = 13.5k\Omega$$

所以取标称电阻为 $10k\Omega$。同理有

$$R_{b1} = \frac{12V - 2.7V}{0.2mA} \approx 47k\Omega$$

为了容易起振，这里取 $100k\Omega$ 电位器和一个 $10k\Omega$ 电阻串联组成，电路如图4-15所示。

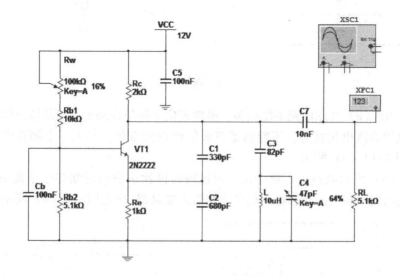

图4-15　5MHz 西勒振荡电路

单击运行按钮进行仿真，得到输出波形和频率大小，分别如图4-16和图4-17所示。

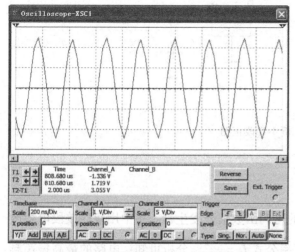

图4-16　振荡器输出电压波形

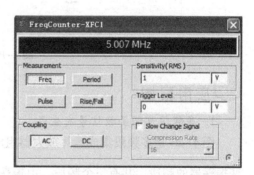

图4-17　频率计显示振荡波形的频率

例4-3 判断图4-18所示电路能否振荡。如不能振荡应如何改正？

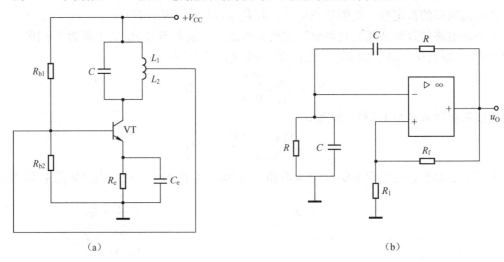

（a） （b）

图4-18 例4-3图

解：图4-18（a）所示电路不能振荡，虽然相位平衡条件满足，但晶体三极管的基极直流电位和集电极直流电位相等，不能满足三极管的放大条件。加上一个隔直电容C_b即可，正确电路如图4-19（a）所示。

图4-18（b）所示电路也不能振荡，通过瞬时极性法分析可知相位平衡条件不满足。正确的方法是将集成运放的反相输入端和同相输入端对调，如图4-19（b）所示。

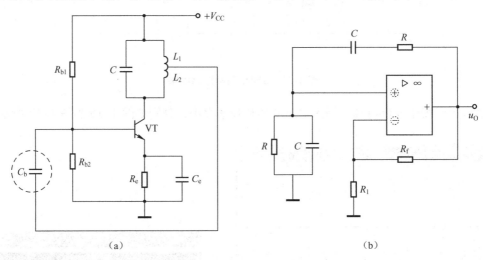

（a） （b）

图4-19 例4-3改正图

📖 应用案例

1. 多频段可调函数信号发生器

图4-20是多频段集成运算放大器组成的可调函数信号发生器。图中用双联波段电容改变振荡器的频段，共有三个频段。由振荡频率公式$f_0 = \dfrac{1}{2\pi RC}$分析可知：电路的最高振荡频

率约为 20kHz, 最低振荡频率约为 16Hz。在每个频段内, 通过改变同轴双联电位器可实现输出波形频率的连续可调。利用二极管正向电阻非线性特性来实现稳幅, 可以使正弦波正负半周对称。调整 RP₃可使电路工作在最佳点, 保证电路起振且改善波形失真。集成运放 A_2 可增强输出波形的驱动能力, 还可通过调整电位器 RP₄来改变输出正弦波的幅度。

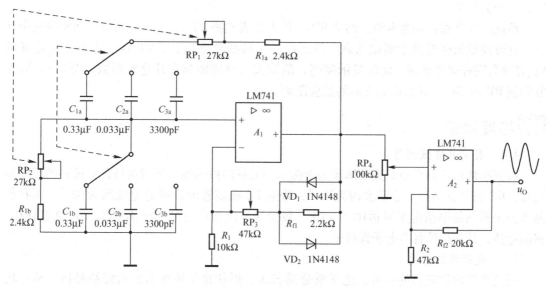

图 4-20 多频段可调函数信号发生器

2. 感应式接近开关

如图 4-21 所示为一种在机械行业得到广泛应用的感应式接近开关电路。该电路由两部分组成, 即高频振荡器及开关电路。其核心元件是金属感应探头, 探头是在 $\phi 5mm \times 4mm$ 磁芯上, 用 $\phi 0.12mm$ 的漆包线绕制, 绕制匝数如图 4-21 所示。

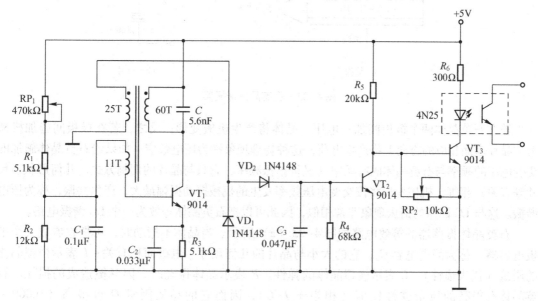

图 4-21 感应式接近开关电路

其工作原理如下：金属不靠近探头时，高频振荡器工作，频率由 VT_1 集电极 LC 并联选频网络决定。振荡信号由变压器耦合输出，易满足阻抗匹配的要求，调频方便，易起振，经 VD_1、VD_2 倍压整流，得到一直流电压使 VT_2 导通，VT_3 截止，后续电路不工作。当有金属靠近探头时，由于涡流损耗，高频振荡器停振，VT_2 截止，VT_3 得电导通，光电耦合器 4N25 接通，起开关作用。

调试时须注意：接通电源，调节 RP_1，用万用表检测 VT_2，使 c，e 两极之间刚好完全导通。这时高频振荡器处于弱振状态。然后用一金属物靠近探头，VT_2 应马上截止。再细调 RP_2 使 VT_3 刚好完全导通，此时灵敏度高，范围大（感应距离在几毫米到数十毫米），可反复调整 RP_1 和 RP_2，直到达到合适的感应距离。

拓展知识

4.4　石英晶体振荡器

石英晶体振荡器是用石英晶体作为谐振选频元件的振荡器。其特点是具有极高的频率稳定性，RC 振荡器的频率稳定度约为 10^{-3}，普通 LC 振荡器的频率稳定度约为 10^{-4}，而石英晶体振荡器的频率稳定度可达 $10^{-9} \sim 10^{-11}$ 数量级，因而广泛使用于石英钟、彩色电视机、移动电话、计算机等各类电子设备中。

1. 石英晶体的特性

石英是矿物质硅石的一种，化学成分是 SiO_2，形状是呈角锥形的六棱结晶体。从一块晶片上按一定的方位角切下的薄片称为晶片，然后将晶片的两个对应表面上涂敷银层作为电极，焊上引线接到引脚上作为电极，再用金属壳或胶壳封装就构成了石英晶体谐振器，通称石英晶体，如图 4-22 所示。

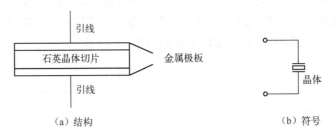

（a）结构　　　　　　　　　　（b）符号

图 4-22　石英晶体谐振器

若在石英晶体两个极板间加一电压，晶体将产生机械变形；反之，若在极板间施加机械力，晶片表面相应的方向上将产生电荷，这种物理现象称为压电效应。如果给石英晶体施加的交变电压的频率与石英晶体固有频率（又称谐振频率，它只与晶片的切割方式、几何形状、尺寸等有关）相等，机械变形将按交变电压频率发生的机械振动振幅最大，产生共振，称为压电谐振。这与 LC 回路的谐振现象非常相似，因此可以把石英晶体等效为一个 LC 谐振电路。

石英晶体振荡器的等效电路如图 4-23（a）所示。当晶体不振动时，可把它看成一个平板电容器，称为静电电容 C_0，它的大小与晶片的几何尺寸、电极面积有关；L 表示模拟晶体的质量（代表惯性），C 表示模拟晶体的弹性。R 表示晶体振动时，因摩擦造成的损耗。石英晶体有很高的质量弹性比值（相当于 L/C），因而它的品质因素 Q 也很高（10000 ~ 500000）。

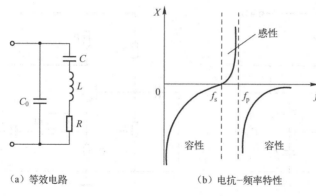

（a）等效电路　　　　　（b）电抗-频率特性

图 4-23　石英晶体的频率特性

从石英晶体振荡器的等效电路可知，这个电路有两个谐振频率。

（1）当 R，L，C 支路发生串联谐振时，等效于纯电阻 R，阻抗最小。其串联谐振频率为

$$f_{\text{s}} = \frac{1}{2\pi \sqrt{LC}}$$

（2）当频率高于 f_{s} 时，R，L，C 支路呈感性，与 C_0 发生并联谐振，其并联谐振频率为

$$f_{\text{p}} = \frac{1}{2\pi \sqrt{L \dfrac{CC_0}{C+C_0}}} = f_{\text{s}} \sqrt{1 + \frac{C}{C_0}}$$

由于 $C \ll C_0$，所以 f_{s} 和 f_{p} 非常接近，f_{p} 略大于 f_{s}。

根据石英晶体谐振器等效电路，定性画出电抗 – 频率特性曲线，如图 4-23（b）所示。可见，仅在 $f_{\text{s}} < f < f_{\text{p}}$ 极窄的范围内，石英晶体呈感性，在此区域以外呈容性。

通常石英晶体产品所给出的标称频率既不是 f_{s}，也不是 f_{p}，而是外接一个小电容 C_{s}（厂家称为负载电容）所得到的校正频率，C_{s} 与石英晶体串接电路如图 4-24 所示。一般 C_{s} 值要比 C 大，引入了 C_{s} 之后可使石英晶体的谐振频率在一个很小范围内调整。

2. 石英晶体振荡器

石英晶体振荡器作为选频元件所组成的正弦波振荡电路称为石英晶体振荡电路。石英晶体振荡电路的形式很多，但基本电路只有两类，一类是将其作为等效电感元件用在三点式电路中，工作在 f_{p} 和 f_{s} 之间；

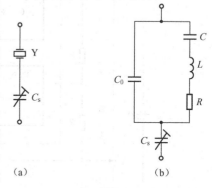

（a）　　　　　（b）

图 4-24　石英晶体校正频率连接电路

另一类是将其作为一个正反馈通路元件，工作在它的串联谐振频率 f_{s} 上，称为串联型晶体振荡器。

图 4-25（a）为并联型晶体振荡器，晶体在电路中起电感作用，相当于电容三点式 LC 振荡电路，振荡频率 f_0 基本上能够由石英晶体的固有频率决定，略大于 f_{s}。

图 4-25（b）为串联型晶体振荡器，由晶体与电阻 R 串联构成正反馈支路，起到选频和正反馈作用。当 $f = f_{\text{s}}$ 时，石英晶体呈纯阻性，阻抗最小，因此正反馈最强，且相移为零，满足自激振荡条件而振荡。

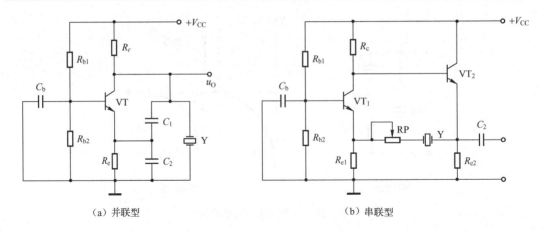

（a）并联型　　　　　　　　　　　　　（b）串联型

图 4-25　石英晶体振荡器

4.5　集成函数发生器 8038

8038 集成函数发生器是一种多用途的波形发生器，可以用来产生正弦波、方波、三角波和锯齿波，其振荡频率可通过外加的直流电压进行调节，所以是压控集成信号产生器。其内部电路结构如图 4-26 所示。外接电容 C 的充、放电电流由两个电流源控制，所以电容 C 两端电压 u_C 的变化与时间呈线性关系，从而可以获得理想的三角波输出。另外，8038 电路中含有正弦波变换器，故可以直接将三角波变成正弦波输出。

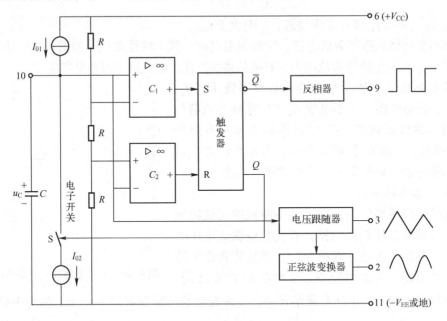

图 4-26　8038 的内部结构

当 $Q=0$ 时，S 断开，电流源 I_{01} 对 C 充电至 $\frac{2}{3}V_{CC}$ 时，$Q=1$。

当 $Q=1$，S 闭合，C 放电，放电电流 $I_C=I_{02}-I_{01}$，放电至 $\frac{1}{3}V_{CC}$ 时 $Q=0$。

当 $I_{02} = 2I_{01}$，9 脚输出方波，3 脚输出三角波。

当 $I_{02} < 2I_{01}$，9 脚输出矩形波，3 脚输出锯齿波。

图 4-27 是 8038 的引脚排列图。

图 4-28 是 8038 的典型应用，该图能够实现频率可调且减小波形的失真度。当 $R_A = R_B$ 时，RP_1 处于中点位置，9 脚输出方波，3 脚输出三角波，2 脚输出正弦波。通过调节 RP_1 可以调整当 $R_A \neq R_B$ 时，方波变为矩形波，三角波变为锯齿波了，引脚 2 输出失真不再是正弦波了，根据 ICL8038 内部电路和外接电阻可以推导出占空比的表达式为

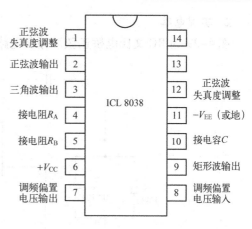

图 4-27　8038 引脚排列图

$$\frac{T_1}{T} = \frac{2R_A - R_B}{2R_A}$$

电路中两个 $100k\Omega$ 的电位器和两个 $10k\Omega$ 电阻的接入，是为了进一步减小正弦波的失真度，调整它们可使正弦波失真度减小到 0.5%。在 R_A 和 R_B 不变的情况下，调整 RP_2 可使电路振荡频率最大值与最小值之比达到 $100:1$。在引脚 8 与引脚 6 之间直接加入输入电压调节振荡频率，最高频率与最低频率之比可达 $1000:1$。

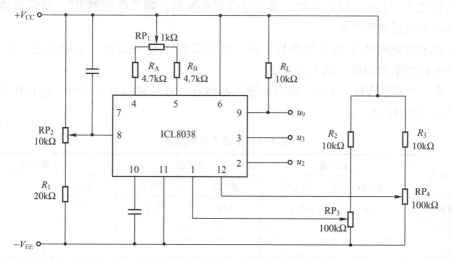

图 4-28　频率可调、失真度小的函数信号发生器电路

能力训练

实训 4-1　RC 正弦波振荡电路测试与研究

1. 实训目的

(1) 加深理解 RC 振荡器的工作原理。

(2) 学习用示波器测量振荡频率和幅度的方法。

2. 实训电路

图 4-29 为 RC 文氏电桥正弦波振荡电路。

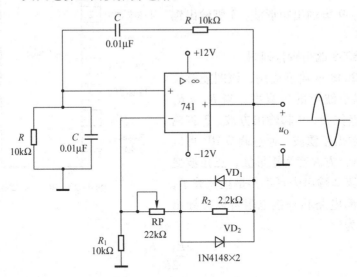

图 4-29　RC 文氏电桥正弦波振荡电路实训图

3. 实训内容与步骤

（1）用实训导线按图 4-29 连接好实训电路。

（2）接通 741 上的 ±12V 电源，用示波器观察波形，调节电位器 RP，使输出波形从无到有，从正弦波到出现失真。

（3）改变选频网络 R 和 C 的参数，调节电位器 RP，使输出电压 u_o 幅值最大且不失真，测量正弦波的频率和幅值，填入表 4-1。

（4）断开二极管 VD_1、VD_2，重复步骤 3 的内容，将测试结果与步骤 3 进行比较，分析 VD_1、VD_2 的稳幅作用。

表 4-1　正弦波频率测量

测 试 条 件	第一组		第二组		第三组	
	$R/k\Omega$	$C/\mu F$	$R/k\Omega$	$C/\mu F$	$R/k\Omega$	$C/\mu F$
参数值	10	0.1	100	0.1	10	0.01
测量频率						
理论频率						

通过测试，可以得到这样的结果，要想使电路振荡，必须满足条件：放大器的电压增益 A_u 应略大于 3，即 $R_f > 2R_1$。同时很需要二极管的限幅作用，否则输出波形为削顶的正弦波。

根据对电路的测试结果进行分析讨论：

（1）比较振荡频率实测值与理论值，分析误差产生的原因。

（2）此振荡电路对选频网络的参数 R，C 有无限制？

（3）若无稳压二极管，振荡电路的输出波形是否为正弦波？

4. 撰写实训报告

撰写实训报告并提交。

实训 4-2　LC 正弦波振荡电路仿真研究

1. 实训目的

（1）掌握变压器反馈式 LC 正弦波振荡器的调整和测试方法。

（2）研究电路参数对 LC 振荡器起振条件及输出波形的影响。

2. 电路组成

图 4-30 是 LC 正弦波振荡器仿真电路，是共发射极集电极调谐两级放大振荡器，选频网络由 L_1，C 组成，通过 L_2 线圈组耦合至 VT_1 基极。其中 L_1，L_2 的匝数比为 1:1，为了仿真效果好，选的是仿真元件库中的理想变压器模型，两个线圈的电感量皆为 $1\mu H$，其参数如图 4-31 所示。振荡信号通过 C_2 耦合至 VT_2 进行二次射极跟随放大，使信号驱动能力增强。

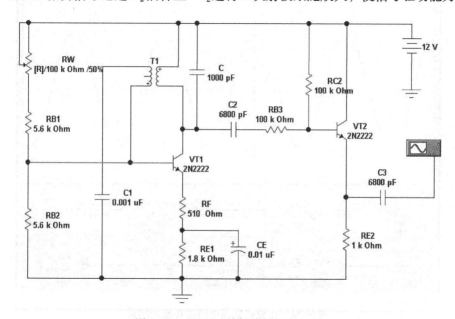

图 4-30　LC 正弦波振荡器仿真电路

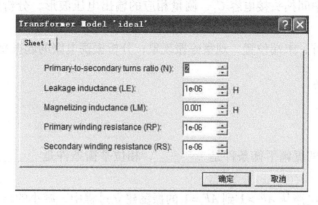

图 4-31　振荡线圈 L_1 和反馈线圈 L_2 的参数

3. 仿真研究

在 EWB 软件中建立好电路，单击运行按钮，打开示波器观察输出波形是否失真。若失真则调整电位器 RP，若仍然不理想，可适当改变 R_F 的参数。C_2 和 R_{B3} 的选择要保证 VT$_1$ 的输出衰减小，以便输出有足够的幅度。

由振荡公式得到仿真电路的振荡频率是

$$f = \frac{1}{2\pi\sqrt{LC}} = \frac{1}{2 \times \pi \times \sqrt{10^{-6} \times 1000 \times 10^{-9}}} \approx 159\text{kHz}$$

仿真电路输出波形如图 4-32 所示。通过游标测量正弦波的周期大约为 $T = 6.3632\mu\text{s}$，则 $f = \frac{1}{T} \approx 157\text{kHz}$。

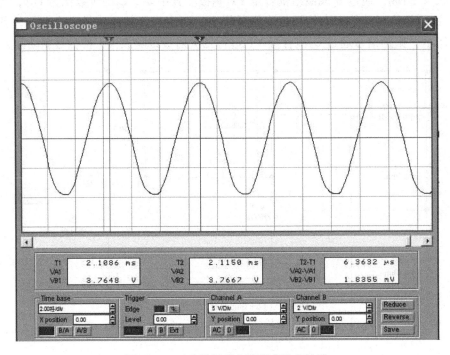

图 4-32　正弦波振荡电路仿真输出结果

将反馈线圈 L_2 中间抽头接电容 C_1，测量相应的输出电压波形，分析反馈量对振荡电路幅值平衡的影响。

改变线圈 L_2 的首、末端位置，观察停振现象；分析振荡电路的起振相位条件。

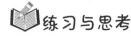 练习与思考

（一）练习题

1. 填空题

4.1　自激振荡的振幅平衡条件是_____，相位平衡条件是_____，自激振荡的起振条件是_____。

4.2　自激振荡电路从 $AF > 1$ 到 $AF = 1$ 的振荡建立过程中，减小的量是_____。

4.3　正弦波振荡电路必须由_____、_____、_____和稳幅环节四部分组成。

4.4　RC 串并联正弦波振荡电路中，负反馈电阻 R_f 通常采用具有_____温度系数的热敏电阻，达到_____目的，而 LC 正弦波振荡电路没有专门的稳幅电路，它是利用放大电路的_____特性来自动稳幅的。

4.5　RC 串并联网络，当 $\omega = \omega_0$ 时，$|\dot{F}_u|$ = _____，φ_F = _____。

4.6　为了让电路能够振荡，通常电路中需要采用_____反馈措施，但在负反馈的电路中，当 $\dot{A}\dot{F}$ = _____时，也可以产生自激振荡。

4.7　在串联型晶体振荡电路中，石英晶体可等效为_____；在并联型晶体振荡电路中，石英晶体可等效为_____（填：电阻、电容或电感）。

2.　判断题

4.8　负反馈放大电路不可能产生自激振荡。　　　　　　　　　　　　　（　　）

4.9　只要电路引入了正反馈，就一定会产生正弦波振荡。　　　　　　（　　）

4.10　相位平衡条件实质上就是要求振荡电路在振荡频率处的反馈为正反馈。（　　）

4.11　文氏电桥振荡电路中，反馈系数 F 可取任意值。　　　　　　　（　　）

4.12　在 LC 正弦波振荡电路中，不用通用型集成运放做放大电路的原因是其上限截止频率太低。　　　　　　　　　　　　　　　　　　　　　　　　（　　）

4.13　石英晶体振荡器是 LC 振荡电路的特殊形式，因而振荡频率具有很高的稳定性。
　　　　　　　　　　　　　　　　　　　　　　　　　　　　　　（　　）

4.14　石英晶体振荡器的振荡频率稳定性极高，适宜制作标准频率信号源。（　　）

3.　选择题

4.15　自激振荡是电路在（　　）的情况下，产生了有规则的、持续存在的输出波形的现象。

　　　A. 外加输入激励信号　　　　　　　　B. 没有外加输入信号

　　　C. 没有反馈信号　　　　　　　　　　D. 没有电源电压

4.16　根据（　　）的元器件类型不同，将正弦波振荡器分为 RC 型、LC 型和石英晶体振荡器。

　　　A. 放大电路　　　B. 反馈网络　　　C. 稳幅环节　　　D. 选频网络

4.17　LC 振荡电路的振荡角频率 ω_0 =（　　）。

　　　A. $\dfrac{1}{LC}$　　　　　B. $\dfrac{1}{2\pi LC}$　　　　　C. $\dfrac{1}{\sqrt{LC}}$　　　　　D. $\dfrac{1}{2\pi\sqrt{LC}}$

4.18　振荡电路选频特性的优劣主要与振荡电路的（　　）有关。

　　　A. 反馈系数 F　　　B. 放大倍数 A　　　C. 环路增益 AF　　　D. 品质因数 Q

4.19　在常用的正弦波振荡器中，频率稳定度最好的是（　　）振荡器。

　　　A. 石英晶体　　　B. 电感三点式　　　C. 电容三点式　　　D. RC 型

4.20　石英晶体振荡器的振荡频率与下面因素中的（　　）有关。

　　　A. 晶体的切割方式、几何尺寸　　　　B. 温度变化

　　　C. 电源电压波动　　　　　　　　　　D. 电路结构

4.　综合题

4.21　判断图题 4.21 所示电路是否可能产生正弦波振荡，简述理由。

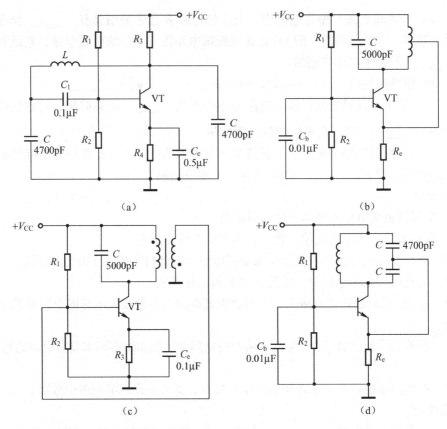

图题 4.21

4.22 电路如图题 4.22 所示，试求：

（1）满足起振条件时 RP 的下限值；

（2）振荡频率的调节范围。

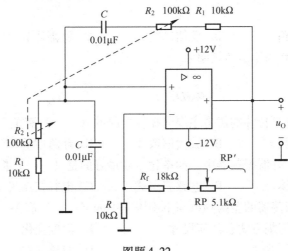

图题 4.22

4.23 对图题 4.23 所示电路进行正确连接，以实现文氏电桥正弦波振荡电路。

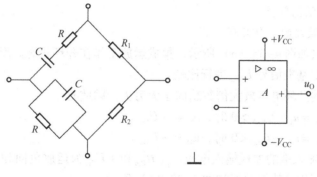

图题 4.23

（二）思考题

4.24 正弦波振荡电路由几部分组成？各有何作用？

4.25 正弦波振荡电路起振的条件是什么？

任务 2 非正弦波信号产生电路

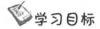学习目标

1. 知识目标

（1）熟悉电压比较器的工作条件及其电压传输特性。

（2）掌握滞回电压比较器的状态翻转条件。

（3）掌握方波发生器的电路组成及工作原理。

（4）熟悉三角波、锯齿波产生电路的组成与工作特点。

（5）了解窗口比较器的工作原理与基本应用。

2. 能力目标

（1）掌握电压比较器的基本应用。

（2）能够分析集成运放构成的各种非线性应用电路。

（3）能够根据要求设计出基本的非正弦波信号产生应用电路。

（4）基本能够利用全响应三要素公式推导出非正弦波信号的周期。

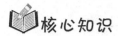核心知识

4.6 电压比较电路

集成运放作为理想的增益器件，以线性工作为主，用于各种模拟运算、有源滤波处理等，但它的非线性应用也不少，如脉冲波形的产生、信号比较、限幅、钳位等处理方面。集成运放非线性工作时，$u_+ \neq u_-$，并且输出端为低电平或高电平。

电压比较器能够对输入的模拟信号进行鉴别和比较，并根据比较结果相应输出高电平或低电平。电压比较器广泛应用于信号产生电路、信号处理和检测电路等。如在控制系统中，将一个信号与另一个给定的基准信号进行比较，根据比较的结果，输出高电平或低电平的电压信号，去控制动作。

4.6.1 单值电压比较器

1. 单值电压比较器的工作原理

单值电压比较器如图4-33（a）所示，集成运放工作在开环状态。反相输入端输入信号 u_i 与同相输入端给定基准信号 U_{REF} 进行比较。

由于理想运放的开环电压放大倍数趋向于无穷大，因此有：

当 $u_{id} = u_- - u_+ = u_i - U_{REF} > 0$ 时，$u_O = -U_{Om}$。

当 $u_{id} = u_- - u_+ = u_i - U_{REF} < 0$ 时，$u_O = +U_{Om}$。

其中 u_{id} 为运放输入端的差模输入电压，$-U_{Om}$ 和 $+U_{Om}$ 为运放负向和正向输出电压的最大值，由此可得电压传输特性曲线如图4-33（b）所示。

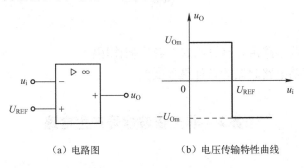

（a）电路图　　　　　　（b）电压传输特性曲线

图4-33　单值电压比较器

在比较器中，我们把比较器的输出从一个电平跳变到另一个电平所对应的输入电压值称为阈值电压或门限电压，用 U_T 表示。对应上述电路，$U_T = U_{REF}$。由于上述电路只有一个门限电压值，故称单值电压比较器。U_T 值是分析输入信号变化使输出电平翻转的关键参数。

若图4-33（a）中 $U_{REF} = 0$，即同相输入端直接接地，这时的电压传输特性将左向平移到与纵坐标重合，称为过零电压比较器。该电路能鉴别输入信号的正负。

2. 单值电压比较器的应用

图4-34（a）是一个电平检测器，用以判定输入信号是否达到或超过某测试电平，参考电压和输入信号都从运放的反相输入端加入，VD_Z 作为输出限幅稳压管。

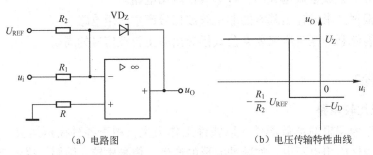

（a）电路图　　　　　　（b）电压传输特性曲线

图4-34　电平检测器

由于 $u_+ = 0$，因此当 $u_- = u_+ = 0$ 时，输出发生翻转。由图4-34可得 $u_- = u_i - \dfrac{u_i - U_{REF}}{R_1 + R_2} R_1$，

令 $u_- = 0$，求得门限电压为 $U_T = u_i = -\dfrac{R_1}{R_2} U_{REF}$，故 U_T 即为检测比较器的测试电平。

当 $u_+ < u_-$，即 $u_i > -\dfrac{R_1}{R_2}U_{REF}$ 时，输出为负最大值，使稳压管 VD_Z 正向导通，输出限幅

为 $u_O = -U_D \approx -0.7V$（U_D 为稳压管 VD_Z 正向导通压降）；当 $u_+ > u_-$，即 $u_i < -\dfrac{R_1}{R_2}U_{REF}$ 时，

输出为正最大值，使稳压管 VD_Z 反向导通，输出限幅为 $u_O = U_Z$（U_Z 为稳压管 VD_Z 稳压值）。
由此可得电压传输特性曲线如图4-34（b）所示。

例4-4 如图4-34（a）所示电平检测器，已知 $R_1 = 10k\Omega$，$R_2 = 30k\Omega$，$U_Z = 6V$，$U_D = 0.7V$。用来测试 u_i 是否超过1V，试画出传输特性曲线并确定参考电压值。若已知输入波形如图4-35（a）所示，画出输出波形。

解：因为 $U_T = 1V$，而 $U_T = -\dfrac{R_1}{R_2}U_{REF}$，可得参考电压为 $U_{REF} = -3V$。

分析：当 $u_i > 1V$ 时，$u_O = -U_D \approx -0.7V$；当 $u_i < 1V$ 时，$u_O = U_Z = 6V$。其输出波形和
传输特性如图4-35（b）和图4-35（c）所示。

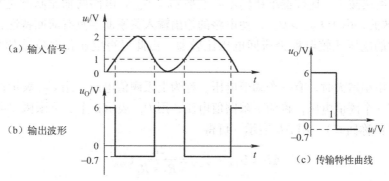

图4-35 例4-4的波形图

4.6.2 滞回电压比较器

图4-36（a）是一个滞回电压比较器，它是在单值电压比较器的基础上加上正反馈构成的。

单值电压比较器工作时，如果在门限电压附近有微小的干扰，就会导致状态翻转使比较器输出电压不稳定，而出现错误阶跃。为了克服这一缺点，常将比较器输出电压通过反馈网络加到同相输入端，形成正反馈，将待比较电压 u_i 加到反相输入端，参考电压 U_{REF} 通过 R_2 接到运算放大器的同相输入端，该电路称为反相型（或下行）滞回电压比较器，也称反相型（或下行）施密特触发器。

当 $u_- = u_i < u_+$ 时，输出 $u_O = U_{Om}$，此时同相输入端的电压用 U_{T+} 表示，利用叠加原理可求得

$$U_{T+} = \frac{R_F}{R_2 + R_F}U_{REF} + \frac{R_2}{R_2 + R_F}U_{Om}$$

随着 u_i 不断增加，当 $u_i > U_{T+}$ 时，比较器的输出状态翻转，$u_O = -U_{Om}$，且由于正反馈的作用，输出状态的翻转很迅速。此时同相输入端电压用 U_{T-} 表示，利用叠加原理可求得

$$U_{T-} = \frac{R_F}{R_2 + R_F}U_{REF} + \frac{R_2}{R_2 + R_F}(-U_{Om})$$

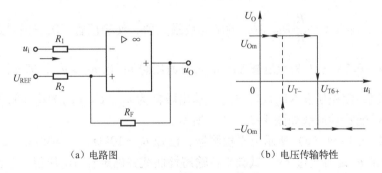

（a）电路图　　　　　（b）电压传输特性

图 4-36　滞回电压比较器

显然，$U_{T-} < U_{T+}$，因此，当 u_i 再增大时，比较器将维持输出低电平 $u_O = -U_{Om}$。

反之，当 u_i 由大变小时，比较器先输出低电平 $u_O = -U_{Om}$，运放同相输入端电压为 U_{T-}。当 $u_i < U_{T-}$ 时，比较器的输出状态又发生翻转 $u_O = U_{Om}$，此时运放同相输入端电压又变为 U_{T+}，u_i 继续减小，比较器维持输出高电平 $u_O = U_{Om}$。电路的输出状态是在 $u_i = U_{T+}$ 或 $u_i = U_{T-}$ 时翻转的，由于 $U_{T+} > U_{T-}$，使电路的输出输入关系曲线具有滞回特性，所以把这种具有滞回特性的电压比较器称为滞回电压比较器。由此可得电压传输特性如图 4-36（b）所示。

输入信号由小增大时，有一个阈值电压，称为上限阈值电压，用 U_{T+} 表示；输入信号由大减小时，有一个阈值电压，称为下限阈值电压，用 U_{T-} 表示；上、下限阈值电压的差值称为回差电压（简称回差），用 ΔU 表示，可得

$$\Delta U = U_{T+} - U_{T-} = \frac{2R_2}{R_2 + R_F}U_{Om}$$

由以上分析可得：

（1）参考电压 U_{REF} 改变时，上、下限阈值电压 U_{T+} 和 U_{T-} 改变，但回差电压 ΔU 不变。

（2）正反馈系数 $\frac{R_2}{R_2 + R_F}$ 改变时，U_{T+}，U_{T-} 和 ΔU 均改变。

（3）当需要同时调节三个参数时，可先改变正反馈系数，得到所需的回差电压，然后再调节参考电压 U_{REF}，使之满足所要求的 U_{T+} 和 U_{T-}。

只要回差电压 ΔU 大于干扰电压的变化幅度，就能有效地抑制干扰信号。在生产实践中，经常需要对温度、水位进行控制，这都可以用滞回电压比较器来实现在一定的温度范围内或水位范围内的控制。如东芝 GR 系列冰箱的电子温控电路，就采用滞回电压比较器进行温度控制，冰箱中的温度调节器，就是一个能改变回差电压值的可变电阻器。

例 4-5 如图 4-37（a）所示滞回比较器，输出带限幅电路，$U_Z = 6V$，$R_1 = 5.1k\Omega$，$R_2 = 10k\Omega$，$R_F = 10k\Omega$，$R_3 = 1k\Omega$。

（1）试计算其阈值电压 U_{T+} 和 U_{T-}。

（2）画出电压传输特性。

（3）已知输入波形如图 4-37（c）所示，画出输出波形。

（4）若输入波形叠加有干扰信号，如图 4-37（e）所示，试画出输出波形。

解：（1）因接有限幅电路，当 $u_O = U_{Om}$ 时，稳压管工作，输出限幅为 $u_O = U_Z = 6V$；当 $u_O = -U_{Om}$ 时，稳压管工作，输出限幅为 $u_O = -U_Z = -6V$。利用公式得

$$U_{T+} = \frac{R_F}{R_2 + R_F} U_{REF} + \frac{R_2}{R_2 + R_F} U_Z = \frac{10}{10+10} \times 2 + \frac{10}{10+10} \times 6 = 4V$$

$$U_{T-} = \frac{R_F}{R_2 + R_F} U_{REF} + \frac{R_2}{R_2 + R_F} (-U_Z) = \frac{10}{10+10} \times 2 + \frac{10}{10+10} \times (-6) = -2V$$

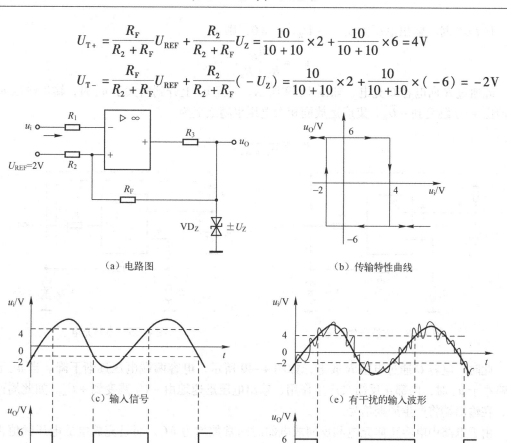

（a）电路图   （b）传输特性曲线

（c）输入信号   （e）有干扰的输入波形

（d）对应的输出波形图   （f）对应的输出波形图

图 4-37   例 4-5 图

（2）根据 U_{T+} 和 U_{T-} 及输出的限幅值，画出电压传输特性，如图 4-37（b）所示。

（3）根据传输特性，画出对应图 4-37（c）的输出波形图，如图 4-37（d）所示。

（4）根据传输特性，画出对应图 4-37（e）的输出波形图，如图 4-37（f）所示。

可见，即使有干扰信号叠加，并不影响输出，滞回电压比较器具有抗干扰的能力。

4.7   非正弦波产生电路

非正弦波主要指矩形波、三角波和锯齿波。其中矩形波有两种：一种是输出处于高电平的时间和低电平的时间相等，叫做"方波"；一种是输出处于高电平和低电平的时间不等，叫做"矩形波"。后者通常用"占空比"来描述，占空比是指在一个时钟周期内输出处于高电平的时间与周期之比。可以看出，方波的占空比为 50% 。

4.7.1   方波产生电路

方波产生电路如图 4-38 所示，它是由滞回电压比较电路和 RC 电路组成的。R 和 C 组成充放电支路，构成"有延迟的反馈网"。电容 C 两端的电压就是反馈电压，稳压管构成输出限幅电路；R_1 为集成运放的限流电阻。

设 $t=0$ 时，输出电压为 $u_0 = +U_Z$，$u_C = 0$，则有

$$u_+ = \frac{R_2}{R_2 + R_3}(+U_Z)$$

u_o 通过 R 向电容 C 充电，如图 4-39 所示。一旦 u_- 上升到略大于 u_+ 时，输出电压 u_o 迅速地由 $+U_Z$ 跳变到 $-U_Z$。集成运放同相端电压也随之变为

$$u_+ = \frac{R_2}{R_2 + R_3}(-U_Z)$$

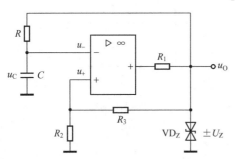

图 4-38 方波产生电路

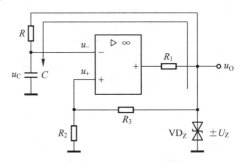

图 4-39 电容充电

此时，电容 C 通过电阻 R 放电，如图 4-40 所示，电容两端电压逐渐下降。当 u_- 下降到略小于 u_+ 时，内部正反馈又产生作用，输出电压迅速地由 $-U_Z$ 跳变到 $+U_Z$。如此周而复始，在输出端将产生周期信号。

由于电路中电容正向充电和反向放电的时间常数均为 RC，而且充放电的电压幅值也相等，所以输出为方波信号，而电容两端电压的波形则近似为三角波。输出电压和电容电压的波形如图 4-41 所示。

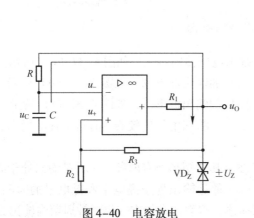

图 4-40 电容放电

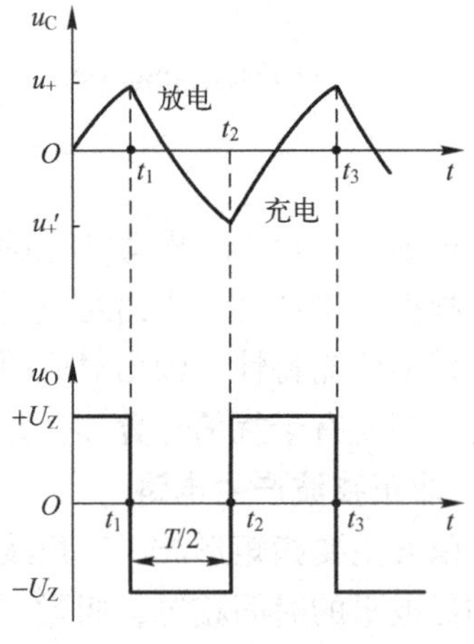

图 4-41 输出电压和电容电压波形图

方波周期可以由电容充放电规律和波形发生器的工作原理得到。电容两端电压的变化规律为

$$u_C(t) = U_C(\infty) + [U_C(0) - U_C(\infty)]e^{-\frac{t}{\tau}}$$

选取电容充放电波形图中的 t_1 为起点，则有

$$u_{\mathrm{C}}(0) = \frac{R_2}{R_2 + R_3}(+U_{\mathrm{Z}}), \quad U_{\mathrm{C}}(\infty) = -U_{\mathrm{Z}}, \quad \tau = RC$$

$$u_{\mathrm{C}} = -U_{\mathrm{Z}} + \left[\frac{R_2}{R_2 + R_3}U_{\mathrm{Z}} - (-U_{\mathrm{Z}})\right]\mathrm{e}^{-\frac{t}{RC}}$$

在二分之一的周期内，电容放电的最后值为

$$u_{\mathrm{C}} = \frac{R_2}{R_2 + R_3}(+U_{\mathrm{Z}})$$

可以得到方波的周期为

$$T = 2RC\ln\left(1 + \frac{2R_2}{R_3}\right)$$

4.7.2 三角波产生电路

由集成运算放大器构成的方波和三角波发生器，一般均包括比较器和 RC 积分器两大部分，如图 4-42 所示。

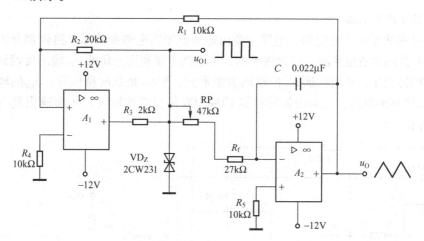

图 4-42 三角波产生电路

这是由迟滞比较器和集成运放组成的积分电路所构成的方波和三角波发生器。A_1 构成迟滞比较器，同相端电位 u_+ 由 u_{O}' 和 u_{O} 决定。利用叠加定理可得

$$u_+ = \frac{R_1}{R_1 + R_2}u_{\mathrm{O}}' + \frac{R_2}{R_1 + R_2}u_{\mathrm{O}}$$

当 $u_+ > 0$ 时，A_1 输出为正，即 $u_{\mathrm{O}}' = +U_{\mathrm{Z}}$；当 $u_+ < 0$ 时，A_1 输出为负，即 $u_{\mathrm{O}}' = -U_{\mathrm{Z}}$。$A_2$ 构成反相积分器，u_{O}' 为负时，u_{O} 向正向变化，u_{O}' 为正时，u_{O} 向负向变化。

假设电源接通时 $u_{\mathrm{O}}' = +U_{\mathrm{Z}}$，则电容 C 反向充电，输出 u_{O} 线性增加，当增加到 $u_{\mathrm{O}} = +\frac{R_1}{R_2}U_{\mathrm{Z}}$ 时，可得

$$u_+ = \frac{R_1}{R_1 + R_2}u_{\mathrm{O}}' + \frac{R_2}{R_1 + R_2}u_{\mathrm{O}} = \frac{R_1}{R_1 + R_2}(-U_{\mathrm{Z}}) + \frac{R_2}{R_1 + R_2}\left(\frac{R_1}{R_2}U_{\mathrm{Z}}\right) = 0$$

此时，只要 u_{O} 再增加一点，则 u_+ 就大于 0，A_1 输出迅速翻转到 $u_{\mathrm{O}}' = +U_{\mathrm{Z}}$。

同样，此时电容 C 就正向充电，输出 u_{O} 线性减小，当减小到 $u_{\mathrm{O}} = -\frac{R_1}{R_2}U_{\mathrm{Z}}$ 时，可得

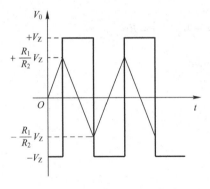

图 4-43   方波、三角波波形

$$u_+ = \frac{R_1}{R_1 + R_2}u_0' + \frac{R_2}{R_1 + R_2}u_0$$

$$= \frac{R_1}{R_1 + R_2}(+ U_Z) + \frac{R_2}{R_1 + R_2}\left(-\frac{R_1}{R_2}U_Z \right) = 0$$

此时，只要 u_0 再减小一点，则 u_+ 就小于 0，A_1 输出迅速翻转到 $u_0' = -U_Z$。

这样周而复始，就在 A_1 端得到了方波，A_2 端得到了三角波。两个波形如图 4-43 所示。根据三要素原则求出波形周期公式：

$$T = \frac{4\,R_F C}{n}\frac{R_1}{R_2} \quad （ n 为电位器的有效比）$$

应用案例

1. 矩形波产生电路

图 4-44 是矩形波产生电路，电路主要由矩形波振荡电路和整形电路两部分组成。集成运放 A_1 和 A_2 共同构成矩形波 – 三角波电路，本电路主要利用三角波 u_{02} 输出反馈到输入端维持 u_+ 的周期性变化，从而保证 u_{01} 的输出为矩形波，VD_{W1} 是双向稳压管，u_{01} 的输出经电容 C_2 耦合至波形整形电路，由施密特反相器 CD40106 经过两次取反，从而输出具有逻辑功能的矩形脉冲信号。

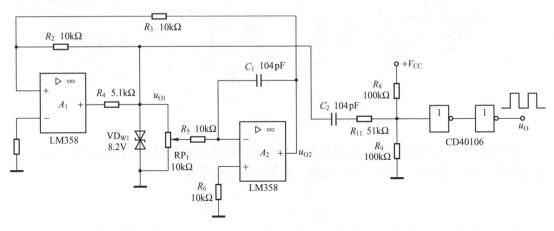

图 4-44   矩形波产生电路

2. 来、停电检测电路

图 4-45 是来自停电检测电路，电路由同相比例运算电路、减法运算电路、窗口比较电路及开关驱动电路组成。当电路来电时，电流互感器两端有交流信号输出，经桥式整流，再由 A_1 放大 $\left(同相放大倍数约为 1 + \dfrac{1M\Omega}{47k\Omega} \approx 22\right)$，放大后的信号送至 A_2 减法器，A_2 输出向减小的方向变化，调整 RP_1、RP_2 使 A_2 输出小于 A_4 的同相输入端电位，则 A_4 输出为正的最大值，二极管 VD_2 导通（此时 VD_1 截止），三极管 VT_1 导通，VT_2 截止，继电器触点不动作，处于常闭状态。当电路突然停电时，电流互感器无输出，运放 A_1 输出很小，导致 A_2 输出增大，其

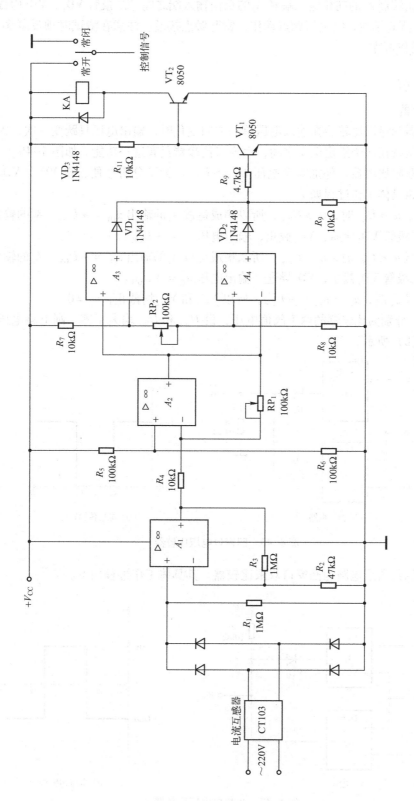

图4-45 来、停电检测电路

大小介于窗口比较器 A_4 的同相输入端和 A_3 的反向输入端之间，二极管 VD_1，VD_2 均截止，三极管 VT_1 截止，VT_2 导通，继电器触点动作，常开触点接通。注意在测试时须反复调整 RP_1，RP_2 使电路的动作可靠。

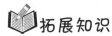拓展知识

4.8 比较器

单限比较器和滞回比较器在输入电压单一方向变化时，输出电压只跃变一次，因而不能检测输入电压是否在两个给定电压之间，而窗口比较器具有这一功能。如图 4-46（a）所示为一种凹窗口双限比较器，外加参考电压 $U_{R+} > U_{R-}$。为了分析方便，设 VD_1，VD_2 均为理想二极管，电路具体工作过程如下。

当输入电压 $u_i > U_{R+}$ 时，$u_i > U_{R-}$，所以集成运放 A_1 的输出 $u_{O1} = +U_{OM}$，A_2 的输出 $u_{O2} = -U_{OM}$。使得二极管 VD_1 导通，VD_2 截止，输出电压 $u_O = +U_{OM}$。

当输入电压 $u_i < U_{R-}$ 时，$u_i < U_{R+}$，所以集成运放 A_1 的输出 $u_{O1} = -U_{OM}$，A_2 的输出 $u_{O2} = +U_{OM}$。使得二极管 VD_1 截止，VD_2 导通，输出电压 $u_O = +U_{OM}$。

$U_{R-} < u_i < U_{R+}$ 时，$u_{O1} = u_{O2} = -U_{OM}$，所以 VD_1 和 VD_2 均截止，$u_O = 0$。

U_{R+} 和 U_{R-} 分别为比较器的两个阈值电压，设 U_{R+} 和 U_{R-} 均大于零，则电路电压传输特性如图 4-46（b）所示。

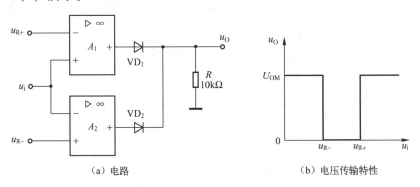

（a）电路　　　　　　　　　（b）电压传输特性

图 4-46　凹窗口电压比较器

图 4-47（a）所示电路为凸窗口双限比较器。其具体工作过程如下。

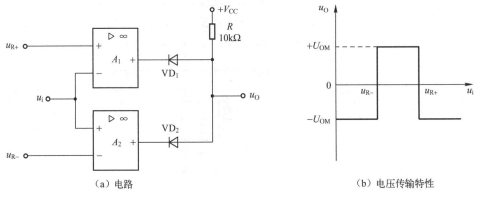

（a）电路　　　　　　　　　（b）电压传输特性

图 4-47　凸窗口电压比较器

当输入电压 $u_i > U_{R+}$ 时，$u_i > U_{R-}$，所以集成运放 A_1 的输出 $u_{O1} = -U_{OM}$，A_2 的输出 $u_{O2} = +U_{OM}$。使得二极管 VD_1 导通，VD_2 截止，输出电压 $u_O = -U_{OM}$。

当输入电压 $u_i < U_{R-}$ 时，$u_i < U_{R+}$，所以集成运放 A_1 的输出 $u_{O1} = +U_{OM}$，A_2 的输出 $u_{O2} = -U_{OM}$。使得二极管 VD_1 截止，VD_2 导通，输出电压 $u_O = -U_{OM}$。

$U_{R-} < u_i < U_{R+}$ 时，$u_{O1} = u_{O2} = +U_{OM}$，所以 VD_1 和 VD_2 均截止，$u_O = +U_{OM}$。

凸窗口比较器的电压传输特性如图4-47（b）所示。

能力训练

实训4-3　电压比较器测试与研究

1. 实训目的

（1）掌握电压比较器的电路构成及特点。

（2）学会测试比较器的方法。

2. 实训电路（见图4-48）

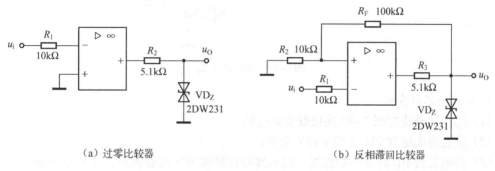

（a）过零比较器　　　　　（b）反相滞回比较器

图4-48　电压比较器

3. 实训内容与步骤

1）过零比较器

实训电路如图4-48（a）所示，接通 ±12V 电源。

（1）测量 u_i 悬空时的 U_O 值。

（2）u_i 输入500Hz、幅值为2V 的正弦信号，观察 $u_i{\rightarrow}u_O$ 波形并记录。

（3）改变 u_i 幅值，测量传输特性曲线。

2）反相滞回比较器

实训电路如图4-48（b）所示。

（1）按图接线，u_i 接可调直流电源（电压不要太大），测出 u_O 由 $+U_{Omax}{\rightarrow}-U_{Omax}$ 时 u_i 的临界值。

（2）同上，测出 u_O 由 $-U_{Omax}{\rightarrow}+U_{Omax}$ 时 u_i 的临界值。

（3）u_i 接500Hz、峰值为2V 的正弦信号，观察并记录 $u_i{\rightarrow}u_O$ 波形。

4. 实训总结

（1）整理实训数据，绘制各类比较器的传输特性曲线。

（2）总结两种比较器的特点，阐明它们的应用。

实训4-4　方波发生器测试

1. 实训目的

（1）学习用集成运放构成方波发生器。

（2）掌握方波发生器电路的原理。

2. 实训电路（见图4-49）

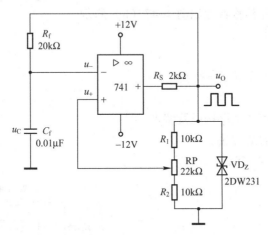

图4-49　方波发生器

3. 实训内容与步骤

（1）用实训导线按图4-49连接好实训电路。

（2）接通集成运放741上的±12V电源。

（3）将电位器RP调至中心位置，用示波器观察输出方波的波形，并从示波器上读出方波频率f。

（4）调节电位器RP观察频率的范围。

4. 实训报告与总结

（1）整理实训数据及绘出所观测的波形。

（2）将实训测量值和理论值进行比较，并对实训结果进行分析。

练习与思考

（一）练习题

1. 填空题

4.26　电压比较器是用来比较两个输入电压的大小的，据此决定其输出是＿＿＿＿电平还是＿＿＿＿电平。电压比较器中的集成运放一般工作在＿＿＿＿区。

4.27　输入电压每次过零时，输出电压就产生跳变。这种比较器称为＿＿＿＿。

4.28　迟滞比较器的门限电压是随＿＿＿＿电压的变化而改变的。它的灵敏度低一些，但＿＿＿＿能力却大大提高了。

4.29　通常将矩形波为＿＿＿＿的持续时间与振荡＿＿＿＿的比称为占空比。对称方波的占空比为＿＿＿＿。

2. 判断题

4.30　非正弦波振荡电路与正弦波振荡电路的振荡条件完全相同。　　　　　（　　）

4.31　与正弦波产生电路不同的是，非正弦波产生电路中没有选频网络，通常由比较器、积分电路和反馈电路等组成。　　　　　　　　　　　　　　　　　　（　　）

3. 选择题

4.32　图题 4.32 所示电路为（　　）。

　　A. 同相输入单限电压比较器　　　　　　B. 反相输入单限电压比较器

　　C. 同相输入迟滞比较器　　　　　　　　D. 反相输入迟滞比较器

4.33　电路如图题 4.33 所示，$u_i = U_{IM}\sin\omega t(V)$，电源电压为 $\pm U$，则输出电压 u_O 的最大值约为（　　）。

　　A. U_{IM}　　　　　　B. U　　　　　　C. $\frac{1}{2}U$　　　　　　D. $\frac{1}{2}U_{IM}$

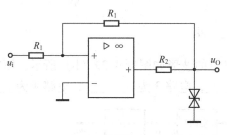

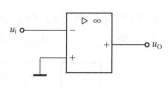

图题 4.32　　　　　　　　　　　　　　　　　图题 4.33

4.34　电路如图题 4.33 所示，输入电压 $u_i = 10\sin\omega t(mV)$，则输出电压 u_O 为（　　）。

　　A. 正弦波　　　　　　B. 方波　　　　　　C. 三角波　　　　　　D. 锯齿波

4.35　电路如图题 4.35 所示，设运放电路双向稳压管 VD_Z 的稳定电压为 $\pm U_Z$，当 $u_i < u_R$ 时，u_O 为（　　）。

　　A. 零　　　　　　B. $+U_Z$　　　　　　C. $-U_Z$　　　　　　D. ∞

4.36　非正弦波振荡电路产生振荡的条件比较简单，只要反馈信号能使（　　）的状态发生变化，即能产生周期性的振荡。

　　A. 积分电路　　　　B. 比较电路　　　　C. 稳压电路　　　　D. 放大电路

4. 综合题

4.37　图题 4.37 所示电路为某同学连接的方波发生器电路，试找出图中的三个错误，并改正。

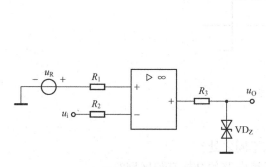

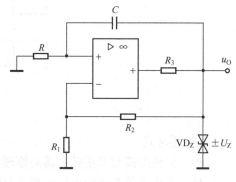

图题 4.35 图　　　　　　　　　　　　　　　　图题 4.37

4.38　某电压比较器的电路如图题4.38所示，试求：

（1）该电压比较器的阈值，并画出它的电压传输特性曲线；

（2）如果输入波形如图题4.38（b）所示，试画出电路输出电压的波形。

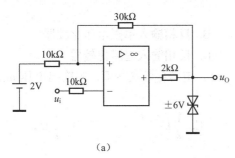

（a）

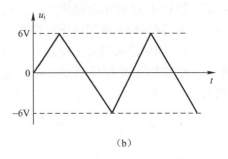

（b）

图题4.38

4.39　已知图题4.39（a）所示方框图各点的波形如图题4.39（b）所示，填写各电路的名称。电路1为_____，电路2为_____，电路3为_____，电路4为_____。

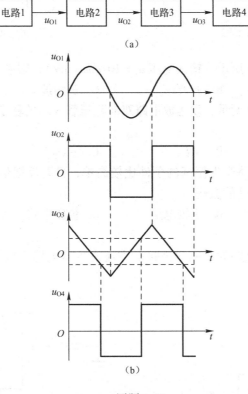

图题4.39

（二）思考题

4.40　正弦振荡与非正弦振荡的原理有什么不同之处？

4.41　集成运放构成的电压比较器与线性运算电路的结构有何区别？

单元5 直流电源

学习目标

1．知识目标

（1）熟悉直流稳压电源的组成及各组成部分的作用、特点。

（2）掌握单相半波、单相桥式整流电路工作原理和电容滤波电路的特点，根据电容的储能作用，理解电容滤波的特点、滤波电容的选择原则及输出电压的估算，理解稳压二极管并联稳压原理，了解限流电阻的选择方法。

（3）掌握串联稳压电源的工作原理、元件作用及输出电压范围。

（4）了解三端固定和可调输出集成稳压器件的封装、引脚、型号及性能特点，熟悉其基本应用。

（5）熟悉直流稳压电源的主要技术指标及调整测试方法。

（6）了解开关稳压电路的组成、工作特点。

2．能力目标

（1）掌握用理想二极管特性分析整流电路的方法，会选择整流二极管和滤波电容。

（2）掌握集成稳压器的使用方法，能够根据参数要求设计和制作线性直流稳压电源。

（3）能够组装测试直流稳压电源，具有基本电子工艺能力。

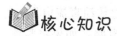核心知识

5.1 直流电源概述

在工业生产和科学实验中，很多场合采用交流电供电。但在各种电子产品设备和装置中，如家用电器、测量仪器、微控制器等，都要求提供稳定的直流电源，目前广泛采用的是半导体直流电源。

交流电压经过降压、整流、滤波、稳压四个环节即可获得稳定的直流电，直流稳压电源的组成框图如图5-1所示。

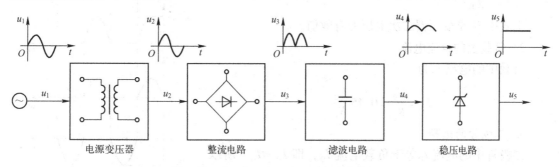

图5-1 直流稳压电源的组成框图

电源变压器：将交流电变换为符合整流需要的低交流电压。

整流电路：利用二极管的单向导电性，将交流电压转换为单向脉动直流电压。

滤波电路：滤除直流电压中的交流成分，使输出直流电压更平滑。

稳压电路：由于交流电源波动和负载变化，均导致输出直流电压发生变化。稳压电路就是将整流滤波后的直流电压稳定后供给负载，将上述因素的影响降到最小，以使电子设备正常工作。

5.2 整流电路

整流是将交流电转化成脉动直流电。整流电路是二极管的一个重要应用，它的目的是提供一个直流电源。

5.2.1 单相半波整流

单相半波整流电路由电源变压器 T、整流二极管 VD（设它为理想二极管）及负载组成，如图 5-2 所示。

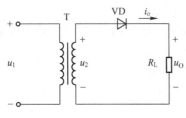

图 5-2 半波整流电路

1. 整流原理

设变压器二次侧的电压为 $u_2 = \sqrt{2}\,U_2 \sin\omega t$。

（1）当 u_2 为正半周时，二极管 VD 因承受正向电压而导通，流过二极管的电流 i_D 同时流过负载 R_L，即 $i_0 = i_D$，负载电阻上的电压 $u_0 = u_2$。

（2）当 u_2 为负半周时，二极管 VD 因承受反向电压而截止，$i_0 \approx 0$，因此输出电压 $u_0 \approx 0$。此时 u_2 全部加在二极管的两端，即二极管承受反向电压，$u_D \approx u_2$。

可见，二极管就像一个自动开关，u_2 为正半周时，自动把电源与负载接通，u_2 为负半周时，自动将电源与负载切断。因此，负载上得到的方向不变、大小变化的脉动直流电压 u_0 如图 5-3 所示。由于该电路只在 u_2 的正半周有输出，所以称为半波整流电路。如果将整流二极管的极性对调，可获得负极性的直流脉动电压。

2. 负载上的直流电压和电流

1）负载上的直流电压

半波整流电路输出电压的平均值 U_0 为

$$U_0 = \frac{1}{2\pi}\int \sqrt{2}\,U_2 \sin(\omega t)\,\mathrm{d}(\omega t) = \frac{\sqrt{2}}{\pi}U_2 = 0.45U_2$$

上式中 U_2 是变压器二次电压的有效值。

2）负载上的直流电流

负载中的电流 I_0 为

$$I_0 = \frac{U_0}{R_L} = 0.45\frac{U_2}{R_L}$$

3. 二极管的选择

二极管中的电流 I_D 等于负载电流 I_0，即 $I_D = I_0$，所以选择二极管时，二极管的最大正向电流 I_{FM} 应大于负载电流 I_0。

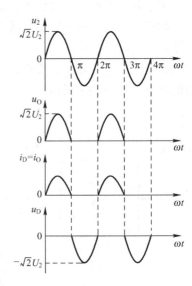

图 5-3 半波整流电路波形图

二极管中最高反向电压 U_{RM} 就是变压器二次电压 U_2 的最大值，即 $U_{RM} = \sqrt{2}\,U_2$。根据 I_{FM} 和 U_{RM} 的值，查阅半导体手册就可以选择到合适的二极管。表5-1为常用塑封整流二极管参数。

表5-1 常用塑封整流二极管参数

序号	型号	I_F/A	U_{RRM}/V	U_F/V	封装
1	1A1 – 1A7	1	50 ~ 1000	1.1	R – 1
2	1N4001 – 1N4007	1	50 ~ 1000	1.1	DO – 41
3	1N5391 – 1N5399	1.5	50 ~ 1000	1.1	DO – 15
4	2A01 – 2A07	2	50 ~ 1000	1.0	DO – 15
5	1N5400 – 1N5408	3	50 ~ 1000	0.95	DO – 201AD
6	6A05–6A10	6	50 ~ 1000	0.95	R – 6
7	TS750 – TS758	6	50 ~ 800	1.25	R – 6
8	RL10 – RL60	1 ~ 6	50 ~ 1000	1.0	—
9	2CZ81 – 2CZ87	0.05 ~ 3	50 ~ 1000	1.0	DO – 41
10	2CP21 – 2CP29	0.3	100 ~ 1000	1.0	DO – 41
11	2DZ14–2DZ15	0.5 ~ 1	200 ~ 1000	1.0	DO – 41
12	2DP3 – 2DP5	0.3 ~ 1	200 ~ 1000	1.0	DO – 41
13	BYW27	1	200 ~ 1300	1.0	DO – 41
14	DR202 – DR210	2	200 ~ 1000	1.0	DO – 15
15	BY251 – BY254	3	200 ~ 800	1.1	DO – 201AD
16	BY550 – 200 ~ 1000	5	200 ~ 1000	1.1	R – 5
17	PX10A02 – PX10A13	10	200 ~ 1300	1.1	PX
18	PX12A02 – PX12A13	12	200 ~ 1300	1.1	PX
19	PX15A02 – PX15A13	15	200 ~ 1300	1.1	PX
20	ERA15 – 02 ~ 13	1	200 ~ 1300	1.0	R – 1
21	ERB12 – 02 ~ 13	1	200 ~ 1300	1.0	DO – 15
22	ERC05 – 02 ~ 13	1.2	200 ~ 1300	1.0	DO – 15
23	ERC04 – 02 ~ 13	1.5	200 ~ 1300	1.0	DO – 15
24	ERD03 – 02 ~ 13	3	200 ~ 1300	1.0	DO – 201AD
25	EM1 – EM2	1 ~ 1.2	200 ~ 1000	0.97	DO – 15
26	RM1Z – RM1C	1	200 ~ 1000	0.95	DO – 15
27	RM2Z – RM2C	1.2	200 ~ 1000	0.95	DO – 15
28	RM11Z – RM11C	1.5	200 ~ 1000	0.95	DO – 15
29	RM3Z – RM3C	2.5	200 ~ 1000	0.97	DO – 201AD
30	RM4Z – RM4C	3	200 ~ 1000	0.97	DO – 201AD

例5-1 有一单相半波整流电路如图5-2所示，已知负载电阻 $R_L = 750\Omega$，变压器二次电压有效值 $U_2 = 20V$，试求 U_O，I_O 及 U_{RM}，并选择二极管。

解：

$$U_O = 0.45U_2 = 0.45 \times 20\text{V} = 9\text{V}$$

$$I_O = \frac{U_O}{R_L} = 0.45\frac{U_2}{R_L} = \frac{9}{750}\text{A} = 12\text{mA}$$

$$U_{RM} = \sqrt{2}U_2 = 20\sqrt{2}\text{V} = 28.8\text{V}$$

查表 5-1，几乎所有二极管都符合要求，根据市场上常见的型号，选用 1N4001（1A，50V）二极管即可满足要求。为了安全，二极管的反向工作峰值电压要选得比 U_{RM} 大一倍左右。

半波整流电路结构简单、使用元件少，但整流效率低，输出电压脉动大，因此，它只适用于要求不高的场合。

5.2.2 单相桥式整流

为了克服半波整流的缺点，常采用桥式整流电路，其原理电路和简化电路如图 5-4 所示。图中 $VD_1 \sim VD_4$ 四个整流二极管接成电桥形式，故称为桥式整流电路。

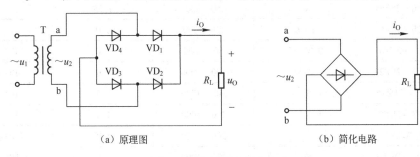

（a）原理图　　　　　　　　　　（b）简化电路

图 5-4　单相桥式整流电路

1. 整流原理

设变压器二次侧的电压为 $u_2 = \sqrt{2}U_2\sin\omega t$。

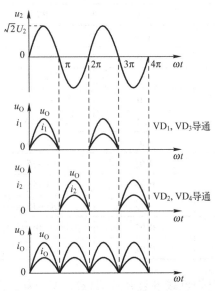

图 5-5　单相桥式整流电路波形图

（1）当 u_2 为正半周时，a 点电位最高，b 点电位最低，二极管 VD_1 和 VD_3 导通，VD_2 和 VD_4 截止，电流的通路是 a→VD_1→R_L→VD_3→b。

（2）当 u_2 为负半周时，b 点电位最高，a 点电位最低，二极管 VD_2 和 VD_4 导通，VD_1 和 VD_3 截止，电流的通路是 b→VD_2→R_L→VD_4→a。

可见，在 u_2 变化的一个周期内，负载 R_L 上始终流过自上而下的电流，其电压和电流的波形为全波脉动直流电压和电流，如图 5-5 所示。如果将四只整流二极管的极性对调，可获得负极性的直流脉动电压。

2. 负载上的直流电压和电流

1）负载上的直流电压

桥式整流电路输出电压的平均值为

$$U_O = \frac{1}{\pi}\int_0^{\pi}\sqrt{2}U_2\sin\omega t\,\text{d}(\omega t) = \frac{2\sqrt{2}}{\pi}U_2 = 0.9U_2$$

上式中 U_2 是变压器二次电压的有效值。

2）负载上的直流电流

$$I_O = \frac{U_O}{R_L}$$

3. 二极管的选择

（1）二极管的平均电流为

$$I_D = \frac{1}{2}I_O = \frac{1}{2}\frac{U_O}{R_L} = 0.45\frac{U_2}{R_L}$$

（2）二极管承受的反向峰值电压 U_{RM} 为

$$U_{RM} = \sqrt{2}\,U_2$$

所选的二极管参数必须满足

$$I_{FM} \geq I_D$$
$$U_R \geq U_{RM}$$

5.3　滤波电路

整流电路将交流电变为脉动直流电，但其中含有大量的交流成分（称为纹波电压）。为此需要将脉动直流中的交流成分滤除掉，这一过程称为滤波。

5.3.1　电容滤波

1. 电路组成

电容滤波原理如图 5-6（a）所示，在负载两端并联一个电容。由于电容器的容量较大，所以一般采用电解质电容器，电解质电容器具有极性，使用时其正极要接电路中的高电位端，负极接低电位端，若极性接反，电容器的容量将降低，甚至造成电容器爆裂损坏。将合适容量的电容器与负载电阻 R_L 并联，负载电阻上就能得到较为平直的输出电压，如图 5-6（b）所示。

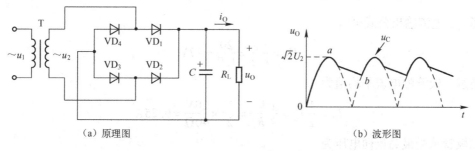

（a）原理图　　　　　　　　　　　　　（b）波形图

图 5-6　电容滤波电路

2. 工作原理

设电容两端初始电压为零，并假定在 $t=0$ 时接通电路。整流输出波形见虚线部分。

（1）当 u_2 由零上升时，VD_1、VD_3 导通，C 被充电，同时电流经 VD_1、VD_3 向负载供电，$u_O = u_C = u_2$。在 u_2 达到最大值时，u_C 也达到最大值，如图 5-6（b）中 a 点。

（2）当 u_2 下降，此时 $u_C > u_2$，VD_1、VD_3 截止，电容 C 向负载电阻 R_L 放电，由于放电时间常数 $\tau = R_L C$ 较大，电容电压 u_C 按指数规律缓慢下降。当 $u_O(u_C)$ 下降到图 5-6（b）中 b 点后，$|u_2| > u_C$，VD_2、VD_4 导通，电容 C 再次被充电，输出电压增大，以后重复上述充、放电过程，得到输出电压波形如图 5-6（b）的实线所示，它近似为一锯齿波直流电压。

可见，滤波电容的充放电作用，不仅使输出电压变得平滑、纹波显著减小，达到了滤波的目的，同时输出电压的平均值也增大了。

3. 电容的选择

为了获得良好的滤波效果，一般取

$$\tau = R_{\mathrm{L}}C \geqslant (3 \sim 5)\frac{T}{2}$$

上式中 T 为输入交流电压的周期。

对于全波或桥式整流电路而言，若电源频率为 $50\mathrm{Hz}$，则 $T = 0.02\mathrm{s}$，于是

$$R_{\mathrm{L}}C \geqslant (0.03 \sim 0.05)$$

$$C \geqslant \frac{(0.03 \sim 0.05)}{R_{\mathrm{L}}}$$

在满足电容量选择的条件下，电容器两端，也就是负载上的直流电压，可按下式估算。

$$\begin{cases} U_{\mathrm{L}} = U_2（半波） \\ U_{\mathrm{L}} = 1.2U_2（全波、桥式） \end{cases}$$

4. 电容滤波器特点

（1）输出电压平均值 U_0 的大小与滤波电容 C 及负载电阻 R_{L} 的大小有关，C 的容量或 R_{L} 的阻值越大，其放电速度越慢，输出电压 U_0 也越大，滤波效果越好。当 R_{L} 开路时，$U_0 = \sqrt{2}U_2$。

（2）在采用大容量滤波电容时，接通电源的瞬间充电电流特别大。电容滤波器结构简单，负载直流电压 U_{L} 较高，纹波也较小，但是输出特性较差，故适用于负载电压较高，负载变动不大的场合。

例 5-2 单相桥式整流电容滤波电路如图 5-6 所示，交流电源频率 $f = 50\mathrm{Hz}$，负载电阻 $R_{\mathrm{L}} = 40\Omega$，要求输出电压 $U_0 = 20\mathrm{V}$。试求变压器二次电压有效值 U_2，并选择二极管和滤波电容。

解：由整流输出公式可得

$$U_2 = \frac{U_0}{1.2} = \frac{20}{1.2} = 17\mathrm{V}$$

通过二极管的电流平均值为

$$I_{\mathrm{D}} = \frac{1}{2}I_0 = \frac{1}{2}\frac{U_0}{R_{\mathrm{L}}} = \frac{1}{2} \times \frac{20\mathrm{V}}{40\Omega} = 0.25\mathrm{A}$$

二极管承受最高反向电压为

$$U_{\mathrm{RM}} = \sqrt{2}U_2 = \sqrt{2} \times 17\mathrm{V} = 24\mathrm{V}$$

因此应选择 $I_{\mathrm{F}} \geqslant (2 \sim 3)I_{\mathrm{D}} = (0.5 \sim 0.75)\mathrm{A}$，$U_{\mathrm{FM}} > 24\mathrm{V}$ 的二极管，查手册可选四只 2CZ55C 二极管（参数：$I_{\mathrm{F}} = 1\mathrm{A}$，$U_{\mathrm{RM}} = 100\mathrm{V}$）或选用 $1\mathrm{A}$，$100\mathrm{V}$ 的整流桥。从表 5-1 中可看出 1N4001 ~ 1N4007 皆满足要求。

取 $R_{\mathrm{L}}C = 4 \times \frac{T}{2}$，因为 $T = 0.02\mathrm{s}$，所以

$$C = \frac{4 \times \dfrac{T}{2}}{R_{\mathrm{L}}} = \frac{4 \times 0.02}{2 \times 40} = 1000\mu\mathrm{F}$$

可选取 $1000\mu\mathrm{F}$ 耐压为 $50\mathrm{V}$ 的电解电容。

5.3.2 电感滤波

1. 电路组成

图 5-7（a）是一个电感滤波器，电感线圈 L 串接于整流电路与负载电阻 R_L 之间。利用电感上电流不能突变的特性实现滤波。

2. 工作原理

当通过电感线圈的电流增加时，线圈中产生的自感电动势方向与电流方向相反，限制了电流的增加，同时将一部分电能转变成磁场能量；当电流减小时，电感线圈放出储存的能量，自感电动势方向与电流方向相同，阻止电流的减小，从而使负载电流和电压的脉动减小，波形比较平滑，如图 5-7（b）所示。

一般情况下，电感值越大，滤波效果越好。但电感的体积变大、成本上升，且输出电压会下降，所以滤波电感常取几亨到几十亨。

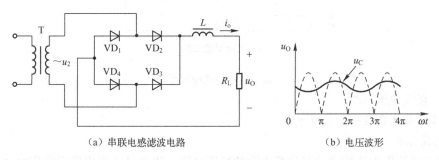

（a）串联电感滤波电路   （b）电压波形

图 5-7 电感滤波电路

3. 电感滤波器特点

由于自感电动势的作用使二极管的导通角比电容滤波电路中的大，流过二极管的峰值电流减小，外特性较好，带负载能力较强。电感滤波器输出电压平均值一般按经验公式计算

$$U_0 = 0.9 U_2$$

电感滤波电路主要用于电容滤波器难以胜任的大电流负载或负载经常变化的场合，在小功率电子设备中很少使用。

5.3.3 复式滤波器

1. L 型滤波器

为了减少输出电压的脉动程度，在滤波电容前串接一个铁芯电感 L，如图 5-8（a）所示。L 型滤波器带负载能力较强，输出电压比较稳定。同时由于滤波电容 C 接在电感 L 的后面，因此对整流二极管不产生浪涌电流冲击。

2. π 型滤波器

1）LC - π 型滤波器

图 5-8（b）为 LC - π 型滤波器。它的滤波效果好，但带负载能力差，对整流二极管存在浪涌电流冲击，适用于要求输出电压脉动小，负载电流不大的场合。

2）RC - π 型滤波器

图 5-8（c）为 RC - π 型滤波器。它成本低、体积小，滤波效果好。但由于电阻要消耗功率，所以电源的损耗功率较大，电源的效率降低，一般适用于输出电流小的场合。

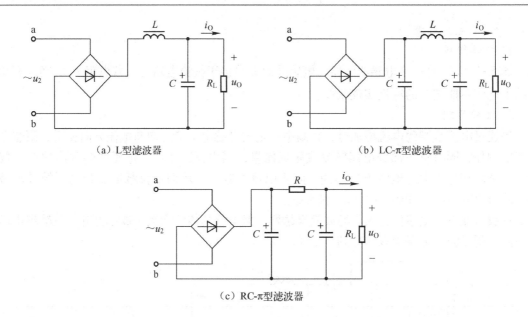

（a）L型滤波器 （b）LC-π型滤波器

（c）RC-π型滤波器

图5-8　复式滤波器

5.4　直流稳压电源

5.4.1　晶体管串联型稳压电路

1. 电路组成

采用三极管作为调整管并与负载串联的稳压电路，称为晶体管串联型稳压电路，调整管工作在线性放大状态时则称线性稳压器。串联型可调式稳压电源由取样环节、基准环节、比较放大环节和调整环节组成，如图5-9所示。

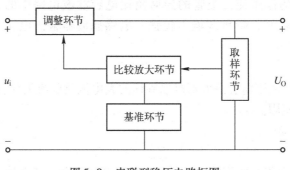

图5-9　串联型稳压电路框图

串联型稳压电路组成如图5-10所示。

（1）取样环节：由 R_1，R_2，RP组成，用来反映输出电压的变化，从输出电压中按一定比例取出部分电压作为集成运放 A 的反向输入电压 U_F。调节 RP 可以调整输出电压的大小。

（2）基准电压：由稳压管 VD_Z 和限流电阻 R_3 构成，为集成运放 A 的同相输入端提供基准电压 U_Z，作为调整、比较的标准。

（3）比较放大环节：集成运放 A 构成比较放大电路，用来对取样电压与基准电压的差值进行放大。

（4）调整环节：由功率三极管 VT_1 组成，它与负载 R_L 串联。调整管 VT_1 相当于一个可

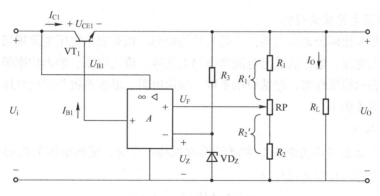

图 5-10　串联型稳压电路

变电阻，比较放大电路的输出信号控制调整管 VT_1 的不同工作状态，以自动调节来调整管 VT_1 的管压降 U_{CE1}，利用 $U_0 = U_i - U_{CE}$，达到稳定输出电压的目的。

2. 稳压原理

当输入电压或负载变化时，输出电压 U_0 将会跟随变化，如 U_0 增大，则电路的稳压过程如下：

$$U_0 \uparrow \longrightarrow U_F \uparrow \longrightarrow U_{B1} \downarrow \longrightarrow I_{B1} \downarrow \longrightarrow U_{CE1} \uparrow$$
$$U_0 \downarrow \longleftarrow$$

可见，这是一个有很强电压串联负反馈的自动调节过程，实际上是输出电压 U_0 增大的趋势引起强烈负反馈，从而牵制了输出电压 U_0 的继续增大，达到稳定输出电压的目的。如果放大管的放大倍数足够大，只要输出电压发生微小的变化，即可以使调整管的 U_{CE} 立即产生调整作用，也就是说，放大环节的放大倍数越大，输出电压的稳定度就越高。

同理，当输出电压 U_0 因故减小，则发生相反的过程，导致调整管的 U_{CE1} 减小来维持输出电压 U_0 的稳定。

3. 输出电压调节范围

根据运放的"虚短"概念，可知

$$U_F = \frac{U_0}{R_1 + R_2 + R_{RP}} R_2'$$

上式中 R_2' 为电位器滑动触点下半部分的电阻值，所以有

$$U_0 \approx \frac{U_Z}{R_2'}(R_1 + R_2 + R_{RP})$$

当 R_{RP} 调至最上端时，得到输出电压的最小值，即

$$U_{0min} \approx \left(1 + \frac{R_1}{R_2 + R_{RP}}\right) U_Z$$

当 R_{RP} 调至最下端时，得到输出电压的最大值，即

$$U_{0max} \approx \left(1 + \frac{R_1 + R_{RP}}{R_2}\right) U_Z$$

因此，输出电压的有限调节范围为 $U_{0min} \sim U_{0max}$，其最小值不能调到零，最大值不能调到输入电压。

5.4.2　稳压电源质量指标

稳压电源技术指标分为两大类：一类为特性指标，用来表示稳压电源规格，包括允许的输入电流和输入电压、电路的输出电流和输出电压等，输入电压、输出功率等；另一类为质量指标，用来表示稳压性能，包括稳压系数、输出电阻、温度系数及纹波电压等。这些质量指标的含义可简述如下。

1. 稳压系数 S_r

稳压系数 S_r 是指当负载电流 I_L 和环境温度保持不变时，输出电压的相对变化与输入电压的相对变化之比，其定义可写为

$$S_r = \frac{\Delta U_0 / U_0}{\Delta U_i / U_i}\bigg|_{\substack{\Delta I_L = 0 \\ \Delta T = 0}}$$

上式中 U_i 为稳压电源输入直流电压，即整流滤波电路的输出电压，其数值可近似认为与交流电压成正比。在相同的输入电压变化和负载电流变化下，S_r 愈小，电路的输出电压 U_0 的波动愈小，输出电压的稳定性愈好。

另外，输出电压变化量与输入电压变化量之比称为输入调整因素，用来反映稳压电源性能的指标，即

$$S_V = \frac{\Delta U_0}{\Delta U_i}\bigg|_{\substack{\Delta I_L = 0 \\ \Delta T = 0}}$$

近年来，有些生产厂规定了输入电压变化范围下的输出电压的变化量 ΔU_0（mV），称为线性调整率（如集成三端稳压电路）。

2. 输出电阻

输出电阻 R_0 是指当输入电压 U_i 及环境温度不变时，由于负载电流 I_L 的变化所引起的 U_0 变化，即

$$R_0 = \frac{\Delta U_0}{\Delta I_L}\bigg|_{\substack{\Delta U_i = 0 \\ \Delta T = 0}}$$

可见，R_0 愈小，则当负载变化时，输出电压 U_0 的波动愈小。一般 $R_0 < 1\Omega$。

3. 负载特性 S_I

负载特性是指稳压电路在输入电压不变的条件下，输出电压的相对变化量与负载电流变化量之比，即

$$S_I = \frac{\dfrac{\Delta U_0}{U_0}}{\Delta I_L}\bigg|_{\Delta U_i = 0}$$

负载特性调整率反映了负载变化对输出电压稳定性的影响。有些生产厂家用 I_L 从零变化到最大时的 ΔU_0 来表示，称为电流调整率。

4. 纹波电压

纹波电压是指稳压电路输出端叠加在直流电压上的交流分量。经过整流、滤波和稳压，仍然会有一些交流分量输出，用交流毫伏表或示波器可以看到。纹波电压的大小，与整流、滤波效果有关，还与稳压系数 γ 有关。稳压系数小的稳压电源，其输出波纹电压一般也小。

5.5　集成稳压电源

5.5.1　概述

集成稳压电源属于模拟集成电路的范畴，它将调整环节，基准环节、比较放大环节、启动单元和保护环节等都做在一块硅片上，成为一个组件。由于调整管与负载串联，且调整管工作在线性区域，故亦称线性集成稳压电路。目前，集成稳压电路已获得了广泛使用。

集成稳压器的型号很多，按结构形式可分为串联型、并联型和开关型，按输出电压类型可分为固定式和可调式。集成稳压器的型号和引脚排列见表 5-2。

表 5-2　集成稳压器的型号和引脚排列意义

固定式	C	W	78	L	XX
	国标	稳压器	产品序号：78 输出正电压，79 输出负电压	输出电流：L 为 0.1A，M 为 0.5A，无字母为 1.5A	数字表示输出电压值
可调式	C	W	1	17	L
	国标	稳压器	产品序号：1 为军工，2 为工业、半军工，3 为一般民用	产品序号：17 输出正电压，37 输出负电压	输出电流：L 为 0.1A，M 为 0.5A，无字母为 1.5A

5.5.2　三端式固定输出集成稳压器

1. 认识三端式固定输出集成稳压器

三端式集成稳压器以小功率的串联型稳压器应用最为普遍，三端是指集成稳压器只有输入、接地、输出三个端子。

从表 5-2 可以看出，三端固定输出集成稳压器有正电压输出的 CW78XX 系列和负电压输出的 CW79XX 系列，型号最后两位数字是输出电压值，有 5V，6V，8V，12V，15V，18V，24V 共 7 种型号。如 7805 的三端固定输出集成稳压器的输出电压为 +5V，7905 的三端固定输出集成稳压器的输出电压为 -5V。图 5-11 是 7805 和 7905 的实物图。

CW78XX 系列和 CW79XX 系列三端式固定输出集成稳压器的外形及引脚排列如图 5-12 所示。两者外形相同，但引脚排列不同。这两种系列是按固定输出设计的，但在使用上却十分灵活，可接成可调式稳压器，来提高输出电压，扩展输出电流，使制作高可靠性稳压电源成为可能并开辟了新的领域。

(a) 7805　　　(b) 7905

图 5-11　三端式固定输出集成稳压器实物图

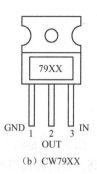

(a) CW78XX系列　　　(b) CW79XX

图 5-12　三端式固定输出稳压器的外形及引脚图

2. 输出固定稳压电路

图5-13为三端式固定输出集成稳压器的典型应用电路。1，3端为输入端，2，3端为输出端，电容 C_1 为输入滤波电容，以旁路高频干扰信号，同时抵消输入端因接线较长而产生的电感效应。电容 C_2 用来改善负载的瞬态响应，减小高频噪声，C_1，C_2 一般都小于 $1\mu F$，C_3 是电解电容，减小输出端由输入电源引入的低频干扰。整流滤波后的输入电压必须小于器件允许的最大输入电压（35V），但也要比输出电压高 $2\sim3V$。VD 是保护二极管，当输入短路时，作为电容 C_3 的放电回路，防止 C_3 两端电压损坏集成稳压块内部调整管。

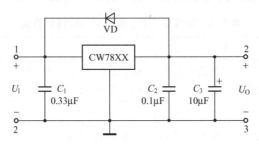

图5-13　三端式集成稳压器的典型接法

3. 输出电压可调的电路

三端稳压器输出电压可调的电路如图5-14所示。图中 I_Q 为稳压器的静态工作电流，一般为 5mA，最大可达 8mA；U_{XX} 为稳压器的标称输出电压，要求 $I_1 \geqslant 5I_Q$。此时，这个稳压电路的输出电压 U_0 为

$$U_0 = U_{XX} + (I_1 + I_Q)R_2 = U_{XX} + \left(\frac{U_{XX}}{R_1} + I_Q\right)R_2 = \left(1 + \frac{R_2}{R_1}\right)U_{XX} + I_Q R_2$$

若忽略 I_Q 的影响，则

$$U_0 \approx \left(1 + \frac{R_2}{R_1}\right)U_{XX}$$

可见，只要适当选择 R_1 与 R_2 的比值，就可调节输出电压 U_0 的值。该电路的缺点是：当稳压器输入电压变化时，I_Q 也发生变化，影响稳压器的稳压精度，当 R_2 较大时尤其如此。

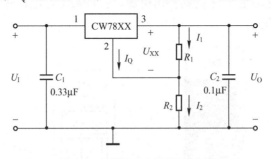

图5-14　输出电压可调的电路

图5-15是用 CW7805 和 F007 组成的 $7\sim30V$ 可调试稳压器。由于集成运放的输入阻抗很高，输出阻抗很低，用它做成电压跟随器克服了稳压器静态工作电流 I_Q 变化对稳压性能的影响。其输出电压为

$$U_0 \approx \left(1 + \frac{R_2}{R_1}\right) U_{XX} \quad （此时 U_{XX} = 5V）$$

而稳压精度却得到了提高。

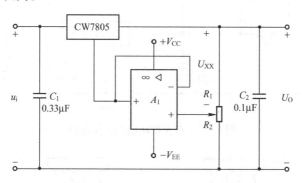

图 5-15　7～30V 可调试稳压电源

4. 集成稳压器扩流输出

78XX 系列的三端稳压器最大输出电流为 1.5A，当负载电流大于三端可调集成稳压器标称电流值时，可用扩流的办法来解决。图 5-16 是经典的 78XX 系列扩流电路。TIP42 是 PNP 型达林顿功率管，最大集电极电流可达 6A。

当负载较轻时，VT_1 处于截止状态，此时负载电流主要由稳压器提供，有 $I_0 \approx I_{XX}$。

当负载加重时，I_0 增加导致 I_R 也增加，VT_1 的偏置电压 $U_{EB} = I_R R$ 随之增加，使 VT_1 导通，用 I_C 来补充 I_0，实现了扩流功能（由 TIP42 的手册可知：U_{EB} 最大值为 2V，正常导通时取 1V）。

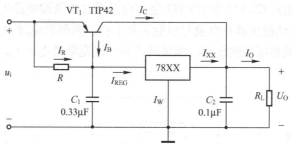

图 5-16　扩大输出电流的稳压电路

78XX 本身有过流和温度保护，但是扩流三极管 TIP42 没有加保护电路，当电路过载或短路时，会造成扩流三极管的损坏。图 5-17 在图 5-16 的基础上添加了保护环节。当电路过载或短路时，$I_C R_S$ 值增大，VT_2 导通，$U_{EB1} \downarrow = U_{EC2} - I_C R_S \uparrow$，从而限制了 VT_1 管的电流。

5.5.3　三端可调输出集成稳压器

1. 认识三端可调输出集成稳压器

三端可调输出集成稳压器是指输出电压可调节的稳压器，不仅输出电压可调，且稳压性能优于固定式。该集成稳压器也分为正、负电压稳压器，正电压稳压器为 CW117 系列（有 CW117，CW217，CW317），负电压稳压器为 CW137 系列（有 CW137，CW237，CW337）。其内部结构与三端固定式稳压电路相似，其外形和引脚图如图 5-18 所示。在输出端和调整端之间有 $U_{REF} = 1.25V$ 的基准电压，从调整端流出电流 $I_{ADJ} = 50\mu A$。

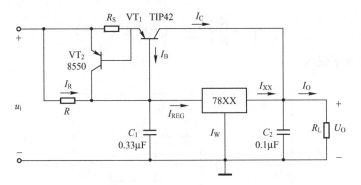

图 5-17　有保护功能的扩流电路

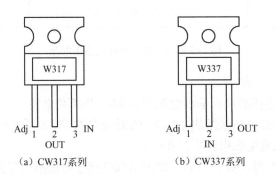

（a）CW317系列　　　　　　　（b）CW337系列

图 5-18　三端可调输出稳压器的外形及引脚图

2. 基本应用电路

三端可调集成稳压器 CW317 和 CW337 是一种悬浮式串联调整稳压器，典型应用电路如图 5-19 所示。为了保证稳压器在空载时也能正常工作，则要求流过 R_1 的电流不能太小，一般不小于 5mA，由集成稳压器输出端与调整端之间的固定参考电压 $U_{REF} = 1.25V$ 可知，R_1 一般取值 120 ~ 240Ω。

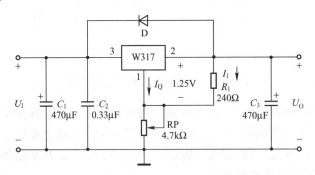

图 5-19　可调直流稳压电路

电路负载电流可达 1.5A，由于调整端的输出电流非常小（50μA）且恒定，故可将其忽略，那么输出电压可用下式表示：

$$U_0 \approx 1.25 \left(1 + \frac{R_{RP}}{R_1} \right) V$$

调节 RP 可改变输出电压的大小。

应用案例

1. 单组电源输出电路

图 5-20 是单组输出直流 12V 电源电路，是某电视机的电源电路图，这种电源体积小、外围元件少、性能稳定可靠、使用调整方便。在图中，电源变压器次级为 15V，C_1 为滤波电容，并将 CW7812 的输入电压提升至 18V。C_2 的作用为旁路高频干扰信号，C_3 的作用是改善负载瞬态响应，减小高频噪声。

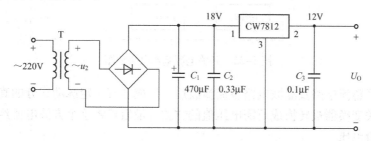

图 5-20　单组直流 12V 电源电路

2. 双组对称稳压输出

集成运放在电子技术中有着广泛的应用，在很多场合都是正负对称双电源供电，图 5-21 采用 CW7800 系列和 CW7900 系列各一块，实现正负对称的两组电源。

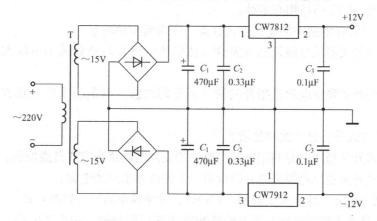

图 5-21　正负对称输出稳压电路

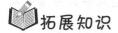拓展知识

5.6　开关型稳压电源

5.6.1　概述

1. 开关稳压电源特点及基本组成

传统的线性串联型稳压电源，其调整管连续地工作在线性放大状态，线性稳压电源的缺点：效率低，仅为 40%～60%，为解决散热问题，须安装体积较大的散热器。开关稳压电源，其调整管断续地工作在导通和截止状态。开关型稳压电源效率可达 80%～95%，还具有稳压范围宽、稳压精度高、对电网要求不高、体积小、重量轻等优点，是一种较理想的稳压电源。正因为如此，开关式稳压电源已广泛应用于各种电子设备中。

开关式稳压电源的基本电路框图如图 5-22 所示。

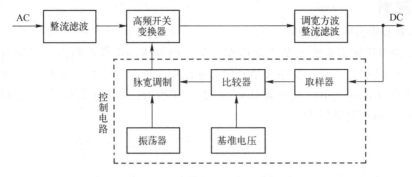

图 5-22　开关电源基本电路框图

交流电压经整流电路及滤波电路整流滤波后，变成含有一定脉动成分的直流电压，该电压进入高频开关变换器被转换成所需电压值的方波，最后再将这个方波电压经整流滤波变换为所需要的直流电压。

控制电路为一脉冲宽度调制器，它主要由取样器、比较器、振荡器、脉宽调制及基准电压等电路构成。这部分电路目前已集成化，制成了各种开关电源用集成电路。控制电路用来调整高频开关元件的开关时间比例，以达到稳定输出电压的目的。

2. 开关稳压电源分类

开关稳压电源的电路结构有多种。

1）根据开关管在电路中的连接方式分类：串联型和并联型

（1）串联型开关稳压电源是指开关管（或储能电感）与负载采用串联方式连接的一种电源电路。

（2）并联型开关稳压电源是指开关管（或储能电感）与负载采用并联方式连接的一种电源电路。

2）按驱动方式分：自激式和他激式

（1）自激式开关稳压电源利用电源电路中的正反馈电路来完成自激振荡，启动电源。

（2）他激式开关稳压电源电路专门设有一个振荡器来启动电源。

3）按控制方式分：脉冲宽度调制（PWM）、脉冲频率调制（PFM）式

（1）PWM 是指由控制电路对开关的脉冲宽度进行调制的一种稳压电路。在实际的应用中，调宽式使用得较多，在目前开发和使用的开关电源集成电路中，绝大多数为脉宽调制型。

（2）PFM 是指由控制电路对开关的脉冲频率进行调制的一种稳压电路。

4）按 DC/DC 变换器的工作方式分类

（1）非隔离型：Buck 型、Boost 型、Buck – Boost 型和 Cuk 型等。

① Buck 型——降压型，指输出平均电压小于输入电压，极性相同。

② Boost 型——升压型，指输出平均电压大于输入电压，极性相同。

③ Buck – Boost 型指输出平均电压大于或小于输入电压，极性相反，电感传输。

④ Cuk 型指输出平均电压大于或小于输入电压，极性相反，电容传输。

（2）隔离型：正激电路、反激电路、半桥电路、全桥电路、推挽电路。

5）按使用的器件种类不同分类

可分为：由分立元器件组成的开关稳压电源和由集成电路组成的开关稳压电源。

以上这些方式的组合可构成多种方式的开关稳压电源。因此设计者须根据各种方式的特征进行有效组合，制作出满足需要的高质量开关稳压电源。下面对串联型和并联型开关稳压电源加以介绍。

5.6.2 开关稳压电源的工作原理

1. 串联型开关稳压电源的工作原理

串联型开关稳压电源输出电压总小于输入电压，又叫降压型开关稳压电源。其结构框图如图 5-23 所示，基准电压电路输出稳定的电压，取样电压 u_F 与基准电压 U_{REF} 之差，经 A_1 放大后，作为由 A_2 组成的电压比较器的阈值电压 u_A，与三角波发生电路的输出电压相比较，得到控制信号 u_B，控制调整管的工作状态。

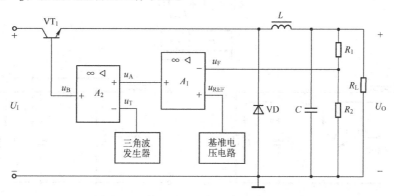

图 5-23　串联开关稳压电源结构框图

当 U_O 升高时，取样电压会同时增大，并作用于比较放大电路的反相输入端，与同相输入端的基准电压进行比较放大，使放大电路的输出电压减小，经电压比较器使 u_B 的占空比变小，因此输出电压随之减小，调节结果使 U_O 基本不变。

当 U_O 减小时，与上述变化相反。

图 5-24 所示为三角波和控制脉冲的波形。当 $U_F < U_{REF}$ 时，占空比大于 50%；当 $U_F > U_{REF}$ 时，占空比小于 50%；因而改变 R_1 与 R_2 的比值，可以改变输出电压的数值。

设开关接通的持续时间为 T_{on}，开关断开的持续时间为 T_{off}，开关转换周期为 $T = T_{on} + T_{off}$，则输出电压的平均值 U_O 为

$$U_O = \frac{T_{on}}{T} U_I = \delta U_I$$

式中 δ 为脉冲占空系数，它等于 t_{on}/T，由此可见，改变占空系数 δ 值，就可以调节输出电压平均值的大小。由于负载电阻变化时影响 LC 滤波电路的滤波效果，因而开关稳压电路不适用于负载变化较大的场合。

2. 并联型开关稳压电源的工作原理

并联开关稳压电源输出电压总大于输入电压，又叫升压型开关稳压电源。其结构原理图如图 5-25 所示。

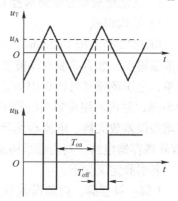

图 5-24　三角波与控制脉冲的波形

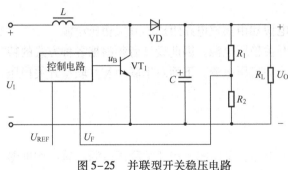

图 5-25　并联型开关稳压电路

当开关管 VT_1 导通时，电感 L 储存能量，其储存电压大小为 $t_{on}U_I$。当开关管 VT_1 截止时，电感 L 感应出左负右正的电压，该电压叠加在输入电压上，经二极管 VD 向负载供电，使总输入电压为$(t_{on} + t_{off})U_I$，从而大于输入电压，形成升压式开关电源。其具体工作过程如图 5-26 所示。由此得输出电压方程

$$t_{off}U_O = (t_{on} + t_{off})U_I$$

所以输出电压为

$$U_O = \left(1 + \frac{t_{on}}{t_{off}}\right)U_I$$

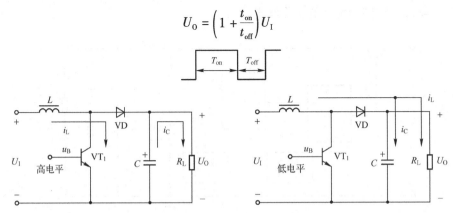

图 5-26　并联开关稳压电源工作过程示意图

5.6.3　集成开关稳压器的应用

开关电源被誉为高效节能电源，它代表着稳压电源的发展方向，现已成为稳压电源的主流产品。近 20 多年来，集成开关电源沿着下述两个方向不断发展。第一个方向是对开关电源的核心单元——控制电路实现集成化，如单片脉宽调制式开关电源，通过输出 PWM 来控制开关功率管的占空比，以达到稳定输出电压的目的。第二个方向则是对中、小功率开关电源实现单片集成化。其特点是将脉宽调制器、基准电压源、误差放大器、开关功率管（内接）、软启动电路、功率输出级、保护电路等集成在一个芯片中，下面介绍两款单片集成开关稳压器的应用。

1. 电流控制型脉宽调制器 UC3842

1）结构组成

UC3842 是美国 Unitorde 公司生产的一种性能优良的电流控制型脉宽调制芯片。该调制器单端输出，能直接驱动双极型的功率管或场效应管。其主要优点是引脚数量少，外围电路简单，电压调整率可达 0.01%，工作频率高达 500kHz，启动电流小于 1mA，正常工作电流为 5mA，并可利用高频变压器实现与电网的隔离。该芯片集成了振荡器、具有温度补偿的高增益误差放大器、电流检测比较器、图腾柱输出电路、输入和基准欠电压锁定电路以及 PWM 锁存器电路。其内部结构及基本外围电路如图 5-27 所示。

各引脚定义如下。

1 脚：补偿脚，内部误差放大器的输出端，外接阻容元件以确定误差放大器的增益和频响。

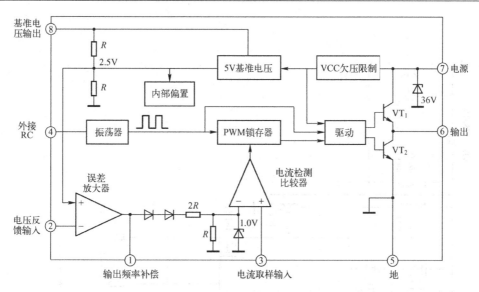

图 5-27　UC3842 的内部结构及基本外围电路

2 脚：反馈脚，将采样电压加到误差放大器的反相输入端，再与同相输入端的基准电压进行比较，产生误差电压，控制脉冲的宽度。

3 脚：电流传感端，在功率管的源极串接一个小阻值的采样电阻，构成过流保护电路。当电源电压异常时，功率管的电流增大，当采样电阻上的电压超过 1V 时，UC3842 就停止输出，有效地保护了功率管。

4 脚：振荡端，锯齿振荡器外部定时电阻 R 与定时电容 C 的公共端。

5 脚：接地端。

6 脚：图腾柱式输出电压，当上面的三极管截止的时候，下面的三极管导通，为功率管关断时提供了低阻抗的反向抽取电流回路，加速了功率管的关断。

7 脚：输入电压，开关电源启动的时候需要在该引脚加一个不低于 16V 的电压，芯片工作后，输入电压可以在 10～30V 之间波动，低于 10V 时停止工作。

8 脚：基准端，内部 5.0V 的基准电压输出，电流可达 50mA。

2）工作原理

电路上电时，外接的启动电路通过引脚 7 提供芯片需要的启动电压。在启动电源的作用下，芯片开始工作，脉冲宽度调制电路产生的脉冲信号经 6 脚输出驱动外接的开关功率管工作。功率管工作产生的信号经取样电路转换为低压直流信号反馈到 3 脚，维护系统的正常工作。电路正常工作后，取样电路反馈的低压直流信号经 2 脚送到内部的误差比较放大器，与内部的基准电压进行比较，产生的误差信号送到脉宽调制电路，完成脉冲宽度的调制，从而达到稳定输出电压的目的。如果输出电压由于某种原因变高，则 2 脚的取样电压也变高，脉宽调制电路会使输出脉冲的宽度变窄，则开关功率管的导通时间变短，输出电压变低，从而使输出电压稳定，反之亦然。锯齿波振荡电路产生周期性的锯齿波，其周期取决于 4 脚外接的 RC 网络。所产生的锯齿波送到脉冲宽度调制器，作为其工作周期，脉宽调制器输出的脉冲周期不变，而脉冲宽度则随反馈电压的大小而变化。

3）典型应用

UC3842 构成的开关电源电路如图 5-28 所示。

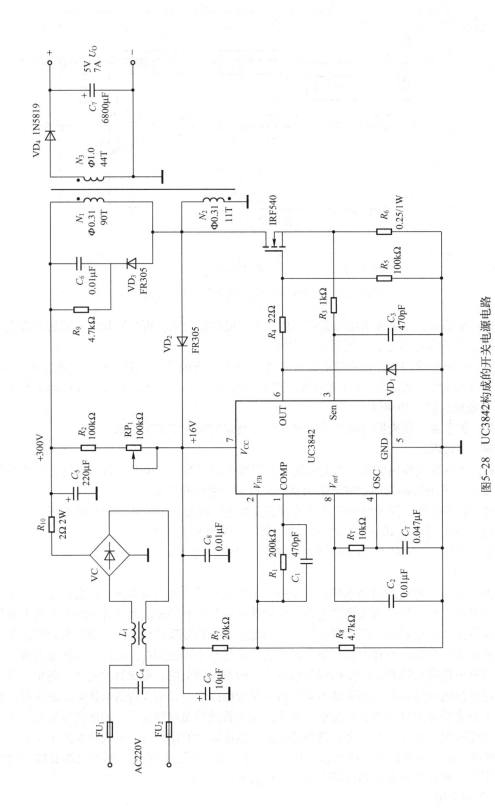

图5-28 UC3842构成的开关电源电路

由 UC3842 构成的开关电源电路如图 5-28 所示，T_1 为高频变压器。刚开机时，220V 交流电先通过 L_1 滤掉射频干扰，再经过整流滤波获得约 +300V 直流电压，然后经 R_2 降压后向 UC3842 提供 +16V 启动电压。R_{10} 是限流电阻，C_5 为滤波电容。正常工作后，自馈线圈 N_2 上的高频电压经过 VD_2，C_7 整流滤波，一方面作为 UC3842 的正常工作电压，另一方面经 R_7，R_8 分压加到误差放大器的反相输入端 2 脚，为 UC3842 提供负反馈电压，其规律是此脚电压越高，驱动脉冲的占空比越小，以此稳定输出电压。R_1，C_1 用以改善内部误差放大器的频率响应，R_T 和 C_T 决定了振荡频率。6 脚输出的方波信号经 R_4，R_5 分压后驱动 MOSFET 功率管，电阻 R_6 用于电流检测，经 R_3，C_3 滤波后送入 UC3842 的 3 脚形成电流反馈环，所以由 UC3842 构成的电源是双闭环控制系统，电压稳定度非常高，当 UC3842 的 3 脚电压高于 1V 时振荡器停振，保护功率管不至于过流而损坏。由 C_6，VD_3，R_9 构成尖峰吸收回路，用于吸收尖峰电压。VD_2 和 VD_3 选用快速恢复二极管 FR305。VD_4 为输出级的整流管，采用肖特基二极管 1N5819，以满足高频、大电流整流的需要。

当 NMOS 管导通时，初级线圈 N_1 电流线性增大，磁场增强，次级线圈中 VD_4 截止，由电容 C_7 向负载供电；此时，脉冲变压器原边回路中 VD_3 亦截止，N_1 这时起存储能量的作用。当 NMOS 管截止后，初级线圈电流减小，磁场减弱，次级线圈回路中 VD_4 导通，能量通过 VD_4 及 C_7 向负载释放，输出直流电压，部分能量由 VD_3 向电阻 R_9 和电容 C_6 释放。

2. 集成开关稳压器 LM2576

LM2576 系列是美国国家半导体公司生产的 3A 电流输出降压开关型集成稳压电路，它内含固定频率振荡器（52kHz）和基准稳压器（1.23V），并具有完善的保护电路（包括电流限制和热判断电路等），只需要极少外围器件便可构成高效稳压电路。

LM2576 系列包括 LM2576（最高输入电压为 40V）及 LM2576HV（最高输入电压为 60V）两个系列。各系列产品均提供有 3.3V（-3.3），5V（-5），12V（-12），15V（-15）及可调（-ADJ）等多个电压档次。图 5-29（a）所示是 LM2576 的实物图，能够输出 3A 的驱动电流，其外形采用 TO-220 封装，如图 5-29（b）所示。

各引脚功能如下。

1 脚：输入端（U_I），7~40V 的电源输入。

2 脚：输出端（U_O）。

3 脚：电源地（GND）。

4 脚：电压反馈输入端（FB）。

5 脚：状态控制端，输入低电平时 LM2576 正常工作，输入高电平时，LM2576 停止输出并进入低功耗状态。

LM2576 的基本应用电路如图 5-30 所示。

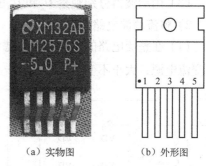

（a）实物图　　（b）外形图

图 5-29 LM2576 的实物与外形

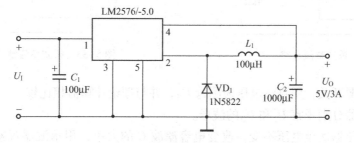

图 5-30 LM2576 应用电路

📖 **能力训练**

实训 5-1 整流滤波电路及稳压电路研究

1. 实训目的

（1）掌握单相桥式整流电路的应用。

（2）掌握电容滤波电路的特性。

（3）掌握稳压管的应用和测试方法。

2. 实训电路（见图 5-31）

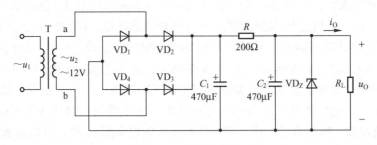

图 5-31 稳压电源电路

3. 实训内容与步骤

1）整流电路研究

（1）不加滤波电容，电路如图 5-32 所示，将实训台上低压交流电源（一般在 20V 以下）连到实训电路的输入端。

（2）打开电源开关，用直流电压表测量 U_0，并与理论计算值相比较。

（3）用示波器分别观察 U_2 和 U_0 的波形。

2）整流滤波电路研究

（1）在整流电路的基础上接上滤波电容，电路如图 5-33 所示。取 $C_1 = 470\mu F$，输入低压交流电源，大小不变。

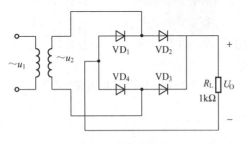

图 5-32 桥式整流电路

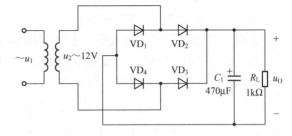

图 5-33 桥式整流滤波电路

（2）打开电源开关，用直流电压表测量 U_0，并与理论计算值相比较。

（3）用示波器分别观察 U_2 和 U_0 的波形。

（4）维持变压器次级电压不变，改变电容滤波 C 的大小，用示波器观察输出电压波形有何变化，并测量负载两端输出的电压值，将结果填入表 5-3 中。

表5-3 桥式整流滤波分析

改变电容参数	100μF	470μF	1000μF
输出电压 U_O/V			

3）稳压二极管稳压电路研究

（1）在π型滤波的基础上在负载两端并联一个稳压二极管1N4735，其稳压值为6.2V，观察电路的稳压性能，主要是改变输入电压和负载大小，如果没有自耦变压器，输入电压的改变就不方便。本实验通过改变负载阻值的大小来研究稳压电路的性能。按照图5-31接好电路。

（2）打开电源开关，用直流电压表测量稳压二极管两端的电压。

（3）将1kΩ电阻换成510Ω电阻+1k电位器串联，改变电位器的阻值，再测量稳压管两端电压，看稳压二极管两端电压变化情况，根据稳压二极管的工作原理说明上述现象。

4. 实训总结

根据对电路的测试结果进行分析讨论：

（1）根据测量输出电压与输入电压的值，运用相关理论，得出桥式整流电路输出电压平均值与输入电压的关系。

（2）为了获得良好的滤波效果，滤波电容与负载电阻的大小有什么要求？分析桥式整流滤波电路的参数条件。

（3）在稳压电路中，将电阻 R 短接还能稳压吗？对其有什么限制？

实训5-2 实用直流稳压电源组装与测试

1. 电路组装

图5-34是由三端可调输出集成稳压器LM317构成的直流稳压电源，其中LM317的输出电压在1.25~37V之间连续可调，最大输出电流可达1.5mA。要求：

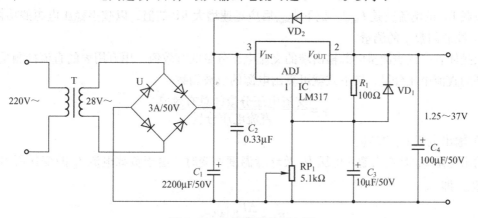

图5-34 实用直流稳压电源

（1）分析电路工作原理，输出电压的大小是否可调？电源的最大输出功率可以达到多大？

（2）根据要求选择电子元器件的参数及规格。

（3）在面包板上完成电路搭建或在万能板上焊接。

（4）经检查正确无误没有短路点后，在输入端接入交流电源，如输出端有直流电压，此时可以开始进行各项参数的测试。

元件清单见表5-4。

表5-4 元件清单表

编 号	名 称	型 号	数 量
R_1	电阻	100Ω	1
R_{P1}	电位器	5.1kΩ	1
C_1	电解电容	2200μF/50V	1
C_2	涤纶电容	0.33μF	1
C_3	电解电容	10μF/50V	1
C_4	电解电容	100μF/50V	1
VD_1	整流二极管	1N4002	2
U	桥堆或单个二极管	3A/50V 或 1N4007	1 或 4
IC	可调三端稳压器	LM317	1
T	电源变压器	28V	1

2. 直流稳压电源测试

1）输出电压可调范围的测量

调节图5-34中R_{P1}的大小，使其值为最大和最小，测出对应的输出电压U_{Omin}和U_{Omax}，则该稳压电源输出电压的可调范围为$U_{Omin} \sim U_{Omax}$。

2）最大输出电流的测量

调整RP_1使稳压电源的输出电压为15V，然后在稳压电源的输出端接电位器RP，RP的值应调到1kΩ以上，测出对应的U_O。然后逐渐减小RP的值，直到U_O的值下降5%，此时流经负载RP的电流就是I_{Omax}。记下I_{Omax}后应迅速增大RP的值，以减小稳压电源的功耗。

3）纹波因数γ的测量

用晶体管毫伏表测量电源输出端的交流电压分量的有效值，用万用表的直流挡测量电源输出端的直流电压分量，按下式就可算出电源的纹波因数。

$$\gamma = \frac{交流电压分量的总有效值}{直流电压分量}$$

4）输出电阻R_O的测量

输出电阻R_O是指当输入电压U_i及环境温度不变时，由于负载电流I_L的变化所引起的U_O变化，即

$$R_O = \frac{\Delta U_O}{\Delta I_L}\bigg|_{\substack{\Delta U_i = 0 \\ \Delta T = 0}}$$

调节负载电阻的大小，测量输出电压与输出电流的变化情况（注意，在负载电阻变化时，不要让负载电流超过集成稳压器的最大输出电流）。

5）电压调整率K_V的测试

电源不接负载，输入交流电压220V，将电源的输出电压调至一定值U_{O1}，然后再把输入

的交流电压调为 240V 或 180V 时，测出电源的输出电压 U_{O2}，则

$$K_V = \left| \frac{U_{O2} - U_{O1}}{U_{O1}} \right|$$

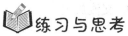 练习与思考

（一）练习题

1. 填空题

5.1 稳压电源按电压调整元件与负载 R_L 连接方式可分为_____型和_____型两大类。

5.2 带有放大环节的串联稳压电源主要由整流变压器、_____、滤波电路和_____四部分组成。

5.3 整流电路输出的是_____电压，CW7805 的输出电压为_____。

5.4 在采用 RC 滤波电路时，若 C 增大，则输出的直流电压 U_O_____。

5.5 一个半波整流电路的变压器副边电压为 15V，负载电阻为 1kΩ，流过二极管的平均电流为_____。

5.6 在电容滤波和电感滤波中，_____滤波适用于大电流负载，_____滤波的直流输出电压高。

5.7 开关电源由于工作频率_____，所以变压器和滤波元件的体积和重量_____。

2. 判断题

5.8 串联稳压可稳定输出电压，并联稳压能稳定输出电流。   （   ）

5.9 直流电源是一种能量转换电路，它将交流能量转换为直流能量。   （   ）

5.10 由集成稳压电路组成的稳压电源的输出电压是不可调节的。   （   ）

5.11 开关稳压电源通过调整脉冲的宽度来实现输出电压的稳定。   （   ）

5.12 整流电路可将正弦电压变为脉动的直流电压。   （   ）

5.13 电容滤波电路适用于小负载电流，而电感滤波电路适用于大负载电流。   （   ）

5.14 在单相桥式整流电容滤波电路中，若有一只整流管断开，输出电压平均值变为原来的一半。   （   ）

5.15 线性直流电源中的调整管工作在放大状态，开关型直流电源中的调整管工作在开关状态。   （   ）

5.16 当输入电压 U_I 和负载电流 I_L 变化时，稳压电路的输出电压是绝对不变的。

（   ）

3. 选择题

5.17 整流的目的是（   ）。

　　A. 将交流变为直流　　　　　　　　　　B. 将高频变为低频

　　C. 将正弦波变为方波　　　　　　　　　D. 将正弦波变为矩形波

5.18 二极管在单相桥式整流电路中，二极管承受的最大反向电压（   ）。

　　A. 等于 $2\sqrt{2}U_2$　　　　　　　　　　B. 小于 $\sqrt{2}U_2$

　　C. 大于 $\sqrt{2}U_2$，小于 $2\sqrt{2}U_2$　　　D. 等于 $\sqrt{2}U_2$

5.19 单相半波整流电路中，负载电阻 R_L 上平均电压等于（　　）。

    A. U_2　　　　　B. $0.45U_2$　　　　　C. $0.9U_2$　　　　　D. $1.2U_2$

5.20 一般来说，稳压电路属于（　　）电路。

    A. 负反馈自动调整　B. 负反馈放大　　C. 直流放大　　D. 交流放大

5.21 桥式整流电路在接入电容滤波后，输出电压（　　）。

    A. 降低　　　　　B. 升高　　　　　C. 保持不变　　　　D. 不确定

5.22 开关型直流电源比线性直流电源效率高的原因是（　　）。

    A. 调整管工作在开关状态　　　　　　B. 输出端有 LC 滤波电路

    C. 可以不用变压器　　　　　　　　D. 可以不用开关脉冲发生器

5.23 直流稳压电源中滤波电路的目的是（　　）。

    A. 将交流变为直流　　　　　　　　B. 将高频变为低频

    C. 将交流电变小　　　　　　　　　D. 将交、直流混合量中的交流成分滤掉

5.24 在脉宽调制式串联型开关稳压电路中，为使输出电压增大，对调整管基极控制信号的要求是（　　）。

    A. 周期不变，占空比增大

    B. 频率增大，占空比不变

    C. 在一个周期内，高电平时间不变，周期增大

    D. 在一个周期内，高电平时间不变，周期减小

4. 综合题

5.25 有 220V，M20W 电烙铁，其电源电路如图题 5.25 所示，试分析在以下几种情况下各属于何种供电电路？输出电压各为多大？哪种情况下烙铁温度最高？哪种情况下烙铁温度最低？为什么？

（1）S_1，S_2 均接通；

（2）S_2 接通，S_1 断开；

（3）S_1 接通，S_2 断开；

（4）S_1，S_2 均断开。

5.26 画出图题 5.26 所示桥式整流电路中负载电压 u_O 的波形。若二极管 VD_2 断开时，u_O 的波形如何？如果 VD_2 接反，结果如何？如果 VD_2 被短路，结果又如何？

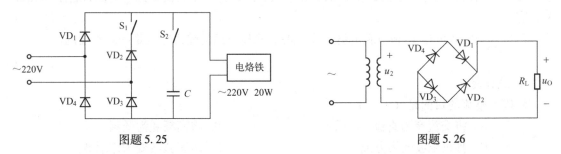

图题 5.25　　　　　　　　　　　　　　　　图题 5.26

5.27 分别判断图题 5.27 所示各电路能否作为滤波电路，简述理由。

5.28 电路如图题 5.28 所示，变压器副边电压有效值 $u_{21} = 50V$，$u_{22} = 20V$。试问：

（1）输出电压平均值 $U_{O1(AV)}$ 和 $U_{O2(AV)}$ 各为多少？

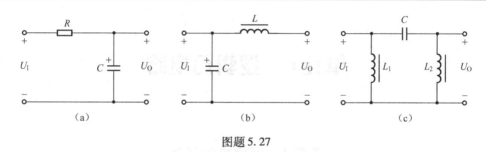

图题 5.27

（2）各二极管承受的最大反向电压为多少？

5.29　求出图题 5.29 所示电路输出电压的表达式。

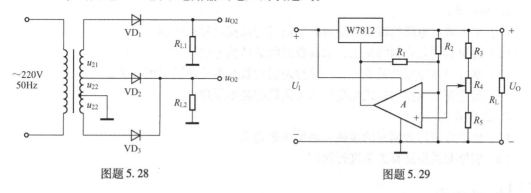

图题 5.28　　　　　　　　　　　　　图题 5.29

5.30　在图题 5.30 所示电路中，$R_1 = 240\Omega$，$R_2 = 3\text{k}\Omega$；W117 输入端和输出端电压允许范围为 $3 \sim 40\text{V}$，输出端和调整端之间的电压 U_R 为 1.25V。试求：

（1）输出电压的调节范围；

（2）输入电压的允许范围。

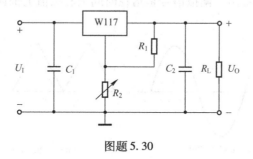

图题 5.30

（二）思考题

5.31　整流的目的是什么？列举常用整流电路的特点。

5.32　线性稳压电路和开关稳压电路最主要的区别是什么？

5.33　对于桥式整流电路，若出现一个二极管断路，电路能否正常工作？会有什么影响？若出现一个二极管短路，结果又怎样？

5.34　电容滤波和电感滤波各有何特点？各适合于什么场合？

5.35　三端集成稳压块是基于开关型的稳压芯片吗？

5.36　简述开关型稳压电源的优点。

单元 6　逻辑门电路

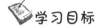学习目标

1. 知识目标
(1) 了解数字电路的特点，理解数字信号与模拟信号的区别。
(2) 理解数制和码制的概念，掌握数制间的转换方法。
(3) 掌握基本逻辑关系的定义，掌握逻辑代数基本定律的运用方法。
(4) 熟悉逻辑函数的公式化简和图形化简的基本原理。

2. 能力目标
(1) 能熟练进行数制间的转换和逻辑函数化简。
(2) 能够对逻辑运算关系进行测试。

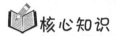核心知识

6.1　数字电路概述

6.1.1　数字电路的特点

在前面的章节中，我们介绍了模拟电路，模拟电路传输、处理的信号是模拟信号，如图 6-1 所示。从图中可以看出，模拟信号是指在时间上和数值上都连续变化的信号。

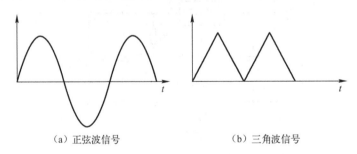

　　(a) 正弦波信号　　　　　　　　　(b) 三角波信号

图 6-1　模拟信号的形式

　　数字信号就是在时间上和幅度上都不连续的信号，一般称之为脉冲信号，如图 6-2 所示。用于传递和处理数字信号的电子电路称为数字电路。数字电路也称逻辑电路，主要研究电路输出信号和输入信号之间的逻辑关系。

　　在数字电路中，可以用 0 和 1 表示二进制数的大小，也可以表示两种不同逻辑状态。当表示数量大小时可以进行数值运算，即算术运算；当表示相互联系且相互对立的事件时，如开与关、亮与灭等，0 和 1 就不是数值了，而是逻辑 0 和逻辑 1，所以数字逻辑又称二值数字逻辑。

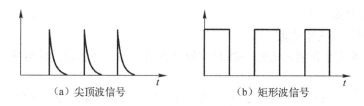

（a）尖顶波信号　　　　　　　　　（b）矩形波信号

图 6-2　数字信号的形式

6.1.2　数制与码制

1. 数制

1）数制的概念

所谓数制就是计数的方法。在生产实践中，人们创造了许多计数方法，如十进制、二进制、十六进制等。

十进制是人们最常用的计数体制，是以 10 为基数的计数体制，它采用 0～9 十个基本数码，任何一个十进制数都可以用上述十个数码按一定规律排列起来表示，其计数规律是"逢十进一"。其数值就是各位的位权乘以该位的系数相加之和，这种方法称为位置计数法。

例如，2305 可写为如图 6-3 所示的形式。

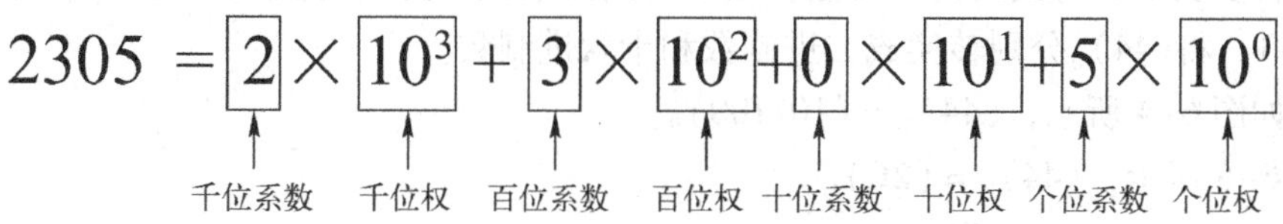

$$2305 = \boxed{2} \times \boxed{10^3} + \boxed{3} \times \boxed{10^2} + \boxed{0} \times \boxed{10^1} + \boxed{5} \times \boxed{10^0}$$

千位系数　千位权　百位系数　百位权　十位系数　十位权　个位系数　个位权

图 6-3　2305 的表示方法

数字电路中数的表示和运算广泛采用的是二进制，二进制的基数为 2，数码只有为 0 和 1，计数规律是"逢二进一"；十六进制数与二进制数之间转换方便，在某些场合人们也采用十六进制数来表示数的大小和运算。十六进制的基数为 16，数码有 0，1，2，3，4，5，6，7，8，9，A，B，C，D，E，F，共 16 个，计数规律是"逢十六进一"。

2）二进制数的优点

计算机系统中广泛采用二进制数进行运算和存储，其主要原因是二进制具有以下优点：

（1）技术上容易实现。用任何具有双稳态性质的元件表示二进制数 0 和 1 是很容易的事情。

（2）可靠性高。二进制中只使用 0 和 1 两个数字，传输和处理时不易出错，因而可以保障计算机具有很高的可靠性。

（3）运算规则简单。与十进制数相比，二进制数的运算规则要简单得多，这不仅可以使运算器的结构得到简化，而且有利于提高运算速度。

（4）与逻辑量相吻合。二进制数 0 和 1 正好与逻辑量"真"和"假"相对应，因此用二进制数表示二值逻辑显得十分自然。

（5）二进制数与十进制数之间的转换相当容易。人们使用计算机时可以仍然使用自己所习惯的十进制数，而计算机将其自动转换成二进制数存储和处理，输出处理结果时又将二进制数自动转换成十进制数，这给工作带来了极大的方便。

2. 数制间的转换

1）其他进制转换为十进制

其他进制转换为十进制的方法一律是加权系数展开法：即各位的位权乘以该位的系数相加之和。例如：

$$(1011.11)_2 = 1 \times 2^3 + 0 \times 2^2 + 1 \times 2^1 + 1 \times 2^0 + 1 \times 2^{-1} + 1 \times 2^{-2} = (11.75)_{10}$$

$$(7F)_{16} = 7 \times 16^1 + 15 \times 16^0 = (127)_{10}$$

其中下标 2 表示的是二进制，10 表示的是十进制，16 表示的是十六进制，以后大家还会看到二进制也有的用"B"表示，十进制用"D"表示，十六进制用"H"表示的。

2）十进制转换为其他进制

将十进制整数转换为二进制数、八进制数、十六进制数一般采用基数除法，也称除基取余法。转换步骤如下。

第一步，把给定的十进制数 $[N]_{10}$ 除以相应进制的基数，取出余数，即为最低位数的数码 K_0。

第二步，将前一步得到的商再除以相应进制的基数，再取得余数，即得次低位数的数码 K_1。

以下各步类推，直到商为 0 时止，最后得到的余数即为最高位数的数码 K_{n-1}。

例 6-1 将 $(44)_D$ 分别转换成二进制数和十六进制数。

解： 如图 6-4 所示，$(44)_D = (101100)_B$。

如图 6-5 所示，$(44)_D = (2C)_H$。

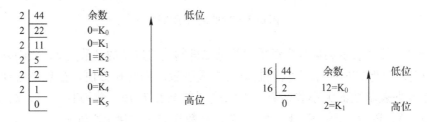

图 6-4　转换成二进制数　　　　　图 6-5　转换成十六进制数

3. 码制

码制是指用数字或字符进行的编码。数字系统中常用 0 和 1 组成的二进制数码来对数值、文字和符号进行编码，常用的编码有多种，这里只介绍二－十进制编码。

二－十进制编码是指用 4 位二进制数来表示 1 位十进制数的编码方式，简称 BCD 码。BCD 码有很多种形式，常用的有 8421 码、余 3 码、2421 码、5421 码等，见表 6-1。

表 6-1　常用 BCD 码

十进制数	8421 码	余 3 码	2421 码	5421 码
0	0000	0011	0000	0000
1	0001	0100	0001	0001
2	0010	0101	0010	0010
3	0011	0110	0011	0011

十进制数	8421 码	余 3 码	2421 码	5421 码
4	0100	0111	0100	0100
5	0101	1000	1011	1000
6	0110	1001	1100	1001
7	0111	1010	1101	1010
8	1000	1011	1110	1011
9	1001	1100	1111	1100
权	8421		2421	5421

（1）8421 码。

在 8421 码中，10 个十进制数字符号与自然二进制数一一对应，即用二进制数的 0000 ~ 1001 来分别表示十进制数的 0 ~ 9。8421 码是一种有权码，各位的权从左到右分别为 8，4，2，1，所以根据代码的组成便可知道代码所代表的值。8421 码与十进制数之间的转换只要直接按位转换即可。

（2）余 3BCD 码。余 3BCD 码由 8421BCD 码的每个码组加 0011 形成，余 3BCD 码的各位无固定的权，为无权码。

（3）2421BCD 码。2421BCD 码是有固定权的码，各位的权值分别为 2，4，2，1。

（4）5421BCD 码。5421BCD 码是有固定权的码，各位的权值分别为 5，4，2，1。

例 6-2 将 681.25 十进制数分别用 8421 码和 5421 码表示。

解：$(681.25)_D = (0110\ 1000\ 0001\ .\ 0010\ 0101)_{8421BCD}$

$(681.25)_D = (1001\ 1011\ 0001\ .\ 0010\ 1000)_{5421BCD}$

6.2 逻辑代数

逻辑代数是分析和研究逻辑电路的数学工具，是学习数字电路的基础。逻辑代数是按一定的逻辑规律进行运算的代数，和普通代数一样，也是用字母表示变量。逻辑代数所研究的内容是逻辑函数与逻辑变量之间的关系，逻辑变量的取值十分简单，只有 0 和 1 两种，所以，逻辑代数要比普通代数简单得多。

6.2.1 逻辑函数的概念

对于逻辑代数式 $Y = f(A, B, C, \cdots)$，我们称之为逻辑函数表达式。

其中，A，B，C，…是逻辑变量，逻辑变量只允许取两个不同的值，分别是逻辑 0 和逻辑 1。逻辑 0 和逻辑 1 不表示数量的大小，只表示事物两种不同的逻辑状态。Y 也是逻辑变量，它是由逻辑变量 A，B，C，…经过逻辑运算确定的，因此 Y 就是 A，B，C，…的逻辑函数。

6.2.2 基本逻辑运算

在逻辑电路中，基本的逻辑关系只有逻辑与、逻辑或和逻辑非三种，并且把实现这三种逻辑功能的电路，分别叫做与门、或门、非门。因此，在逻辑代数中，相应地也有三种基本运算，即与运算、或运算和非运算。

1. 与运算和与门

只有当决定一件事情结果的所有条件全部具备时，这个结果才会发生，这样的逻辑关系称为与逻辑。例如，在图6-6（a）所示的电路中，电源 E 通过两个串联开关 A 和 B 向灯 Y 供电，灯的亮或灭这两种状态完全取决于两个开关的状态，若把开关闭合作为条件，灯泡点亮作为结果，则只有 A，B 开关全闭合，灯泡才会点亮，这种逻辑事件就是与逻辑运算关系。

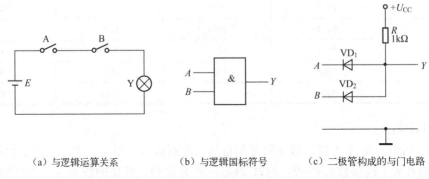

（a）与逻辑运算关系　　　（b）与逻辑国标符号　　　（c）二极管构成的与门电路

图6-6　与运算和与门电路

能够实现与逻辑运算的电路称为与逻辑门电路，简称门电路。图6-6（c）所示的是由二极管构成的与门电路。设 $U_{CC} = 5V$，A，B 输入端的高、低电平分别为 $U_{IH} = +3V$（代表逻辑1），$U_{IL} = 0V$（代表逻辑0），二极管视为一个开关。

当 A，B 中只要有一个是低电平，则必有一个二极管导通，设二极管 VD_1，VD_2 的导通压降为0V，使 Y 点电压钳制在低电压0V。

只有 A，B 同时为高电平 $+3V$ 时，二极管 VD_1，VD_2 均正向偏置而导通，Y 点电压为 $+3V$。显然，Y 和 A，B 之间是与逻辑关系。

通过对与门电路的分析可知，输入变量的取值不同，输出变量均有与其对应的逻辑值。我们把输入、输出变量所有相互对应的逻辑值列在一个表格内，这种表格称为逻辑函数真值表，简称真值表。它能清楚地表示事物的因果关系，具有二输入变量的与逻辑函数真值表见表6-2。

表6-2　与逻辑的真值表

A	B	Y
0	0	0
0	1	0
1	0	0
1	1	1

图6-6（b）是与逻辑的国标符号，与其对应的逻辑函数式为

$$Y = A \cdot B = AB$$

式中小圆点 · 表示 A，B 的与运算，与运算又叫逻辑乘，通常 · 可以省略。上式读做 "Y 等于 A 与 B"，或者 "Y 等于 A 乘 B"。由与运算的逻辑表达式 $Y = A \cdot B$ 和表6-2所示的真值表，可知与运算的规律是

$$0 \cdot 0 = 0, \ 0 \cdot 1 = 1, \ 1 \cdot 0 = 0, \ 1 \cdot 1 = 1$$

2. 或运算和或门

在决定一件事情结果的所有条件中，只要有一个或一个以上的条件具备，这个结果就会发生，这样的逻辑关系称为或逻辑。例如，在图 6-7（a）所示的电路中，电源 E 通过两个并联开关 A 和 B 向灯 Y 供电，灯的亮或灭这两种状态完全取决于两个开关的状态，若把开关闭合作为条件，灯泡点亮作为结果，则 A，B 两个开关任意一个闭合，灯泡都会点亮，这种逻辑事件就是或逻辑运算关系。

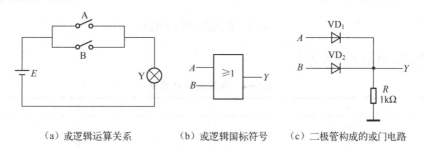

（a）或逻辑运算关系　　　（b）或逻辑国标符号　　　（c）二极管构成的或门电路

图 6-7　或运算和或门电路

图 6-7（c）所示的是由二极管构成的或门电路。若输入的高、低电平分别为 $U_{IH} = +3V$，$U_{IL} = 0V$，设二极管 D_1，D_2 的导通压降为 0V，则只要 A，B 当中有一个是高电平，输出就是 $+3V$。只有当 A，B 同时为低电平时，输出才是 0V。显然 Y 和 A，B 之间是或逻辑关系。

具有二输入变量的或逻辑函数真值表见表 6-3。

表 6-3　或逻辑的真值表

A	B	Y
0	0	0
0	1	1
1	0	1
1	1	1

图 6-7（b）是或逻辑的国标符号，与其对应的逻辑函数式为

$$Y = A + B$$

式中符号 + 表示 A，B 的或运算，或运算又叫逻辑加。上式读做"Y 等于 A 或 B"，或者"Y 等于 A 加 B"。由或运算的逻辑表达式 $Y = A + B$ 和表 6-3 所示的真值表，可知或运算的规律是

$$0 + 0 = 0, \ 0 + 1 = 1, \ 1 + 0 = 1, \ 1 + 1 = 1$$

3. 非运算和非门

在某一事件中，如果条件和结果的状态总是相反，则这样的逻辑关系称为非逻辑。非就是相反，就是否定。例如，在图 6-8（a）所示的电路中，电源、开关和灯泡三者并联，若把开关闭合作为条件，灯泡亮作为结果，显然，开关 A 闭合，灯泡不亮；开关 A 打开，灯泡亮，这种逻辑事件就是非逻辑运算关系。

图 6-8（c）是由三极管构成的非门电路，当输入为高电平时，晶体管 VT 饱和，输出为低电平；而输入为低电平时，VT 截止，输出为高电平。因此，输出与输入的电平之间是反相关系，称之为非门（亦称反相器）。

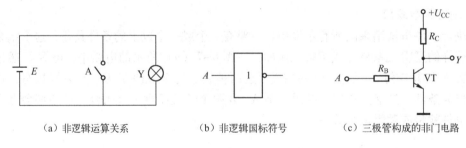

（a）非逻辑运算关系 　　　　　（b）非逻辑国标符号 　　　　　（c）三极管构成的非门电路

图 6-8　非运算和非门电路

非逻辑函数真值表见表 6-4。

表 6-4　非逻辑的真值表

A	Y
0	1
1	0

图 6-8（b）是非逻辑的国标符号，与其对应的逻辑函数式为

$$Y = \overline{A}$$

式中字母 A 上方的符号 ¯ 表示 A 的非运算或者反运算。上式读做"Y 等于 A 非"，或者"Y 等于 A 反"。显然，非运算的规律是

$$\overline{0} = 1,\ \overline{1} = 0$$

6.2.3　复合逻辑运算

除了与、或、非这三种基本逻辑运算之外，经常用到的还有由这三种基本运算构成的一些复合运算，它们是与非、或非、与或非、异或等运算，逻辑符号如图 6-9 所示。

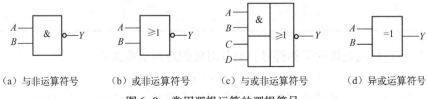

（a）与非运算符号 　　（b）或非运算符号 　　（c）与或非运算符号 　　（d）异或运算符号

图 6-9　常用逻辑运算的逻辑符号

（1）与非运算。与非运算的逻辑表达式为 $Y = \overline{A \cdot B}$，其规律是：变量全为 1，表达式为 0；只要有一个变量为 0，表达式为 1。

（2）或非运算。或非运算逻辑表达式为 $Y = \overline{A + B}$，其规律是：变量全为 0，表达式为 1；只要有一个变量为 1，表达式为 0。

（3）与或非运算。与或非运算的逻辑表达式为 $Y = \overline{AB + CD}$，其规律遵从与运算、或运算、非运算的规律，运算的先后顺序为：先与运算，其次或运算，最后非运算。

（4）异或运算。异或运算的逻辑表达式为 $Y = A\overline{B} + \overline{A}B = A \oplus B$，其规律是：$A$，$B$ 取值相同时，$Y = 0$；A，B 取值不同时，$Y = 1$。

6.2.4　逻辑代数的基本定律

根据逻辑变量的取值只有 0 和 1，以及逻辑变量的与、或、非三种运算法则，可推导出

逻辑运算的基本公式和定理，见表 6-5。基本定律反映了逻辑运算的一些基本规律，只有掌握了这些基本定律才能正确地分析和设计出逻辑电路。这些公式的证明，最直接的方法是列出等号两边函数的真值表，看看是否完全相同，也可利用已知的公式来证明其他公式。

表 6-5　逻辑代数基本定律

定律名称	定　　　律	
0–1 律	$A \cdot 0 = 0$	$A + 1 = 1$
自等律	$A \cdot 1 = A$	$A + 0 = A$
重叠律	$A \cdot A = A$	$A + A = A$
互补律	$A \cdot \overline{A} = 0$	$A + \overline{A} = 1$
非非律	$\overline{\overline{A}} = A$	
交换律	$A \cdot B = B \cdot A$	$A + B = B + A$
结合律	$A \cdot (B \cdot C) = (A \cdot B) \cdot C$	$A + (B + C) = (A + B) + C$
分配律	$A \cdot (B + C) = A \cdot B + A \cdot C$	$AB + C = (A + B) \cdot (A + C)$
反演律	$\overline{A \cdot B} = \overline{A} + \overline{B}$	$\overline{A + B} = \overline{A} \cdot \overline{B}$
还原律	$A \cdot B + A \cdot \overline{B} = A$	$(A + B) \cdot (A + \overline{B}) = A$
吸收律	$A + \overline{A} \cdot B = A + B$	$A \cdot (\overline{A} + B) = A \cdot B$
冗余律	$A \cdot B + \overline{A} \cdot C + B \cdot C = A \cdot B + \overline{A} \cdot C$	

例 6-3　试用真值表验证 $\overline{A \cdot B} = \overline{A} + \overline{B}$ 的正确性。

解：将变量 A 和 B 的所有取值代入等式两边，得出的真值表见表 6-6。

表 6-6　$\overline{A \cdot B}$ 和 $\overline{A} + \overline{B}$ 的真值表

$A\ \ B$	$\overline{A \cdot B}$	$\overline{A} + \overline{B}$
0　0	1	1
0　1	1	1
1　0	1	1
1　1	0	0

结果表明 $\overline{A \cdot B}$ 与 $\overline{A} + \overline{B}$ 相等，故等式成立。

例 6-4　证明等式 $\overline{A\,\overline{B} + \overline{A}B} = \overline{A}\,\overline{B} + AB$。

证明：由基本定律和基本公式

$$\overline{A\,\overline{B} + \overline{A}B} = \overline{A\,\overline{B}} \cdot \overline{\overline{A}B} \qquad \text{（反演律）}$$

$$= (\overline{A} + B)(A + \overline{B}) \qquad \text{（反演律）}$$

$$= A\overline{A} + \overline{A}\,\overline{B} + AB + B\overline{B} \qquad \text{（分配律）}$$

$$= \overline{A}\,\overline{B} + AB \qquad \text{（互补律）}$$

6.2.5　逻辑函数的表示方法

常用的逻辑函数表示方法有逻辑真值表、逻辑函数式、逻辑图等，它们之间可以相互转换，知道其中一种，就可以转换出其他几种。

例如，现有 3 个人表决一个方案，只要有两个或两个以上的人同意，该方案才能通过，现用几种方法来进行描述。

1. **真值表**

设 A, B, C 为自变量，1 表示同意，0 表示否决，Y 为因变量，1 表示通过，0 表示未通过，则输入变量所有的取值对应的输出值见表 6-7。

表 6-7 逻辑真值表

输 入			输 出
A	B	C	Y
0	0	0	0
0	0	1	0
0	1	0	0
0	1	1	1
1	0	0	0
1	0	1	1
1	1	0	1
1	1	1	1

2. **逻辑函数表达式**

所谓逻辑函数表达式，是指用与、或、非等运算的组合形式所表示的输入与输出逻辑变量之间关系的逻辑代数式，由真值表中可看出，有四组输入可使输出 Y 为逻辑 1，所以有

$$Y = \overline{A}BC + A\overline{B}C + AB\overline{C} + ABC$$

3. **逻辑图**

所谓逻辑图是指将逻辑表达式中的与、或、非等逻辑关系用对应的逻辑符号表示得到的图形，如图 6-10 所示。

4. **波形图**

波形图是指输出信号在输入逻辑信号作用下所对应的波形，它可以表示电路的逻辑关系。如图 6-11 所示，为在 A, B, C 输入作用下输出 Y 的波形图。

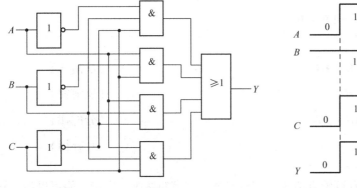

图 6-10　三人表决逻辑图

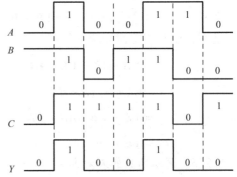

图 6-11　三人表决电路波形图

上述四种表示方法描述的是同一逻辑关系，因此它们之间有着必然的联系，可以从一种表示方法得到其他表示方法。

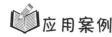应用案例

1. 二进制数据的传输方式

1）串行方式

计算机中的数据形式就是二进制的，其主要传输方式有串行和并行两种。串行方式即一组数据在时钟脉冲的控制下逐位传送，串行方式所需的设备简单，只需一根导线和一公共接地端即可。如图 6-12 所示，计算机通过电话线与网络连接就采取串行数据传输方式。其中 LSB（Least Significant Bit），表示最低位，MSB（Most Significant Bit），表示二进制数的最高位。显然，这是一组 8 位的二进制数 00110110，要完成 8 位二进制数的传输，需要经历 8 个时钟周期。

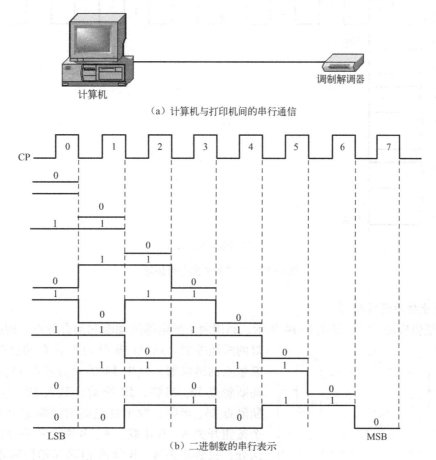

图 6-12　二进制数据串行传输

2）并行方式

并行传输的效率要高于串行传输，一次可以传输完整的一组二进制数。但是根据所要传输的二进制数的位数的多少，需要有足够多的数据线。常见的并行传输采用的数据线数量有 8，16，32 等。并行传输是数字系统中一种常用的技术，典型的并行传输例子是打印机与计算机之间的通信传输，如图 6-13 所示。对于 8 位二进制数 00110110，显然只需要一个时钟周期，即可完成 8 位二进制数的传输。

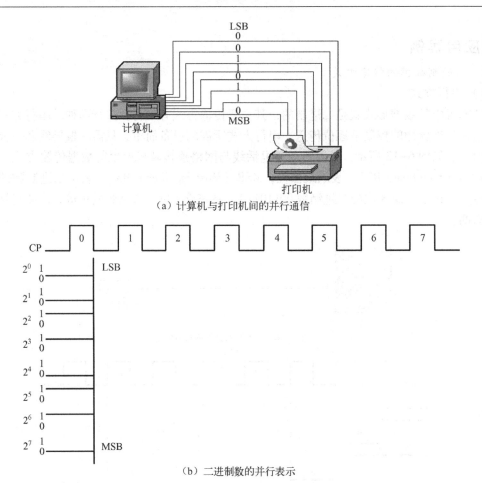

（a）计算机与打印机间的并行通信

（b）二进制数的并行表示

图 6-13　二进制数据并行传输

2. 信号灯的逻辑控制

数字逻辑应用广泛，如图 6-14 所示，利用两个继电器的动断和动合触点，构成对信号

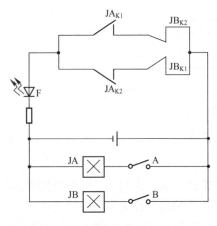

图 6-14　信号灯的逻辑控制

灯的两地控制。JA 和 JB 是两个具有动合触点和动断触点的继电器，其中 JA 的动合触点 JA_{K1} 与 JB 的动断触点 JB_{K2} 串联，JB 的动合触点 JB_{K1} 与 JA 的动断触点 JA_{K2} 串联，两个继电器的线圈部分分别与两个按钮开关 A，B 串联。A，B 两个开关分别安装在两处，只要开关 A，B 状态相同（即同时断开或同时闭合），则信号灯 F 肯定是熄灭的，若开关 A，B 状态不同（即一个断开、一个闭合），则信号灯肯定是点亮的。所以不论在 A，B 哪一个位置，只要切换任一开关的状态即可达到熄灭或点亮信号灯的目的。利用这种逻辑关系可随时随地控制信号灯的亮灭。

拓展知识

6.3 逻辑函数化简

6.3.1 逻辑函数的三个重要规则

逻辑代数有三个重要规则，利用这三个规则，可以得到更多的公式，也可扩充公式的应用范围。

1. 代入规则

任何一个含有变量 A 的等式，如果将所有出现 A 的位置都用同一个逻辑函数代替，则等式仍然成立。这个规则称为代入规则。

例如，已知等式 $\overline{AB} = \overline{A} + \overline{B}$，用函数 $Y = AC$ 代替等式中的 A，根据代入规则，等式仍然成立，即有

$$\overline{(AC)\,B} = \overline{AC} + \overline{B} = \overline{A} + \overline{B} + \overline{C}$$

2. 反演规则

对于任何一个逻辑表达式 Y，如果将表达式中的所有"·"换成"+"，"+"换成"·"，"0"换成"1"，"1"换成"0"，原变量换成反变量，反变量换成原变量，那么所得到的表达式就是函数 Y 的反函数（或称补函数）$\overline{Y}$。这个规则称为反演规则。

利用反演规则可以很容易地求出一个函数的反函数。需要注意的是，在运用反演规则求一个反函数时，必须按照运算的先后顺序进行：先括号，接着与运算，然后或运算，最后非运算，注意公共非号要保留。例如，$Y = A\,\overline{B} + C\,\overline{DE}$ 的反函数为 $\overline{Y} = (\overline{A} + B)(\overline{C} + D + E)$，$Y = A + B + \overline{C} + D + \overline{E}$ 的反函数为 $\overline{Y} = \overline{A} \cdot \overline{B}C\,\overline{D}E$。

3. 对偶规则

对于任何一个逻辑表达式 Y，如果将表达式中的所有"·"换成"+"，所有"+"换成"·"，"0"换成"1"，"1"换成"0"，而变量保持不变，则可得到一个新的函数表达式 Y'，称为函数 Y 的对偶函数。这个规则称为对偶规则。例如，$Y = A\,\overline{B} + C\,\overline{DE}$ 的对偶函数为 $Y' = (A + \overline{B})(C + \overline{D} + E)$，$Y = A + B + \overline{C} + D + \overline{E}$ 的对偶函数为 $Y' = A \cdot B\,\overline{C}D\,\overline{E}$。

由这些例子可以看出，Y 和 Y' 互为对偶函数。在求一个函数的对偶函数时，同样要注意运算的先后顺序。

对偶规则的意义在于：如果两个函数相等，则它们的对偶函数也相等。

把上述反函数的例子与对偶函数的例子对照一下，可以看出，反函数和对偶函数之间在形式上只差变量的"非"。因此，若已求得一个函数的反函数，只要将所有变量取反便可得到该函数的对偶函数，反之亦然。

例 6-5 用反演规则证明反演律 $\overline{A + B} = \overline{A} \cdot \overline{B}$。

解： 设 $Y = \overline{A + B}$，根据反演规则可知 Y 的反函数为

$$\overline{Y} = \overline{\overline{A} \cdot \overline{B}}$$

所以 Y 的反函数是 $Y = \overline{A} \cdot \overline{B}$，即 $\overline{A + B} = \overline{A} \cdot \overline{B}$。

6.3.2 逻辑函数化简

化简逻辑函数经常用到的方法有两种：一种是公式化简法，另一种是图形化简法。

1. 公式化简法

公式化简法就是运用逻辑代数的基本公式、定理和规则来化简逻辑函数的一种方法。常用的方法有以下几种。

1）并项法

利用公式 $A + \bar{A} = 1$，将两项合并为一项，并消去一个变量。例如：

$$Y_1 = ABC + \bar{A}BC + B\bar{C} = (A + \bar{A})BC + B\bar{C} = BC + B\bar{C} = B(C + \bar{C}) = B$$

$$Y_2 = ABC + A\bar{B} + A\bar{C} = ABC + A(\bar{B} + \bar{C}) = ABC + A\overline{BC} = A(BC + \overline{BC}) = A$$

2）吸收法

利用公式 $A + AB = A$，消去多余的项。例如：

$$Y_1 = \bar{A}B + \bar{A}BCD(E + F) = \bar{A}B$$

$$Y_2 = A + \bar{B} + \overline{CD} + \overline{AD}\bar{B} = A + BCD + AD + B = (A + AD) + (B + BCD) = A + B$$

利用公式 $A + \bar{A}B = A + B$，消去多余的变量。例如：

$$Y_1 = A\bar{B} + C + \bar{A}CD + B\bar{C}D = A\bar{B} + C + \bar{C}(\bar{A} + B)D$$

$$= A\bar{B} + C + (\bar{A} + B)D = A\bar{B} + C + \bar{A}\bar{B}D = A\bar{B} + C + D$$

$$Y_2 = AB + \bar{A}C + \bar{B}C = AB + (\bar{A} + \bar{B})C = AB + \overline{AB}C = AB + C$$

3）配项法

利用公式 $A = A(B + \bar{B})$，为某一项配上其所缺的变量，以便用其他方法进行化简。例如：

$$Y = A\bar{B} + B\bar{C} + BC + \bar{A}B = A\bar{B} + B\bar{C} + (A + \bar{A})BC + \bar{A}B(C + \bar{C})$$

$$= A\bar{B} + B\bar{C} + A\bar{B}C + \bar{A}\bar{B}C + \bar{A}BC + \bar{A}B\bar{C}$$

$$= A\bar{B}(1 + C) + B\bar{C}(1 + \bar{A}) + \bar{A}C(B + \bar{B})$$

$$= A\bar{B} + B\bar{C} + \bar{A}C$$

利用公式 $A + A = A$，为某项配上其所能合并的项。例如：

$$Y = ABC + AB\bar{C} + A\bar{B}C + \bar{A}BC$$

$$= (ABC + AB\bar{C}) + (ABC + A\bar{B}C) + (ABC + \bar{A}BC)$$

$$= AB + AC + BC$$

4）消去冗余项法

利用冗余律 $AB + \bar{A}C + BC = AB + \bar{A}C$，将冗余项 BC 消去。例如：

$$Y_1 = A\bar{B} + AC + ADE + \bar{C}D = A\bar{B} + (AC + \bar{C}D + ADE) = A\bar{B} + AC + \bar{C}D$$

$$Y_2 = AB + \bar{B}C + AC(DE + FG) = AB + \bar{B}C$$

例6-6 化简函数 $Y = AB + A\bar{C} + \bar{B}C + ADEF$。

解：$Y = AB + A\bar{C} + \bar{B}C + ADEF = A\overline{\bar{B}C} + \bar{B}C + B\bar{C} + ADEF$

$= A + \bar{B}C + B\bar{C} + ADEF = A + \bar{B}C + B\bar{C}$

例6-7　化简函数 $Y = \overline{(\bar{A} + \bar{B} + \bar{C})(\bar{D} + \bar{E})} \cdot (\bar{A} + \bar{B} + \bar{C} + DE)$。

解：$Y = \overline{(\bar{A} + \bar{B} + \bar{C})(\bar{D} + \bar{E})} \cdot (\bar{A} + \bar{B} + \bar{C} + DE)$

$= (\overline{\bar{A} + \bar{B} + \bar{C}} + \overline{\bar{D} + \bar{E}}) \cdot (\overline{ABC} + DE)$

$= (ABC + DE) \cdot (\overline{ABC} + DE)$

$= ABCDE + DE + DE \cdot \overline{ABC}$

$= DE$

例6-8　证明 $(A + \bar{C})(B + D)(B + \bar{D}) = AB + B\bar{C}$。

证明：左式 $= (A + \bar{C})(B + B\bar{D} + BD)$

$= (A + \bar{C}) \cdot B$

$= AB + B\bar{C} = 右式$

2. 图形化简法

图形化简法是将逻辑函数用卡诺图来表示，并在卡诺图上进行函数化简的方法。图形化简法简便、直观，是逻辑函数化简的一种常用方法。

1）卡诺图的构成

将逻辑函数真值表中的最小项重新排列成矩阵形式，并且使矩阵的横方向和纵方向的逻辑变量的取值按照格雷码的顺序排列，这样构成的图形就是卡诺图。图6-15所示分别为2变量、3变量、4变量的卡诺图。

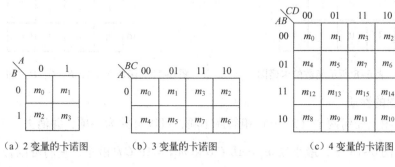

（a）2变量的卡诺图　　（b）3变量的卡诺图　　（c）4变量的卡诺图

图6-15　卡诺图的构成

如果一个逻辑函数的某两个最小项只有一个变量不同，其余变量均相同，则称这样的两个最小项为相邻最小项。如 ABC 和 $\bar{A}BC$，$A\bar{B}C\bar{D}$ 和 $A\bar{B}CD$。相邻最小项可以合并消去一个变量，如

$$A\bar{B}C + A\bar{B}\bar{C} = A\bar{B}(C + \bar{C}) = A\bar{B}$$

逻辑函数化简的实质就是相邻最小项的合并。

卡诺图的特点是任意两个相邻的最小项在图中也是相邻的。并且图中最左列的最小项与

最右列的相应最小项也是相邻的，最上面一行的最小项与最下面一行的相应最小项也是相邻的。因此，2 变量的每个最小项有两个最小项与它相邻；3 变量的每个最小项有 3 个最小项与它相邻；4 变量的每个最小项有 4 个最小项与它相邻。

2）逻辑函数在卡诺图上的表示

如果逻辑函数是以真值表或者以最小项表达式给出的，只要在卡诺图上将那些与给定逻辑函数的最小项对应的方格内填入 1，其余的方格内填入 0，即得到该函数的卡诺图。

例如，对表 6-8 所示的函数 Y，在卡诺图中对应于 ABC 取值分别在 000，011，100 及 111 的方格内填入 1，其余方格内填入 0，即得到如图 6-16 所示的卡诺图。

表 6-8　函数 Y 的真值表

A	B	C	Y	A	B	C	Y
0	0	0	1	1	0	0	1
0	0	1	0	1	0	1	0
0	1	0	0	1	1	0	0
0	1	1	1	1	1	1	1

又如，对于函数 $Y(A, B, C, D) = \sum m(1, 2, 4, 6, 7, 11, 14, 15)$，在最小项 m_1，m_2，m_4，m_6，m_7，m_{11}，m_{14} 及 m_{15} 相对应的方格内填入 1，其余方格内填入 0，即得该函数的卡诺图，如图 6-17 所示。

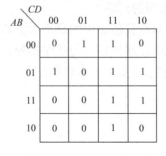

图 6-16　表 6-8 所示函数的卡诺图　　　　图 6-17　函数 $Y(A, B, C, D)$ 的卡诺图

3）卡诺图的性质

（1）卡诺图上任何两个（2^1 个）相邻最小项，可以合并为一项，并消去一个变量。

例如，在图 6-18 中，最小项 $m_4 = \overline{A}B\,\overline{C}\,\overline{D}$ 和 $m_{12} = AB\,\overline{C}\,\overline{D}$ 相邻，它们可以合并，并消去变量 A，即 $\overline{A}B\,\overline{C}\,\overline{D} + AB\,\overline{C}\,\overline{D} = B\,\overline{C}\,\overline{D}$；最小项 $m_2 = \overline{A}\,\overline{B}C\overline{D}$ 和 $m_{10} = A\,\overline{B}C\overline{D}$ 相邻，它们也可以合并，并消去变量 A，即 $\overline{A}\,\overline{B}C\overline{D} + A\,\overline{B}C\overline{D} = \overline{B}C\overline{D}$。这种合并，在卡诺图中表示为把两个标 1 的方格圈在一起相加，将圈中互反变量因子消去，保留共有变量因子。

（2）卡诺图上任何 4 个（2^2 个）相邻最小项，可以合并为一项，并消去两个变量。

例如，在图 6-19 中，最小项 m_0，m_2，m_8 和 m_{10} 彼此相邻，它们可以合并，它们合并的结果为 $m_5 + m_7 + m_{13} + m_{15} = BD$。这样可得到该图合并后的函数表达式为：

$$Y = \overline{B}\,\overline{D} + BD$$

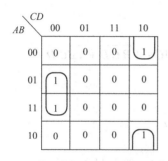

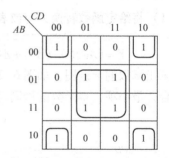

图 6-18　两个相邻最小项合并的情况　　　　图 6-19　四个相邻最小项合并的情况

（3）卡诺图上任何 8 个（2^3 个）相邻的最小项，可以合并为一项，并消去 3 个变量。

图 6-20 表示 8 个最小项合并的情况。其中图 6-20（a）所示的 8 个最小项合并后的结果为 $Y = B$，图 6-20（b）所示的 8 个最小项合并后的结果为 $Y = \overline{D}$。

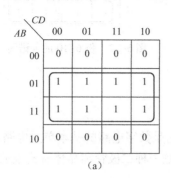

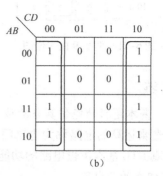

（a）　　　　　　　　　　　　　　　（b）

图 6-20　八个最小项合并的情况

由上述性质可知，可得出卡诺图化简的一些规则：

（1）相邻最小项的数目必须为 2^i 个才能合并为一项，消去 i 个变量。

（2）由这些最小项所形成的圈越大，消去的变量也就越多，从而所得到的逻辑表达式就越简单。

（3）每一圈中的最小项可重复使用，但每一次新的组合，至少包含一个未使用过的项，直到所有为 1 的项都被使用后化简工作才算完成。

（4）每一个组合中的公因子构成一个"与"项，然后将所有"与"项相加，得最简"与或"表达式。

例 6-9　用卡诺图化简函数 $Y(A,B,C,D) = \sum m(3,5,7,8,11,12,13,15)$。

解：

（1）画出给定函数的卡诺图，如图 6-21 所示。

（2）合并最小项。图中包围圈分别代表的乘积项为 BD，CD 和 $A\,\overline{C}\,\overline{D}$。

（3）将所得的乘积项相加，得给定函数的最简与或表达式为

$$Y(A,B,C,D) = BD + CD + A\,\overline{C}\,\overline{D}$$

例 6-10　用卡诺图化简函数 $Y = \overline{(A \oplus C)\ (A\,\overline{C} + \overline{A}C)}\ \overline{\overline{B}\,\overline{D}}$

解：（1）将给定函数转换为与或表达式。

$$Y = \overline{(A \oplus C)} \ \overline{(A\,\overline{C} + \overline{A}C)} \ \overline{\overline{B}\,\overline{D}} = \overline{A}\,\overline{C} + AC + A\,\overline{B}\,C\,\overline{D} + \overline{A}\,BC\,\overline{D}$$

（2）画出函数的卡诺图，如图 6-22 所示。

（3）合并最小项，得函数的最简与或表达式为

$$Y = \overline{A}\,\overline{C} + AC + \overline{B}\,\overline{D}$$

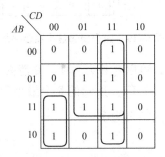

图 6-21　例 6-9 的卡诺图

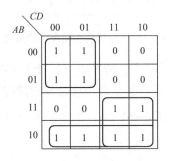

图 6-22　例 6-10 的卡诺图

能力训练

实训 6-1　基本逻辑功能仿真与测试

实现基本逻辑运算的电路称为逻辑门电路，它是数字电路的基本单元电路，下面我们用仿真软件来仿真 DTL 基本逻辑电路的功能，DTL 是一种二极管和晶体管构成的逻辑电路。

1. 二极管组成的门电路

如图 6-23（a）所示，是由二极管构成的与门电路，在数字电路中用高电平表示逻辑 1，低电平表示逻辑 0，多数情况下逻辑 1 对应的高电平为直流 5V，逻辑 0 对应的低电平为 0V。通过分析可知，只要 A，B 输入端有低电平 0V，则二极管必导通，二极管的正向压降为 0.7V，即输出端 Y 的电位为 0.7V，属于低电平范围，即输出为逻辑 0；当输入 A，B 端全为 5V 时，二极管均截止，输出端 Y 电位为 5V，即输出逻辑 1。

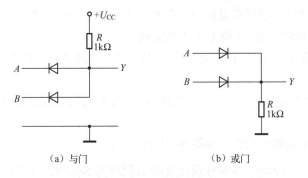

（a）与门　　　　　　　　（b）或门

图 6-23　分立与门电路

现在通过仿真软件对与门电路进行仿真，仿真电路如图 6-24 所示，通过切换开关与电源和地分别相连，可实现逻辑输入 A，B 的四种输入组合，输出用逻辑灯指示，灯亮表示逻辑 1，灯灭表示逻辑 0。并将逻辑结果填入表 6-9。

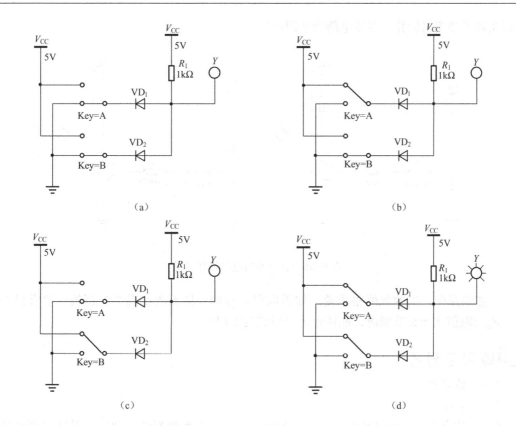

图 6-24　分立与门电路仿真测试

表 6-9　二极管与门电路测试

图 6-24（a）				图 6-24（b）			
输入		输出		输入		输出	
A	B	Y	逻辑功能	A	B	Y	逻辑功能
0	0			0	0		
0	1			0	1		
1	0			1	0		
1	1			1	1		

　　通过测试可知：我们看到当 A，B 输入中有一个为 0 时，输出逻辑灯灭，只有 A，B 输入全为 1 时，输出逻辑灯才亮，说明此电路实现了与逻辑运算，所以该电路为与门电路。

　　同样参照图 6-23（b），完成或门仿真电路搭建与测试，并将结果填入表 6-9。

2. 三极管非门电路

　　由模拟电子技术可知，晶体三极管工作截止和饱和状态时具有开关特性，如图 6-25 所示，可以构成非门电路。其仿真电路如图 6-26 所示，当输入为高时，晶体管饱和，逻辑灯灭，即输出为低；当输入为低时，晶体管截止，逻辑灯亮，即输出为高，

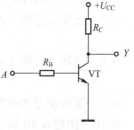

图 6-25　三极管非门电路

从而实现了非逻辑运算，即该电路为非门电路。

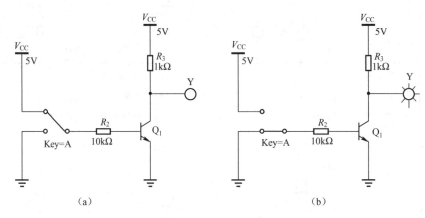

图6-26　分立非门电路仿真测试

上述电路中，R_B的取值很重要，如果取得不合理，将无法实现非门逻辑。要求讨论分析：R_B的阻值在什么范围内，晶体管才可以成为非门？

练习与思考

（一）练习题

1. 填空题

6.1　数字信号的特点是在_____上和_____上都是断续变化的，其高电平和低电平常用_____和_____来表示。

6.2　一数字信号波形如图题6.2所示，其代表的二进制数是_____。

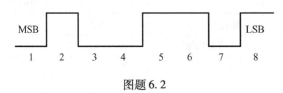

图题6.2

6.3　$(1000000)_2$ = _____$_{10}$ = _____$_{16}$。

6.4　$(100)_{10}$ = _____$_2$ = _____$_{16}$。

6.5　$(01010110)_{BCD}$ = _____$_{10}$。

6.6　在描述数制时，常用下标字母表示数制的含义，D 表示_____进制，B 表示_____进制，O 表示_____进制，H 表示_____进制。

6.7　已知二进数$A = 0111$，$B = 1010$，则算术运算 $A + B$ = _____，逻辑运算 $A + B$ = _____。

6.8　已知二进数$A = 11$，$B = 01$，则算术运算 $A \times B$ = _____，逻辑运算 $A \cdot B$ = _____。

6.9　逻辑符号如图题6.9所示，则输出 F = _____。

6.10　图题6.10所示符号为_____逻辑符号，当 $A = B$ 时，F = _____。

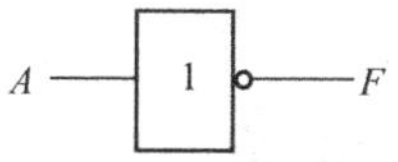

图题 6.9 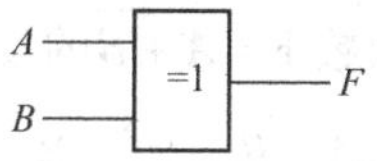   图题 6.10

6.11 函数 $Y = \overline{AB}$ 的反演律的另一种表现形式是_____。

6.12 $\overline{ABC} + A\,\overline{B}C + A + B\,\overline{C} + ABC =$ _____。

6.13 $A \oplus 0 =$ _____，$A \oplus 1 =$ _____。

6.14 仓库门上装了两把暗锁，A，B 两位保管员各管一把锁的钥匙，必须二人同时开锁才能进库。这种逻辑关系为_____。

6.15 逻辑函数式 $F = AB + AC$ 的对偶式为_____。

2. 判断题

6.16 设 A，B，C 为逻辑变量，若已知 $A + B = A + C$，则 $B = C$。   （   ）

6.17 设 A，B，C 为逻辑变量，若 $B = C$，则 $AB = AC$。   （   ）

6.18 在决定一件事情结果的所有条件中，只要有一个或一个以上的条件具备，这个结果就会发生，这样的逻辑关系称为或逻辑。   （   ）

6.19 不论逻辑变量 A 取何值，都有 $A + \overline{A} = 1$。   （   ）

6.20 逻辑变量的取值，1 比 0 大。   （   ）

6.21 同一逻辑关系的逻辑函数是唯一的。   （   ）

6.22 逻辑变量取值只有两种可能。   （   ）

6.23 函数 $F\,(A，B，C)$ 中，ABC 与 $\overline{A}\,\overline{B}C$ 是逻辑相邻的。   （   ）

6.24 一个确定的逻辑函数其真值表是唯一的。   （   ）

6.25 100 个 0 先后与 1 异或，结果是 1。   （   ）

6.26 逻辑函数 $Y = A + AB + ABC$ 已是最简与或表达式。   （   ）

6.27 8421 码是无权码，余三码是有权码。   （   ）

6.28 $(1001)_2$ 比 $(1001)_{BCD}$ 大。   （   ）

3. 选择题

6.29 对于逻辑函数 $Y = \overline{AB}$，A，B 取（   ）时，$Y = 0$。

A. 00   B. 01   C. 10   D. 11

6.30 对于逻辑函数 $Y = A + ABC$，其化简结果为（   ）。

A. 0   B. 1   C. A D. ABC

6.31 下列表达式属于三变量最小项的是（   ）。

A. $\overline{ABC}$ B. $AB + C$ C. BC D. $AB\,\overline{C}$

6.32 对于表达式 $1 + 1 = 1$ 和 $1 + 1 = 10$ 都是正确的，则其描述的是（   ）。

A. 前者为算术加，后者为逻辑加   B. 前者为逻辑加，后者为算术加

C. 前后皆为算术加   D. 前后皆为逻辑加

6.33 用 8421 码表示的十进制数 45，可以写成（   ）。

A. 45   B. $[101101]_{BCD}$ C. $[01000101]_{BCD}$ D. $[101101]_2$

6.34 逻辑函数 $F = \overline{A + B}$ 的反函数为（　　）。

    A. $F = \overline{A} + \overline{B}$ B. $F = A \cdot B$ C. $F = \overline{A} \cdot \overline{B}$ D. $F = A \oplus B$

6.35 在函数 $F = AB + BC$ 的真值表中，$F = 1$ 的状态有（　　）个。

    A. 4   B. 3   C. 2   D. 1

6.36 图题 6.36 所示门电路中，F 恒为 1 的图是（　　）。

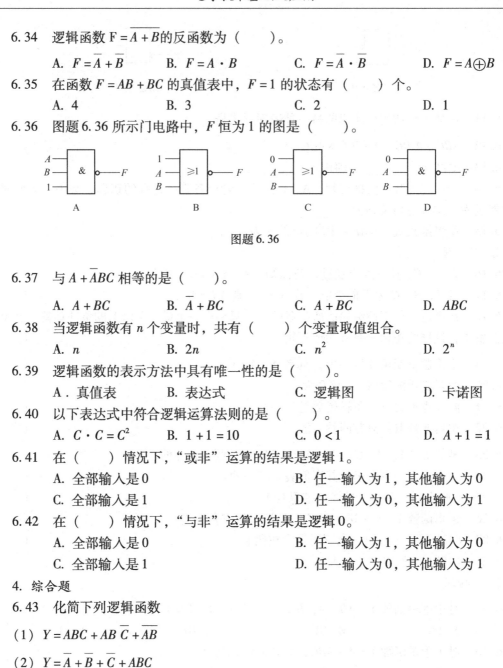

图题 6.36

6.37 与 $A + \overline{A}BC$ 相等的是（　　）。

    A. $A + BC$ B. $\overline{A} + BC$ C. $A + \overline{BC}$ D. ABC

6.38 当逻辑函数有 n 个变量时，共有（　　）个变量取值组合。

    A. n B. $2n$ C. n^2 D. 2^n

6.39 逻辑函数的表示方法中具有唯一性的是（　　）。

    A. 真值表   B. 表达式   C. 逻辑图   D. 卡诺图

6.40 以下表达式中符合逻辑运算法则的是（　　）。

    A. $C \cdot C = C^2$ B. $1 + 1 = 10$ C. $0 < 1$ D. $A + 1 = 1$

6.41 在（　　）情况下，"或非"运算的结果是逻辑 1。

    A. 全部输入是 0   B. 任一输入为 1，其他输入为 0

    C. 全部输入是 1   D. 任一输入为 0，其他输入为 1

6.42 在（　　）情况下，"与非"运算的结果是逻辑 0。

    A. 全部输入是 0   B. 任一输入为 1，其他输入为 0

    C. 全部输入是 1   D. 任一输入为 0，其他输入为 1

4. 综合题

6.43 化简下列逻辑函数

（1）$Y = ABC + AB\overline{C} + \overline{AB}$

（2）$Y = \overline{A} + \overline{B} + \overline{C} + ABC$

（3）$Y = \overline{\overline{ABC} + \overline{A}\,\overline{B} + BC}$

6.44 写出图题 6.44 所示逻辑图的输出函数表达式，并化简。

6.45 已知 A，B 为输入，F 为输出，波形如图题 6.45 所示。根据波形图写出真值表及函数 F 的表达式。

6.46 已知函数 F（A，B，C，D）的卡诺图如图题 6.46 所示，试写出函数 F 的最简与或表达式。

6.47 列出判断一个 8421BCD 码是否为奇数的真值表。

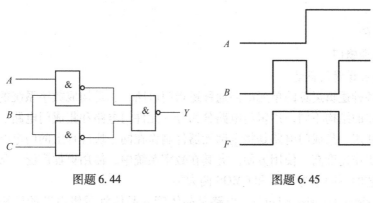

图题 6.44　　　　　　　　　　图题 6.45

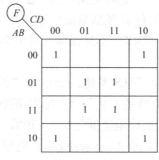

图题 6.46

（二）思考题

6.48　数字电路有何优点？为什么数字逻辑又称二值数字逻辑？

6.49　计算机系统中为什么要采用二进制？

6.50　什么是 BCD 码？为什么 8421BCB 码应用较普遍？

6.51　逻辑函数有几种表示方法？哪种方法是唯一的？

6.52　反演定律又叫什么定律？写出其表达式。

6.53　卡诺图化简逻辑函数的依据是什么？

任务2　集成逻辑门电路

学习目标

1. 知识目标

（1）熟悉 TTL 和 CMOS 门电路的组成结构，理解其工作原理。

（2）掌握典型 TTL 和 CMOS 逻辑门的逻辑功能、逻辑符号、输出逻辑函数表达式。

（3）掌握 TTL 和 CMOS 逻辑门的外特性与应用特点。

（4）了解 TTL 和 CMOS 门电路的参数。

2. 能力目标

（1）能够用基本逻辑门实现简单逻辑应用电路。

（2）正确使用集电极开路门（OC 门）和三态输出门。

📖核心知识

6.4 集成逻辑门

6.4.1 集成逻辑门概述

能够实现各种逻辑运算的单元电路通称逻辑门电路,它是构成数字系统的最基本的单元电路。按照电路的结构不同,逻辑门电路分为分立元件门电路和集成门电路。分立元件门电路目前已很少使用;集成门电路是将全部元器件制作在同一块硅片上的门电路,所以它体积小,功耗低,工作速度高,使用方便。尤其在数字系统中,使用更加广泛。常用的集成门电路根据制造工艺的不同分为 TTL 和 CMOS 两大类。

TTL (Transistor Transistor Logic) 电路是晶体管-晶体管逻辑电路的简称。TTL 电路以双极型晶体管为开关元件,所以又称双极型集成电路。TTL 是晶体管电路,比 CMOS 速度快,功耗大。这种电路很常用,种类多,不易损坏。其中 74LS 系列应用很广泛,其工作电源电压为 4.5～5.5V。

TTL 逻辑门电路常用的有 54LS/74LS 系列,LS 表示"低功耗肖特基工艺",有的芯片上标注 ALS,则表示"先进低功耗肖特基工艺";54 与 74 的区别主要是,54 系列的工作温度范围是 $-55 ～ +125℃$,74 系列的工作温范围是 $0 ～ +70℃$。

CMOS (Complementary Metal Oxide Semiconductor) 电路是指互补金属氧化物(PMOS 管和 NMOS 管)共同构成的互补型 MOS 集成电路,MOS 电路以绝缘栅场效应晶体管为开关元件,所以又称单极型集成电路。它的开关速度比 TTL 门电路低,但由于制造工艺简单、体积小、集成度高,因此特别适用于大规模集成制造。它的突出优点是静态功耗低、输入阻抗高、抗干扰能力强、工作稳定性好、扇出能力强、电源电压范围宽,多数 CMOS 电路可在 3～18V 的电源电压范围内正常工作。CMOS 电路是性能较好、应用广泛的一种电路。

CMOS 门电路常用的有 CD4000 系列和 54HC/74HC 系列,CD 代表标准的 4000 系列 CMOS 电路,我国生产的 CMOS 电路系列为 CC4000B,HC 表示 CMOS 电路,它具有 CMOS 的低功耗和 74LS 的高速度,属于一种高速低功耗产品。

6.4.2 与非门

实际应用中与非门集成芯片非常多,不但输入引脚数量不同,而且还有制造工艺上的区别,现在我们以四二输入与非门为例来加以说明。74 系列常用的有 74LS00 和 74HC00 两种芯片,CD4000 系列的代表有 CD4011,其实物如图 6-27 所示。其引脚排列如图 6-28 所示,可以看出它们的引脚名称和逻辑功能是完全一样的,但要注意它们的电特性与参数有很大差别,这在应用时要注意。

(a) 74LS00　　　　　(b) 74HC00　　　　　(c) CD4011

图 6-27　四二输入与非门实物图

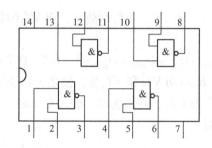

图 6-28 四二输入与非门引脚排列图

1. TTL 与非门

1）电路组成

图 6-29（a）是 TTL 集成与非门电路，其中 VT_1 是多发射极晶体管，每一个发射极对应一个输入端，输出是 Y。

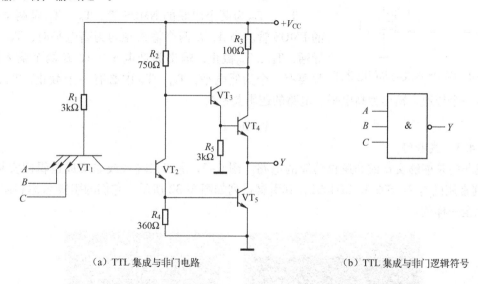

（a）TTL 集成与非门电路　　　　　　　　　　（b）TTL 集成与非门逻辑符号

图 6-29 TTL 集成与非门电路图及逻辑符号

2）工作原理

当输入 A，B，C 均为高电平，即 $U_{IH} = 3.6V$ 时，电源 U_{CC} 通过 R_1 和 VT_1 的集电结向 VT_2 提供足够的基极电流，使 VT_2 饱和导通，VT_2 的发射极电流在 R_3 上产生的压降又使 VT_5 饱和导通。因此输出为低电平：

$$U_O = U_{OL} = U_{CE5} \approx 0.3V$$

此时 VT_1 的基极电压 $U_{B1} = U_{BC1} + U_{BE2} + U_{BE5} \approx 2.1V$，$VT_1$ 的发射结处于反向偏置，而集电结处于正向偏置，故 VT_1 处于发射结和集电结倒置使用的放大状态。另外，此时 VT_2 的集电极电压等于 VT_2 管的饱和压降与 VT_5 管的发射结压降之和，即 $U_{C2} = U_{CE2} + U_{BE5} \approx 0.3V + 0.7V \approx 1V$，该值大于 VT_3 的发射结正向压降，使 VT_3 导通。而 VT_4 的基极电压 $U_{B4} = U_{E3} = U_{C2} - 0.7V = 0.3V$，故 VT_4 截止。

当输入至少有一个（假设是 A 端）为低电平，即 $U_{IL} = 0.3V$ 时，VT_1 与 A 端连接的发射结正向导通，VT_1集电极电位 U_{C1} 使 VT_2，VT_5 均截止，而 VT_2 的集电极电压足以使 VT_3，VT_4 导通。因此输出为高电平：

$$U_O = U_{OH} \approx U_{CC} - U_{BE3} - U_{BE4} = 5 - 0.7 - 0.7 = 3.6V$$

由于 VT_2 截止，电源 U_{CC} 通过 R_2 驱动 VT_3 和 VT_4 管，使之工作在导通状态。

由上述分析可知，输入全为 1 时，输出为 0；输入有 0 时，输出为 1。电路的输出与输入之间满足与非逻辑关系，即

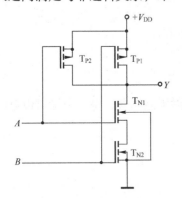

$$Y = \overline{A \cdot B \cdot C}$$

2. CMOS 与非门

1）电路组成

图 6-30 是一个两输入的 CMOS 与非门电路。A，B 是输入端，Y 是输出端。

2）工作原理

T_{N1}，T_{N2} 为两个串联的 NMOS 管，T_{P1}，T_{P2} 是两个并联的 PMOS 管。当 A，B 两个输入端均为高电平时，T_{N1}，T_{N2} 导通，T_{P1}，T_{P2} 截止，输出为低电平。A，B 两个输入端中只要有一个为低电平，T_{N1}，T_{N2} 中必有一个截止，T_{P1}，T_{P2}

图 6-30　CMOS 集成与非电路图

中必有一个导通，输出为高电平。电路的逻辑关系为

$$Y = \overline{A \cdot B}$$

6.4.3　或非门

或非门是能够实现或非逻辑功能的电路。图 6-31 是四二输入或非集成逻辑门实物图，74 系列常用的有 74LS02 和 CD4001，其引脚排列如图 6-32 所示，它们的引脚名称和逻辑功能是完全一样的。

（a）74LS02　　　　　　　　　　（b）CD4001

图 6-31　四二输入或非门实物图

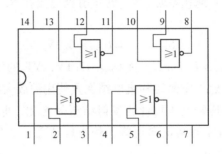

图 6-32　四二输入或非门芯片引脚排列图

1. TTL 或非门

1）电路组成

图 6-33 是一个两输入的 TTL 或非门电路。A，B 是输入端，Y 是输出端。

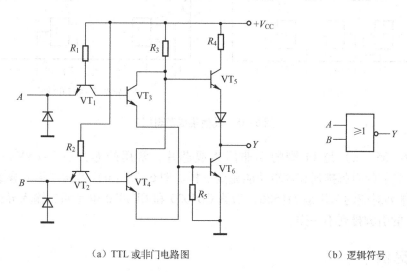

（a）TTL 或非门电路图　　　　　　（b）逻辑符号

图 6-33　TTL 或非门

2）工作原理

当 A，B 任一个输入为 1 时，VT_1 和 VT_2 至少有一个处于倒置状态，则 VT_3 和 VT_4 至少有一个处于饱和导通状态，使 VT_5 的基极电位钳制在 1.0V，则 VT_5 截止，VT_6 饱和导通，所以输出 $Y = 0$。

当 A，B 全为 0 时，VT_1 和 VT_2 皆导通，则 VT_3 和 VT_4 截止，由此使 VT_6 截止，但 VT_5 满足导通条件，所以输出 $Y = 1$。

综上所述，电路的逻辑关系为

$$Y = \overline{A + B}$$

2. CMOS 或非门

1）电路组成

图 6-34 是一个两输入的 CMOS 或非门电路。A，B 是输入端，Y 是输出端。

2）工作原理

当 A，B 两个输入端均为低电平时，T_{N1}，T_{N2} 截止，T_{P1}，T_{P2} 导通，输出 Y 为高电平。当 A，B 两个输入中有一个为高电平时，T_{N1}，T_{N2} 中必有一个导通，T_{P1}，T_{P2} 中必有一个截止，输出为低电平。电路的逻辑关系为

$$Y = \overline{A + B}$$

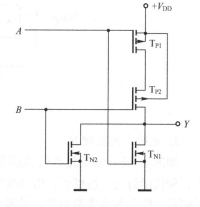

图 6-34　CMOS 或非门电路

6.4.4　其他集成逻辑门

在实际应用中，若知道集成逻辑门的逻辑功能和外引脚电气特性，我们就可能很轻松地学会使用，图 6-35 是常用的集成非门和集成异或门的引脚排列图。

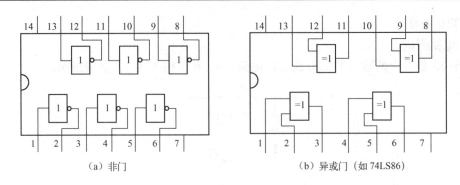

（a）非门　　　　　　　　　　　　（b）异或门（如 74LS86）

图 6-35　其他集成逻辑门

其中图 6-35（a）是 14 脚的 6 非门集成芯片，常用的芯片有 74LS04，74HC04 和 CD4069 等，它们的引脚排列和逻辑功能完全一样。图 6-35（b）是四二输入异或门集成芯片，其引脚排列对应的芯片是 74LS86，当然 CD4030 和 CD4070 也是四二输入异或门，只不过与 74LS86 的引脚排列不一样。

应用案例

集成逻辑电路应用非常广泛，可灵活设计各种应用电路。

1. 报警器

如图 6-36 所示是用与非门构成的防盗报警器电路示意图。正常时将控制端接低电平，则与非门构成的振荡器不振荡，扬声器不响。外出房门关闭时，使控制端为低电平，扬声器不响；外人开门闯入时，使控制端悬空变为高电平，晶体管 VT 导通，报警器输出为振荡信号，扬声器发出报警响声。

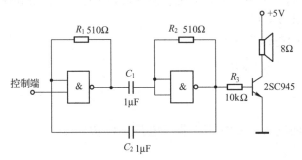

图 6-36　门电路报警器

2. 定时灯光提醒器

如图 6-37 所示为定时灯光提醒器。电路关的时候 G_1 门输出为高电平，G_2 门输出低电平，所以绿灯亮、红灯灭；电源接通时，直流电源通过 R_1，R_P 对电容 C 充电，当充电一定时间后，G_1 门输入为高电平，其输出跳变为低电平，G_2 门输出高电平，导致绿灯灭、红灯亮，提醒人们时间到。充电时间长短由 R_1，R_P，C 大小决定，本电路至少在 1 min 以上。

3. 单稳态微分电路

图 6-38 是由 CMOS 门构成的单稳态微分电路。因为 CMOS 门电路的输入电阻很高，所以其输入端可以认为开路。电容 C_d 和电阻 R_d 构成一个时间常数很小的微分电路，它能将较

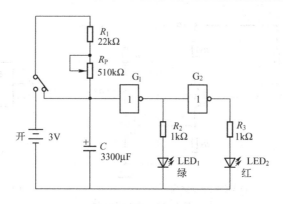

图 6-37　定时灯光提醒器

宽的矩形触发脉冲 u_I 变成较窄的尖触发脉冲 u_d。稳态时，u_I 等于 0，u_d 等于 0，u_{I2} 等于 V_{DD}，u_O 等于 0，u_{O1} 等于 V_{DD}，电容 C 两端的电压等于 0。触发脉冲到达时，u_I 大于 U_{TH}，u_d 大于 U_{TH}，u_{O1} 等于 0，u_{I2} 等于 0，u_O 等于 V_{DD}，电容 C 开始充电，电路进入暂稳态。当电容 C 两端的电压上升到 U_{TH} 时，即 u_{I2} 上升到 U_{TH} 时，u_O 等于 0，电路退出暂稳态，电路的输出恢复到稳态。显然，输出脉冲宽度等于暂稳态持续时间。电路退出暂稳态时，u_d 已经回到 0（这是电容 C_d 和电阻 R_d 构成的微分电路决定的），所以 u_{O1} 等于 V_{DD}，u_{I2} 等于 $U_{TH} + V_{DD}$，电容 C 通过 G_2 输入端的保护电路迅速放电。当 u_{I2} 下降到 V_{DD} 时，电路内部也恢复到稳态。

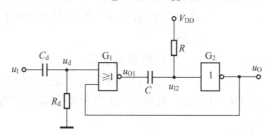

图 6-38　单稳态微分电路

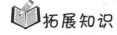拓展知识

6.5　特殊逻辑门电路

6.5.1　OC 门与三态门

TTL 门电路除了与非门之外，还有许多种门电路。这里介绍常见的集电极开路门和三态门。

1. 集电极开路与非门（OC 门）

普通的 TTL 与非门电路，不论输出高电平，还是输出低电平，其输出电阻都很低，只有几欧姆，因此不允许把两个或两个以上的 TTL 门电路的输出端直接并接在一起，否则会引起逻辑混乱，严重时还会使电路烧坏。为适应这种需要，产生了集电极开路的与非门，简称为 OC 门。如图 6-39 所示为 OC 门的电路结构及逻辑符号。

VT_5 的集电极是断开的，故称为集电极开路门（OC 门），使用时必须外接电阻 R_L 和电源，其中外接电阻 R_L 称为上拉电阻，OC 门有以下几个应用。

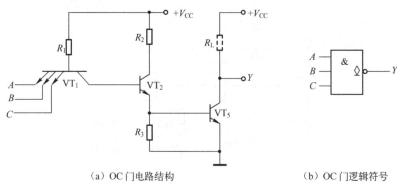

（a）OC 门电路结构　　　　　　　　　（b）OC 门逻辑符号

图 6-39　OC 门电路

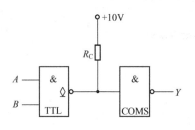

图 6-40　n 个 OC 门"线与"

1）线与

将几个 OC 门的输出端连接在一起，即可构成各输出变量之间的与逻辑，这种与逻辑称为"线与"。如图 6-40 所示，其逻辑表达式为

$$Y = Y_1 \cdot Y_2 \cdot \cdots \cdot Y_n$$

2）实现电平转换

OC 门集电极开路，R_L 外接，V_{CC} 也可以选择其他电源，因此它广泛用于电平转换、继电器驱动及接口电路之中。如图 6-41 所示是用 OC 门电路实现电平转换的电路。

3）用做驱动器

一般 TTL 与非门不能直接驱动大电流元件，须外接晶体管和其他电气元件，而 OC 门可以，如图 6-42 所示是用其驱动发光二极管的电路。

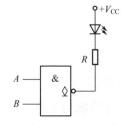

图 6-41　OC 门实现电平转换　　　　　　图 6-42　OC 门驱动发光二极管

2．三态门（TSL 门）

三态门是指逻辑门的输出有三种状态的与非门电路，简称 TSL（Tristate Logic）门。除了有高电平、低电平两种状态外，还有第三种状态——高阻状态（或称禁止状态）。输入级多了一个"控制端"，也称"使能端"E。电路如图 6-43（a）所示。

当 $E = 1$ 时，二极管 D 截止，TSL 门与 TTL 门功能一样：$Y = \overline{A \cdot B}$。

当 $E = 0$ 时，VT$_1$ 处于正向导通状态，促使 VT$_2$、VT$_5$ 截止，同时，通过二极管 VD 使 VT$_3$ 基极电位钳制在 1V 左右，致使 VT$_4$ 也截止。这样 VT$_4$、VT$_5$ 都截止，输出端呈现高阻状态。TSL 门中除控制端 E 高电平有效外，还有低电平有效的，这时的电路符号如图 6-43（b）所示。

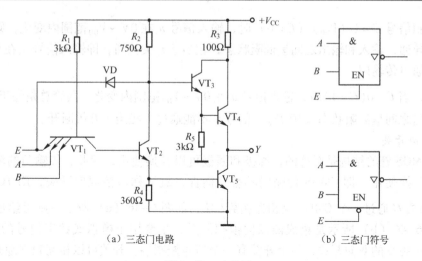

（a）三态门电路　　　　　　　　（b）三态门符号

图6-43　三态门

三态与非门在数字系统中的一个重要应用是：实现多路数据在总线上的分时传送，图6-44所示是用三态门构成的单向数据总线，当 $\overline{E}_1$，$\overline{E}_2$，…，$\overline{E}_n$ 依次有效时，A_1，A_2，…，A_n 的输出电平将依次通过总线被传输出去。

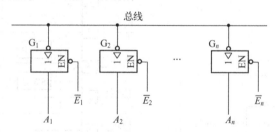

图6-44　三态门构成的单向数据总线

6.5.2　CMOS传输门与模拟开关

1. CMOS传输门

CMOS传输门是数字电路用来传输信号的一种基本单元电路。图6-45（a）所示是一个CMOS传输门的电路图，它由一个NMOS管 T_N 和一个PMOS管 T_P 并接构成，其逻辑符号如图6-45（b）所示，C 和 $\overline{C}$ 是一对互补的控制信号。

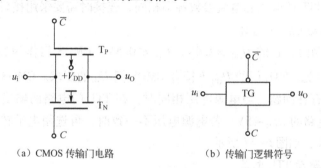

（a）CMOS传输门电路　　　　　　（b）传输门逻辑符号

图6-45　CMOS传输门

当控制信号 $C=1$（V_{DD}）（$\overline{C}=0$）时，输入信号 u_i 在 $0V \sim V_{DD}$ 范围内变化，则两管中至少有一个导通，输入和输出之间呈低阻状态，相当于开关接通，即输入信号 u_i 在 $0V \sim V_{DD}$ 范围内都能通过传输门。

反之，当 $C=0$（$\overline{C}=1$）时，输入信号 u_i 在 $0V \sim V_{DD}$ 范围内变化，两管总是处于截止状态，输入和输出之间呈高阻状态（$10^7\Omega$），信号 u_i 不能通过，相当于开关断开。

2. 模拟开关

因为 MOS 管的结构是对称的，源极和漏极可以互换使用，因此，传输门的输入端和输出端可以互换使用，即 CMOS 传输门具有双向性，故又称可控双向开关，用 TG 表示。将 TG 的控制端 C 通过一个 CMOS 反相器接到 $\overline{C}$ 端，如图 6-46（a）所示，则可组成一个模拟开关。图 6-46（b）所示是集成四双向模拟开关，主要用于模拟或数字信号的多路传输，其内是四个独立的双向开关，每个开关有一个信号控制端，开关可以相互独立地开合，互不影响。

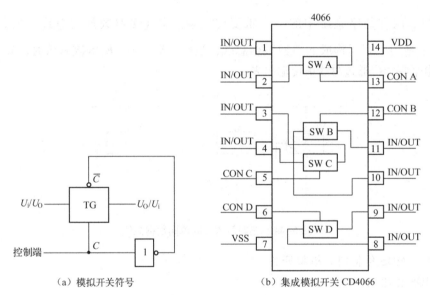

（a）模拟开关符号　　　　　　　　　（b）集成模拟开关 CD4066

图 6-46　模拟开关

6.5.3　CMOS 电路与 TTL 电路的连接

CMOS 电路和 TTL 的电压和电流参数各不相同，连接时需要采用接口电路。

1. TTL 电路驱动 CMOS 电路

TTL 门作为驱动门，它的 $U_{OH} \geqslant 2.4V$，$U_{OL} \leqslant 0.5V$，CMOS 门作为负载门，它的 $U_{IH} \geqslant 3.5V$，$U_{IL} \leqslant 1V$。可见，TTL 门的 U_{OH} 不符合 CMOS 门 U_{IH} 的要求。CMOS 电路输入电流几乎为零，所以电流不存在问题。当电源电压相同时，在 TTL 门电路的输出端外接一个上拉电阻 R_P，使 TTL 门电路的 $U_{OH} \approx 5V$。若电源电压不一致时，可选用电平转换电路，也可采用 OC 门实现电平转换，如图 6-47 所示。

2. CMOS 电路驱动 TTL 电路

CMOS 门电路作为驱动门，$U_{OH} \approx 5V$，$U_{OL} \approx 0V$；TTL 门电路作为负载门，$U_{IH} \geqslant 2.0V$，

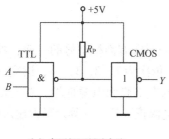

（a）电压相同驱动电路　　　　（b）电压不同驱动电路

图 6-47　TTL - CMOS 电路的接口

$U_{IL} \leq 0.8V$。电平匹配是符合要求的。CMOS 门电路最大允许灌电流为 $0.4mA$，TTL 门电路的 $I_{IS} \approx 1.4mA$，CMOS 驱动电流不足。为了解决电流驱动能力的问题，可经过 CMOS "接口" 电路（如 CMOS 缓冲器 CC4049）来实现，如图 6-48 所示。

6.5.4　TTL 门和 CMOS 门的逻辑参数

1. TTL 门的特性参数

（1）输出高电平 U_{OH}：$U_{OH} \geq 2.4V$。

（2）输出低电平 U_{OL}：$U_{OL} \leq 0.4V$。

（3）输入高电平 U_{IH}：$U_{IH} \geq 2V$。

（4）输入低电平 U_{IL}：$U_{IL} \leq 0.8V$。

（5）阈值电压 U_T：当输出状态发生转换时的输入电压，又叫开启电压，对于 TTL 门来说，一般 $U_T = 1.4V$。

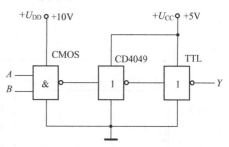

图 6-48　CMOS - TTL 电路的接口

（6）电源工作电压 V_{CC}：$V_{CC} = 5V$。

2. CMOS 门的特性参数

（1）输出高电平 U_{OH}：$U_{OH} = V_{DD}$。

（2）输出低电平 U_{OL}：$U_{OL} = 0V$。

（3）输入高电平 U_{IH}：$U_{IH} \geq 0.7V_{DD}$。

（4）输入低电平 U_{IL}：$U_{IL} \leq 0.3V_{DD}$。

（5）阈值电压 U_T：$U_T = \dfrac{1}{2}V_{DD}$。

（6）电源工作电压 V_{DD}：$V_{DD} = 3 \sim 18V$。

📖 能力训练

实训 6-2　集成逻辑门的功能测试

1. 实训目的

（1）熟悉几种基本集成逻辑门引脚的排列方式。

（2）掌握集成逻辑门的逻辑功能及其测试方法。

（3）掌握基本集成逻辑门的使用规则。

（4）熟悉数字电子技术实训装置的结构、基本功能和使用方法。

2. 实训内容与步骤

1）双列集成逻辑门芯片引脚识别

对于双列封装的集成逻辑门电路：将引脚朝下，面对印有商标型号的一面，找出定位标记，一般为凹口，将凹口朝前。从左侧第一脚逆时针起依次为1，2，3，…，读完一侧后逆时针转至另一侧再读，如图4-49所示。注意多数芯片的左下脚为电源地端，右上端为电源正端，图6-49中芯片7脚均为电源地（GND），14脚为电源正（V_{CC}），其余脚为输入和输出。

2）TTL和CMOS门电路逻辑功能测试

将74LS00插入一个14P的IC空插座上，注意定位标记，由于集成块有四个与非门，只要在其中一个与非门测试其逻辑功能即可，电路接线如图6-50所示，其中7脚接地，14脚接+5V，1，2两个输入端通过逻辑开关接逻辑电平，输出端3脚接逻辑指示灯。使1，2脚输入不同取值组合，观察指示灯的变化情况，并用万用表测量输出逻辑对应的电压大小，将结果填入表6-10中。

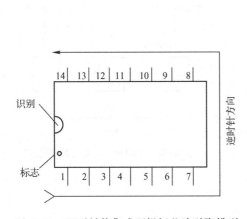

图 6-49 双列封装集成逻辑门芯片引脚排列

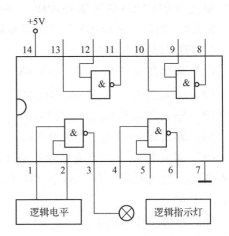

图 6-50 74LS00 逻辑功能测试

用同样方法，对CMOS4001或非门进行测量，结果填入表6-10。

表 6-10 TTL 逻辑门逻辑功能测试

输 入 端		74LS00			CMOS4001		
1 脚	2 脚	指示灯	逻辑电平	输出电压	指示灯	逻辑电平	输出电压
0	0						
0	1						
1	0						
1	1						

3）输入端通过电阻接地，进行电阻值大小的测量

输入端通过电阻接地，电阻值的大小将直接影响电路所处的状态，如图6-51所示。改变电位器的大小，观察输入电压变化情况，记录输出由高变低时电阻值的大小。

4）观察与非门的控制作用

按照图6-52所示实训电路，与非门一个输入端接1kHz方波脉冲，另一个输入端接入

逻辑开关，分别使其为逻辑"1"和逻辑"0"，通过示波器观察输出波形的变化，体会与非门的控制作用。

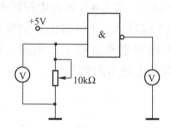

图6-51 输入电阻的影响测量

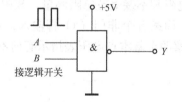

图6-52 用示波器观察与非门的控制作用

3. 讨论分析

通过测试应该得出 TTL 集成电路使用规则：

（1）接插集成块时，要认清定位标记，不得插反。

（2）电源电压使用范围为 +4.5 ~ +5.5V，实训中要求使用 V_{CC} = +5V。电源极性绝对不允许接错。

（3）闲置输入端处理方法。

① 悬空。相当于正逻辑"1"，对于一般小规模集成电路的数据输入端，实训时允许悬空处理。但易受外界干扰，导致电路的逻辑功能不正常。因此，对于接有长线的输入端，中规模以上的集成电路和使用集成电路较多的复杂电路，所有控制输入端必须按逻辑要求接入电路，不允许悬空。

② 直接接电源电压 V_{CC}（也可以串入一只 1 ~ 10kΩ 的固定电阻）或接至某一固定电压（$2.4 \leqslant V \leqslant 4.5V$）的电源上，或与输入端为接地的多余与非门的输出端相接。

③ 若前级驱动能力允许，可以与使用的输入端并联。

（4）输入端通过电阻接地，电阻值的大小将直接影响电路所处的状态。当 $R \leqslant 680Ω$ 时，输入端相当于逻辑"0"；当 $R \geqslant 4.7kΩ$ 时，输入端相当于逻辑"1"。对于不同系列的器件，要求的阻值不同。

（5）输出端不允许并联使用［集电极开路门（OC）和三态输出门电路（3S）除外］。否则不仅会使电路逻辑功能混乱，还会导致器件损坏。

（6）输出端不允许直接接地或直接接 +5V 电源，否则将损坏器件，有时为了使后级电路获得较高的输出电平，允许输出端通过电阻 R 接至 V_{CC}，一般取 $R = 3 ~ 5.1kΩ$。

通过测试应该得出 CMOS 集成电路使用规则：

（1）V_{DD} 接电源正极，V_{SS} 接电源负极（通常接地），不得接反。CC4000 系列的电源允许电压在 +3 ~ +18V 范围内选择，实训中一般要求使用 +5 ~ +15V。

（2）所有输入端一律不准悬空。

（3）闲置输入端的处理方法：

① 按照逻辑要求，直接接 V_{DD}（与非门）或 V_{SS}（或非门）。

② 在工作频率不高的电路中，允许输入端并联使用。

（4）输出端不允许直接与 V_{DD} 或 V_{SS} 连接，否则将导致器件损坏。

（5）在连接电路，改变电路连接或插、拔电路时，均应切断电源，严禁带电操作。

实训 6-3　其他逻辑门的功能测试

1. OC 门上拉电阻作用仿真测试

74LS05 是集电极开路的非门（HEX—INVERTER—OC），在 EWB 软件中按照图 6-53 分别接上拉电阻和不接上拉电阻测量，其中第一个非门（1 脚输入，2 脚输出）的输出端接了上拉电阻，而第五个非门（11 脚输入，10 脚输出）的输出端没有接上拉电阻。切换开关 A，B，观察两个基本点电压表指示有何不同？进一步理解上拉电阻的作用。

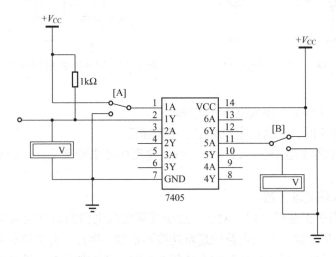

图 6-53　OC 门上拉电阻功能测试

2. 集成模拟开关测试

图 6-54 是 4 路模拟程控开关 CD4066 的测试电路，仿效按下 A，B，C，D 四个控制开关，观察电路发生的现象，加深对程控模拟开关的理解。

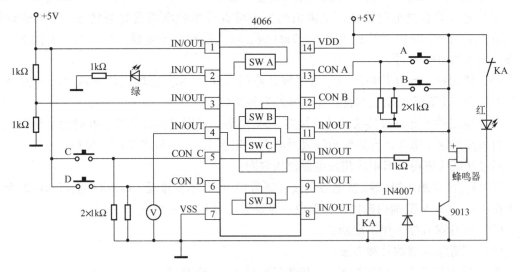

图 6-54　CD4066 功能测试原理图

当按下开关 A 时，绿灯点亮；当按下开关 B 时，晶体管 9013 导通，蜂鸣器发出声响；当按下开关 C 时，电压表测量值应显示 2.5V；当按下开关 D 时，继电器 KA 得电，其常闭触点断开，红灯灭。

实训 6-4　三人表决电路设计与测试

组合逻辑电路的设计主要是逻辑代数理论和基本逻辑门完成特定功能的逻辑电路。三人表决电路设计过程主要有以下步骤。

（1）根据要求得出真值表，见表 6-11。

表 6-11　三人表决电路的真值表

输　入			输　出
A	B	C	Y
0	0	0	0
0	0	1	0
0	1	0	0
0	1	1	1
1	0	0	0
1	0	1	1
1	1	0	1
1	1	1	1

（2）化简表达式。

$$Y = \overline{A}BC + A\overline{B}C + AB\overline{C} + ABC$$
$$= AB + BC + AC$$

（3）逻辑变换。

$$Y = AB + BC + AC$$
$$= \overline{\overline{AB} \cdot \overline{BC} \cdot \overline{AC}}$$

（4）画逻辑图，如图 6-55 所示。

（5）用一片二输入与非门和一片四输入与非门可完成功能测试，接线图如图 6-56 所示。

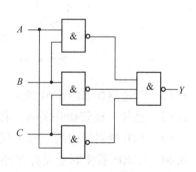

图 6-55　三人表决逻辑电路

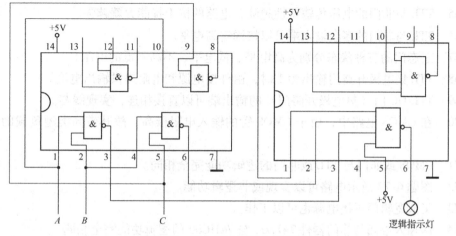

图 6-56　三人表决逻辑电路接线图

练习与思考

（一）练习题

1. 填空题

6.54 数字电路中，最基本的门电路有_____、_____和_____。

6.55 TTL 门电路的标准输出高电平为_____V，低电平为_____V；阈值电压_____V。

6.56 集电极开路门的英文缩写为_____门，工作时必须和电源相接。

6.57 CMOS 电路标准输出高电平为_____V，低电平为_____V；阈值电压为_____V。

6.58 除去有高、低电平两种状态外，三态门的第三态输出为_____状态。

6.59 图题 6.59 所示的三态门，当 $C=0$ 时，$F=$_____，当 $C=1$ 时，$F=$_____。

6.60 如图题 6.60 所示，要把一个异或门当非门使用，在输出端得到信号 $F=\overline{A}$，应将输入端_____接_____即可。

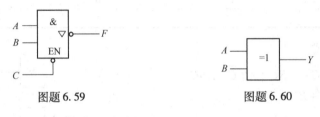

图题 6.59   图题 6.60

6.61 门电路如图题 6.61 所示，当输入端 $A=1$，$B=1$，$C=0$ 时，输出端 F 应为_____。

6.62 晶体三极管做开关时，必须工作在_____和_____状态。

6.63 TTL 逻辑门中的字母 T 代表_____，L 代表_____。

6.64 CMOS 管实际上又称互补 MOS 管，是由_____沟道和_____沟道的 MOS 管组合而成的，即将 NMOS 管和 PMOS 管同时制造在一块硅片上。

2. 判断题

6.65 TTL 与非门的电压传输特性越陡，电路的抗干扰能力就越强。（   ）

6.66 TTL 与非门的多余输入端可以接固定高电平。（   ）

6.67 三态门的三种状态分别为高电平、低电平、不高不低的电压。（   ）

6.68 TTL 集电极开路门输出为 1 时，由外接电源和电阻提供输出电流。（   ）

6.69 TTL OC 门（集电极开路门）的输出端可以直接相连，实现线与。（   ）

6.70 在 CMOS 电路中，由于 CMOS 管的输入电阻极高，故其带同类型负载的能力很强。（   ）

6.71 CMOS 或非门与 TTL 或非门的逻辑功能完全相同。（   ）

6.72 图题 6.72 所示电路可以实现或非逻辑功能。（   ）

6.73 集成逻辑门不接电源也可以工作。（   ）

6.74 两输入端四与非门器件 74LS00 与 74HC00 的逻辑功能完全相同。（   ）

6.75 与非和非或在逻辑上是相同的。（   ）

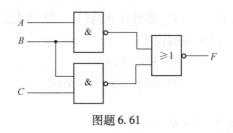

图题 6.61

图题 6.72

3. 选择题

6.76 已知 TTL 门电路的开门电阻 $R_{ON}=2k\Omega$，关门电阻 $R_{OFF}=750\Omega$，则图题 6.76 逻辑输出为（ ）。

  A. 1   B. 0   C. Z D. 无法确定

6.77 图题 6.77 是 CMOS 或非门，其逻辑输出为（ ）。

  A. 1   B. 0   C. Z D. 无法确定

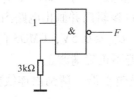

图题 6.76   图题 6.77

6.78 CMOS 门电路如图题 6.78 所示，其逻辑表达式为（ ）。

  A. $\overline{AB}$ B. $A+B$

  C. $\overline{A}\,\overline{B}$ D. AB

6.79 下列元件是 CMOS 器件的是（ ）。

  A. 74S00   B. 74LS00

  C. 74HC00   D. 74H00

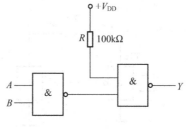

图题 6.78

6.80 已知某电路的真值表见表题 6.80，该电路的逻辑表达式为（ ）。

  A. $Y=C$ B. $Y=ABC$ C. $Y=AB+C$ D. $Y=B\overline{C}+C$

A	B	C	Y	A	B	C	Y
0	0	0	0	1	0	0	0
0	0	1	1	1	0	1	1
0	1	0	0	1	1	0	1
0	1	1	1	1	1	1	1

6.81 TTL 系列电路中，74S 属于（ ），74LS 属于（ ），74AS 属于（ ），74F 属于（ ）。

  A. 改进型的肖特基   B. 低功耗肖特基

  C. 肖特基   D. 快速型

6.82 以下电路中可以实现"线与"功能的有（ ）。

A. 与非门　　　　B. 三态输出门　　　C. 集电极开路门　　D. 传输门

6.83　三态门输出高阻状态时，（　　）是错误的说法。

A. 用电压表测量指针不动　　　　　　B. 相当于悬空

C. 电压不高不低　　　　　　　　　　D. 测量电阻指针不动

4. 综合题

6.84　在图题 6.84 中画出与逻辑表达式 $Y = A \cdot B$ 的波形图。

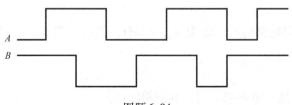

图题 6.84

6.85　设计一个发光二极管驱动电路，设 LED 的参数为 $V_F = 2.5V$，$I_D = 4.5mA$；若 $V_{CC} = 5V$，当 LED 发亮时，电路输出为低电平，选用集成逻辑门并画出电路图。

6.86　已知 TTL 门作为驱动门，它的 $U_{OH} \geqslant 2.4V$，$U_{OL} \leqslant 0.5V$，CMOS 门作为负载门，它的 $U_{IH} \geqslant 3.5V$，$U_{IL} \leqslant 1V$。请问图题 6.86 是否正确？若不正确请改正。

6.87　用四二输入与非门 4LS00 实现 $F = A + B$ 的逻辑功能，请画出连线图。74LS00 的外部引线排列如图题 6.87 所示。

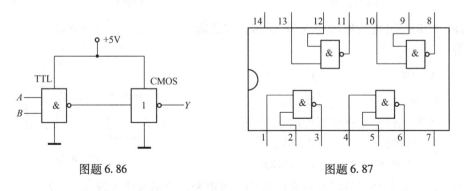

图题 6.86　　　　　　　　　　　　　图题 6.87

6.88　在图题 6.88（a）所示 TTL 电路中，各输入波形如图题 6.88（b）所示，试画出输出 F 的波形。

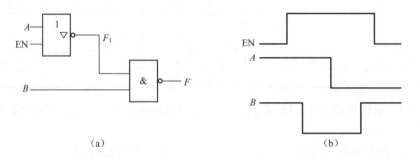

（a）　　　　　　　　　　　　　　　　（b）

图题 6.88

6.89 在图题6.89所示电路中，已知二极管 VD_1，VD_2 导通压降为0.7V，请回答下列问题：

（1）A 端接10V，B 端接0.3V，输出电压 $U_0 =$ _____；

（2）A，B 端都接10V 时，输出电压 $U_0 =$ _____；

（3）A 端接10V，B 端悬空，用万用表测 B 端电压，$U_B =$ _____。

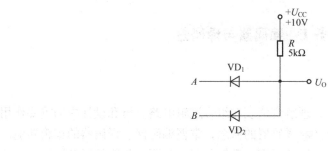

图题6.89

（二）思考题

6.90 数字电路中，TTL 电路的 BJT 工作在其输出特性的什么区？

6.91 TTL 电路中的 54/74 分别表示什么含义？逻辑器件前缀 CC/CT 又代表什么？

6.92 OC 门和三态门有何特点？各用于什么场合？

6.93 CMOS 门电路与 TTL 门电路相比有哪些优点？

6.94 TTL 和 CMOS 两种电路互相驱动时，应如何设置接口电路？

6.95 为什么 TTL 电路的多余输入端可以悬空？而 CMOS 电路却不能？

单元 7　组合与时序逻辑电路

　任务 1　编码器与译码器

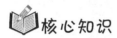学习目标

1. 知识目标

（1）理解组合逻辑电路的特点，理解真值表在组合逻辑电路分析和设计中的重要作用。

（2）理解编/译码的原理，掌握编/译码器的概念，掌握编码器、译码器的逻辑功能。

（3）了解变量译码器与显示译码器的区别，理解共阳、共阴数码管的驱动原理。

（4）熟悉常用中规模集成组合逻辑电路的应用。

2. 能力目标

（1）能够对组合逻辑电路的功能做出正确分析。

（2）掌握常用中规模集成组合逻辑电路的功能并能够正确使用。

核心知识

7.1　编码器

所谓编码就是用二进制代码表示特定对象的过程。实现编码操作的数字电路称为编码器。按照编码方式不同，编码器可分为普通编码器和优先编码器，按照输出代码种类的不同，可分为二进制编码器和非二进制编码器。

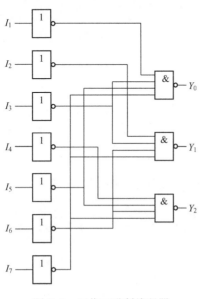

图 7-1　三位二进制编码器

7.1.1　二进制编码器

对 N（$N=2^n$）个输入信号用 n 位二进制代码进行编码的电路，叫二进制编码器。

二进制编码原则：用 n 位二进制代码可以表示 2^n 个信号，则对 N 个信号编码时，应由 $2^n \geq N$ 来确定编码位数 n。

如图 7-1 所示为三位二进制编码器。其中：$I_0 \sim I_7$ 为八个高电平信号输入端，Y_0，Y_1，Y_2 是三位二进制代码输出端，故也称为 8 线 - 3 线编码器。编码器正常工作时，各输入端是相互排斥的，即任一时刻只允许 $I_0 \sim I_7$ 中某一个为高电平输入，其余输入端都必须为低电平，否则将出现混乱。图中 I_0 被隐含了，即 $I_0 \sim I_7$ 全无输入时，输出就是 I_0 的编码。

由图 7-1 可以写出逻辑函数表达式：

$$Y_0 = \overline{\overline{I_1} \cdot \overline{I_3} \cdot \overline{I_5} \cdot \overline{I_7}}$$

$$Y_1 = \overline{\overline{I_2} \cdot \overline{I_3} \cdot \overline{I_6} \cdot \overline{I_7}}$$

$$Y_2 = \overline{\overline{I_4} \cdot \overline{I_5} \cdot \overline{I_6} \cdot \overline{I_7}}$$

由上述表达式列出该编码器的真值表，见表 7-1。

表 7-1 8 线 -3 线编码器的真值表

输　入								输　出		
I_0	I_1	I_2	I_3	I_4	I_5	I_6	I_7	Y_2	Y_1	Y_0
1	0	0	0	0	0	0	0	0	0	0
0	1	0	0	0	0	0	0	0	0	1
0	0	1	0	0	0	0	0	0	1	0
0	0	0	1	0	0	0	0	0	1	1
0	0	0	0	1	0	0	0	1	0	0
0	0	0	0	0	1	0	0	1	0	1
0	0	0	0	0	0	1	0	1	1	0
0	0	0	0	0	0	0	1	1	1	1

由表 7-1 可以看出，当编码器某一个输入信号为 1 而其他输入信号都为 0 时，则有一组对应的数码输出，如 $I_3 = 1$ 时，$Y_2 Y_1 Y_0 = 011$。还可以看出编码器输入 $I_0 \sim I_7$ 这 8 个编码信号是相互排斥的。

7.1.2　集成优先编码器

普通编码器输入信号是相互排斥的，即任一时刻只允许一个输入端有信号，否则将发生混乱。而实际应用中，常常会出现多个信号端同时有效的情况，而优先编码器可以解决这个问题。

优先编码器允许同时输入多个编码信号，而电路只对其中优先级别最高的信号进行编码。常见的集成优先编码器有 10 线 -4 线集成优先编码器，常见型号为 54/74147，54/74LS147，8 线 -3 线集成优先编码器，常见型号为 54/74148，54/74LS148。下面以 8 线 -3 线优先编码器 74LS148 为例进行说明。

1. 引脚图

如图 7-2 所示为 74LS148 的引脚图，$\overline{I_0} \sim \overline{I_7}$ 为输入信号端，$\overline{S}$ 是使能输入端，$\overline{Y_2} \sim \overline{Y_0}$ 是三个输出端，$\overline{Y}_{EX}$ 和 $\overline{Y}_S$ 是用于扩展功能的输出端。

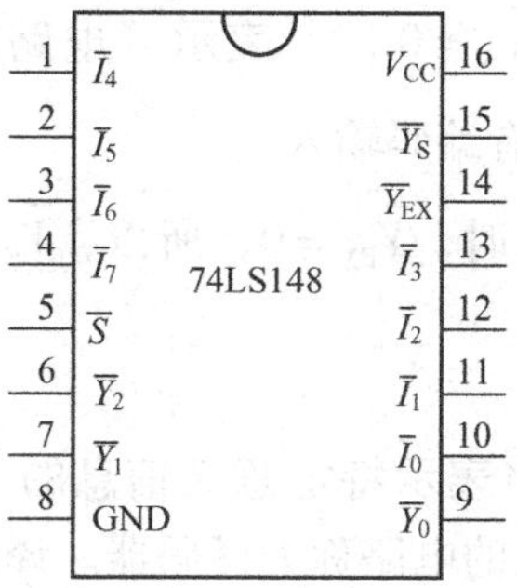

图 7-2　74LS148 优先编码器

2. 真值表

74LS148 优先编码器的直值表见表 7-2。

表 7-2　优先编码器 74LS148 的直值表

输　入								输　出				
$\bar{S}$	$\bar{I}_7$	$\bar{I}_6$	$\bar{I}_5$	$\bar{I}_4$	$\bar{I}_3$	$\bar{I}_2$	$\bar{I}_1$	$\bar{I}_0$	$\bar{Y}_2$	$\bar{Y}_1$	$\bar{Y}_0$	$\bar{Y}_S$	$\bar{Y}_{EX}$
1	×	×	×	×	×	×	×	×	1	1	1	1	1
0	1	1	1	1	1	1	1	1	1	1	1	0	1
0	0	×	×	×	×	×	×	×	0	0	0	1	0
0	1	0	×	×	×	×	×	×	0	0	1	1	0
0	1	1	0	×	×	×	×	×	0	1	0	1	0
0	1	1	1	0	×	×	×	×	0	1	1	1	0
0	1	1	1	1	0	×	×	×	1	0	0	1	0
0	1	1	1	1	1	0	×	×	1	0	1	1	0
0	1	1	1	1	1	1	0	×	1	1	0	1	0
0	1	1	1	1	1	1	1	0	1	1	1	1	0

3. 逻辑功能分析

由表 7-2 可以看出，该编码器的输入、输出信号均为低电平信号，且输入变量的优先级别排队为 $\bar{I}_0 \sim \bar{I}_7$ 递增，即 $\bar{I}_7$ 的优先权最高，$\bar{I}_0$ 的优先权最低。输入有效信号为低电平，当某一输入端有低电平输入，且比它优先级别高的输入端无低电平输入时，输出端才输出相对应的输入端的代码。例如当 $\bar{I}_7 = 0$，不论其他输入端是否为有效低电平，输出只对 $\bar{I}_7$ 进行编码且输出反码有效，输出代码为 000。若 $\bar{I}_4 = 0$ 且优先级别比它高的输入端均为 1 时（即都无效时），输出就对 $\bar{I}_4$ 进行编码，输出代码为 011。其他编码过程依次类推。

另外，为扩展电路的功能和增加使用的灵活性，74LS148 增加了三个控制端：$\bar{S}$、$\bar{Y}_S$、$\bar{Y}_{EX}$。

$\bar{S}$ 为选通输入端，只有在 $\bar{S} = 0$ 的条件下，编码器才能正常工作。而在 $\bar{S} = 1$ 时，所有的输出端均被封锁在高电平。

$\bar{Y}_S$ 为选通输出端，当 $\bar{S} = 0$，$\bar{Y}_S = 0$ 时，表示"电路工作，但无编码输入"，当 $\bar{S} = 0$，$\bar{Y}_S = 1$ 时，表示"电路工作，而且有编码输入"。

$\bar{Y}_{EX}$ 为扩展端，当 $\bar{S} = 0$，$\bar{Y}_S = 1$ 时，$\bar{Y}_{EX} = 0$，所以，$\bar{Y}_{EX}$ 的低电平输出信号表示"电路工作，而且有编码输入"。

7.2　译码器

译码是编码的逆过程，它是将表示特定意义信息的二进制代码"翻译"成对应的高、低电平信号，能完成这种逻辑功能的电路称为译码器。译码器的种类很多，但它们的工作原理和分析设计方法大同小异，其中二进制译码器、二－十进制译码器（8421BCD）和显示译码器是三种最典型的译码器，使用十分广泛。

7.2.1 二进制译码器

二进制译码器种类很多，下面以译码器 74LS138 为例介绍一下二进制译码器的工作原理。图 7-3 为 74LS138 的引脚图，其功能表见表 7-3。

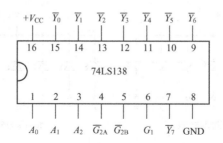

图 7-3 74LS138 集成译码器的引脚图

表 7-3 74LS138 的功能表

输　入					输　出							
使　能		选　择										
G_1	$\overline{G_{2A}} + \overline{G_{2B}}$	A_2	A_1	A_0	$\overline{Y_7}$	$\overline{Y_6}$	$\overline{Y_5}$	$\overline{Y_4}$	$\overline{Y_3}$	$\overline{Y_2}$	$\overline{Y_1}$	$\overline{Y_0}$
×	1	1	1	1	1	1	1	1	1	1	1	1
0	×	1	1	1	1	1	1	1	1	1	1	1
1	0	0	0	0	1	1	1	1	1	1	1	0
1	0	0	0	1	1	1	1	1	1	1	0	1
1	0	0	1	0	1	1	1	1	1	0	1	1
1	0	0	1	1	1	1	1	1	0	1	1	1
1	0	1	0	0	1	1	1	0	1	1	1	1
1	0	1	0	1	1	1	0	1	1	1	1	1
1	0	1	1	0	1	0	1	1	1	1	1	1
1	0	1	1	1	0	1	1	1	1	1	1	1

由图 7-3 可知，该译码器有 3 个输入端 A_2，A_1，A_0，共有八种不同的组合，可译成八个输出信号 $\overline{Y_0} \sim \overline{Y_7}$，故该译码器又称 3 线 -8 线译码器。$G_1$，$\overline{G_{2A}}$ 和 $\overline{G_{2B}}$ 是三个控制端。

由表 7-3 可知：

当控制端 $G_1 = 1$，$\overline{G_{2A}} + \overline{G_{2B}} = 0$ 时，译码器处于工作状态，否则，译码器被禁止，所有的输出端被封锁在高电平。这三个控制端也叫做"片选"输入端，利用片选的作用可以将多片连接起来以扩展译码器的功能。

例如，当输入 $A_2A_1A_0 = 100$ 时，且"片选"输入端 $G_1 = 1$，$\overline{G_{2A}} + \overline{G_{2B}} = 0$，此时 $\overline{Y_4}$ 为译码器的有效输出，即 $\overline{Y_4} = 0$ 表示输出低电平有效。

7.2.2 数码显示与译码

在数字电路中，常常需要将测量和运算的结果直接用十进制数的形式显示出来，这就需要把二-十进制代码通过显示译码器转换成输出信号驱动数码显示器显示。常见的是数字显示电路通常由译码器、驱动器和显示器等部分组成。

1. 数码显示器

数码管是常用的显示器件，数码管的内部是由 7 个发光二极管的阴极或阳极连接在一起而成的，如图 7-4 所示，所以数码管又分为共阳极数码管和共阴极数码管两种类型。

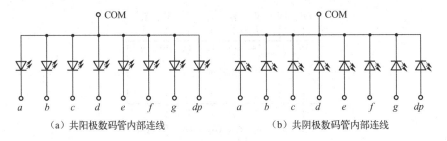

（a）共阳极数码管内部连线　　　　　　（b）共阴极数码管内部连线

图 7-4　七段发光二极管的两种接法

数码管的引脚排列如图 7-5 所示，COM 为公共极，dp 为小数点。根据需要，当在它的 a，b，c，d，e，f，g，dp 加上高或低电压，各段二极管就能点亮。让其中的某些段发光，即可显示数字 0~9，各段与显示数字的关系如图 7-6 所示。实际应用中，还有 2 个、3 个、4 个等更多数码管集成在一起，如图 7-7 所示，从而减少引脚数目，提高使用效率。

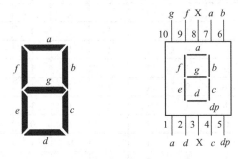

图 7-5　七段显示器外形及引脚图

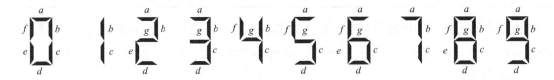

图 7-6　七段数码管显示数字组合图

1 位数码管　　　　2 位数码管　　　　3 位数码管　　　　4 位数码管

图 7-7　数码管集成

一般情况下，单个发光二极管的管压降为 1.8V 左右，电流不超过 30mA。如果用直流 5V 电源供电的话，必须要给数码管加上限流电阻，如图 7-8 所示。正常数码管的电流 I_D = 5~10mA 左右已足够让数码管点亮，所以限流电阻大小为：

$$R = \frac{V_{CC} - V_D}{I_D} \approx \frac{5V - 1.8V}{5 \sim 10mA} = 320 \sim 640\Omega$$

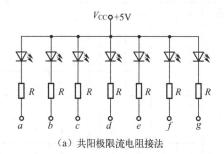

（a）共阳极限流电阻接法

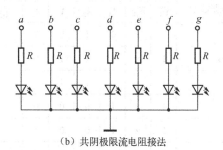

（b）共阴极限流电阻接法

图7-8 数码管限流电阻的接法

实际一般选择$330\Omega \sim 1k\Omega$，特别注意的是，当电源电压发生变化时，限流电阻阻值须重新计算。

2. 显示译码器

74LS48（或74LS248）是BCD码到七段码的显示译码器，是数字电路中很常用的器件之一，它可以直接驱动共阴极数码管。它的引脚排列图如图7-9所示，其逻辑功能表见表7-4。除以上两个显示译码器外，常用的共阴极显示译码器还有CD4511。

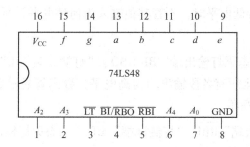

图7-9 74LS48译码驱动器的引脚图

表7-4 74LS48的功能表

功能或 十进制数	输　　入						输　　　出								字　　形
	$\overline{LT}$	$\overline{RBI}$	A_3	A_2	A_1	A_0	$\overline{BI}/\overline{RBO}$	a	b	c	d	e	f	g	
$\overline{BI}/\overline{RBO}$（灭灯）	×	×	×	×	×	×	0（输入）	0	0	0	0	0	0	0	全暗
$\overline{LT}$（试灯）	0	×	×	×	×	×	1	1	1	1	1	1	1	1	8
$\overline{RBI}$（灭零）	1	0	0	0	0	0	悬空	0	0	0	0	0	0	0	全暗
0	1	1	0	0	0	0	1	1	1	1	1	1	1	0	0
1	1	×	0	0	0	1	1	0	1	1	0	0	0	0	1
2	1	×	0	0	1	0	1	1	1	0	1	1	0	1	2
3	1	×	0	0	1	1	1	1	1	1	1	0	0	1	3
4	1	×	0	1	0	0	1	0	1	1	0	0	1	1	4

续表

功能或 十进制数	输 入						输 出								字 形
	$\overline{LT}$	$\overline{RBI}$	A_3	A_2	A_1	A_0	$\overline{BI}/\overline{RBO}$	a	b	c	d	e	f	g	
5	1	×	0	1	0	1	1	1	0	1	1	0	1	1	5
6	1	×	0	1	1	0	1	0	0	1	1	1	1	1	6
7	1	×	0	1	1	1	1	1	1	1	0	0	0	0	7
8	1	×	1	0	0	0	1	1	1	1	1	1	1	1	8
9	1	×	1	0	0	1	1	1	1	1	0	0	1	1	9
10	1	×	1	0	1	0	1	0	0	0	1	1	0	1	⊏
11	1	×	1	0	1	1	1	0	0	1	1	0	0	1	⊐
12	1	×	1	1	0	0	1	0	1	0	0	0	1	1	∪
13	1	×	1	1	0	1	1	1	0	0	1	0	1	1	⊏
14	1	×	1	1	1	0	1	0	0	0	1	1	1	1	ｔ
15	1	×	1	1	1	1	1	0	0	0	0	0	0	0	全暗

74LS48 在使用时要注意以下几点：

① 当灭灯输入端$\overline{BI}$接低电平时，不管其他输入为何种电平，所有各段输出均为低电平，数码管不显示。

② 当"灭灯输入/动态灭灯输出端"$\overline{BI}/\overline{RBO}$、"灯测试端"$\overline{LT}$、"灭零输入端"$\overline{RBI}$为10×时（×表示任意），则所有各段输出均为高电平，数码管显示数字8，可以利用这一点检查 74LS48 和显示器的好坏。

③ 当"动态灭零输入端"$\overline{RBI}$、"灯测试端"$\overline{LT}$、"动态灭灯输出端"$\overline{RBO}$为010时，输入 $A_4A_3A_2A_1$ 为 0000 则不显示数字0。

④ 当"灭灯输入/动态灭灯输出端"$\overline{BI}/\overline{RBO}$、"灯测试端"$\overline{LT}$、"灭零输入端"$\overline{RBI}$为111 时，输入为 0000～1001，十个 BCD 码则正常显示，输入为 1010～1111 六个二进制码时，显示的是不规则字形。

如果是驱动共阳极数码管，则一般选用的显示译码器是 74LS47（或 74LS247）。

 应用案例

1. 优先编码器的应用

图 7-10 所示为利用 74LS148 编码器监视 8 个化学罐液面的报警编码电路。若 8 个化学罐中任何一个的液面超过预定高度时，其液面检测传感器便输出一个 0 电平到编码器的输入端。此时编码器三个控制端的状态为 $\overline{S}=0$，$\overline{Y}_S=1$ 时，$\overline{Y}_{EX}=0$，编码器向 CPU 申请中断并输出 3 位二进制代码到微控制器，微控制器通过中断服务程序产生报警信号。

2. 译码器的应用

在 80C51 应用系统中，常因内部存储空间有限，需要在外部进行存储器扩展，采用译

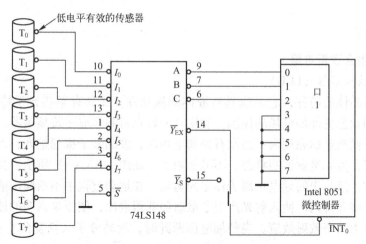

图 7-10　74LS148 微控制器报警编码电路

码器译码方法为 MCU 扩展外部存储器。译码器译码方法采用译码电路把存储器的地址空间划分为若干块，可以扩展多个芯片，并且能充分地利用地址空间，使扩展的存储器地址空间连续。如图 7-11 所示，利用 74LS138 对外部 4 个 8K 静态 RAM 6264 进行译码，由单片机的 $P2.7$，$P2.6$，$P2.5$ 三个端口输出地址信号，再由译码器译码，具体情况见表 7-5。

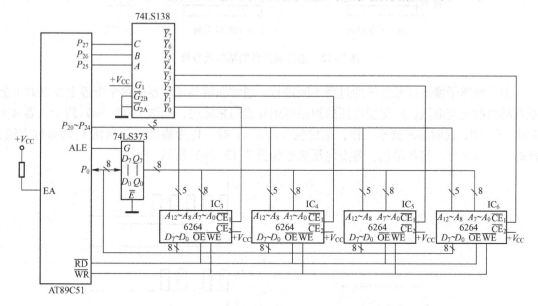

图 7-11　译码器在存储器扩展中的应用

表 7-5　74LS138 译码情况表

单片机端口			138 译码输出	选中存储器
P_{27}	P_{26}	P_{25}		
0	0	0	$\overline{Y_0}$ 有效	IC₃
0	0	1	$\overline{Y_1}$ 有效	IC₄
0	1	0	$\overline{Y_2}$ 有效	IC₅
0	1	1	$\overline{Y_3}$ 有效	IC₆

📖 **拓展知识**

7.3 其他组合逻辑电路

7.3.1 液晶显示器（LCD）

液晶是液态晶体的简称，它是既具有液体的流动性，又具有某些光学特性的有机化合物，其透明度和颜色受外加电场的控制。利用这一特点可制作成字符显示器。

液晶显示器控制显示原理为：当没有外加电场时，液晶分子排列整齐，入射的光线绝大部分被反射回来，液晶呈现透明状态，不显示数字，如图 7-12（a）所示。当在相应字段的电极加上电压时，液晶中的导电正离子作定向运动，在运动过程中不断撞击液晶分子从而破坏了液晶分子的整齐排列，使入射光产生了散射而变得混浊，使原来透明的液晶变成了暗灰色，这种现象称为动态散射效应。当外加电压断开时，液晶分子又恢复到整齐排列的状态，显示的数字也随之消失。如将七段透明的电极排列成"🔲"字形，则只要选择不同的电极组合并加以正电压，便能显示出各种字符来。

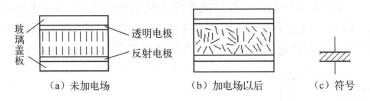

（a）未加电场　　　（b）加电场以后　　　（c）符号

图 7-12　液晶显示器的结构及符号

为了使离子撞击液晶分子的过程不断进行，通常在液晶显示器的两个电极上加以数十至数百赫兹的交变电压，此交变电压的控制可用异或门来实现，如图 7-13（a）所示。若 $A = 0$ 时，$V_L = 0$，此时显示器不工作，呈白色；若 $A = 1$ 时，V_L 为幅度等于两倍 V_1 的对称方波，此时显示器工作，呈灰暗色。各点电压波形如图 7-13（b）所示。

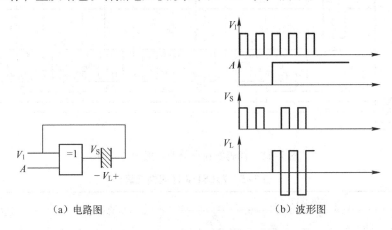

（a）电路图　　　　　　　　　　（b）波形图

图 7-13　用异或门驱动液晶显示

液晶显示器具有功耗极小、工作电压低等优点，但同时也具有显示不够清晰、响应速度慢等缺点。

7.3.2　数据选择器和数据分配器

1. 数据选择器

在数字信号的传送系统中，很多情况下需要从一组输入数据中选出其中的某一个，即从多个数据中选择一个数据输出，完成这一功能的逻辑电路就称为数据选择器。它实际上相当于一个多输入的单刀多掷开关，如图 7-14 所示。

74LS151 是 8 选 1 数据选择器，图 7-15 为其引脚排列图，其功能表见表 7-6。其中 C，B，A 为三个地址输入端，$D_0 \sim D_7$ 是 8 个数据输入端，Y 为同相输出，W 为反相输出端，G 为输入使能端，低电平有效。

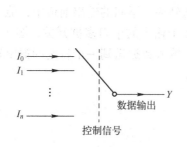

图 7-14　数据选择器的示意图　　　　图 7-15　74LS151 引脚图

表 7-6　74LS151 的功能表

输　入				输　出	
使　能	选　择				
G	C	B	A	Y	W
1	×	×	×	0	1
0	0	0	0	D_0	$\overline{D_0}$
0	0	0	1	D_1	$\overline{D_1}$
0	0	1	0	D_2	$\overline{D_2}$
0	0	1	1	D_3	$\overline{D_3}$
0	1	0	0	D_4	$\overline{D_4}$
0	1	0	1	D_5	$\overline{D_5}$
0	1	1	0	D_6	$\overline{D_6}$
0	1	1	1	D_7	$\overline{D_7}$

由表 7-6 可知，Y 与 W 为互补输出端，$Y = \overline{W}$，而且输出端表达式为

$$Y = \overline{C}\,\overline{B}\,\overline{A}D_0 + \overline{C}\,\overline{B}AD_1 + \overline{C}B\overline{A}D_2 + \overline{C}BAD_3 + C\overline{B}\,\overline{A}D_4 + C\overline{B}AD_5 + CB\overline{A}D_6 + CBAD_7$$

$$= \sum_{k=0}^{7} m_k D_k$$

其中 m_k 为 CBA 的最小项，而且由上式可知，当 $D_k = 1$ 时对应的最小项就在函数式中出现，$D_k = 0$ 时对应的最小项就不出现。例如当 $CBA = 101$ 时，$Y = D_5$，即把 D_5 的值送到输出

Y 端。利用这一特点可实现组合逻辑函数。

例 7-1 试用 8 选 1 数据选择器 74LS151 实现逻辑函数：

$$F = \bar{A}_2 \bar{A}_1 A_0 + \bar{A}_2 A_1 A_0 + A_2 \bar{A}_1 A_0 + A_2 A_1 A_0$$

解： 根据 74LS151 的功能写出其输出表达式：

$$Y = M_0 D_0 + M_1 D_1 + M_2 D_2 + M_3 D_3 + M_4 D_4 + M_5 D_5 + M_6 D_6 + M_7 D_7$$

而将函数 F 写成最小项的形式：

$$Y = m_1 + m_3 + m_5 + m_7$$

观察比较上述两式可发现，只须令 $D_1 = D_3 = D_5 = D_7 = 1$，$D_0 = D_2 = D_4 = D_6 = 0$ 即可。由此可画出如图 7-16 所示由 74LS151 产生逻辑函数 F 的逻辑图。

2. 数据分配器

数据分配就是将一个输入数据根据需要分时送到多个不同的输出通道中，能实现这种功能的逻辑电路称为数据分配器。实际上就相当于多个输出的单刀多掷开关，图 7-17 所示为数据分配的示意图。数据分配器在同一时刻只能把输入数据送到一个特定的输出端，这个特定的输出端由特定的控制信号来控制。

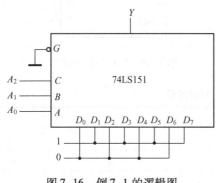

图 7-16 例 7-1 的逻辑图

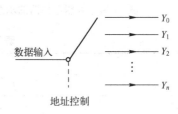

图 7-17 数据分配示意图

由于译码器和数据分配器的功能非常接近，所以译码器一个很重要的应用就是构成数据分配器。也正因为如此，市场上没有集成数据分配器产品，只有集成译码器产品。当需要数据分配器时，可以用译码器改接。

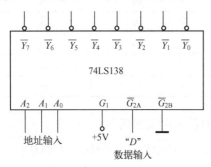

图 7-18 由 74LS138 构成的 8 路数据分配器

图 7-18 所示为由 3 线 - 8 线译码器 74LS138 构成的 8 路数据分配器。图中 A_2，A_1，A_0 为地址信号输入端，$\bar{Y}_0 \sim \bar{Y}_7$ 为数据输出端，$\bar{G}_{2A}$ 作为数据输入端，不用的 $\bar{G}_{2B}$ 接低电平，G_1 接高电平。如当地址 $A_2 A_1 A_0 = 000$ 时，若输入数据 $D = 0$，即 $\bar{G}_{2A} = 0$，则译码器使能正常，译码结果 $\bar{Y}_0 = 0$，正好相当于将输入 D 分配给 $\bar{Y}_0$，若输入数据 $D = 1$，即 $\bar{G}_{2A} = 1$，则译码器禁止译码，结果 $\bar{Y}_0 = 1$，同样完成了将输入 D 分配给 $\bar{Y}_0$，功能表见表 7-7。

表 7-7　由 74LS138 构成的 8 路数据分配器的功能表

控 制 输 入			输　　出							
A_2	A_1	A_0	$\overline{Y_0}$	$\overline{Y_1}$	$\overline{Y_2}$	$\overline{Y_3}$	$\overline{Y_4}$	$\overline{Y_5}$	$\overline{Y_6}$	$\overline{Y_7}$
0	0	0	D	1	1	1	1	1	1	1
0	0	1	1	D	1	1	1	1	1	1
0	1	0	1	1	D	1	1	1	1	1
0	1	1	1	1	1	D	1	1	1	1
1	0	0	1	1	1	1	D	1	1	1
1	0	1	1	1	1	1	1	D	1	1
1	1	0	1	1	1	1	1	1	D	1
1	1	1	1	1	1	1	1	1	1	D

能力训练

实训 7-1　74LS47 功能测试

1. 实训目的

（1）熟悉数码显示器的工作原理和使用方法。

（2）掌握译码驱动器的工作原理及数码管的特点。

2. 实训电路

74LS47 是 BCD 码到七段码的显示译码器，它可以直接驱动共阳极数码管，它的引脚排列与 74LS48 完全一样。按照图 7-19 连接好电路，按以下步骤进行测试。

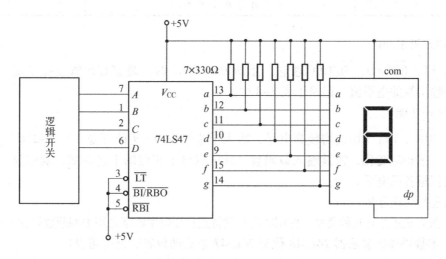

图 7-19　74LS47 的功能测试

3. 实训内容与步骤

1）试灯功能测试

给 LT 端加低电平，$\overline{BI}/\overline{RBO}$ 端加高电平，观察此时数码管显示数字，用万用表测试 74LS47 的输出端 $a \sim g$ 的逻辑电平，并记录于表 7-8 中。

2）灭灯功能

将$\overline{BI}/\overline{RBO}$端加低电平，不管其他输入端加什么电平，观察数码管发亮情况，并测试$a \sim g$七个输出端的电平值，记录于表7-8中。

表7-8　74LS47功能测试

功　能	输　入							输　出							
	控制输入			数码输入				显示数码	七段输出逻辑状态						
	$\overline{LT}$	$\overline{RBI}$	$\overline{BI}/\overline{RBO}$	D	C	B	A		a	b	c	d	e	f	g
试灯	0	×	1	×	×	×	×								
灭灯	×	×	0	×	×	×	×								
灭零	1	0	悬空	0	0	0	0								
译码	1	1	1	0	0	0	0								
	1	1	1	0	0	0	1								
	1	1	1	0	0	1	0								
	1	1	1	0	0	1	1								
	1	1	1	0	1	0	0								
	1	1	1	0	1	0	1								
	1	1	1	0	1	1	0								
	1	1	1	0	1	1	1								
	1	1	1	1	0	0	0								
	1	1	1	1	0	0	1								

3）动态灭零功能

使$\overline{LT}=1$，$\overline{RBI}=0$，$\overline{BI}/\overline{RBO}$悬空，且$DCBA=0000$时，观察数码管发亮情况，并测试$a \sim g$七个输出端的电平值，记录于表7-8中。

4）译码功能

将$\overline{BI}/\overline{RBO}$，$\overline{LT}$，$\overline{RBI}$端均接高电平，输入十进制数$0 \sim 9$的任意一组8421BCD码，则$a \sim g$端会电平相应变化，将其输入数码管，就可以显示相应的十进制数，观察显示情况并用万用表测量各段电平。

下面进行讨论分析：

（1）数码显示器有几种类型？使用时应有何特点？如何用数字万用表判断数码管的极性？

（2）用数码译码显示器74LS48代替74LS47来驱动数码管是否可以？

（3）动态灭零时输入0000不显示，那么输入其他数码显示吗？

实训7-2　编/译码及数码显示测试

在图7-19的基础上要求对8个输入端进行编码，然后由译码器译码显示。

图7-20所示电路是给出的参考电路。连接好电路，在8个输入端分别加上低电平信号，观察数码显示的数码。

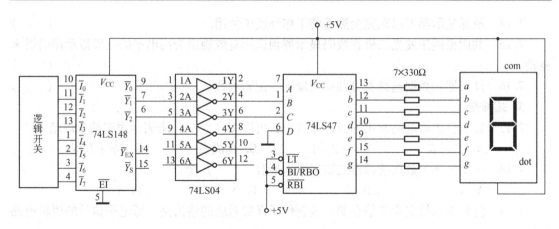

图 7-20 编/译码及数码显示电路

通过电路连接与测试，要求讨论分析：

（1）简要分析电路工作原理及各个芯片的作用。

（2）电路出现故障，应如何用万用表快速查出故障点并解决问题？

（3）如果撤掉 74LS04 芯片，结果将是什么？

练习与思考

（一）练习题

1. 填空题

7.1 数字电路根据逻辑功能的不同特点，通常将其分为两大类，一类叫做_____，另一类叫做_____。

7.2 组合逻辑电路任意时刻的输出仅仅与该时刻的_____有关，而与该时刻之前的电路状态无关。

7.3 将二进制数码按一定的规律编排，使每组代码具有一特定的含义，这个过程叫做_____。

7.4 4-16 二进制译码器有_____个输入，_____个输出，工作时译码器只有一个输出有效。

7.5 某班级有学生 60 人，若对学号进行二进制编码，需要_____位二进制数。

7.6 半导体数码显示器的内部接法有两种形式：共_____接法和共_____接法。

7.7 对于共阳极接法的发光二极管数码显示器，应采用_____电平驱动的七段显示译码器。

2. 判断题

7.8 从结构看，组合逻辑电路由门电路构成，不含有任何记忆性器件。　　（　　）

7.9 在二进制译码器中，若输入有 4 位代码，则输出有 8 个信号。　　（　　）

7.10 从若干个输入数据中选择一个作为输出的电路叫数据分配器。　　（　　）

7.11 优先编码器的编码信号是相互排斥的，不允许多个编码信号同时有效。　　（　　）

7.12 编码与译码是互逆的过程。　　（　　）

7.13 液晶显示器的优点是功耗极小、工作电压低。　　（　　）

7.14 液晶显示器可以在完全黑暗的工作环境中使用。　　　　　　　　（　　）

7.15 共阴极接法发光二极管数码显示器须选用有效输出为高电平的七段显示译码器来驱动。　　　　　　　　（　　）

7.16 译码器和数据选择器可共同实现同一逻辑函数。　　　　　　　　（　　）

3. 选择题

7.17 在组合逻辑电路常用的设计方法中，可以用（　　）来表示逻辑抽象的结果。
　　　A. 状态表　　　　B. 状态图　　　　C. 真值表　　　　D. 特性方程

7.18 一个8选一数据选择器的数据输入端有（　　）个。
　　　A. 1　　　　B. 2　　　　C. 3　　　　D. 8

7.19 能将表示特定意义信息的二进制代码译成对应的输出高、低电平信号的逻辑电路称为（　　）。
　　　A. 编码器　　　　B. 译码器　　　　C. 数据选择器　　　　D. 比较器

7.20 要判断两个二进制数的大小时，可以用（　　）。
　　　A. 编码器　　　　B. 数据分配器　　　　C. 数据选择器　　　　D. 比较器

7.21 半导体二极管的每个显示线段都是由（　　）构成的。
　　　A. 发光三极管　　　　B. 熔丝　　　　C. 发光二极管　　　　D. 灯丝

7.22 下面（　　）译码器不能显示 BCD 码。
　　　A. 74LS48　　　　B. 74LS47　　　　C. 74LS138　　　　D. CD4511

7.23 BCD 译码器的输出 $a \sim g$ 为 0000001，驱动图题 7.23 所示数码管时可显示数（　　）。
　　　A. 0　　　　B. 2　　　　C. 8　　　　D. 5

7.24 半导体数码显示器的工作电流大约 10mA 左右，如图题 7.24 所示，其限流电阻应选择（　　）较为合适。
　　　A. 30Ω　　　　B. 300Ω　　　　C. 3kΩ　　　　D. 10kΩ

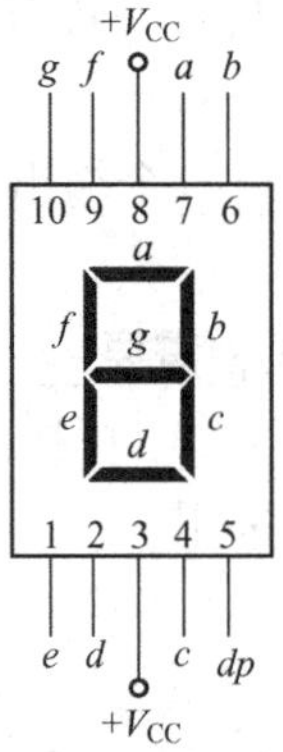

图题 7.23 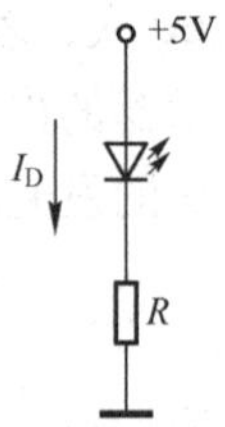　　　　　　　　图题 7.24

7.25 在下列逻辑电路中，不是组合逻辑电路的有（　　）。
　　　A. 寄存器　　　　B. 分配器　　　　C. 全加器　　　　D. 译码器

7.26 图题 7.26 所示的四选一数据选择器输出 $Y =$（　　）。
　　　A. $Y = A$　　　　B. $Y = AB$　　　　C. $Y = \overline{A}\,\overline{B}$　　　　D. B

7.27　当 $A_2A_1A_0=110$ 时，图题 7.27 所示的 74LS138 译码器（　　）输出端为 0。

A. $\overline{Y}_1$　　　　　B. $\overline{Y}_4$　　　　　C. $\overline{Y}_6$　　　　　D. $\overline{Y}_3$

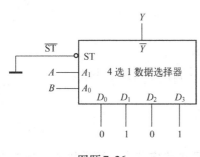
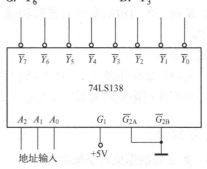

图题 7.26　　　　　　　　　　　　　　　图题 7.27

7.28　八路数据分配器的地址输入端有（　　）个。

A. 2　　　　　　　B. 3　　　　　　　C. 4　　　　　　　D. 8

7.29　七段数码显示译码电路应有（　　）个输出端。

A. 3　　　　　　　B. 8　　　　　　　C. 7　　　　　　　D. 10

4．综合题

7.30　某逻辑函数由图题 7.30 所示数据选择器实现，求逻辑函数的最简表达式。

7.31　用与非门设计一个楼上、楼下开关的控制逻辑电路来控制楼梯上的路灯，使之在上楼前，用楼下开关打开电灯，上楼后，用楼上开关关灭电灯；或者在下楼前，用楼上开关打开电灯，下楼后，用楼下开关关灭电灯。

7.32　用 74LS138 译码器和与非门电路实现逻辑函数：

$$F=\overline{A}\,\overline{B}\,\overline{C}+\overline{A}B\,\overline{C}+A\,\overline{B}\,\overline{C}+ABC$$

7.33　设计一个判断 0~9 中哪些数大于等于 5 的电路。

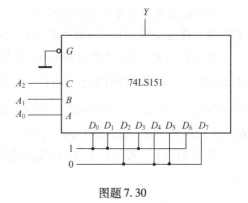

图题 7.30

（二）思考题

7.34　什么是编码器？何谓优先编码器？编码器对输入、输出端数目有何要求？

7.35　什么是译码器？译码器有几种？

7.36　数码管是按照什么分类的？对七段显示译码器有无要求？

7.37　逻辑函数可以由组合逻辑电路来实现，试举例说明。

任务 2　集成触发器

学习目标

1．知识目标

（1）掌握基本 RS 触发器的电路结构、工作原理和特点，理解触发器现态和次态的概念。

（2）了解同步触发器的逻辑功能和工作特点。

（3）掌握各种边沿触发器的逻辑功能、特性方程、工作特点及异步置0和异步置1的优先概念。

2．能力目标

（1）能够正确使用基本 RS 触发器和集成触发器。

（2）具有典型集成触发器的应用能力，能够设计制作小型数字系统。

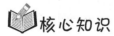核心知识

7.4 触发器的组成与逻辑功能

触发器是具有记忆功能的基本逻辑单元，它有两个稳定状态，可分别表示成二进制数0和1，在输入信号和脉冲作用下，触发器的两个稳定状态可以互相转换，当输入信号及脉冲作用消失后，已转换的稳定状态可以长期保存。

根据触发器电路结构的不同，可分为基本 RS 触发器和时钟触发器两大类。在时钟触发器中，又有电平触发的触发器和边沿触发器两类。这些不同的电路结构带来了不同的动作特点，掌握这些动作特点对于正确使用这些触发器是十分重要的。

7.4.1 基本 RS 触发器

1．RS 触发器的电路组成

各种组合逻辑电路在输入信号作用下，虽然具有两种不同的输出状态（0 或 1），但由于电路中没有反馈环节，因此不具有记忆功能。

图 7-21（a）所示电路为基本 RS 触发器，由两个与非门组成的，它有两个稳态，一般以 Q 端的状态作为触发器的状态，当 $Q=1$，$\overline{Q}=0$ 时，称触发器处于1态；反之，当 $Q=0$，$\overline{Q}=1$ 时，称它处于0态。由于输入的一对触发信号是低电平有效，所以用 $\overline{S}_d$ 和 $\overline{R}_d$ 表示输入端，并称 $\overline{S}(\text{Set})$ 端为"置1输入端"或"置位端"，$\overline{R}(\text{Reset})$ 为"置0输入端"或"复位端"。

图 7-21（b）表示基本 RS 触发器的逻辑符号，输入端的小圆圈表示触发信号为低电平有效。

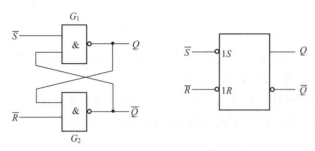

（a）基本 RS 触发器的逻辑电路　　（b）基本 RS 触发器的逻辑符号

图 7-21　基本 RS 触发器

2．工作原理

根据"与非"门的逻辑关系，分析基本 RS 触发器的工作原理如下。

1）$\bar{S}=0$，$\bar{R}=1$

假定触发器原来处于 0 状态（规定 Q 端的状态为触发器状态），根据与非门的逻辑功能，此时 $Q=1$，$\bar{Q}=0$，触发器由原来的 0 状态翻转为 1 状态，即使撤除输入信号，由于 $\bar{Q}=0$ 的反馈作用，触发器输出可稳定地保持 1 状态不变。假定触发器原来为 1 状态，触发器输出状态将保持不变，即 $Q=1$，$\bar{Q}=0$，由于 $\bar{S}$ 端加入有效的低电平输入使触发器置 1，故称 $\bar{S}$ 端为置 1 端。

2）$\bar{S}=1$，$\bar{R}=0$

不管触发器原来处于何种状态，此时触发器的输出为 $Q=0$，$\bar{Q}=1$，由于 $\bar{R}$ 端加入有效的低电平输入使触发器置 1，故称 $\bar{R}$ 端为置 0 端。

3）$\bar{S}=1$，$\bar{R}=1$

若触发器原来处于 0 状态，则有 $Q=0$，$\bar{Q}=1$，若触发器原来为 1 状态，则有 $Q=1$，$\bar{Q}=0$，称触发器处于保持状态。

4）$\bar{S}=0$，$\bar{R}=0$

两个与非门均被封锁，迫使 $Q=\bar{Q}=1$，两个输出端失去互补性，出现一种未定义的状态，没有意义。特别在 $\bar{S}=\bar{R}=0$ 的信号同时消失后，触发器的状态是 0 态还是 1 态，无法确定。为避免触发器的输出状态不确定，输入信号必须遵守 $\bar{S}$ 和 $\bar{R}$ 不允许同时为 0 的约束条件，可写为 $\bar{S}+\bar{R}=1$ 或 $\bar{S}\cdot\bar{R}=0$。

3. 逻辑功能描述

触发器的逻辑功能，可以用它的真值表、特性方程、状态转换图和时序图来描述。这些描述方法在本质上是一致的，它们可以相互转化。

1）真值表

规定触发器在接收信号之前所处的状态，称为现态，用 Q^n 表示；触发器在接收信号之后建立的新的稳定状态，称为次态，用 Q^{n+1} 表示。表述 Q^{n+1} 和 Q^n，$\bar{R}$，$\bar{S}$ 之间的关系的真值表见表 7-9。根据工作原理的分析也可以列出表 7-9 所示的简化表。

表 7-9　基本 RS 触发器的真值表

$\bar{R}$	$\bar{S}$	Q^n	Q^{n+1}	说　　明
0	0	0	×	禁止
0	0	1	×	
0	1	0	0	置0
0	1	1	0	
1	0	0	1	置1
1	0	1	1	
1	1	0	0	保持
1	1	1	1	

2）特性方程

描述触发器逻辑功能的函数表达式称为特性方程或状态方程，它其实就是 Q^{n+1} 的表达式。根据表 7-9 画出如图 7-22 所示的卡诺图。

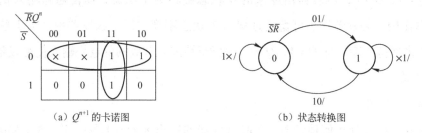

（a）Q^{n+1} 的卡诺图　　（b）状态转换图

图 7-22　基本 RS 触发器

由卡诺图化简得出基本 RS 的特性如下：

$$\begin{cases} Q^{n+1} = S + \overline{R}Q^n \\ RS = 0 \end{cases}$$

式中 $RS=0$ 为约束条件，表示 $\overline{S}$ 和 $\overline{R}$ 不能同时为 0，即 R 和 S 不能同时为 1。

3）状态转换图

触发器的逻辑功能还可采用状态转换图描述，如图 7-22（b）所示。用圆圈中 0 和 1 分别代表触发器的两个稳定状态，箭头表示在输入信号作用下状态转换的方向，箭头旁的标注表示状态转换时的条件，"×"表示任意。

4）时序图

反映输入信号和输出状态之间关系的工作波形图，称为时序图。图 7-23 就是基本 RS 触发器的时序图。时序图的特点是可以直观、形象地显示触发器的输入与输出之间的关系。图 7-23 中，当 $\overline{S}=\overline{R}=0$ 的状态，使得输出出现不正常的 $Q=\overline{Q}=1$。随后若出现 $\overline{S}=\overline{R}=1$，则 Q 和 $\overline{Q}$ 为不定状态。我们用虚线画出，以表示触发器处于失效状态，直至 $\overline{S}$ 或 $\overline{R}$ 的输入使输出有确定状态为止。

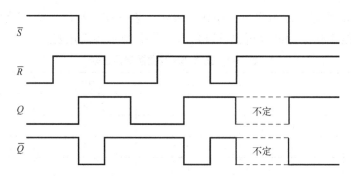

图 7-23　基本 RS 的时序图

7.4.2　同步 RS 触发器

1. 电路组成

同步 RS 触发器的电路如图 7-24（a）所示。它是在基本 RS 触发器的基础上，增加了

两个与非门 G_3，G_4 及一个时钟脉冲端 CP。逻辑符号如图 7-23（b）所示。

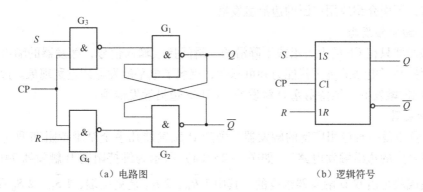

（a）电路图　　　　　　　　　（b）逻辑符号

图 7-24　同步 RS 触发器

2. 逻辑功能

当 CP = 0 时，无论 R，S 为何值，与非门 G_3，G_4 被封锁，基本 RS 触发器保持原态。

当 CP = 1 时，R，S 信号进入电路的输入端。触发器的状态取决于 R，S 的电平。其输出状态随 R，S 的变化而变化，见表 7-10。

表 7-10　同步 RS 触发器的功能表

CP	R	S	Q^{n+1}	功　能
0	×	×	Q^n	保持
1	0	0	Q^n	保持
1	0	1	1	置1
1	1	0	0	置1
1	1	1	×	禁止

由表 7-10 可知，基本 RS 触发器与同步 RS 触发器功能是相同的，但同步 RS 触发器由于引入了时钟控制，提高了触发器的应用性能。

3. 同步 RS 触发器的空翻问题

给时序逻辑电路加时钟脉冲的目的是统一电路动作的节拍。对触发器而言，在一个时钟脉冲作用下，要求触发器的状态只能翻转一次。而同步 RS 触发器没考虑在一个时钟脉冲期间，控制端的输入信号发生变化的问题。如果输入信号发生变化，会产生什么现象呢？

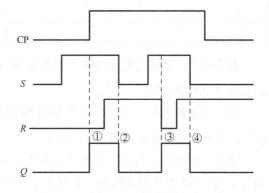

如图 7-25 所示，设触发器的初始状态 $Q = 0$，在 CP = 1 期间，$S = 1$，$R = 0$，触发器翻转为 $Q = 1$，$\overline{Q} = 0$；但由于 CP 脉冲的宽度较宽，S，R 又发生了变化，使触发器经过 4 次翻转，最终翻转回 $Q = 0$ 的状态。在一个时钟脉冲的作用下，触发器状态可能发生两次或两次以上的翻转，这种现象称为空翻。

图 7-25　同步 RS 触发器的空翻现象

显然，同步触发器存在空翻现象，在实际应用中只能用于数据存储，而不能用于计数、移位等电路，下面介绍应用广泛的边沿触发器。

7.4.3　边沿触发器

边沿触发器只在 CP 的上升沿或下降沿的一瞬间接收输入信号，触发器的输出才会发生变换，从而提高了电路的抗干扰能力和可靠性，克服了电平触发器的空翻现象。边沿触发器主要有边沿 JK 触发器、维持阻塞 D 触发器、CMOS 边沿触发器等。

1. D 触发器

D 触发器也是一种应用广泛的触发器。国产 D 触发器几乎全是维持阻塞型（维持阻塞型是上升沿触发的边沿触发电路），如图 7-26（a）所示为维持阻塞 D 触发器 74LS74 的引脚图，该集成块是由双 D 触发器组成的，其中 $1\overline{R}_D$，$2\overline{R}_D$ 是复位端，$1\overline{S}_D$，$2\overline{S}_D$ 是置位端，$1D$，$2D$ 是触发器的输入端，$1CP$，$2CP$ 是触发脉冲输入端。图 7-26（b）为 D 触发器的逻辑符号，其真值表见表 7-11，D 触发器的特征方程也很简单，为 $Q^{n+1}=D(\text{CP}\uparrow)$。

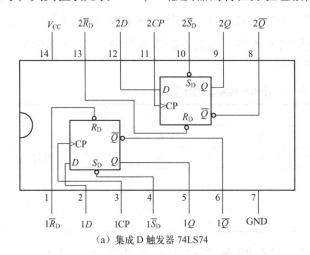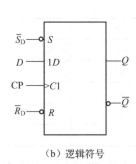

（a）集成 D 触发器 74LS74　　　　　　（b）逻辑符号

图 7-26　集成边沿 D 触发器

表 7-11　D 触发器的真值表

CP	D	Q^{n+1}
↑	0	0
↑	1	1

例 7-2　已知维持阻塞边沿 D 触发器输入 CP 和 D 信号的波形如图 7-27 所示，试画出输出端 Q 和 $\overline{Q}$ 的波形。

解：只要根据每一个 CP 上升到来瞬间前 D 的状态，就可以决定触发器每一个状态 Q^{n+1}，其 Q 和 $\overline{Q}$ 的波形如图 7-27 所示。

值得一提的是，现态、次态是相对于某一特定的 CP 上升沿而言。如触发器的某一状态相对于某个 CP 上升沿是次态，但对于下一个 CP 上升沿来说便又是现态，依次类推。

2. JK 触发器

JK 触发器是一种多功能触发器，在实际中应用很广。JK 触发器是在 RS 触发器基础上

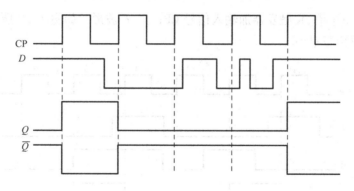

图 7-27　例 7-2 的波形图

改进而来的，在使用中没有约束条件。常见的 JK 触发器有主从结构的，也有边沿型的。

如图 7-28（a）所示为负边沿 JK 触发器 74LS112 的引脚图，该集成块是由双 JK 触发器组成的，其中 $1\overline{R}_D$，$2\overline{R}_D$ 是复位端，$1\overline{S}_D$，$2\overline{S}_D$ 是置位端，1J，1K，2J，2K 是触发器的输入端，1CP，2CP 是触发脉冲输入端，1Q，2Q 是输出端。图 7-28（b）为 JK 触发器的逻辑符号，其真值表见表 7-12。

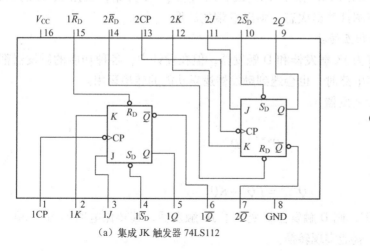
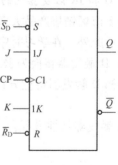

（a）集成 JK 触发器 74LS112　　　　　　　　　　（b）逻辑符号

图 7-28　集成边沿 JK 触发器

表 7-12　JK 触发器的真值表

$\overline{S}_D$	$\overline{R}_D$	CP	J	K	Q^{n+1}	$\overline{Q}^{n+1}$	说　明
0	1	×	×	×	1	0	异步置 1
1	0	×	×	×	0	1	异步置 0
1	1	↓	0	0	Q^n	$\overline{Q}^n$	保持
1	1	↓	0	1	0	1	置 0
1	1	↓	1	0	1	0	置 1
1	1	↓	1	1	$\overline{Q}^n$	Q^n	翻转

JK 触发器的特征方程也很简单，为 $Q^{n+1} = J\overline{Q}^n + \overline{K}Q^n$（CP↓）。

例 7-3 对负边沿 JK 触发器加输入信号 CP，J，K 波形，如图 7-29 所示，试画出输出端 Q 的波形，设初态 $Q=0$。

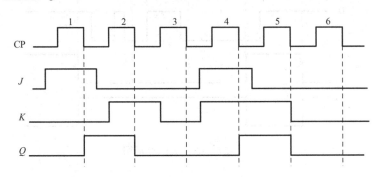

图 7-29　例 7-3 的波形图

解： 根据每一个 CP 下降沿到来之前瞬间 J，K 的逻辑状态，就可以确定在每个 CP 下降沿作用后的次态 Q^{n+1} 的波形，而在 CP 变化前后，输入信号状态变化对触发器状态都不产生影响，触发器状态的改变只可能在 CP 的下降沿。

首先画出每个 CP 下降沿作用瞬间的时标虚线，从初态 $Q=0$ 开始，根据 J，K 的状态，按特性方程、特性表或状态图计算出次态，画出 Q 端的波形。

3. D 和 JK 触发器间的相互转换

由于市场销售产品大多为 JK 触发器和 D 触发器，但在设计中，各种功能的触发器都会有需求。此外，在学习时序电路时，也会遇到触发器逻辑功能的转型运用。

1）D 触发器转换为 JK 触发器

已知 D 触发器特性方程：

$$Q^{n+1} = D$$

JK 触发器特性方程：

$$Q^{n+1} = J\,\overline{Q^n} + \overline{K}Q^n$$

只要使得 $D = J\,\overline{Q^n} + \overline{K}Q^n$，则 D 触发器就变成了 JK 触发器，其转化电路如图 7-30（a）所示，通过增加辅助电路，就能实现转换。

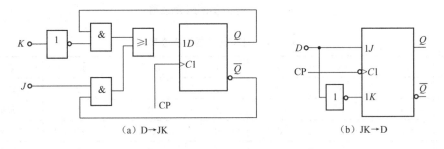

（a）D→JK　　　　　　　　　　　（b）JK→D

图 7-30　触发器间的相互转换

2）JK 触发器转换为 D 触发器

转换的常用方法是比较已有触发器和待求触发器输入端的逻辑表达方式，即驱动方程。

将 D 触发器特性方程化为

$$Q^{n+1} = D = D(\overline{Q^n} + Q) = D\,\overline{Q^n} + DQ^n$$

比较两者的特性方程可得：$J = D$，$K = \overline{D}$，则 JK 触发器就变成了 D 触发器，其转化电路如图 7-30（b）所示。

4. 常用集成触发器

目前市场上出售的集成触发器产品通常为 JK 触发器和 D 触发器两种类型，常用集成触发器见表 7-13。

表 7-13　常用集成触发器

系　列	型　号	名　称	触发方式
TTL	74LS74	双 D 触发器	上升沿触发
	74LS76	双 JK 触发器	下降沿触发
	74LS175	四 D 触发器	上升沿触发
	74LS112	双 JK 触发器	下降沿触发
	74LS109	双 JK 触发器	上升沿触发
	74LS373	8D 锁存器	三态输出，高电平触发
CMOS	CD4013	双 D 触发器	上升沿触发
	CD4027	双 JK 触发器	上升沿触发

应用案例

1. 防抖动电路

在调试数字电路时，经常要用到单脉冲信号，即按一下按钮只产生一个脉冲信号。由于按钮触点的金属片有弹性，所以按下时触点常发生抖动，造成多个脉冲输出，给电路调试带来困难。用基本 RS 触发器和按钮可构成无抖动的开关电路，如图 7-31 所示。

开关 S 无论是从 A 切换到 B，还是从 B 切换到 A，在切换过程中，开关 S 既不接触 A 也不接触 B，此时 RS 触发器的两个输入为逻辑 1，所以触发器处于保持状态，从而防止了抖动的产生。

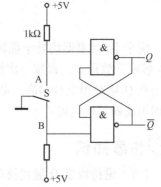

图 7-31　基本 RS 触发器组成的防抖动电路

2. 同步单脉冲发生电路

如图 7-32（a）所示，用两个 D 触发器可以产生一个同步单脉冲发生电路，该电路借助于 CP 产生两个起始不一致的脉冲，再由一个与非门来选通，便组成了一个同步单脉冲发生电路。从图 7-32（b）所示波形图可以看出，电路产生的单脉冲与 CP 脉冲严格同步，且脉冲宽度等于 CP 脉冲的一个周期。电路的正常工作与开关 S 的机械触点产生的毛刺无关，因此，可以应用于设备的启动，或系统的调试与检测。

3. 交替通断控制电路

如图 7-33 所示，利用两个 JK 触发器构成交替通断控制电路，该电路只利用一个按钮即可实现电路的接通与断开。

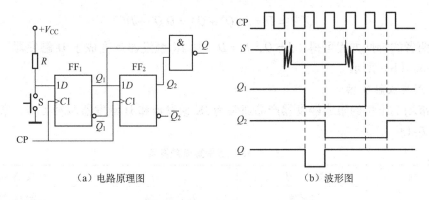

（a）电路原理图　　　　　　（b）波形图

图 7-32　同步单脉冲发生电路

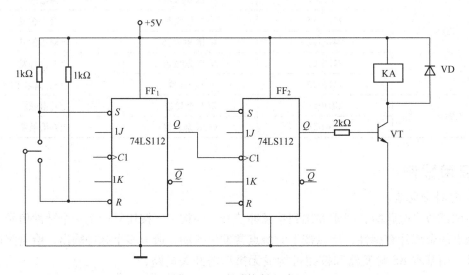

图 7-33　点动控制电路

　　两个 JK 触发器均处于翻转状态，触发器 FF$_1$ 构成无抖动开关，S 为按钮开关；触发器 FF$_2$ 接成计数形式，每按一次按钮 S，相当于为触发器 FF$_2$ 提供一个时钟脉冲下降沿。这样就会在 Q$_2$ 端获得交替的高、低电平，Q$_2$ 端经三极管 VT 驱动继电器 KA，利用 KA 的触点转换即可通断其他电路。

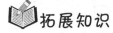拓展知识

7.5　维持阻塞 D 触发器与寄存器

7.5.1　维持阻塞 D 触发器

1. 电路组成

　　维持阻塞式边沿 D 触发器的逻辑图和逻辑符号如图 7-34 所示。该触发器由六个与非门组成，其中 G$_1$，G$_2$ 构成基本 RS 触发器，G$_3$，G$_4$ 组成时钟控制电路，G$_5$，G$_6$ 组成数据输入电路。$\overline{R}_D$ 和 $\overline{S}_D$ 分别是直接置 0 和直接置 1 端，有效电平为低电平。分析工作原理时，设 $\overline{R}_D$ 和 $\overline{S}_D$ 均为高电平，不影响电路的工作。

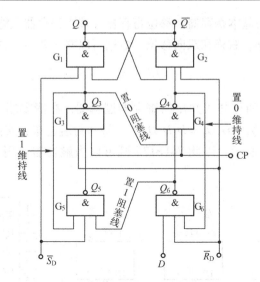

图 7-34　维持阻塞型 D 触发器逻辑图

2. 工作原理

电路工作过程如下。

（1）CP = 0 时，与非门 G_3 和 G_4 封锁，其输出为 1，触发器的状态不变。同时，由于 Q_3 至 G_5 和 Q_4 至 G_6 的反馈信号将两个门 G_5，G_6 打开，因此可接收输入信号 D，$Q_5 = D$，$Q_6 = \overline{D}$，触发器处于等待翻转状态。

（2）当 CP 由 0 变 1 时，门 G_3 和 G_4 打开，它们的输出 Q_3 和 Q_4 的状态由 G_5 和 G_6 的输出状态决定。$Q_3 = \overline{Q_5} = \overline{D}$，$Q_4 = \overline{Q_6} = D$。由基本 RS 触发器的逻辑功能可知 $Q = D$。

（3）触发器翻转后，在 CP = 1 时输入信号被封锁。G_3 和 G_4 打开后，它们的输出 Q_3 和 Q_4 的状态是互补的，即必定有一个是 0，若 Q_4 为 0，则经 G_4 输出至 G_6 输入的反馈线将 G_6 封锁，即封锁了 D 通往基本 RS 触发器的路径，该反馈线使触发器维持在 0 状态，故该反馈线称为置 0 维持线；同时，Q_6 通过置 1 阻塞线保持 $Q_5 = 0$，从而阻塞 G_3 输出置 0 负脉冲，使触发器保持 0 状态不变，阻止触发器变为 1 状态的作用，故该反馈线称为置 1 阻塞线。若 G_3 为 0 时，将 G_4 和 G_5 封锁，D 端通往基本 RS 触发器的路径也被封锁，G_3 输出端至 G_5 反馈线起到使触发器维持在 1 状态的作用，称为置 1 维持线；G_3 输出端至 G_4 输入的反馈线起到阻止触发器置 0 的作用，称为置 0 阻塞线。因此，该触发器称为维持阻塞触发器。

由以上分析可知，维持阻塞 D 触发器的特性方程为

$$Q^{n+1} = D,\ \text{CP} \uparrow 有效$$

当维持阻塞作用产生之后，即 CP = 1 期间，D 信号将失去作用，这种维持阻塞作用将一直保持到 CP 的上升沿到来时为止。为了使用上的方便，集成维持阻塞结构 D 触发器常设置有异步输入端 $\overline{R}_D$（直接复位端）和 $\overline{S}_D$（直接置位端），低电平有效。

7.5.2　寄存器

具有接收、暂存和传送二进制数码功能的逻辑部件称为寄存器，它的主要组成部分是触发器。一个触发器能寄存一位二进制代码，寄存 n 位二进制代码的寄存器由 n 个触发器组成，因此集成寄存器实际上就是若干触发器的集合。

寄存器按功能划分为基本寄存器和移位寄存器。基本寄存器只能并行送入、并行输出数据；移位寄存器分为左移、右移和双向移位，数据可以并入并出、并入串出、串入串出和串入并出。

1. 数码寄存器

如图 7-35 所示，是四位并入并出的寄存器逻辑图，在清零端"CR"无效时，当脉冲 CP 上升沿到来时，输出 $Q_3Q_2Q_1Q_0 = D_3D_2D_1D_0$，将其封装起来，实际上就是集成四 D 触发器 74LS175，如图 7-36 所示。因此 74LS175 既可以当触发器使用，也可以当数码寄存器使用。

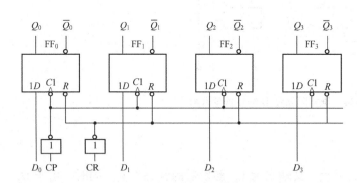

图 7-35 数码寄存器逻辑图   图 7-36 集成触发器/寄存器 74LS175

表 7-14 是 74LS175 的逻辑功能表。

表 7-14 四位寄存器 74LS175 功能表

输　　入			输　　出	
$\overline{R}_D$	CP	D	Q	$\overline{Q}$
0	×	×	0	1
1	↑	1	1	0
1	↑	0	0	1
1	0	×	保持	

若设计一个四人抢答器，如果用 74LS74 双 D 触发器，则需要两块芯片，若用 74LS175 来设计的话，电路就简单得多，如图 7-37 所示。

抢答器工作过程：先将触发器复位，只要有人抢答，如 1D 输入为 1，则在 CP 脉冲上升沿到来时（注意 CP 频率要设置得稍高一点，如 50Hz 以上）1Q 输出为高电平，相应发光二极管点亮，$1\overline{Q}$ 变为低电平，通过与非门 1（74LS20）输出为 1，同时 2 门输出为 0，封锁 3 门，禁止别人抢答。

2. 移位寄存器

移位寄存器除了具有存储数据的功能以外，还具有移位功能，即在移位脉冲的作用下将存储的数据逐次左移或右移。移位寄存器可以用于存储数据，也可用于数据的串行 - 并行转换、数据的运算和处理等。现以集成移位寄存器 74LS194 来说明数据寄存器的电路结构和功能。

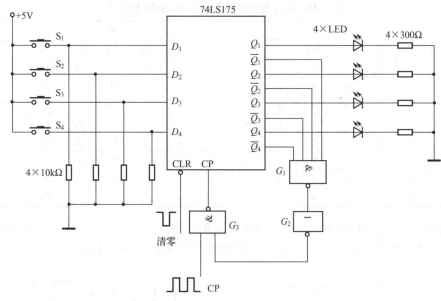

图 7-37　74LS175 构成的抢答器逻辑图

集成移位寄存器 74LS194 是一种典型的中规模四位双向移位寄存器。图 7-38 是 74LS194 的逻辑符号和引脚排列图。在其控制端加不同的电平，可实现左移、右移、并行置数、保持存数和清 0 等多种功能。其中 A，B，C，D 为并行数据输入端；D_{SL}、D_{SR} 分别为左移和右移串行数据输入端。CP 为移位脉冲输入端。$\overline{R}_D$ 为异步清 0 端。Q_A，Q_B，Q_C，Q_D 为并行数据输出端，S_1，S_0 为工作方式控制端。

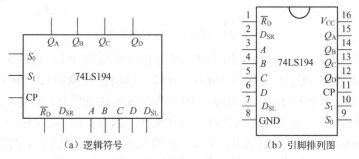

（a）逻辑符号　　　　　　（b）引脚排列图

图 7-38　四位双向移位寄存器 74LS194

由表 7-15 可以看出：

（1）异步清零：当 $\overline{R}_D = 0$ 时即刻清零，而与输入、时钟无关。

（2）保持：$\overline{R}_D = 1$，无 CP 上升沿或 $S_1S_0 = 00$ 时，各触发器保持不变。

（3）并行置数：$\overline{R}_D = 1$，$S_1S_0 = 11$ 时，在 CP 上升沿作用下进行置数 $Q_DQ_CQ_BQ_A = DCBA$。

（4）右移：$\overline{R}_D = 1$，$S_1S_0 = 01$ 时，在 CP 上升沿作用下实现右移操作，流向是 $D_{SR} \to Q_A$ $\to Q_B \to Q_C \to Q_D$，D_{SR} 是右移串行输入端。

（5）左移：$\overline{R}_D = 1$，$S_1S_0 = 10$ 时，在 CP 上升沿作用下实现左移操作，流向是 $D_{SL} \to Q_D$ $\to Q_C \to Q_B \to Q_A$，D_{SL} 是左移串行输入端。

表 7-15　四位双向移位寄存器 74LS194 功能表

输　入										输　出				功能说明
$\overline{R_D}$	S_1	S_0	CP	D_{SL}	D_{SR}	A	B	C	D	Q_A	Q_B	Q_C	Q_D	
0	×	×	×	×	×	×	×	×	×	0	0	0	0	清0
1	×	×	0	×	×	×	×	×	×	Q_A	Q_B	Q_D	Q_C	保持
1	1	1	↑	×	×	a	b	c	d	A	B	C	D	并行送数
1	0	1	↑	×	1	×	×	×	×	1	Q_A	Q_B	Q_C	右移
1	0	1	↑	×	0	×	×	×	×	0	Q_A	Q_B	Q_C	
1	1	0	↑	1	×	×	×	×	×	Q_B	Q_C	Q_D	1	左移
1	1	0	↑	0	×	×	×	×	×	Q_B	Q_C	Q_D	0	
1	0	0	×	×	×	×	×	×	×	Q_A	Q_B	Q_C	Q_D	保持

移位寄存器通过不同的连接可以实现多种应用电路，图 7-39（a）是一个用 74LS194 构成的四相脉冲序列发生器，图中 P 端接单负脉冲，CP 端输入连续脉冲。

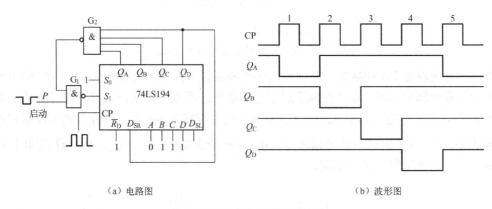

（a）电路图　　　　　　　　　　　　　　（b）波形图

图 7-39　四相脉冲序列发生器

当启动信号端 P 输入一个低电平脉冲时，使与非门 G_1 输出为 1，此时 $S_1 = S_0 = 1$ 时，移位寄存器并行输入数据，$Q_A Q_B Q_C Q_D = ABCD = 0111$。启动信号撤除后，由于寄存器输出端 $Q_A = 0$，使与非门 G_2 的输出为 1，此时 G_1 门由于两个输入端同时为 1 而输出为 0，则 $S_1 = 0$，$S_0 = 1$ 时，移位寄存器在 CP 脉冲作用下进行右移操作。因为此时 $D_{SR} = Q_D = 1$，所以最低位不断送入 1，$Q_D = 0$ 时，最低位送入 0。所以，在移位过程中，与非门 G_2 的输入端总有一个为 0，因而总能保持 G_2 的输出为 1，从而使与非门 G_1 的输出为 0，维持 $S_1 = 0$，$S_0 = 1$，右移不断进行下去。右移位情况见表 7-16，波形图如图 7-39（b）所示。由此可见，电路可按固定的时序输出低电平脉冲。

表 7-16　四相脉冲序列发生器右移状态表

脉冲序号	右移 D_{SR}	输　出			
		Q_A	Q_B	Q_C	Q_D
1	1	0	1	1	1
2	1	1	0	1	1
3	1	1	1	0	1
4	0	1	1	1	0
5	1	0	1	1	1

产生序列信号的关键是从移位寄存器的输出端引出一个反馈信号送至串行输入端。反馈逻辑电路由各种门电路构成，其输入为移位寄存器的 4 个输出端，其输出直接送串行数据输入端。选择合适的反馈组合，可以得到不同长度，不同数值的序列信号。n 位移位寄存器构成的序列信号发生器产生的序列信号的最大长度 $P = 2n$。

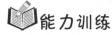能力训练

实训 7-3 集成 D 触发器的特性仿真测试

1. 实训目的

（1）进一步熟悉仿真软件的操作方法。

（2）掌握集成触发器的逻辑功能及使用方法。

2. 仿真电路（见图 7-40）

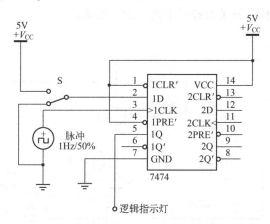

图 7-40 集成 D 触发器 74LS74 的测试电路

3. 实训内容与步骤

在 EWB 仿真环境中按照图 7-40 接好电路，图中用到了 74LS74 的第一个触发器，切换开关 S 使输入为逻辑值，按表 7-17 在输入端输入相应电平，然后加入触发单脉冲信号，观察并记录输出逻辑指示灯显示情况（发光管亮，表示输出高电平，发光管不亮，表示输出低电平），并将测试结果填入表 7-17。

表 7-17 集成 D 触发器的测试

CP	D	Q^n	Q^{n+1}	说 明
不变化	0	0		
	0	1		
	1	0		
	1	1		
↑	0	0		
	0	1		
↑	1	0		
	1	1		

通过测试我们知道：D 触发器 74LS74 只有脉冲上升沿时，输出状态才会改变，并且输出等于 D 的值。

下面进行讨论分析：

（1）请运用卡诺图理论分析，得出 D 触发器的特性方程。

（2）何为边沿触发器？边沿触发器有几类？图 7-40 中是什么边沿触发？

（3）若要使 D 触发器工作在计数状态，电路应如何连接？

（4）查阅资料，总结 D 触发器有何优点？主要应用在什么场合？

实训 7-4　八路抢答器组装与测试

1. 抢答器组装

图 7-41 是八路智力抢答器仿真电路，它主要由抢答按键、二极管编码电路、译码电路、显示电路、主持人控制开关及蜂鸣电路组成。要求：

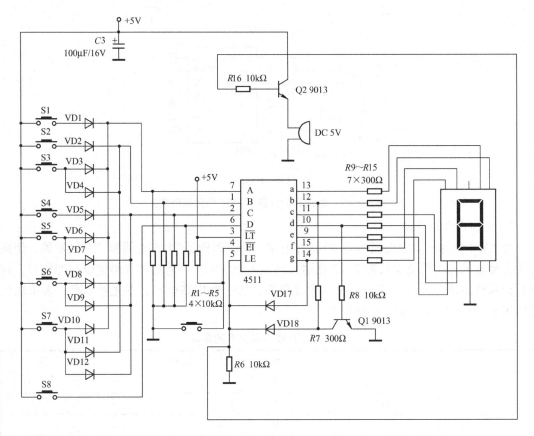

图 7-41　八路抢答器仿真电路

（1）分析电路工作原理。

（2）根据要求选择电子元器件及其参数、规格。

（3）完成电路布局、焊接。

（4）经检查正确无误后，接通电源，进行抢答测试，观察电路工作情况。

元件清单见表 7-18。

表7-18 八路抢答器元件清单

序 号	元件名称	技术参数	数 量	序 号	元件名称	技术参数	数 量
1	电阻	10kΩ	9	7	译码器	CD4511	1
2	电阻	300Ω	7	8	共阴极数码管	—	1
3	按钮	小尺寸	9	9	蜂鸣器	DC5V	1
4	普通二极管	1N4148	14	10	万用板	—	1
5	三极管	9013	2	11	焊锡丝	0.5mm	若干
6	电解电容	100μF/25V	1	12	单芯铜导线	—	若干

2. 抢答器测试

抢答器要完成以下几项任务：

（1）主持人按下按钮开关，松开后，电路才能处于准备抢答状态，数码管显示"0"，且蜂鸣器不响，允许"开始"抢答。

（2）在第一个抢答者按下按键后，随后的抢答按键无效，数码管显示第一个抢答者的号码并且蜂鸣器响。

（3）当主持人按下按钮开关不松时，处于"清除"状态，显示器灭且禁止抢答。

（4）项目评价。

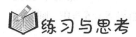练习与思考

（一）练习题

1. 填空题

7.38 触发器有_____个稳态，存储4位二进制信息要_____个触发器。

7.39 基本RS触发器在正常工作时，约束条件是_____，即它不允许输入 $R =$ _____ 且 $S =$ _____的信号。

7.40 触发器有两个互补的输出端 Q、$\bar{Q}$，定义触发器的1状态为 $Q =$ ___，$\bar{Q} =$ ____，0状态为 $Q =$ _____，$\bar{Q} =$ _____，可见触发器的状态指的是_____端的状态。

7.41 描述触发器逻辑功能的方法主要有状态转换真值表、_____和状态转换图。

7.42 在一个CP脉冲作用下，引起触发器两次或多次翻转的现象称为触发器的_____，触发方式为主从式或_____式的触发器不会出现这种现象。

7.43 时序逻辑电路由_____电路和_____电路两部分组成。

7.44 寄存器按其功能不同，可分为_____和_____。

2. 判断题

7.45 触发器是最简单的时序逻辑电路。 （ ）

7.46 存放 n 位数码需要 n 个触发器。 （ ）

7.47 触发器脉冲信号来源不同的计数器称为同步计数器。 （ ）

7.48 时序逻辑电路是无记忆功能的器件。 （ ）

7.49 组合逻辑电路是无记忆功能的器件。 （ ）

7.50 D触发器的特性方程为 $Q^{n+1} = D$，与 Q^n 无关，所以它没有记忆功能。 （ ）

7.51 同步触发器存在空翻现象，而边沿触发器和主从触发器克服了空翻。 （ ）

7.52 触发器是构成时序电路的基本单元。 （ ）

7.53 对于 D 触发器，在 CP 为高电平期间，状态会翻转一次。 （ ）

3. 选择题

7.54 下列触发器中，不能用于移位寄存器的是（ ）。

    A. D 触发器   B. JK 触发器   C. 基本 RS 触发器   D. T 触发器

7.55 寄存器的电路结构特点是（ ）。

    A. 只有 CP 输入端   B. 只有数据输入端

    C. 只有数据输出端   D. 三者皆有

7.56 在以下单元电路中，具有记忆功能的单元电路是（ ）。

    A. 运算放大器   B. 触发器   C. TTL 门电路   D. 译码器

7.57 J－K 触发器在 CP 脉冲作用下，欲使 $Q^{n+1}=1$，则必须使（ ）。

    A. $J=0$, $K=0$ B. $J=0$, $K=1$

    C. $J=1$, $K=0$ D. $J=1$, $K=1$

7.58 如果要将四位数码全部串行输入四位移位寄存器，需要的 CP 脉冲个数为（ ）。

    A. 2   B. 8   C. 4   D. 6

7.59 维持阻塞 D 触发器（如 74LS74）是（ ）。

    A. 下降沿触发   B. 上升沿触发   C. 高电平触发   D. 低电平触发

7.60 两个 TTL 或非门构成的基本 RS 触发器如图题 7.60 所示。如果 $S=R=0$，则触发器的状态应为（ ）。

    A. 置 0   B. 置 1   C. $Q^{n+1}=Q^n$ D. Q^{n+1} 不定

7.61 电路如图题 7.61 所示，若输入 CP 脉冲的频率为 20kHz，则输出 Q_2 的频率为（ ）。

    A. 20kHz   B. 10kHz   C. 5kHz   D. 40kHz

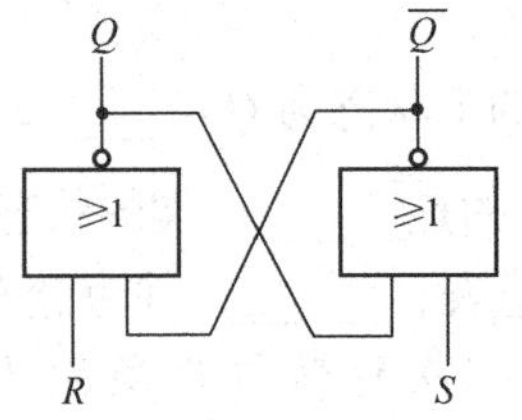

图题 7.60 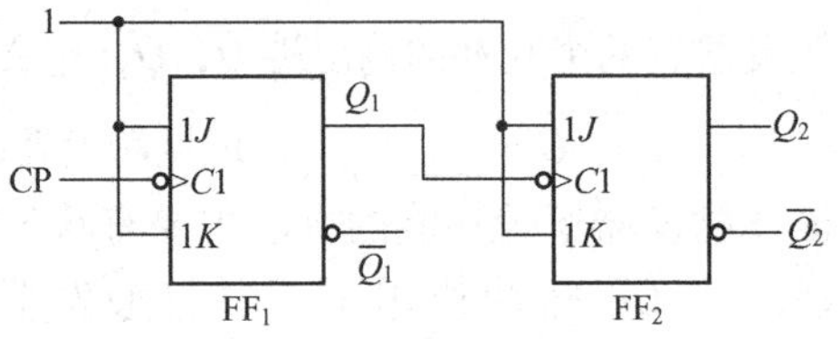   图题 7.61

7.62 图题 7.62 的输出是（ ）。

    A. 0   B. 1   C. Q^n D. $\overline{Q^n}$

7.63 图题 7.63 的输出是（ ）。

    A. D B. 1   C. Q^n D. $\overline{Q^n}$

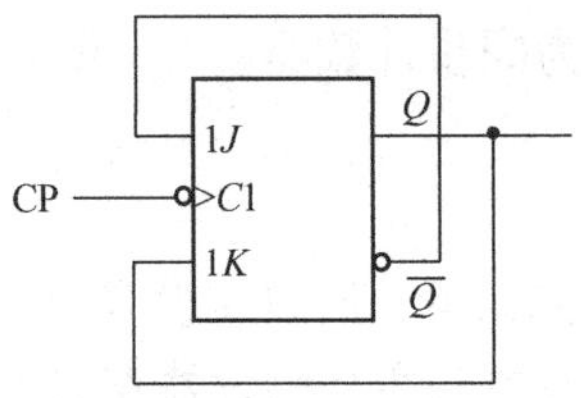

图题 7.62 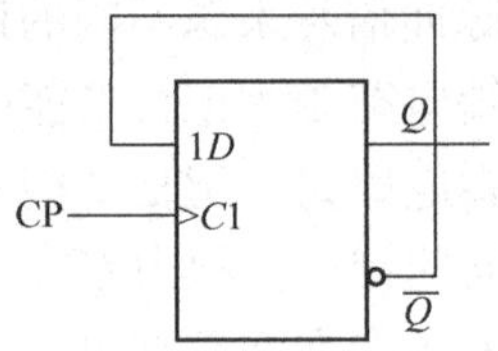   图题 7.63

4. 综合题

7.64 在如图题7.64所示的基本RS触发器电路中，已知$\overline{R}_D$和$\overline{S}_D$的波形，试画出Q端的波形。

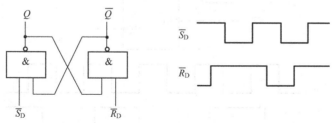

图题7.64

7.65 设一边沿JK触发器的初始状态为0，CP，J，K信号如图题7.65所示，试画出触发器Q波形。

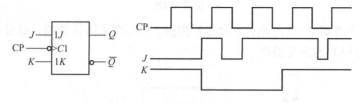

图题7.65

7.66 若已知维持阻塞D触发器的输入电压波形如图题7.66所示，试画出触发器Q和$\overline{Q}$电压波形。

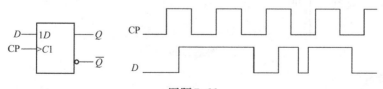

图题7.66

7.67 用D触发器构成一个应用电路，如图题7.67所示，画出Q_0，Q_1的波形图。

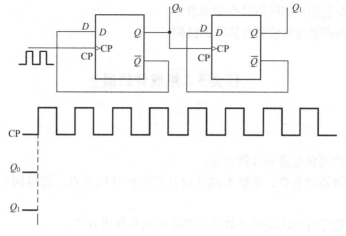

图题7.67

7.68　D 触发器如图题 7.68 所示，已知 A，B 波形，设触发器初态为 0，画出输出波形。

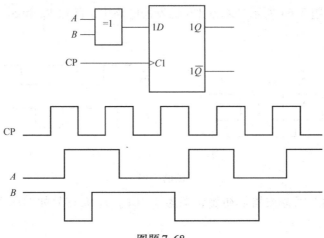

图题 7.68

7.69　电路如图题 7.69 所示，S 为常开按钮，C 是用来防抖动的，试分析当按下按钮 S 时，发光二极管 LED 的发光情况。

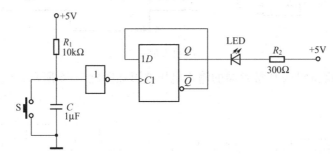

图题 7.69

（二）思考题

7.70　组合逻辑电路与时序逻辑电路有什么不同？

7.71　基本触发器在输入撤除情况下，为什么输出可以保持不变？

7.72　什么是空翻？如何消除空翻现象？

7.73　数码寄存器与移位寄存器有何区别？

任务3　集成计数器

📖 学习目标

1. 知识目标

（1）掌握时序逻辑电路的分析方法。

（2）了解计数器的分类，理解不同进制计数器的计数特点，理解同步动作与异步动作的区别。

（3）掌握典型中等规模集成计数器的功能特点和使用方法。

（4）掌握任意进制计数器的实现方法。

2. 能力目标

（1）能分析已知逻辑电路的逻辑功能。

（2）能应用计数器芯片实现任意进制的计数器和定时器。

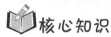核心知识

7.6　集成计数器

具有计数功能的逻辑器件称为计数器。计数器是数字系统中应用最多的时序电路，它不仅能对时钟脉冲个数进行计数，还能用于定时、分频及数字运算等。

计数器若按各个计数单元动作的次序划分，可分为同步计数器和异步计数器；若按进制方式不同划分，可分为二进制计数器、十进制计数器以及任意进制计数器；若按计数过程中数字的增减划分，可分为加法计数器、减法计数器和加减均可的可逆计数器。

7.6.1　同步计数器

同步计数器电路复杂，但计数速度快，多用在计算机电路中。目前生产的同步计数器芯片分为二进制和十进制两种。

1. 同步十进制计数器

集成十进制加法计数器 74LS160 具有计数、保持、预置、清零功能。图 7-42 所示是它的逻辑符号和引脚排列图。

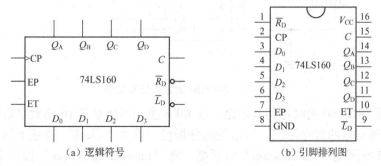

(a) 逻辑符号　　　　　　(b) 引脚排列图

图 7-42　74LS160 的逻辑符号和外引脚排列图

图中 $\overline{L}_D$ 为同步置数控制端，$\overline{R}_D$ 为异步置 0 控制端，EP 和 ET 为计数控制端，$D_0 \sim D_3$ 为并行数据输入端，$Q_0 \sim Q_3$ 为输出端，C 为进位输出端。表 7-19 为 74LS160 的功能表。

表 7-19　74LS160 功能表

输　入									输　出				说　明
$\overline{R}_D$	$\overline{L}_D$	EP	ET	CP	D_3	D_2	D_1	D_0	Q_3	Q_2	Q_1	Q_0	
0	×	×	×	×	×	×	×	×	0	0	0	0	异步置0
1	0	×	×	↑	D	C	B	A	D	C	B	A	并行置数
1	1	1	1	↑	×	×	×	×					计数
1	1	0	×	×	×	×	×	×	Q_3	Q_2	Q_1	Q_0	保持
1	1	×	0	×	×	×	×	×	Q_3	Q_2	Q_1	Q_0	保持

由表 7-19 可知 74LS160 有如下功能。

（1）异步清零：当 $\overline{R}_D = 0$ 时，输出端清零，与 CP 无关。

（2）同步并行预置数：$\overline{R}_D = 1$，当 $\overline{L}_D = 0$ 时，在输入端 $D_3 D_2 D_1 D_0$ 预置某个数据，则在 CP 脉冲上升沿的作用下，将输入端的数据置入计数器。

（3）保持：$\overline{R}_D = 1$，当 $\overline{L}_D = 1$ 时，只要 EP 和 ET 中有一个为低电平，计数器就处于保持状态。在保持状态下，CP 不起作用。

（4）计数：$\overline{R}_D = 1$，$\overline{L}_D = 1$，EP = ET = 1 时，电路为四位十进制加法计数器。当计到 1001 时，进位输出端 C 送出进位信号（高电平有效），即 $C = 1$。图 7-43 是 74LS160 计数状态的仿真电路，将计数脉冲频率设置为 1Hz，在 EWB 软件中进行仿真。可以清楚地看到，计数器从初始值 0000 开始对 CP 脉冲计数，则输出 $Q_D Q_C Q_B Q_A$ 就表示计数的个数，当第 9 个脉冲到来时，计数器进位输出为 1，数码管显示十进制数"9"，当第 10 个脉冲到来时，计数器输出端 $Q_D Q_C Q_B Q_A$ 清零，因此我们称 74LS160 为同步十进制加法计数器。

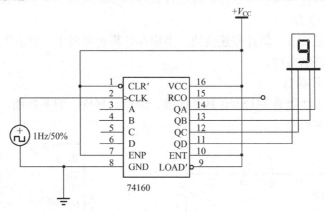

图 7-43　74LS160 的计数仿真电路

图 7-44 是 74LS160 的时序仿真电路，在 EWB 里调用能显示 16 路数字信号的逻辑分析仪观察计数器输出端的时序情况。双击逻辑分析仪，单击"Clock"选项下的"Set"按钮，弹出如图 7-45 所示的"Clock setup"对话框，将"Internal clock rate"设置成 10Hz，其他设置为默认设置，单击"Accept"按钮返回逻辑分析仪界面，继续将"Clock per devision"设置为"4"，单击仿真运行按钮，结果如图 7-46 所示。

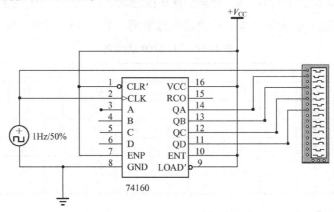

图 7-44　74LS160 的时序仿真电路

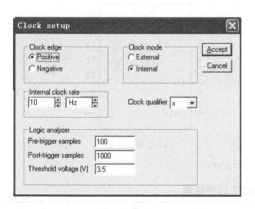

图 7-45 74LS160 的时序仿真参数设置

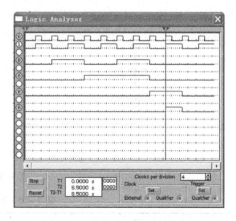

图 7-46 74LS160 的时序仿真结果

仿真波形各自名称标注如图 7-47 所示，可以看出，如果计数时钟 CP 的频率为 f_0，那么 Q_A，Q_B，Q_C，Q_D 的频率分别为 $\frac{1}{2}f_0$，$\frac{1}{4}f_0$，$\frac{1}{8}f_0$，$\frac{1}{10}f_0$，说明计数器具有分频作用，也叫分频器，各级依次称为二分频、四分频、八分频、十分频。

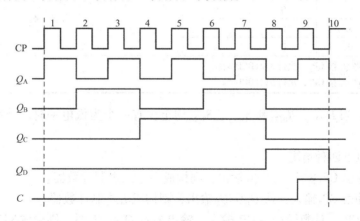

图 7-47 74LS160 的时序图

2. 同步二进制计数器

集成同步二进制加法计数器 74LS161 的引脚图和功能表与 74LS160 基本相同，唯一不同的是 74LS161 是集成同步四位二进制加法计数器，逢 16 进 1，当第 15 个计数脉冲到来时，输出 $Q_DQ_CQ_BQ_A=1111$，第 16 个计数脉冲到来时，输出 $Q_DQ_CQ_BQ_A=0000$。

7.6.2 异步计数器

异步计数电路简单，但计数速度慢，多用于仪器、仪表中。图 7-48 是二－五－十进制集成计数器 74LS290 的逻辑符号和引脚排列图。它兼有二进制、五进制和十进制三种计数功能。当十进制计数时，又有 8421BCD 和 5421BCD 码选用功能，表 7-20 是它的功能表。

由表 7-20 可知，74LS290 具有如下功能。

（1）异步置 0：当 $R_{0(1)}=R_{0(2)}=1$ 且 $S_{9(1)}$ 或 $S_{9(2)}$ 中任一端为 0，则计数器清零，即 $Q_DQ_CQ_BQ_A=0000$。

（2）异步置 9：当 $S_{9(1)}=S_{9(2)}=1$，则计数器置 9，即 $Q_DQ_CQ_BQ_A=1001$。

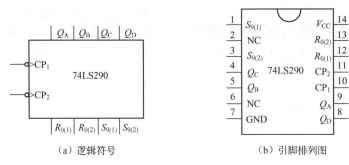

（a）逻辑符号　　　　　　（b）引脚排列图

图 7-48　74LS290

表 7-20　74LS290 的功能表

输　　入				输　　出			
$R_{0(1)}$	$R_{0(2)}$	$S_{9(1)}$	$S_{9(2)}$	Q_A	Q_B	Q_C	Q_D
1	1	0	×	0	0	0	0
1	1	×	0	0	0	0	0
×	×	1	1	1	0	0	1
×	0	×	0	计　　数			
0	×	0	×				
0	×	×	0				
×	0	0	×				
外部接线	① 将 Q_A 接 CP_2，执行 8421BCD 码 ② 将 Q_D 接 CP_1，执行 5421BCD 码						

（3）计数：当 $R_{0(1)}$，$R_{0(2)}$ 和 $S_{9(1)}$，$S_{9(2)}$ 均至少有一个为低电平时，计数器处于计数工作状态。

计数时有以下四种情况。

若计数脉冲由 CP_1 输入，从 Q_A 输出，则构成一位二进制计数器。

若计数脉冲由 CP_2 输入，从 $Q_D Q_C Q_B$ 输出，则构成五进制计数器。

若将 Q_A 接 CP_2，计数脉冲由 CP_1 输入，输出为 $Q_D Q_C Q_B Q_A$ 时，则构成 8421BCD 码十进制计数器，如图 7-49（a）所示。

若将 Q_D 接 CP_1，计数脉冲由 CP_2 输入，输出从高位到低位为 $Q_D Q_C Q_B Q_A$，则构成5421BCD 码十进制计数器，如图 7-49（b）所示。

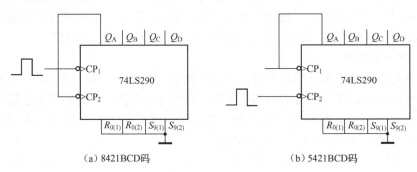

（a）8421BCD码　　　　　　（b）5421BCD码

图 7-49　74LS290 的两种十进制计数器

7.7 任意进制计数器

二进制和十进制以外的进制统称为任意进制。要构成任意进制的计数器，只有利用集成二进制或十进制计数器，用反馈置零法或反馈置数法来实现。假设已有 M 进制计数器，要构成 N 进制计数器，有 $M>N$ 和 $M<N$ 这两种可能。下面首先讨论 $M>N$ 时的情况。

在 N 进制计数器的计数过程当中，设法跳过（$M-N$）个状态，就可得到 N 进制计数器。实现跳跃的方法有清零法和置数法两种。

1. 清零法

清零法有异步清零和同步清零两种，74LS160 和 74LS161 都是异步清零的集成计数器。计数器从全"0"状态开始计数，计满 N 个状态后产生清零信号，使计数器回到初态。图 7-50 为 74LS160 用清零法构成的六进制计数器，由状态图看出，当第 6 个脉冲到来时，计数器输出状态 $Q_D Q_C Q_B Q_A$ 为 0110，与非门反馈输出为 0，由于 $\overline{R}_D$ 是异步清零端，即只要 $\overline{R}_D$ 端为零，计数器不等下一个计数脉冲到来，输出 $Q_D Q_C Q_B Q_A$ 立即为 0000，状态 0110 到状态 0000 的时间很短，所以该电路是六进制计数器。

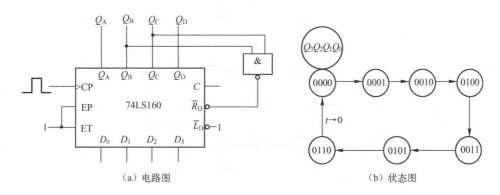

(a) 电路图　　　　　　　　　　（b）状态图

图 7-50 清零法构成的六进制计数器

2. 置数法

通过预置数功能让计数器从某个预置状态开始计数，计满 N 个状态后产生置数信号，使计数器又进入预置数状态，然后重复上述过程。图 7-51 为由 74LS160 用置数法构成的六进制计数器，电路中 $Q_D Q_C Q_B Q_A$ 的预置数为 0，当第 6 个脉冲到来时，计数器输出为 0110，此时与非门反馈环节输出为 0，使预置数端 $\overline{L}_D$ 有效，但此时计数器输出却并没有置为 0，因为 74LS160 有同步预置功能，只有等第 6 个脉冲的上升沿到来时，计数器才同步预置为 0，所以此电路为六进制计数器。

例 7-4 试用一片 74LS160 构成六进制计数器，要求采用反馈置数法，且循环状态为 0001→0010→0011→0100→0101→0110。

解： 先将输入数据端设置为 0001，由于 74LS160 是同步置数，因此最后一个状态 0110 到来时，虽然置数端 $\overline{L}_D$ 为 0，但仍然要等到一个脉冲周期后才能并行置数，将输出状态改为 0001，电路如图 7-52 所示。

例 7-5 试用两片 74LS160 构成二十四进制计数器。

解： 用两片 74LS160 构成计数器，其最大长度为 100，所以能够设计出 24 进制计数器。

现采用反馈清零法，当 $N = 24$ 时，完成根据 74LS160 的逻辑功能表接成的 24 进制计数器，如图 7-53 所示。

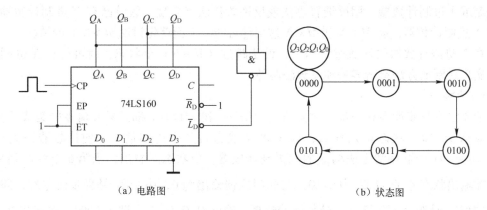

（a）电路图　　　　　　　　　　　　　　　（b）状态图

图 7-51　置数法构成的六进制计数器

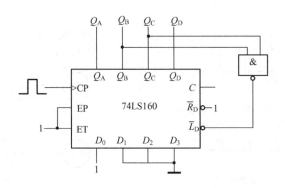

图 7-52　例 7-4 的电路图

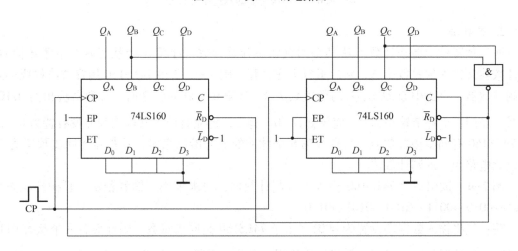

图 7-53　例 7-5 的电路图

例 7-6　试用 74LS290 构成九进制计数器。

　　解：根据 74LS290 的逻辑功能表接成的九进制计数器如图 7-54 所示。

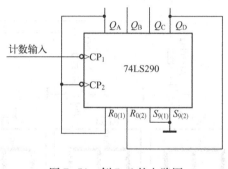

图 7-54   例 7-6 的电路图

 应用案例

1. 循环彩灯电路

如图 7-55 所示，74LS160 是十进制计数器，它在计数时钟控制下 $Q_3Q_2Q_1Q_0$ 会自动循环输出 0000~1001 十个 8421BCD 码，图中 74LS160 的 $Q_2Q_1Q_0$ 三个输出端与 74LS138 的编码输入端 $A_2A_1A_0$ 直接相连，即编码 000~111 在计数时钟作用下循环输入译码芯片 74LS138，其输出端 $\overline{Y}_0$~$\overline{Y}_7$ 会循环输出为 0，这样就会将发光二极管依次从左向右循环点亮。

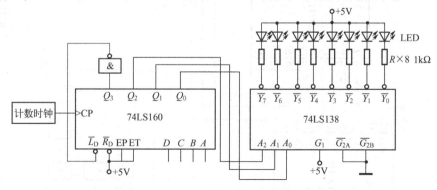

图 7-55   循环彩灯电路

2. 光电计数器

图 7-56 是利用光电计数器实现对生产线产品的数量的采集，系统由红外发射管发出红外信号，红外接收管收到红外信号使接地支路导通。没有计数时，红外收发电路输出为低电平，当红外信号被移动的产品阻挡时，接地支路阻断，由于电压变化，VT_1 集电极输出一个上升沿脉冲，该脉冲信号传送到具有施密特特性的反相器，经过整形放大，输出计数脉冲，由 3 位十进制 BCD 码计数器 CD4553 进行计数，计数范围是 000~999，输出 3 位位选通信号。例如，当 Q_0~Q_3 输出个位的 BCD 码时，DS_1 端输出低电平；当 Q_0~Q_3 输出十位的 BCD 码时，DS_2 端输出低电平；当 Q_0~Q_3 输出百位的 BCD 码时，DS_3 端输出低电平时，周而复始、循环不止。输出的 BCD 码经 BCD 译码器——CD4511 译码器进行译码，输出信号给 LED 数码管进行显示。

实际情况下，生产线上产品每经过光电传感器，信号在脉冲整形放大后，就会有一个上升沿信号作为时钟信号，控制计数器工作，同时计数开始，可以连续实现对 1000 个产品进行计数，如要重新开始，只要按下清零按键就能重新计数。

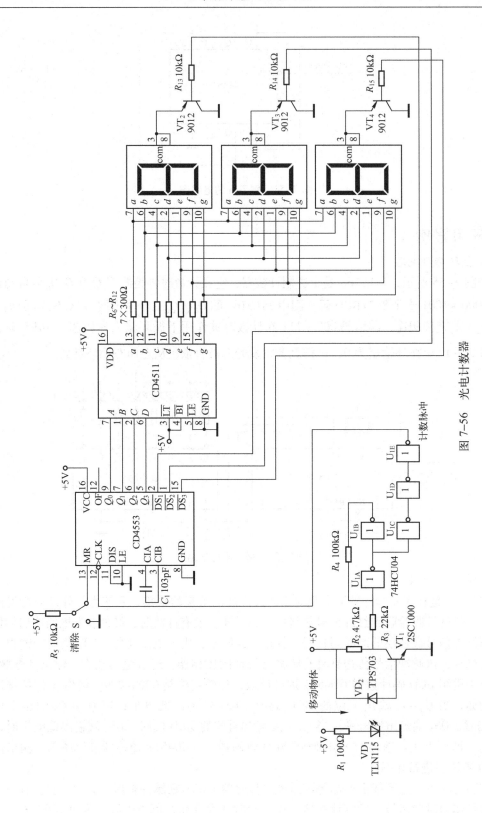

图 7-56 光电计数器

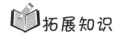拓展知识

7.8 时序逻辑电路分析与计数器的结构

7.8.1 时序逻辑电路分析

1. 时序逻辑电路的组成

时序逻辑电路由组合逻辑电路和存储电路两部分组成，结构框图如图 7-57 所示。图中外部输入信号用 $X(x_1, x_2, \cdots, x_n)$ 表示，电路的输出信号用 $Y(y_1, y_2, \cdots, y_m)$ 表示，存储电路的输入信号用 $Z(z_1, z_2, \cdots, z_k)$ 表示，存储电路的输出信号和组合逻辑电路的内部输入信号用 $Q(q_1, q_2, \cdots, q_j)$ 表示。

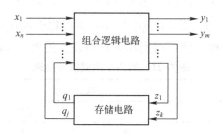

图 7-57 时序逻辑电路的结构框图

可见，为了实现时序逻辑电路的逻辑功能，电路中必须包含存储电路，而且存储电路的输出还必须反馈到输入端，与外部输入信号一起决定电路的输出状态。存储电路通常由触发器组成。

2. 时序逻辑电路的分析

1) 时序逻辑电路的分类

时序逻辑电路按存储电路中的触发器是否同时动作分为同步时序逻辑电路和异步时序逻辑电路两种。在同步时序逻辑电路中，所有的触发器都由同一个时钟脉冲 CP 控制，状态变化同时进行。而在异步时序逻辑电路中，各触发器没有统一的时钟脉冲信号，状态变化不是同时发生的，而是有先有后。

2) 时序逻辑电路分析举例

例 7-7 分析图 7-58 所示时序逻辑电路的逻辑功能。

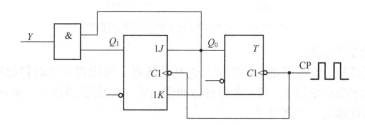

图 7-58 例 7-7 的逻辑电路

解： 该时序电路的存储电路由一个主从 JK 触发器和一个 T 触发器构成，受统一的时钟 CP 控制，为同步时序逻辑电路。T 触发器 T 端悬空相当于置 1。

（1）列逻辑表达式。

输出方程及触发器的驱动方程分别为

$$Y = Q_0^n \cdot Q_1^n$$

$$T = 1, \quad J = K = Q_0^n$$

将驱动方程代入 T 触发器和 JK 触发器的特性方程，得电路的状态方程为

$$Q_0^{n+1} = \overline{Q_0^n}$$

$$Q_1^{n+1} = Q_0^n \overline{Q_1^n} + \overline{Q_0^n} \, Q_1^n$$

（2）列状态转换表。

设初始状态 $Q_1 Q_0 = 00$，代入输出方程得到 $Y = 0$。在第一个时钟 CP 下降沿到来时，由状态方程计算出次态 $Q_0^{n+1} = \overline{Q_0^n} = \overline{0} = 1$，$Q_1^{n+1} = 0$；再以得到的次态作为新的初态代入状态方程得到下一个次态。以此类推，便可得到状态转换表，见表 7-21。

表 7-21 例 7-7 的状态转换表

现　态		次　态		输　出
Q_1^n	Q_0^n	Q_1^{n+1}	Q_0^{n+1}	Y
0	0	0	1	0
0	1	1	0	0
1	0	1	1	0
1	1	0	0	1

（3）画状态转换图和波形图。

状态转换图和波形图如图 7-59 所示。

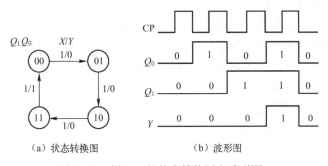

（a）状态转换图　　　　（b）波形图

图 7-59　例 7-7 的状态转换图和波形图

（4）电路的逻辑功能。

由以上分析可知，此电路是一个两位二进制计数器。每出现一个时钟脉冲 CP，$Q_1 Q_0$ 的值就按二进制数加法法则加 1，当 4 个时钟脉冲作用后，又恢复到初态，而每经过这样一个周期性变化电路就输出一个高电平。

结论：时序逻辑电路的分析步骤如下。

① 根据给定电路写出其时钟方程、驱动方程、输出方程。

② 将各触发器的驱动方程代入相应触发器的特性方程，得出与电路相一致的状态方程。

③ 进行状态计算。把电路的输入和现态各种可能取值组合代入状态方程和输出方程进行计算，得到相应的次态和输出。

④ 列状态转换表。画状态图或时序图。

⑤ 用文字描述电路的逻辑功能。

7.8.2　计数器的结构

1. 同步计数器的结构

如图 7-60 所示是一个四位二进制同步加法计数器的逻辑图，电路结构较为复杂，但各触发器受同一计数脉冲 CP 的控制，其每个触发器状态翻转与 CP 脉冲同步。由于各触发器的翻转时刻相同，所以这种计数器又称同步计数器。

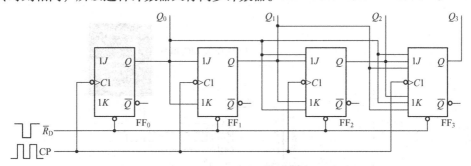

图 7-60　同步四位二进制加法计数器

2. 异步计数器的结构

图 7-61 是用四个 D 触发器组成的异步四位二进制加法计数器逻辑图。由图中可以看出，触发器 FF_0 的时钟是计数脉冲 CP，而 FF_1，FF_2，FF_3 的时钟都要依靠前一级的触发器状态的变化来提供，这说明四个触发器不可能同时翻转。由于各触发器的翻转时刻不同，所以这种计数器又称异步计数器。

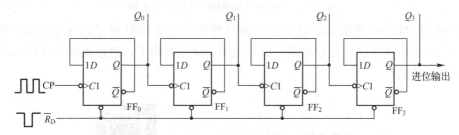

图 7-61　用 D 触发器组成的异步四位二进制加法计数器

异步二进制计数器结构简单，但由于触发器的翻转逐级进行，因而计数速度较低。同步计数器结构复杂，但由于触发器的现时翻转，显然它比异步计数器的计数速度高。不管计数器内部结构如何，对使用者而言，主要关心的是其逻辑功能表描述的各引脚的电特性，能够正确实现电路的功能才是重要的。

📖 能力训练

实训 7-5　集成计数器的应用仿真

1. 实训目的

（1）学习常用中规模集成计数器的使用方法。

（2）掌握使用中规模集成计数器构成较复杂的计数系统的方法。

（3）掌握 Multisim 10.0 环境下，复杂数字电路的设计与实现方法。

2. 实训要求

（1）认真阅读实验教材，熟练掌握 74LS160/161 集成计数器的使用方法。

（2）清楚六十进制等任意进制计数器的实现方法。

（3）能否用 74LS161 计数器构成 60 进制计数器？如果能简述实现方法。

3. 实训内容与步骤

（1）使用 74LS160 构成 8421BCD 进制计数器，并用 BCD 显示器动态测试计数结果。74LS160 本身就是十进制计数器，所以其仿真电路较为简单，测试的逻辑电路如图 7-62 所示。

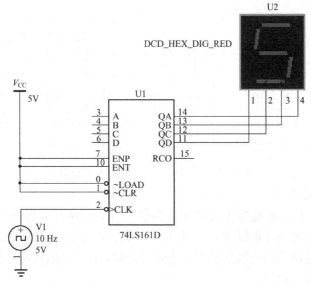

图 7-62 74LS160 构成的十进制计数电路

（2）使用 74LS161 构成 8421BCD 十进制计数器，并用 BCD 显示器动态测试计数结果。若使用 74LS161 构成十进制计数电路，那么就要加反馈电路了，电路如图 7-63 所示。注意该电路的清零方式。

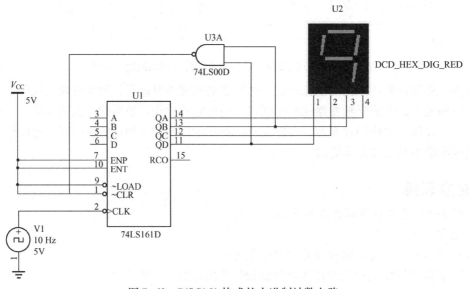

图 7-63 74LS161 构成的十进制计数电路

（3）使用 74LS161 构成两位 8421BCD 六十进制计数器，并用 BCD 显示器动态测试计数结果。由于是 74LS161，所以十位和个位都需要设置反馈电路，并且将个位的清零脉冲产生一个上升沿脉冲，作为十位的计数脉，保证了计数的连贯性，电路如图 7-64 所示。

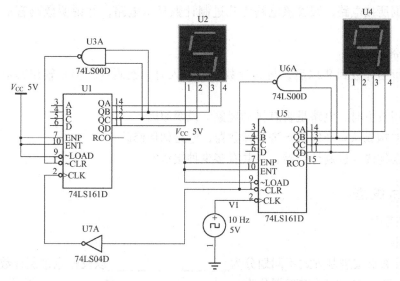

图 7-64　74LS161 构成的六十进制计数电路

分析讨论：

（1）讨论如何使用 74LS161 芯片实现实验中的数字电子钟设计。

（2）你认为计数器的异步操作可靠还是同步操作可靠？

实训 7-6　计数显示电路装接与调试

1. 电路装接

图 7-65 是计数显示电路，它主要由基本 RS 电路、计数电路、译码电路、显示电路组成。要求：

（1）分析各模块电路的工作原理。

（2）根据要求选择电子元器件及其参数、规格。

（3）完成电路布局、焊接。

（4）经检查正确无误后，接通电源，进行功能调试。

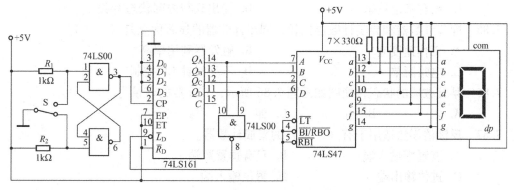

图 7-65　计数显示电路装接与调试

2. 电路调试

要完成以下几项任务：

（1）按下按钮后显示器要正确显示。

（2）根据所接电路，回答该电路为几进制计数显示电路，并说明数码管从几到几循环显示。

3. 讨论分析

（1）若每当计数到 9 以后，再有计数脉冲输入时，数码管将显示输出其他符号，可能是什么原因？

（2）按钮按下时，电路是否有抖动现象？说明原因。

（3）若要构成从 0 开始的 6 进制计数器，电路如何修改？

（4）若要构成 6 进制计数器，一共有多少种接法？

练习与思考

（一）练习题

1. 填空题

7.74 计数器按进制方式不同划分为_____、_____以及任意进制计数器。

7.75 计数器按数字的增减划分为_____、_____和_____计数器。

7.76 构成任意进制的计数器的常用方法有_____和_____两种。

7.77 10 位二进制计数器能记录的最大脉冲个数为_____。

7.78 一个十进制加法计数器需要由_____位触发器组成。

2. 判断题

7.79 n 位二进制计数器共有 $2^n - 1$ 个状态。 （ ）

7.80 计数器除了计数功能以外，还可做分频器、定时器。 （ ）

7.81 将二进制计数器与五进制计数器相串联可得到十进制计数器。 （ ）

7.82 三位二进制加法计数器，最多能计 7 个脉冲信号。 （ ）

7.83 异步时序电路具有统一的 CP 的控制。 （ ）

3. 选择题

7.84 同步时序电路和异步时序电路比较，其差异在于后者（ ）。

    A. 没有触发器　　　　　　　　B. 没有统一的时钟脉冲控制

    C. 没有稳定状态　　　　　　　　D. 输出只与内部状态有关

7.85 同步计数器和异步计数器比较，同步计数器的显著优点是（ ）。

    A. 工作速度高　　　　　　　　B. 触发器利用率高

    C. 电路简单　　　　　　　　　　D. 不受时钟 CP 控制

7.86 某计数器的状态转换图如图题 7.86 所示，其计数的容量为（ ）。

    A. 六　　　　B. 五　　　　C. 四　　　　D. 三

7.87 反馈清零法适用于有（ ）的集成计数器。

    A. 有置零输入端　　　　　　　B. 只有预置数端

    C. 进位输出端　　　　　　　　D. 置位输入端

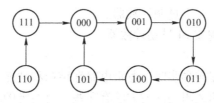

图题7.86

7.88 4 个 JK 触发器可以构成最大计数长度为（　　）的计数器。

A. 16　　　　　B. 10　　　　　C. 9　　　　　D. 8

4. 综合题

7.89 分析图题7.89所示时序电路的逻辑功能，写出电路的驱动方程、状态方程和输出方程，画出状态转换图和时序图。

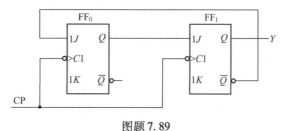

图题7.89

7.90 计数器如图题7.90所示，它是几进制的？

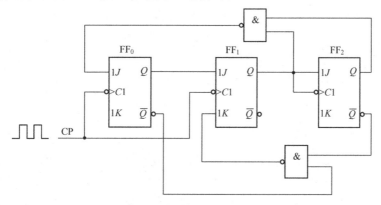

图题7.90

7.91 分析图题7.91所示的计数器电路，说明这是几进制计数器。

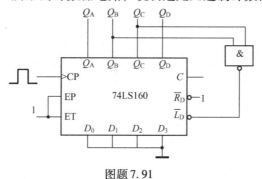

图题7.91

7.92 用74LS160构成一个七进制计数器。

7.93 用两片74LS161构成24进制计数器。

（二）思考题

7.94 同步时序逻辑电路与异步时序逻辑电路在结构和功能上各有什么不同？

7.95 描述时序逻辑电路逻辑功能的方法有哪些？对给定的时序逻辑电路一般采取哪些步骤进行分析？

7.96 计数器有哪些基本功能？二进制和十进制计数器的主要区别是什么？

7.97 构成任意进制计数器有几种方法？试举例说明。

7.98 集成计数器中的异步清零和同步清零的本质区别是什么？

7.99 计数器可对什么信号进行分频？若输入脉冲信号频率是32.768kHz，经过几分频后能得到1Hz信号？

单元 8 脉冲波形的产生与整形

学习目标

1. 知识目标

（1）熟悉常用脉冲波形，了解脉冲波形的应用意义。

（2）掌握多谐振荡电路、单稳态电路、施密特电路等典型脉冲产生电路的结构组成、电路功能。

（3）理解脉冲波形产生电路的工作原理。

（4）理解 555 定时器的内部结构与工作原理，掌握 555 定时器的典型应用电路的组成、结构和工作特点。

2. 能力目标

（1）能够区分不同脉冲波形。

（2）能正确使用各种波形产生电路。

（3）掌握电子秒表电路的组成和组装测试方法。

核心知识

在数字系统中，常常需要各种脉冲信号，比如最常用的时钟信号就是矩形脉冲信号。这些脉冲波形的获取通常有两种方法：一种是利用脉冲振荡器，直接产生所需的矩形脉冲信号；另一种是将已有的非脉冲信号通过波形变换电路获得。

8.1 脉冲信号概述

8.1.1 脉冲信号及其特点

通常把具有突变特点的电信号称为脉冲信号。目前脉冲数字电路中常用的脉冲信号波形如图 8-1 所示，其中图 8-1（a）所示波形，因形状为矩形，称为矩形脉冲波形，简称矩形波。该波形的脉冲特点是：正半周与负半周不等，每隔相等的时间重复出现一次，因此是一个周期信号；图 8-1（b）是脉冲正半周与负半周存在时间相等的一种矩形脉冲，称为方波；图 8-1（c）形状似尖峰，称为尖脉冲；根据图 8-1（d）、图 8-1（e）、图 8-1（f）的波形形状，它们很自然地被称为三角波、锯齿波、阶梯波。

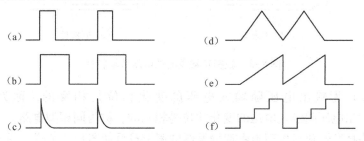

图 8-1　常用脉冲信号形式

顺便指出的是：脉冲信号并非一定是周期性信号，也可以是非周期性的。譬如图 8-1（a），如果只有一个脉冲，当然还是一种脉冲信号，一般称之为单脉冲，但就无周期可言了。

8.1.2 理想矩形脉冲的参数

矩形脉冲信号是脉冲数字电路中应用最广的一种，其理想波形如图 8-2 所示，常用如下三个主要参数来描述它的特征。

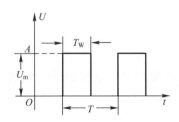

图 8-2 矩形脉冲参数示意图

1. 脉冲重复周期 T

周期性重复的脉冲序列中，两个相邻脉冲之间的时间间隔，如图 8-2 中的 T，也可用脉冲重复频率 f 来描述，它表示每秒钟出现的脉冲个数，数值上等于脉冲重复周期 T 的倒数，即 $f = \dfrac{1}{T}$。

2. 脉冲幅度 U_m

这是一个描述脉冲信号强弱的参数。它在数值上等于脉冲自某一稳态值变化至另一稳态值之差，即脉冲电压的最大变化幅度，记为 U_m。对图 8-2 来说，$U_m = A - 0 = A$。

3. 脉冲宽度 T_W

它是描述脉冲存在时间长短的参数，因此又叫脉冲持续时间，如图 8-2 中的 T_W。

8.2 施密特触发器

8.2.1 施密特触发器电压传输特性

门电路有一个阈值电压，当输入电压从低电平上升到阈值电压或从高电平下降到阈值电压时电路的状态将发生变化。施密特触发器是一种特殊的门电路，它有两个阈值电压，分别称为正向阈值电压 U_{T+} 和负向阈值电压 U_{T-}。当输入信号从低电平上升到高电平的过程中使电路状态发生变化的输入电压称为正向阈值电压，当输入信号从高电平下降到低电平的过程中使电路状态发生变化的输入电压称为负向阈值电压。正向阈值电压与负向阈值电压之差称为回差电压，即 $\Delta U = U_{T+} - U_{T-}$。施密特触发器具有类似磁滞回线形状的电压传输特性（施密特触发特性），如图 8-3 所示。

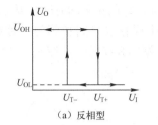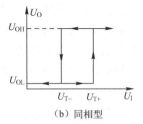

（a）反相型　　　　　　　　　　（b）同相型

图 8-3 施密特触发器的电压传输特性

图 8-3（a）为输出电压随输入电压的变化相位是相反的，称为反相型电路；图 8-3（b）为输出电压随输入电压的变化相位是相同的，称为同相型电路。

反相施密特触发器和同相型施密特触发器的逻辑符号如图 8-4（a）、图 8-4（b）所示。另外，还有与非门施密特触发器和或非门施密特触发器，其逻辑符号如图 8-4（c）、

图 8-4 （d)所示。

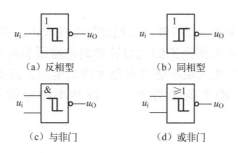

（a）反相型　　　　　　　（b）同相型

（c）与非门　　　　　　　（d）或非门

图 8-4　施密特触发器的逻辑符号

施密特触发器的特点是：

（1）施密特触发器输出具有两个稳定状态。

（2）输入信号从低电平上升的过程中与输入信号从高电平下降的过程中，电路状态转换时对应的输入电压是不同的。从某种意义上讲施密特触发器是用于数字电路的比较器。

（3）在电路状态转化时，通过电路内部的正反馈过程使上升时间和下降时间极短，因而输出电压波形的边沿很陡。

利用上述特点不仅能够把变化非常缓慢的周期信号变换成边沿陡峭的矩形脉冲信号，而且还可以将叠加在矩形脉冲上的噪声有效滤除，抗干扰能力很强。

8.2.2　集成施密特触发器

施密特触发器可以由门电路组成，也有集成的施密特触发器，还可以由 555 定时器构成，还有很多的集成施密特触发器，如 TTL 型的有 74LS13，74LS14，74LS132 等，CMOS 型的有 CD4093 和 CD40106 等。

CD40106 由六个施密特触发器非门电路组成。其引脚排列如图 8-5 所示，对于 CMOS 集成施密特触发器来说，其正向阈值电压 U_{T+} 和负向阈值电压 U_{T-} 大小与工作电源有关。在 $V_{DD} = +5\text{V}$ 情况下，CD40106 的正向阈值电压 U_{T+} 约为 $3.6\text{V}\left(\dfrac{2}{3}V_{DD}\right)$ 左右，负向阈值电压 U_{T-} 约为 $1.4\text{V}\left(\dfrac{1}{3}V_{DD}\right)$ 左右。输出高电平 U_{OH} 约为 5V，输出低电平 U_{OL} 约为 0V。

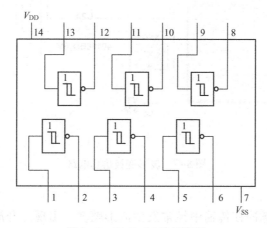

图 8-5　CD40106 的引脚图

8.2.3 施密特触发器的应用

1. 波形变换

施密特触发器可将三角波、正弦波、周期性波等变成矩形波。图 8-6（a）所示为用施密特触发器将正弦波变换成同周期的矩形脉冲的电路图和波形图。图中通过钳位电路将正弦波负半周抬高，这样输入端不会出现很大的负电压。只要输入正弦电压的幅值保证大于 U_{T+} 和小于 U_{T-}，输出就会得到一个同频率的矩形脉冲电压信号，结果如图 8-6（b）所示。

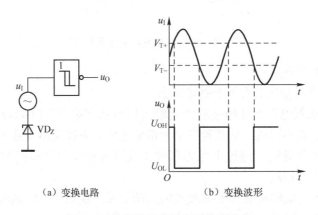

（a）变换电路　　　　　（b）变换波形

图 8-6　施密特触发器实现波形变换

将上面的电路在仿真软件里建立并仿真，施密特触发器选用 CD40106，电路如图 8-7 所示，用直流电源代替稳压二极管，将其设置为 3V，同样函数信号发生器选择幅值为 3V、频率为 1kHz 的正弦波，这样在 CD40106 的输入端就能得到一个最小值为 0V，最大值为 6V 的正弦波，完全可以保证输入 u_I 在 CD40106 的正向阈值电压 U_{T+}（3.6V 左右）和负向阈值电压 U_{T-}（1.4V 左右）之间变化，清楚地再现上面的结果，仿真结果如图 8-8 所示。

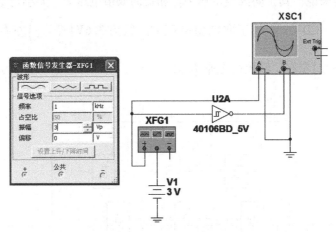

图 8-7　波形变换仿真电路

2. 脉冲波形整形

数字系统中，矩形脉冲在传输中经常发生波形畸变，出现上升沿和下降沿不理想的情况，可用施密特触发器整形后，获得较理想的矩形脉冲，如图 8-9 所示。由图可见，适当的增加回差电压，可以提高电路的抗干扰能力。

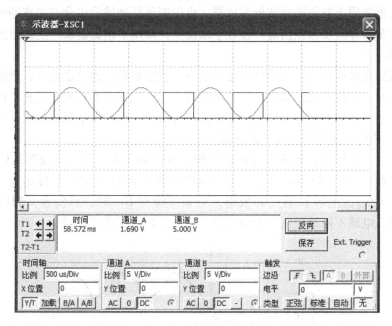

图 8-8　波形变换仿真结果

3. 脉冲幅度鉴别

如输入信号为一组幅度不等的脉冲信号，要除掉其中幅度不够大的信号，可以利用施密特触发器构成脉冲幅度鉴别器。如图 8-10 所示，只有输入幅度大于 U_{T+} 的脉冲信号才会在输出端产生输出信号，而幅度小于 U_{T+} 的脉冲信号则被去掉。因此，这个电路可以鉴别出那些输入脉冲的幅度大于 U_{T+} 的信号。

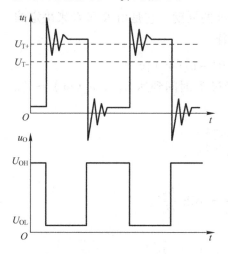

图 8-9　施密特触发器实现波形整形

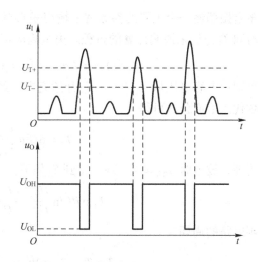

图 8-10　施密特触发器实现脉冲幅度鉴别

4. 构成多谐振荡器

施密特触发器外接电阻、电容后可构成多谐振荡器，多谐振荡器是一种无稳态电路，我们在下一节再介绍。

8.3 多谐振荡器

多谐振荡器实质上就是脉冲波形发生器。由于矩形脉冲波形中含有丰富的谐波成分，因此矩形脉冲振荡器称为多谐振荡器。在数字系统中，常用多谐振荡器产生矩形脉冲，作为时钟脉冲信号源。

多谐振荡器在接通电源后无须外加触发信号，就能周期性地自动翻转，产生幅值和宽度一定的矩形脉冲。它没有稳定状态，只有两个暂稳态；工作时通过电容的充、放电，产生自激振荡使两个暂稳态相互交替出现。多谐振荡器可由分立元件、集成运放以及门电路组成。

8.3.1 施密特触发器构成多谐振荡器

如图 8-11 （a）所示，用施密特触发器构成多谐振荡器，其输出波形为连续的矩形脉冲。当电源接通时，$u_I = 0V$，$u_O = U_{OH}$，输出高电平通过 R 对 C 充电，当 u_I 充到 U_{T+} 时，触发器翻转，$u_O = U_{OL}$。电容 C 通过 R 放电，当 u_I 下降到 U_{T-} 时，触发器又翻转，$u_O = U_{OH}$。如此周而复始，电路不停地振荡，形成如图 8-11 （b）所示的矩形波。

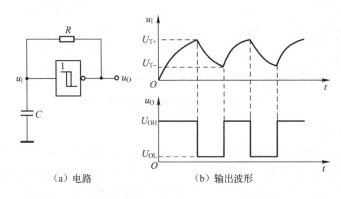

（a）电路　　　　（b）输出波形

图 8-11　施密特触发器构成的多谐振荡器

多谐振荡器一个重要的参数就是输出矩形脉冲的周期，它是由 R 和 C 来决定的，现以充电时间 T_1 为例来说明计算的过程。由全响应定律

$$u_C(t) = u_C(\infty) + \left[(u_C(0) - u_C(\infty)\right]e^{-\frac{t}{RC}}$$

可知：电容电压从 $u_C(0) = V_{T-}$ 开始充电，经过 T_1 时间到达 U_{T+}，$u_C(\infty) \approx V_{DD}$，将以上参数代入上面公式可得

$$T_1 = RC\ln\frac{V_{DD} - U_{T-}}{V_{DD} - U_{T+}}$$

同理，放电时 $u_C(\infty) \approx 0V$，得到 T_2 如下：

$$T_2 = RC\ln\frac{U_{T+} - U_{OL}}{U_{T-} - U_{OL}} = RC\ln\frac{U_{T+}}{U_{T-}}$$

则电路的周期为

$$T = T_1 + T_2 = RC\ln\frac{V_{DD} - U_{T-}}{V_{DD} - U_{T+}} \times \frac{U_{T+}}{U_{T-}}$$

对 TTL 型电路有

$$U_{OH} \approx 3.6V, U_{OL} \approx 0.3V, U_{T+} \approx 1.4V, U_{T-} \approx 0.8V$$

则：

$$T \approx RC \left(\ln \frac{3.6 - 0.8}{3.6 - 1.4} \times \frac{1.4 - 0.3}{0.8 - 0.3} \right) \approx RC$$

对 CMOS 型电路有

$$U_{OH} \approx V_{DD}, U_{OL} \approx 0V, U_{T+} \approx \frac{2}{3} V_{DD}, U_{T-} \approx \frac{1}{3} V_{DD}$$

则

$$T \approx RC \left(\ln \frac{1 - \frac{1}{3}}{1 - \frac{2}{3}} \times \frac{\frac{2}{3}}{\frac{1}{3}} \right) \approx 1.4RC$$

占空比也是一个重要的参数，由 $q = \dfrac{T_1}{T_1 + T_2}$ 得到：

TTL 型电路的 $q = 24\%$，CMOS 型电路的 $q = 50\%$。

8.3.2　石英晶体构成的多谐振荡器

在数字系统中，对频率稳定性和精确度要求比较高的设备中，必须采用石英晶体多谐振荡器，常见的石英晶体如图 8-12（a）所示。图 8-12（b）为其电路符号，图 8-12（c）给出了石英晶体的电抗频率特性。由图可知，石英晶体的选频特性非常好，石英晶体对信号频率特别敏感，在石英晶体两端加上不同频率的电压信号，频率大于 f_S 或小于 f_S 其阻抗会迅速增大，只有频率为 f_S 时，石英晶体的阻抗为最小（接近零），晶体两边的信号最容易通过，其他频率的信号会被晶体衰减。f_S 称为石英晶体的固有频率或谐振频率，它只与晶体的材料、几何形状及大小有关，与外接的元件 R，C 无关，频率稳定度很高。

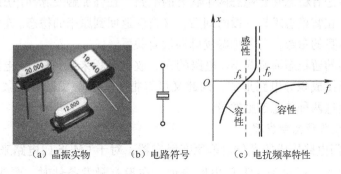

（a）晶振实物　　　　（b）电路符号　　　（c）电抗频率特性

图 8-12　石英晶体

1. 串联型晶体振荡器

如图 8-13 所示，将石英晶体串接在多谐振荡器的回路中就可组成石英晶体振荡器。并联在两个反相器输入、输出间的电阻 R_1，R_2 的作用是使反相器工作在线性放大区。R_1，R_2 的阻值，对于 TTL 门来说通常取 $0.7 \sim 2k\Omega$，对于 CMOS 门来说通常取 $10 \sim 100k\Omega$，电容 C_1 和 C_2 用于反相器间的耦合。这时，振荡频率只取决于石英晶体的固有谐振频率 f_0，而与 RC 无关。

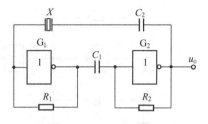

图 8-13　基本石英晶体振荡器

实用的串联型石英晶体振荡器如图 8-14 所示。图 8-14（a）是将对称多谐振荡器中的

耦合电容 C 与晶体串接构成的晶体多谐振荡器。图 8-14（b）是将图 8-14（a）中的耦合电容改换成耦合电阻，晶体振荡频率可在 $1 \sim 20\text{MHz}$ 内选择。

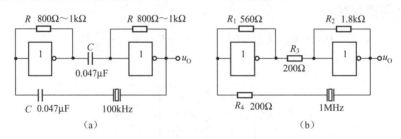

图 8-14　两种常用的石英晶体振荡器

2. 并联型石英晶体振荡器

如图 8-15 所示为并联石英晶体振荡器，G_1，G_2 是两个 CMOS 反相器，电路是典型的电容三点式振荡电路。R_F 是偏置电阻，取值常在 $10 \sim 100\text{M}\Omega$ 之间，它的作用是保证在静态时 G_1 能工作在其电压传输特性的转折区——线性的放大状态。C_1、石英晶体、C_2 组成 π 形选频反馈网络，电路只能在晶体谐振频率 f_0 处产生自激振荡，反馈系数由 C_1，C_2 之比决定，改变 C_1 可以微调振荡频率，C_2 是温度补偿电容。G_2 是整形缓冲用反相器，因为振荡电路输出接近于正弦波，经 G_2 整形之后才会变成矩形脉冲，同时 G_2 也可以隔离负载对振荡电路工作的影响。

8.4　单稳态触发器

单稳态触发器是有稳态和暂稳态两个状态的电路。在外加触发脉冲作用下，电路能从稳态翻转到暂稳态，在暂稳态维持一段时间后，又自动返回到原来的稳态。暂稳态时间的长短完全取决于电路本身的参数，与外加触发脉冲没有关系。

单稳态触发器的暂稳态通常靠 RC 电路的充、放电过程来维持。RC 电路可以接成微分电路形式，也可以接成积分电路形式，因此又可以把单稳态触发器分为微分型和积分型两种。下面分别介绍这两种单稳态触发器。

8.4.1　微分型单稳态触发器

图 8-16 是由门电路构成的微分型单稳态触发器，对于 CMOS 门电路来说，电阻 R_d，R 的大小没有特别要求，但对于 TTL 门电路来说，在没有触发条件时，要使电路稳态成立，$R_d > R_{ON}$（开门电阻），$R < R_{OFF}$（关门电阻）。

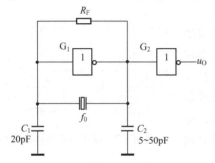

图 8-15　并联型石英晶体振荡器

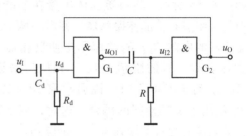

图 8-16　微分型单稳态触发器

微分型单稳态电路是负脉冲触发，电源接通后，在没有外来触发脉冲时，u_1 为高电平，电路处于稳态，电路稳态时：$u_O = U_{OH}$，$u_{O1} = U_{OH}$。当在 u_1 端加入一个负脉冲，电路就会被触发进入暂稳态，此时 $u_O = U_{OL}$，$u_{O1} = U_{OH}$，经过一段时间又恢复到稳态，输出与输入变化关系如图 8-17 所示。

暂稳态维持的时间 T_W 大小由 RC 决定，对于 CMOS 门电路，$T_W \approx 0.7RC$；对于 TTL 门电路，$T_W \approx 1.1RC$。

8.4.2　积分型单稳态触发器

积分型单稳态触发器典型电路如图 8-18 所示。图中 G_1，G_2 均为与非门，用 RC 积分电路耦合，输入信号 u_1 同时加到这两个门的输入端。电路中的电阻 R 的取值较小，一般为 0.5kΩ 以下，以保证当 $u_{O1} = 0$ 时，u_{I2} 可以降至 U_T 以下。

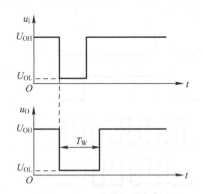

图 8-17　微分型单稳态触发器的触发特性

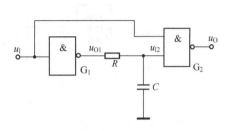

图 8-18　积分型单稳态触发器

积分型单稳态电路是正脉冲触发，电源接通后，在没有外来触发脉冲时，u_1 为低电平，电路处于稳态，电路稳态时：$u_O = U_{OH}$，$u_{O1} = U_{OH}$。当在 u_1 端加入一个正脉冲，电路进入暂稳态，此时 $u_O = U_{OL}$，$u_{O1} = U_{OH}$。经过一段时间又恢复到稳态，输出与输入变化关系如图 8-19 所示。

8.4.3　单稳态触发器的应用

1. 脉冲整形

单稳态触发器的一个直接应用就是作为脉冲整形电路。脉冲整形就是指将不规则的波形转换成宽度、幅度都相等的脉冲。

脉冲信号在经过长距离传输后其边沿会变差或在波形上叠加了某些干扰。为了使外形不规则的脉冲信号变成符合要求的波形，可将这些脉冲作为触发脉冲，经单稳输出，可获得规则的脉冲波形输出，如图 8-20 所示。

2. 脉冲定时

脉冲定时就是指产生一定宽度的方波。

由于单稳态触发器可输出宽度和幅度符合要求的矩形脉冲，因此，可利用它做定时电路。在图 8-21（a）所示定时电路中，单稳态触发器输出的脉冲 u_C 可作为与门 G 开通时间的控制信号。只有在输出 u_C 为高电平期间，与门 G 打开，u_B 才能通过与门 G，这时，输出 $u_O = u_B$。与门 G 打开的时间，完全由单稳态触发器决定。而在 u_C 为低电平时，与门 G 关闭，u_B 不能通过。工作波形如图 8-21（b）所示。

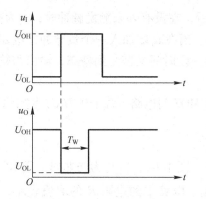

图 8-19　积分型单稳态触发器的触发特性

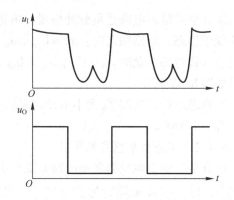

图 8-20　单稳态触发器的整形波形

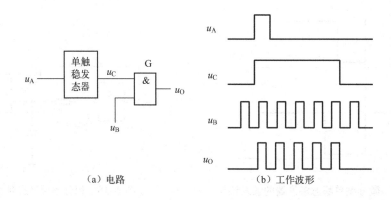

（a）电路　　　　　　　　　　（b）工作波形

图 8-21　单稳态触发器定时电路和工作波形

3. 脉冲延时

脉冲延时就是指将输入信号延迟一定的时间之后再输出。

在数字控制系统中，往往需要在一个脉冲信号到达后，延时一段时间再产生一个滞后的脉冲，以控制两个相继进行的操作。

脉冲延时电路可以用两个单稳态触发器完成，连接方法如图 8-22（a）所示，工作波形如图 8-22（b）所示。可见输出脉冲比输入脉冲滞后了 t_{W1} 的时间，这就是利用单稳态触发器的延时作用。

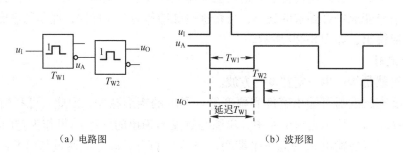

（a）电路图　　　　　　　　　　（b）波形图

图 8-22　单稳态触发器脉冲延时电路及延时波形

8.5　555 集成定时器及其应用

8.5.1　555 集成定时器

555 集成定时器是一种中规模集成电路,只要外接少量阻容元件就可以构成脉冲产生和变换电路。555 定时器按照内部元件可划分为双极型(TTL 型)和单极型(CMOS 型)两大类。TTL 型产品型号最后的 3 位数码是 555 或 556,CMOS 型产品型号最后 4 位数码是 7555 或 7556。二者的电路结构和工作原理类似,逻辑功能和引脚排列完全相同,易于互换。555 芯片和 7555 芯片是单定时器,556 芯片和 7556 芯片是双定时器。双极型的电源电压 V_{CC} = +5 ~ +16V,单极型的电源电压 V_{CC} = +3 ~ +18V。

1. 电路结构

555 集成定时器电路结构和引脚图如图 8-23 所示。

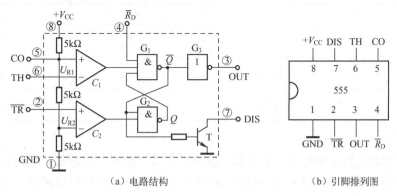

（a）电路结构　　　　　（b）引脚排列图

图 8-23　555 集成定时器

各引脚定义如下:

1:GND 接地;

2:$\overline{TR}$触发输入;

3:OUT 输出端;

4:$\overline{R}_D$复位端;

5:CO 电压控制端;

6:TH 阈值输入;

7:DIS 放电端;

8:V_{CC}接电源。

2. 工作原理

当$\overline{R}_D$ =0 时,$\overline{Q}$ =1,定时器输出端(3 脚)输出低电平 0,同时放电开关管 T 饱和导通。

当$\overline{R}_D$ =1 时,若输入信号 U_{TH} 自 TH(6 脚)输入,$\overline{U}_{TR}$ 自$\overline{TR}$(2 脚)输入。

(1) 当 $U_{TH} > \dfrac{2}{3}V_{CC}$,$\overline{U}_{TR} > \dfrac{1}{3}V_{CC}$ 时,C_1 输出低电平、C_2 输出高电平,基本 RS 触发器置 0,定时器输出低电平 0,同时放电开关管 T 导通。

(2) 当 $U_{TH} < \dfrac{2}{3}V_{CC}$,$\overline{U}_{TR} < \dfrac{1}{3}V_{CC}$ 时,C_1 输出高电平、C_2 输出低电平,基本 RS 触发器置 1,定时器输出高电平 1,同时放电开关管 T 截止。

（3）当 $U_{TH} < \frac{2}{3}V_{CC}$，$\overline{U}_{TR} > \frac{1}{3}V_{CC}$ 时，C_1，C_2 输出均为高电平，基本 RS 触发器保持原状态不变，因而定时器、放电开关管 T 也保持原状态不变。

（4）当 $U_{TH} > \frac{2}{3}V_{CC}$，$\overline{U}_{TR} < \frac{1}{3}V_{CC}$ 时，C_1，C_2 输出均为低电平，基本 RS 触发器处于禁止功能。因此，在实际使用时禁止出现此种条件。

根据分析得到 555 定时器的功能表见表 8-1。

表 8-1　555 定时器功能表

输　　入			输　　出
$\overline{R}_D$	TH	$\overline{TR}$	OUT
0	×	×	0
1	$> \frac{2}{3}V_{CC}$	$> \frac{1}{3}V_{CC}$	0
1	$< V_{CC}$	$< \frac{1}{3}V_{CC}$	1
1	$< \frac{2}{3}V_{CC}$	$> \frac{1}{3}V_{CC}$	保持

8.5.2　555 定时器的应用

555 定时器在电路中可做多谐振荡器、脉冲发生器、脉冲检测器等。定时或振荡精度仅与外接元件特性有关，具有 200mA 的吸入或供出电流，可直接推动扬声器、电感等低阻抗负载，广泛用于工业控制、定时、防盗报警等方面。

1. 555 定时器构成的多谐振荡器

如图 8-24 所示，555 定时器和外接元件 R_1，R_2，C 构成占空比可调的多谐振荡器，2 脚与 6 脚直接相连。电路不需要外加触发信号，利用电源通过 R_1，R_2 向 C 充电，以及 C 通过 R_2 经 7 脚由内部导通的三极管对地放电，根据功能表可知，电容 C 在 $\frac{1}{3}V_{CC}$ 和 $\frac{2}{3}V_{CC}$ 之间不断充电和放电，使输出端产生连续振荡的矩形波。输出信号的时间参数是：

$$T = t_{W1} + t_{W2}, \quad t_{W1} = 0.7(R_1 + R_2)C, \quad t_{W2} = 0.7R_2C$$

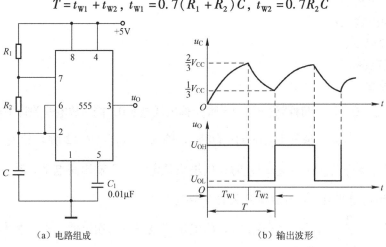

（a）电路组成　　　　　　　　　　（b）输出波形

图 8-24　555 定时器构成的多谐振荡器

2. 555 定时器构成施密特触发器

555 定时器构成的施密特触发器电路如图 8-25（a）所示。只要将 555 定时器的 2，6 脚连在一起作为信号输入端，就可得到施密特触发器。

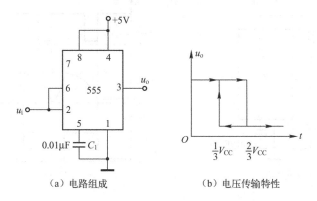

（a）电路组成　　　　（b）电压传输特性

图 8-25　555 定时器构成的施密特触发器

图 8-25（b）是施密特触发器的电压传输特性，从其电压传输特性可以看出，当 u_i 上升到 $\frac{2}{3}V_{CC}$ 时，输出 u_o 翻转为低电平，当 u_i 下降到 $\frac{1}{3}V_{CC}$ 时，输出 u_o 翻转为高电平，而在 $\frac{1}{3}V_{CC} < u_i < \frac{2}{3}V_{CC}$ 之间时，输出保持不变。$\Delta U = \frac{2}{3}V_{CC} - \frac{1}{3}V_{CC} = \frac{1}{3}V_{CC}$ 称为回差电压。回差电压越大，说明电路抗干扰能力越强。

施密特触发器最主要的功能是对输入波形进行整形变换，在输出端得到矩形波或方波。如图 8-26 所示，输入端加入正弦波信号后，输出端得到的是矩形波形。

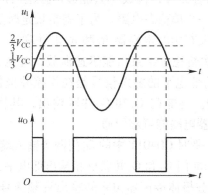

图 8-26　555 定时器构成的施密特触发器输出波形

3. 555 定时器构成单稳态触发器

用 555 定时器构成的单稳态触发器电路如图 8-27（a）所示。R，C 是定时元件，C_1 是旁路电容。输入脉冲信号 u_1 加于 2 脚（下降沿有效），u_0 是输出信号。T 的集电极通过电阻 R 接 V_{CC}，组成一个反相器，再通过电容 C 接地。

输出信号 u_0 的脉冲宽度等于暂稳态时间，即电容充电时间

$$t_W \approx 1.1RC$$

可见单稳态触发器输出脉冲宽度 t_W 仅取决于定时元件 R，C 的取值，与输入信号和电源

电压无关，调节 R，C 即可改变 t_W 的大小。此电路要求输入信号 u_I 的负脉冲宽度一定要小于 t_W。

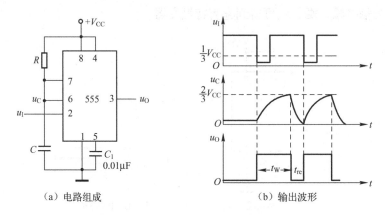

（a）电路组成　　　　　　　（b）输出波形

图 8-27　555 定时器构成的单稳态触发器

如果输入信号 u_I 是周期为 T 的连续脉冲，为了保证单稳态触发器的正常工作，则

$$T \geqslant t_W + t_{re}$$

式中 t_{re} 为恢复时间，即电容 C 的放电时间，由于很短可以忽略不计。

应用案例

1. 声控定时灯

声控定时照明灯电路原理图如图 8-28 所示。该电路是用一块 CD4011 四二输入与非门和一个继电器 K，加上少量阻容元件，构成一只能够声控定时的照明灯电路。CD4011 中的 G_1，G_2 和 R_5，R_P 等元件组成一个单稳态电路。为了满足长定时的需要，在 G_1 端的输入接有一个 R_2（1MΩ）大电阻器，又在定时电阻器 R_5 和 R_P 上并联了一个二极管 D_1 反偏接地，使定时电容器 C_2 上的电荷在每次暂稳态结束后能迅速泄放，又能立刻接受声控工作，以保证每次定时准确。单稳态需要的低电平的触发信号是在声控驻极体传声器 BM 的输出信号使 VT_1 管饱和导通的瞬间完成的。与非门 G_3 和 G_4 并联输出，其目的是提高它们的输出电流（20mA），以保证后续的继电器电路能可靠导通。

声控定时器的工作过程：平时 CD4011 中的 G_1 门两个输入端处于高电平，经反相输出低电平，G_2 输出高电平，又经与非门 G_3 和 G_4 并联反相输出低电平，继电器 K 不工作，负载照明灯 EL 不亮。当有声音时，驻极体传声器 BM 的输出音频信号经电容 C_1 触发晶体管 VT_1，而使 VT_1 集电极电位降得很低（因集电极电阻 R_2 很大），使 G_1 输出高电平。因电容器 C_2 两端电压不能突变，故 G_2 反相输出低电平，该电平又反馈至 G_1 的输入端，G_1 和 G_2 进入暂稳态过程。同时该低电平经与非门 G_3 和 G_4 反相输出高电平，驱动 VT_2 导通，继电器得电工作，其 K 触点闭合，照明灯 EL 点亮，点亮时间可由电位器 R_P 调节。

在 G_1 和 G_2 暂稳态时间内，声控信号任何触发都不起作用，一直等到电容器 C_2 充电完毕，暂稳状态结束，G_2 输出恢复高电平，G_3 和 G_4 又输出低电平。此时继电器不工作，其触点 K 断开，切断照明电源，照明灯 EL 熄灭，等待下一次声音触发。电路中的 LED_1 用来指示电路是否正常工作，只要单稳态被触发，LED_1 就点亮。

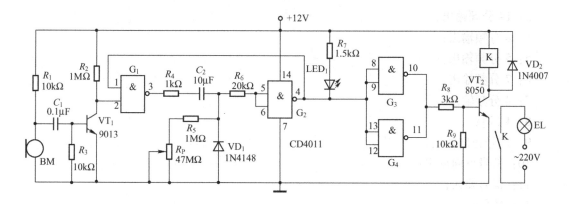

图 8-28 声控定时灯

2. 秒脉冲产生电路

秒脉冲发生器是数字钟的核心部分，它的精度和稳定度决定了数字钟的质量。由电阻、电容构成的 RC 振荡器结构简单、成本低，但振荡频率精度低。在要求较高的数字系统中，通常用晶体振荡器发出的脉冲经过整形、分频获得 1Hz 的秒脉冲。如图 8-29 所示，采用二进串行计数器 CD4060 和 32768Hz 的晶振，构成晶体振荡器，通过 15 次二分频后就可获得 1Hz 的脉冲输出。

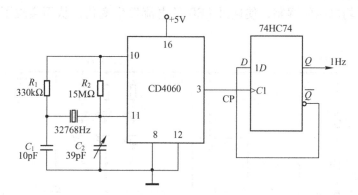

图 8-29 秒脉冲发生器

CD4060 的引脚图如图 8-30 所示，其引脚功能如下。

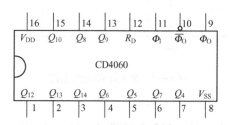

图 8-30 CD4060 引脚图

1：12 分频输出；

2：13 分频输出；

3：14 分频输出；

4：6 分频输出；

5：5 分频输出；

6：7 分频输出；

7：4 分频输出；

8：V_{SS} 地；

9：信号正向输出；

10：信号反向输出；

11：信号输入；

12：复位；

13：9 分频输出；

14：8 分频输出；

15：10 分频输出；

16：V_{DD} 电源。

3. 555 灯光调制电路

图 8-31 是 555 灯光调制电路，555 定时器构成多谐振荡电路，通过调整电位器 R_W，就可以改变多谐振荡器输出矩形波的占空比，3 脚 PWM 输出控制晶体三极管的通断时间，实现了 LED 上的平均电压的调制，使通过 LED 的电流发生变化，从而实现了 LED 灯光强弱变化。

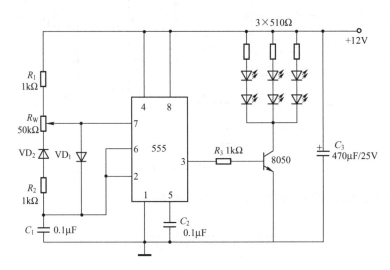

图 8-31　555 灯光调制电路

4. 555 电热毯温控器

一般电热毯有高温、低温两挡，555 定时器可以把电热毯的温度控制在一个合适的范围内。电路如图 8-32 所示，图中 8 脚集成芯片为 NE555 时基电路，为叙述方便，将 555 定时器的 2 脚、5 脚、6 脚电位分别用 U_2，U_5，U_6 表示。R_{P3} 为温度控制调节电位器，其滑动臂电位决定 NE555 定时器的触发电位 U_Z 和阈值电位 U_F，且 $U_5 = U_F = 2U_Z$。220V 交流电压经

C_1，R_1 限流降压，VD_1，VD_2 整流，C_2 滤波，VD_Z 稳压后，获得 9V 左右的电压供 555 定时器工作。室温下接通电源，因已调 $U_2 < U_Z$，$U_6 \leqslant U_F$ 时，555 定时器翻转，3 脚变为高电平，双向晶闸管被触发导通，电热丝通电发热，同时 LED_2 指示灯点亮，温度逐渐升高。热敏传感器 VT_1 随温度的升高，其穿透电流 I_{ceo} 增大。当 $U_2 > U_Z$，$U_6 \geqslant U_F$ 时，555 定时器翻转，3 脚变为低电位，双向晶闸管截止，电热丝停止发热，温度开始逐渐下降，VT_1 的 I_{ceo} 随之逐渐减小，U_2，U_6 降低。当 $U_6 < U_F$，$U_2 \leqslant U_Z$ 时，555 定时器的 3 脚又回到高电位，双向晶闸管又被触发导通，电热丝又开始发热，从而实现了温度的自动控制。

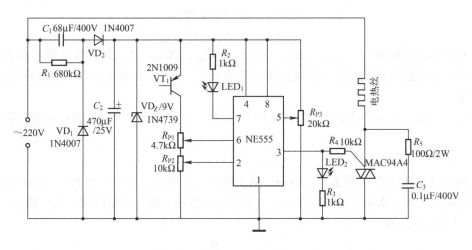

图 8-32　555 电热毯温度控制电路

电路中的 R_5，C_3 是阻容吸收电路，防止负载断开和接通瞬间产生很高的感应电压损坏可控硅。热敏传感器 VT_1 是利用锗材料 PNP 管制作而成的，在制作时要注意：VT_1 可用耐温的细软线引出，并将其连同引脚接头装入。放入一电容器铝壳内，注入导热硅脂，制成温度探头。使用时，把该温度探头放在适当部位即可。

拓展知识

8.6　脉冲波形产生电路工作原理分析

8.6.1　门电路构成的施密特触发器

1. 电路组成

如图 8-33 所示，门电路构成的施密特触发器由两个 CMOS 反相器和两个分压电阻构成。这个电路的特点是：电路有两个稳定状态，而门电路本身只有一个阈值电压 U_{TH}，但由于输出对输入端的反馈，使 u_1 在变化时会出现两个触发转换电平，从而使电路具有施密特触发特性。

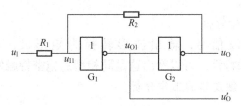

图 8-33　集成门电路构成的施密特触发器

2. 工作过程

由叠加定理可知：

$$u_{I1} = \frac{R_2}{R_1 + R_2}u_I + \frac{R_1}{R_1 + R_2}u_O$$

当 $u_I = 0\text{V}$ 时，G_1 截止、G_2 导通，输出为 U_{OL}，即 $u_O = 0\text{V}$。只要满足 $u_{I1} < U_{TH}$，电路始终处于 $u_O = 0\text{V}$ 状态（第一稳态）。

如果 u_I 上升，u_{I1} 也会上升。当 u_{I1} 上升到 U_{TH} 时，电路又会产生以下的正反馈过程：

$$u_{I1}\uparrow \longrightarrow u_{O1}\downarrow \longrightarrow u_O\uparrow$$

电路会迅速转换为 G_1 导通、G_2 截止，输出为 U_{OH}，即 $u_O = V_{DD}$ 的状态（第二稳态）。此时的 u_I 值称为施密特触发器的上限触发转换电平 U_{T+}。显然，u_I 继续上升，电路将保持第二稳态不变。

如果 u_I 下降，u_{I1} 也会下降。当 u_{I1} 下降到 U_{TH} 时，电路又会产生以下的正反馈过程：

$$u_{I1}\downarrow \longrightarrow u_{O1}\uparrow \longrightarrow u_O\downarrow$$

电路会迅速转换为 G_1 截止、G_2 导通，输出为 $u_O = 0$ 的状态（第一稳态）。此时的 u_I 值称为施密特触发器的下限触发转换电平 U_{T-}。显然，u_I 继续下降，电路将保持第一稳态不变。

3. 回差电压计算

第一次出现状态转换时，$u_O = 0$，所以 $u_{I1} = \dfrac{R_2}{R_1 + R_2}u_I = U_{TH}$，得到

$$U_{T+} = u_I = \frac{R_1 + R_2}{R_2}u_{I1} = \frac{R_1 + R_2}{R_2}u_{TH}$$

第二次出现状态转换时，$u_O = V_{DD}$，所以

$$u_{I1} = \frac{R_2}{R_1 + R_2}u_I + \frac{R_1}{R_1 + R_2}u_O = \frac{R_2}{R_1 + R_2}u_I + \frac{R_1}{R_1 + R_2}V_{DD}$$

得到

$$U_{T-} = u_I = \frac{R_1 + R_2}{R_2}u_{TH} - \frac{R_1}{R_2}V_{DD}$$

得回差电压

$$\Delta U_T = U_{T+} - U_{T-} = \frac{R_1}{R_2}V_{DD}$$

由上式可知，回差电压不能大于电源值，所以 R_1 取值应该小于 R_2，改变 R_1 和 R_2 的比值就可改变回差电压的大小。

4. 工作波形与电压传输特性

在输入端加上三角波信号，输出波形转换为矩形波，如图 8 - 34（a）所示，图 8-34（b）为其电压传输特性，可以看出这是同相型的施密特触发器。

8.6.2　微分型单稳态触发器的工作分析

1. 工作原理

电路如图 8-35 所示，稳态时电容 C 端电压 $u_C = 0$，则电路不会有充放电存在，由此判

断电阻 R 上压降，即 $u_{I2}=0$，门 G_1 输出 $u_{O1}=0$，这样才能保证电路处于稳定状态，则门 G_2 输出 $u_O=1$，通过反馈耦合至门 G_1 输入端，要保证门 G_1 输出 $u_{O1}=0$，因此 $u_d=1$，$u_I=1$。

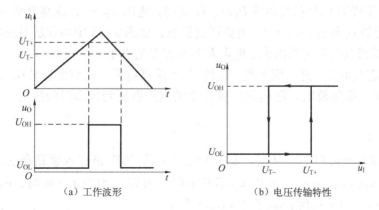

（a）工作波形　　　　　　　（b）电压传输特性

图8-34 施密特触发器的工作波形及电压传输特性

（1）稳态时，输入触发信号 $u_I=1$，$u_d=1$，由于 R 较小，G_2 关闭，输出 $u_O=1$，使 G_1 的两个输入端均为高电平1，G_1 开通，$u_{O1}=0$，如图8-36中的①所对应波形。

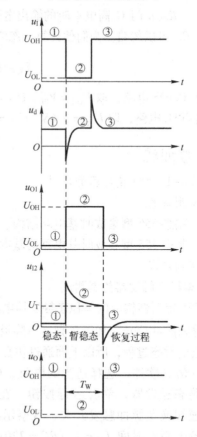

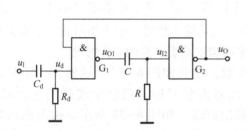

图8-35 微分型单稳态触发器　　　　图8-36 微分型单稳态触发器的工作波形

（2）当输入触发信号 u_1 由高电平1跳变为低电平0时，使 G_1 关闭，$u_{O1}=1$，由于电容 C 上的电压不能突变，使 u_{I2} 也随之上跳，大于 G_2 的门槛电压，于是 G_2 开通，$u_{O2}=0$，并且反

馈到 G_1 的输入端以维持 G_1 的关闭状态，电路进入暂稳态，如图 8-35 中的②所对应波形。

（3）进入暂稳态后，G_1 输出高电平，u_{O1} 经电容 C 和电阻 R 进行充电，u_{I2} 随着充电而逐渐下降。当 u_{I2} 下降到 G_2 的门槛电压 U_T 时，G_2 关闭，输出 $u_{O2}=1$，此高电平与 u_I（已回到高电平）共同作用使 G_1 开通，$u_{O1}=0$，电路回到稳态，如图 8-35 中的③所对应波形。由上讨论可知，暂稳态维持时间主要取决于电阻 R 和电容 C 的大小。

（4）暂稳态结束后，进入恢复期。G_1 输出 u_{O1} 从高电平 1 跃到低电平 0，已充电的电容 C 又通过 G_1，R，G_2 等放电。使 u_A 和电容 C 上的电压恢复到稳态时的数值，为下一次翻转做好准备。

2. 脉宽计算

初始电容端电压 $u_C(0^+)=U_{OL1}-U_{IL2}=U_{OL}-U_{IL}$，当电路进入暂稳态后，电容上电压 $u_C(t)=U_{OH1}-u_{I2}=U_{OH}-u_{I2}$，其中 u_{I2} 不断下降，可以认为当 $t\to\infty$ 时，$u_{I2}=U_{IL}$，所以 $u_C(\infty)=U_{OH}-U_{IL}$，$t=T_W$ 时，$u_C(T_W)=U_{OH}-U_T$。

代入全响应公式可得

$$T_W\approx(R+R_{ON})C\ln\frac{U_{OH}-U_{OL}}{U_T-U_{IL}}$$

式中，R_{ON} 是门 G_1 高电平时的输出电阻，当负载电流较大时，$R_{ON}\approx500\Omega$，当负载电流较小时，R_{ON} 可以忽略。为简便计算，忽略 R_{ON}，则有

$$T_W\approx RC\ln\frac{U_{OH}-U_{OL}}{U_T-U_{IL}}$$

对于 CMOS 电路，取 $U_{OH}=V_{DD}$，$U_{OL}=0V$，$U_T=1/2V_{DD}$，$U_{IL}=0V$，则有 $T_W\approx0.7RC$。

对于 TTL 电路，取 $U_{OH}=3.6V$，$U_{OL}=0.3V$，$U_T=1.4V$，$U_{IL}=0.3V$，则有 $T_W\approx1.1RC$。

能力训练

实训 8-1　555 定时器的应用

1. 实训目的

（1）熟悉 555 型集成时基电路结构、工作原理及特点。

（2）掌握 555 型集成时基电路的基本应用。

2. 实训内容

1）单稳态触发器仿真测试

用 555 定时器构成的单稳态触发器电路如图 8-37 所示。R_1，C 是定时元件，C_1 是旁路电容。输入脉冲信号 u_I 加于 2 脚（下降沿有效），u_O 是输出信号。由于用示波器很难捕捉单稳态电路的暂态过程，所以下面通过仿真软件来模拟单稳态电路的工作情况。

打开仿真软件，选择适当的电阻、电容参数，建立如图 8-37 所示的 555 定时器构成的单稳态触发器，单击运行按钮，在没有加触发信号时，观察示波器的输出状态。然后快速切换负脉冲触发开关，观察示波器输出波形，如图 8-38 所示。由前面内容可知：理论上暂态时间 $T_W=1.1RC=220ms$，而仿真结果是 $220.2865ms$，与理论分析高度一致。

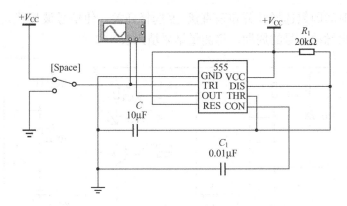

图 8-37 555 定时器构成的单稳态触发器

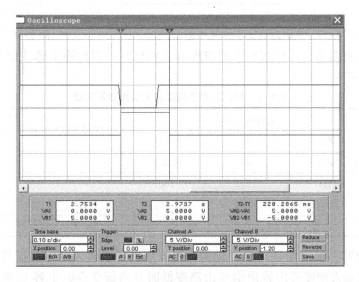

图 8-38 单稳态触发器仿真测试

通过测试可知：单稳态电路只有一个稳定状态，若没有触发信号，电路的稳定状态就一直维持，当加入触发脉冲以后，电路进入了暂稳态过程，暂态结束，自动恢复到稳态。

要求讨论分析：

（1）单稳态电路对输入触发脉冲宽度有没有要求？具体条件是什么？

（2）暂稳态的维持时间由什么因素决定？其维持时间是多少？

2）单稳态触发器的应用测试

图 8-39 是单稳态触发器的一个典型应用——声控楼道灯模拟电路，为了保证测试效果，取 $R = 1M\Omega$，$C = 10\mu F$，则灯亮的时间在 11s 左右，可以很好地观察实验结果。用逻辑开关模拟人的声音，用 LED 模拟楼道照明灯，在 555 定时器 2 脚输入一个负脉冲，观察逻辑指示灯点亮持续时间，多长时间后熄灭。然后在输入端连续切换逻辑开关，观察灯点亮情况，看有何变化。

3）多谐振荡器测试

（1）按照图 8-40 接好实训电路，电路参数如图所示，将输出信号 u_0 和电容 C_1 上的电压信号引入双踪示波器，检查电路连接无误后接通电源，观察示波器上的信号波形。旋转示波器的水平扫描时间因数选择开关和垂直伏/度选择开关，使信号波形稳定、清晰显示并方便读数，测出输出脉冲信号的周期，将测量结果填入表8-2中。

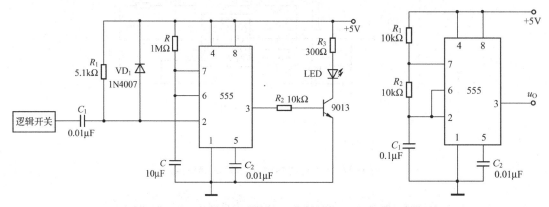

图8-39 单稳态触发器的应用测试　　　　　图8-40 多谐振荡器

（2）改变电路参数，再次观察电路波形有无变化？并测出输出脉冲信号的周期，将测量结果填入表8-2中。

表8-2 555定时器构成的多谐振荡器测试

测量次数	电路测试参数			实测输出信号周期	输出信号理论周期
	R_1	R_2	C_1		
1	10kΩ	10kΩ	0.1μF		
2	1kΩ	1KΩ	10μF		
3	10kΩ	10kΩ	0.01μF		
U_+				U_-	

（3）由于电容上的电压是动态变化的，所以用电子毫伏表难以捕捉某一瞬间电压值，只有通过示波器垂直刻度读出输出信号由高变低时及由低变高时电容 C_1 两端的电压大小，分别用 U_+ 及 U_- 表示，由于测量的是瞬时值，所以不能丢掉电容电压的直流分量，在利用示波器测试时，应将示波器切换到"DC"耦合方式，先确定零电位参考点，然后引入 C_1 两端的电压，将测量结果记录于表8-2中。

通过测试可知：555定时器构成的多谐振荡器有两个暂态，即输出信号在逻辑0和逻辑1之间交替变化，当电容 C_1 上的电压上升到 U_+ 时，电路才从高电平翻转到低电平，当电容 C_1 上的电压下降到 U_- 时，电路才从低电平翻转到高电平，输出信号为一矩形脉冲，矩形脉冲的振荡周期由 R_1，R_2 和电容 C_1 的大小决定。

实训8-2 电子秒表组装与测试

1. 电子秒表组装

图8-41是电子秒表电路，电路由基本 RS 电路、单稳态电路、555时基电路、计数分频电路、字符译码及显示电路几部分组成。要求：

（1）分析电路工作原理，要求555电路产生20ms的时基信号，两个数码管显示的时间长度是多少？

（2）根据要求选择电子元器件及其参数、规格，元件清单见表8-3。

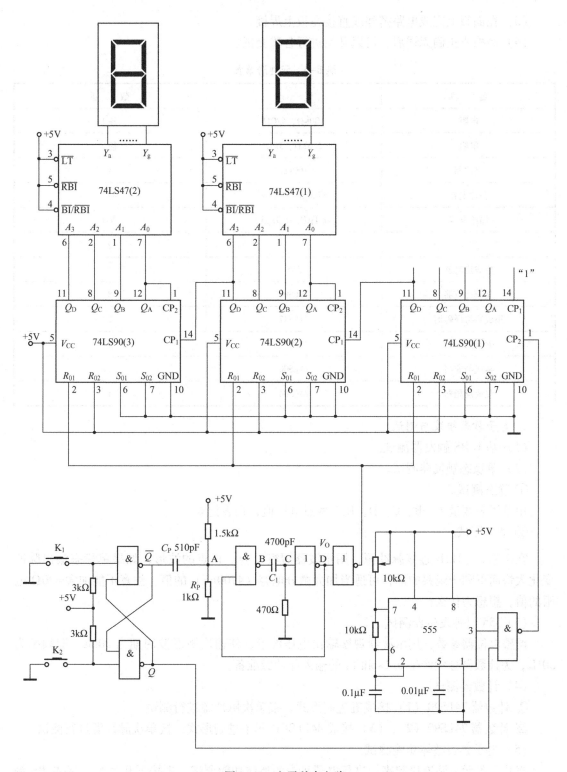

图 8-41 电子秒表电路

（3）在面板上完成电路搭建或直接在板上焊接。

（4）经检查正确无误后，可以开始进行各项测试。

表 8-3　元件清单表

名　　称	型　　号	数　　量
电阻	100kΩ，470Ω	各1
电阻	1.5kΩ，3kΩ	各2
电位器	100kΩ	1
瓷片电容	4700pF，510pF	各1
涤纶电容	0.1μF，0.01μF	各1
按钮		2
集成定时器	555	1
集成计数器	74LS90	3
集成字符译码器	74LS47	2
七段数码管	共阳极	2
集成与非门	74LS00	1
集成反相器	74LS04	1

2. 电子秒表组装与测试

（1）基本 RS 触发器测试。

（2）单稳态触发器测试。

① 静态测试。

用万用表测量 A，B，C，D，E 上各点电压值，列表记录。

② 动态测试。

在 $\overline{Q}$ 端加上 1kHz 连续脉冲源，用示波器观察 C 点、D 点的波形，如果单稳态输出脉冲变化太快而不利于观察的话，可适当加大微分电容（4700pF）的值，注意不能加大 470Ω 电阻的值，想想为什么？

（3）555 时钟发生器测试。

调整电位器参数，用示波器观察输出电压波形，使输出矩形波周期为 20ms，即频率为 50Hz，为计数器分频产生 0.1s 和 1s 的输入脉冲做准备。

（4）计数器测试。

① 计数器 74LS90（1）接成五进制形式，接单次脉冲源进行测试。

② 计数器 74LS90（2），（3）接成 8421BCD 码十进制形式，接单次脉冲源进行测试。

（5）电子秒表整体功能测试。

将几个单元电路连接起来，进行电子秒表的整体功能测试。先按下开关 K₁，基本 RS 触发器 Q 端输出为 0，电子秒表无脉冲输入，然后按下开关 K₂，$\overline{Q}$ 端由 1 变为 0，微分单稳态触发器进入暂稳态"1"态，计数器复位，同时计数脉冲闸门开启，计数器开始计数，观察数码管显示情况。如果不需要计数时，按下开关 K_1，则计数停止且数码管显示停止时的计数值。

练习与思考

（一）练习题

1. 填空题

8.1　多谐振荡器主要有_____多谐振荡器、_____多谐振荡器和_____多谐振荡器。

8.2　单稳态电路只有一个稳定状态，另一个是_____。在外来信号作用下，可使_____发生翻转进入_____，而_____的时间由电路参数决定，与外加触发脉冲没有关系。

8.3　555 定时器按内部器件分为_____、_____两大类。

8.4　用 555 构成的施密特触发器的两个阈值电压分别是_____和_____，回差电压 ΔU 为_____。

8.5　用_____个与非门首尾相接，便可组成基本环形多谐振荡器。

8.6　用 555 构成的单稳态触发器的暂稳态维持时间 t_W 为_____。

2. 选择题

8.7　单稳态触发器的主要用途是（　　）。

　　A. 整形、延时、鉴幅　　　　　　　B. 延时、定时、存储

　　C. 延时、定时、整形　　　　　　　D. 整形、鉴幅、定时

8.8　为了将正弦信号转换成与之频率相同的脉冲信号，可采用（　　）。

　　A. 多谐振荡器　　　　　　　　　　B. 移位寄存器

　　C. 单稳态触发器　　　　　　　　　D. 施密特触发器

8.9　由 555 定时器构成的单稳态触发器，其输出脉冲宽度取决于（　　）。

　　A. 电源电压　　　　　　　　　　　B. 触发信号幅度

　　C. 触发信号宽度　　　　　　　　　D. 外接 R、C 的数值

8.10　欲控制某电路在一定的时间内动作，应选用（　　）。

　　A. 多谐振荡器　　　　　　　　　　B. 施密特电路

　　C. 单稳态电路　　　　　　　　　　D. 移位寄存器

8.11　将三角波变换为矩形波，须选用（　　）。

　　A. 单稳态触发器　　　　　　　　　B. 施密特触发器

　　C. RC 微分电路　　　　　　　　　　D. 多谐振荡器

8.12　双极型定时器 5G1555 的电源电压 V_{CC} 的取值为（　　）。

　　A. 0 ~ 5V　　　　B. 0 ~ 10V　　　　C. 5 ~ 15V　　　　D. 15 ~ 30V

8.13　集成单稳态触发器的暂稳维持时间决定于（　　）。

　　A. 电源电压值　　　　　　　　　　B. 触发脉冲宽度

　　C. 外接定时电阻电容　　　　　　　D. 触发脉冲状态

8.14　单稳态触发器的输出状态有（　　）。

　　A. 一个稳态、一个暂稳态　　　　　B. 两个稳态

  C. 只有一个稳态   D. 没有稳态

8.15 下列各电路中属于时序逻辑电路的是（   ）。

  A. 加法器   B. 555 定时器   C. 寄存器   D. 施密特触发器

8.16 施密特触发器常用于（   ）。

  A. 脉冲整形与变换   B. 计数与寄存

  C. 定时与延时   D. 以上都是

3．综合题

8.17 施密特触发器电路如图题 8.17 所示。

（1）根据输入 u_i 的波形，试画出输出 u_o 的波形。

（2）求回差电压的值。

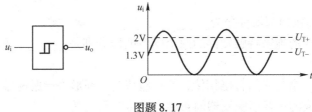

图题 8.17

8.18 试用 555 定时器接成下列电路的接线图：

（1）施密特触发器。

（2）单稳态触发器。

（3）多谐振荡器。

8.19 分析图题 8.19 所示电路，画出输出波形并计算输出信号的周期和频率。已知：
$R_1 = 20\text{k}\Omega$，$R_2 = 10\text{k}\Omega$，$C = 0.1\mu\text{F}$。

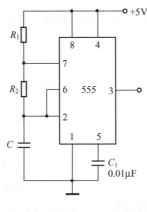

图题 8.19

  8.20 设计一个灯的延时开关电路，要求灯亮延时 10 s，画出电路，计算元件参数，电容可选 100μF 或 47μF。

  8.21 由 555 定时器构成的施密特触发器当输入控制端 CO 外接 10V 的电压时，其正向阈值电压 U_{T+}、负向阈值电压 U_{T-} 和回差电压 ΔU 各为多少？

（二）思考题

8.22 施密特触发器的特点是什么？它有哪些主要用途？

8.23 单稳态触发器的特点是什么？它有哪些主要用途？

8.24 用 CMOS 和 TTL 集成逻辑门实现单稳态触发器，暂稳态时间大小会有什么不同？取决于哪些因素？

8.25 多谐振荡器有几种实现方法？请列举并绘制电路。

8.26 有源晶振有什么优点？

8.27 如何改进，使 555 构成的多谐振荡器变为占空比可调？

8.28 如何调节由 555 定时器构成的施密特触发器的回差电压 ΔU？

单元9　模数与数模转换

学习目标

1. 知识目标
(1) 了解数模、模数转换器在工业上的应用位置。
(2) 掌握数模、模数转换的基本概念。
(3) 理解数模、模数转换的工作原理及主要技术指标。
(4) 掌握典型集成数模、模数转换器的功能。
2. 能力目标
(1) 能看懂集成数模、模数转换器电路的引脚图。
(2) 能正确使用集成数模、模数转换器。
(3) 能够根据数模、模数转换器的功能资料完成简单的 D/A、A/D 应用电路设计。

核心知识

随着数字技术，特别是计算机技术的飞速发展与普及，在工业过程控制、智能化仪器仪表和数字通信等领域，常要求把如温度、压力、速度、流量、位移等连续变化的模拟量，经过传感器变成电信号，这些电信号需要转换成数字量，以便于计算机进行运算和处理，处理后得到的数字信号须还原成相应的模拟信号，才能驱动执行机构，如图 9-1 所示。

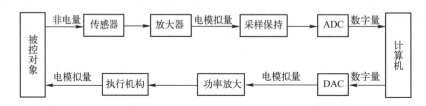

图 9-1　A/D，D/A 转换器在计算机控制过程中的作用

从模拟信号到数字信号的转换称为模数转换，简称 A/D（Analog to Digital）转换，把实现 A/D 转换的电路称为 A/D 转换器，简写为 ADC。把从数字信号到模拟信号的转换称为数模转换，简称 D/A（Digital to Analog）转换，能够实现 D/A 转换的电路称为 D/A 转换器，简写为 DAC。

9.1　D/A 转换器

9.1.1　D/A 转换器概述

DAC 用于将输入的二进制数字量转换为与该数字量成比例的电压或电流。常用的 D/A 转换器有 T 型电阻网络、倒 T 型电阻网络 D/A 转换器、权电阻网络 D/A 转换器及权电流型 D/A 转换器等。其中倒置 T 型电阻网络 D/A 转换器结构简单、转换精度较高，是目前转换速度最快的数模转换器之一，因而本节只介绍该类型 D/A 转换器。

1. 倒 T 型电阻网络 D/A 转换器工作原理

在单片集成 D/A 转换器中，使用最多的是倒 T 型电阻网络 D/A 转换器。图 9-2 所示为一个四位倒 T 型电阻网络 DAC，它由模拟电子开关（S）、$R-2R$ 倒 T 型电阻网络、运算放大器（A）及基准电压 U_{REF} 组成。

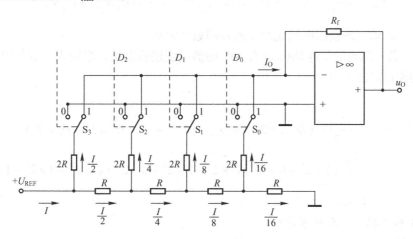

图 9-2 倒 T 型电阻网络 D/A 转换器

S_3，S_2，S_1，S_0 为模拟电子开关，分别受数字信号 D_3，D_2，D_1，D_0 控制。当某位数字信号 $D_i = 1$ 时，相应的模拟电子开关 S_i 接至运算放大器的反相输入端（虚地），电流流入求和电路；若 $D_i = 0$ 则接同相输入端（接地）。因此不管数字信号 D_i 如何变化，开关 $S_3 \sim S_0$ 是在运算放大器求和点（虚地）与地之间转换，流过每条支路的电流与开关位置无关，为确定值。从参考电压 U_{REF} 输入的总电流也是固定不变的。

为分析各支路的电流大小，可将电阻网络等效画为图 9-3 所示电路。等效电阻为 R，因此总电流 $I = U_{REF}/R$。各支路电流自左向右依次为

$$I_3 = \frac{I}{2}, \quad I_2 = \frac{I}{4}, \quad I_1 = \frac{I}{8}, \quad I_0 = \frac{I}{16}$$

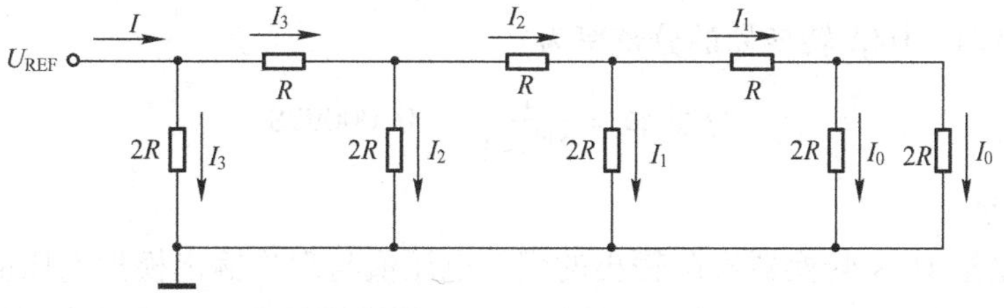

图 9-3 倒 T 型电阻网络所有 S_i 都接 1 时的简化等效电路

流入运算放大器反相输入端的电流为

$$
\begin{aligned}
I_O &= I_3 D_3 + I_2 D_2 + I_1 D_1 + I_0 D_0 \\
&= \frac{V_{REF}}{2^4 R}(2^3 D_3 + 2^2 D_2 + 2^1 D_1 + 2^0 D_0)
\end{aligned}
$$

若 $R_f = R$，则有

$$U_0 = -\frac{U_{REF}}{2^4}(D_3 \times 2^3 + D_2 \times 2^2 + D_1 \times 2^1 + D_0 \times 2^0)$$

将上述结论推广到 n 位倒 T 型电阻网络 D/A 转换器，输出电压的公式可写成

$$U_0 = -\frac{U_{REF}}{2^n}(D_{n-1} \times 2^{n-1} + D_{n-2} \times 2^{n-2} + \cdots + D_1 \times 2^1 + D_0 \times 2^0)$$

可见，DAC 输出的模拟电压正比于输入的数字信号。

例 9-1 若一理想的 8 位 DAC 具有 10V 的满刻度模拟输出，当输入二进制码 10010001B 时，DAC 的模拟输出为多少？

解：

$$U_0 = -\frac{U_{REF}}{2^n}(D_{n-1} \times 2^{n-1} + D_{n-2} \times 2^{n-2} + \cdots + D_1 \times 2^1 + D_0 \times 2^0)$$

$$= \frac{10}{2^8}(1 \times 2^7 + 0 \times 2^6 + 0 \times 2^5 + 1 \times 2^4 + 0 \times 2^3 + 0 \times 2^2 + 0 \times 2^1 + 1 \times 2^0)$$

$$= -5.7V$$

2. D/A 转换器的主要技术指标

1）分辨率

分辨率表示 D/A 转换器输出最小电压的能力，它是指 D/A 转换器模拟输出所产生的最小输出电压 U_{LSB}（对应的输入数字量仅最低位为 1）与最大输出电压 U_{FSR}（对应的输入数字量各有效位全为 1）之比：

$$分辨率 = \frac{U_{LSB}}{U_{FSR}} = \frac{1}{2^n - 1}$$

式中，n 表示输入数字量的位数。可见，分辨率与 D/A 转换器的位数有关，位数 n 越大，能够分辨的最小输出电压变化量就越小，即分辨最小输出电压的能力也就越强。

例如，$n = 8$ 时，D/A 转换器的分辨率为

$$分辨率 = \frac{1}{2^8 - 1} = 0.0039$$

而当 $n = 10$ 时，D/A 转换器的分辨率为

$$分辨率 = \frac{1}{2^{10} - 1} = 0.000978$$

2）转换精度

转换精度是指 D/A 转换器实际输出的模拟电压值与理论输出模拟电压值之间的最大误差。显然，这个差值越小，电路的转换精度越高。但转换精度是一个综合指标，包括零点误差、增益误差等，不仅与 D/A 转换器中的元件参数的精度有关，而且还与环境温度、求和运算放大器的温度漂移以及转换器的位数有关。

3）转换时间

转换时间是指 D/A 转换器从输入数字信号开始到输出模拟电压或电流达到稳定值时所用的时间。转换时间越小，工作速度就越高，转换时间一般为几纳秒到几微秒。

4）线性度

其反映 DAC 实际转换曲线相对于理想转换直线的最大偏差，通常以占满量程的百分数

表示。

9.1.2 D/A 转换器 0832

1. DAC0832 功能简介

数模转换芯片 DAC0832 是一个 8 位的 D/A 转换器，输出的是与输入的数字信号成比例的模拟电流量。DAC0832 是 CMOS 工艺，共有 20 个引脚，其系列产品还有 DAC0830，DAC0831，它们可以完全互换。其结构图与外引脚排列图如图 9-4 所示。

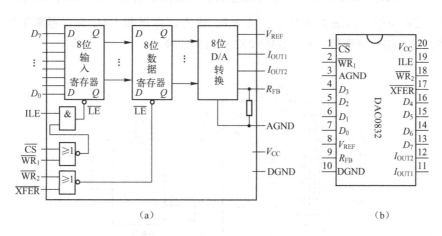

（a）　　　　　　　　　　　　（b）

图 9-4　DAC0832 结构图与引脚排列

引脚功能如下。

V_{CC}：电源电压，一般为 +5 ~ +15V。

$D_7 ~ D_0$：8 位数字量输入端，D_7 是最高位。

AGND，DGND：分别为模拟和数字地，通常它们连到一起。

$\overline{CS}$：片选信号，低电平有效。

ILE：数据允许锁存信号，高电平有效。

$\overline{WR_1}$，$\overline{WR_2}$：写控制信号。

$\overline{XFER}$：数据传送信号，低电平有效。

I_{OUT1}：模拟电流输出端 1，当输入数字测量全为 1 时，其值最大；当输入数字测量全为 0 时，其值最小。

I_{OU2}：模拟电流输出端 2。$I_{O1} + I_{O2}$ = 常数，使用中一般接地。

V_{REF}：参考电压端，其电压范围为 -10 ~ +10V。

R_{FB}：反馈信号引入脚，反馈电阻在芯片内部，外接运放的电阻引出端。

需要注意的是：内部 $\overline{LE}$ 低电平引脚有效时，寄存器数据被锁存，$\overline{LE}$ 高电平时，DAC 转换才有输出。

2. DAC0832 的工作方式

DAC0832 有三种工作方式：直通方式、单缓冲方式、双缓冲方式。在直通方式下，输入寄存器和 DAC 寄存器处于直通状态，输入数字量可直接送入 D/A 转换器转换并输出。在单缓冲方式下，输入数字量送入 D/A 转换器进行转换的同时，将该数字量锁存在 8 位输入寄存器中，以保证 D/A 转换级输入稳定，这种方式只要执行一次写操作，即可完成 D/A 转换。双缓冲方式下，输入的数字量须经输入寄存器和 DAC 寄存器两级分别缓冲、锁存后才送入 D/A 转换器。

单缓冲方式和双缓冲方式适合于微控制器系统中的编程应用，而直通方式适用于连续反馈控制线路和不带微控制器的控制系统。在数字电路中，我们重点介绍直通工作方式。

如图 9-5 所示，DAC0832 工作在直通方式下，当四个引脚 $\overline{\text{CS}}$，$\overline{\text{WR}_1}$，$\overline{\text{WR}_2}$，$\overline{\text{XFER}}$ 都接地时，ILE 接高电平，由图 9-4 可知，$\overline{\text{LE}} = 1$，输入寄存器和 DAC 寄存器都工作在直通状态。这样，输入端只要有数字量，DAC0832 就直接转换。

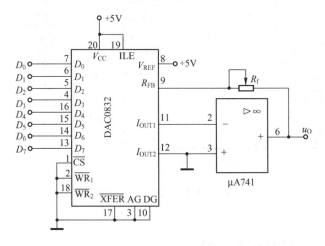

图 9-5 DAC0832 直通方式下的单极性输出电路

由于 DAC0832 是电流输出型转换器，因此由运算放大器进行电流→电压转换，使用内部反馈电阻，使输出电压值 U_0 和输入数字量 D 成比例。

9.2 A/D 转换器

9.2.1 A/D 转换器概述

A/D 转换器是将模拟信号转换成数字信号的电路。它是数模转换的逆过程。ADC 电路种类很多，从工作原理来看可分为直接 ADC 和间接 ADC 两大类。在直接 ADC 中，输入模拟信号直接被转换成相应的数字信号，如计数型 ADC、逐次逼近型 ADC 和并行比较型 ADC 等。而在间接 ADC 中，输入模拟信号先被转换成某种中间变量（如时间、频率等），然后再将中间变量转换为最后的数字量，如单次积分型 ADC、双积分型 ADC 等。在 A/D 转换器数字量的输出方式上，又有并行输出和串行输出两种类型。各种类型的工作原理也不尽相同。本节将以逐次比较型为例进行介绍。

1. A/D 转换的基本工作原理

在 A/D 转换器中，输入的模拟量在时间和幅值上都是连续变化的，而输出的数字信号在时间和幅值上都是离散的。因此，将模拟量转换成数字量须分采样、保持、量化、编码四个步骤，即首先通过采样 – 保持电路对模拟信号进行采样、保持，然后再送入 A/D 转换电路中进行量化、编码，最终输出数字量。图 9-6 是 A/D 转换器的原理框图。

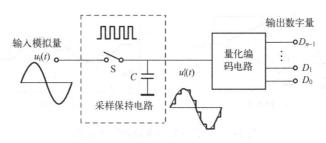

图9-6 A/D转换器原理框图

1）采样和保持

采样是将时间上连续变化的模拟信号转换为时间上离散、幅度上等于采样时间内模拟信号大小的信号，即转换为一系列等间隔的脉冲。其过程如图9-7所示。图中，u_i为模拟输入信号，$s(t)$为取样信号，u_O为取样后输出信号。

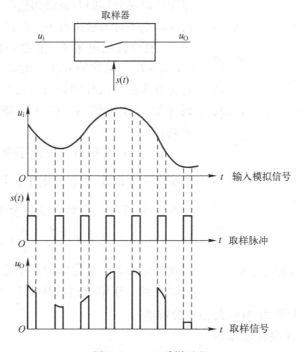

图9-7 A/D采样过程

保持就是保持信号大小，以保证有充分时间进行A/D转换。由于A/D转换需要一定的时间，在每次采样以后，需要把采样电压保持一段时间。如图9-8（a）所示是一种常见的取样保持电路，它由取样模拟开关、保持电容和运算放大器组成。场效应管VT做模拟开关。取样脉冲$s(t)$高电平到来时开关接通，输入模拟信号u_1向电容C快速充电，采样信号$s(t)$低电平到来时，VT截止，采样结束，若不考虑电容的漏电，并把开关管截止时的等效电阻和运放的输入电阻看成无穷大，则电容C上的电压为采样结束瞬间的u_1值，且一直保持到下一次采样。运算放大器构成电压跟随器，起缓冲作用，具有较高输入阻抗和低的输出阻抗，以减小负载对保持电容的影响。在输入一连串采样脉冲后，输出电压u_0波形如9-8（b）所示。

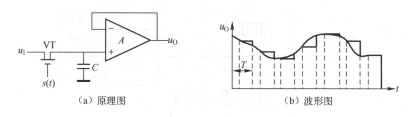

（a）原理图　　　　　　　　　　　　　　（b）波形图

图9-8　采样－保持电路和输出波形

2）量化和编码

量化与编码电路是 A/D 转换器的核心组成部分。

将采样－保持电路的输出电压归化为量化单位 Δ 的整数倍的过程叫做量化。输入的模拟信号经采样－保持后，得到的是阶梯形信号。若 ADC 输出为 n 位，则可以将阶梯形信号的幅度等分成 2^n 级，每级规定一个基准电平值，然后将阶梯电平分别归并到最邻近的基准电平上。量化中的基准电平称为量化电平，采样－保持后未量化的电平 U_0 值与量化电平 U_q 值之差称为量化误差 δ，即 $\delta = U_0 - U_q$。量化的方法一般有两种：只舍不入法和有舍有入法（或称四舍五入法）。把量化的结果用代码（如二进制数码、BCD 码等）表示出来，称为编码。

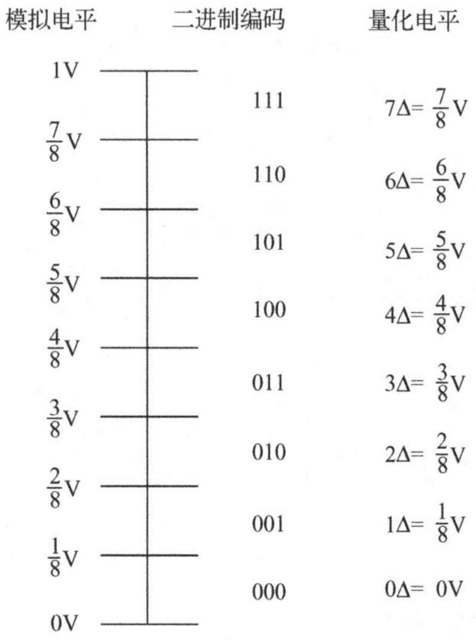

若将 1V 电平用三位数字量来表示，则可将 1V 模拟电平分成 8 个基准电平，量化单位为 $\Delta = \frac{1}{8}$V。如图9-9 所示，采取的是只舍不入的量化方法。例如，若输入模拟电平在 $\frac{5}{8} \sim \frac{6}{8}$V 之间，则量化电路经过比较应为 5 个量化单位，则输出编码为 101。由此可以看到，在量化过程中产生了误差，最大可达到 ±1LSB模拟输入量（LSB 为 ADC 的最小分辨率）。

图9-9　量化与编码示意图

2. A/D 转换器的主要技术指标

1）分辨率

分辨率是指 A/D 转换器输出数字量的最低位变化一个数码时，对应输入模拟量的变化量。通常以 ADC 输出数字量的位数表示分辨率的高低，因为位数越多，量化单位就越小，对输入信号的分辨能力也就越高。例如，输入模拟电压满量程为 10V，若用 8 位 ADC 转换时，其分辨率为 $10V/2^8 = 39$mV，10 位的 ADC 是 9.76mV，而 12 位的 ADC 为 2.44mV。

2）量化误差

量化误差是模拟输入量在量化取整过程中所引起的误差，又称量化不确定度。量化误差是模数转换器固有的，其大小与分辨率直接相关，通常为 ±1/2LSB 或 ±1LSB 模拟输入量。

3）转换速度

完成一次 A/D 转换所需要的时间叫做转换时间，转换时间越短，则转换速度越快。逐次比较型 ADC 的转换时间大都在 $10 \sim 50 \mu s$ 之间，并行比较型 ADC 的转换时间可达 10ns，双积分 ADC 的转换时间在几十毫秒至几百毫秒之间。

9.2.2　ADC0809 简介

模数转换器 ADC0809 采用 CMOS 工艺，为 28 脚双列直插式封装，是 8 位逐次比较型 A/D 转换器。ADC0809 的结构与引脚如图 9-10 所示。

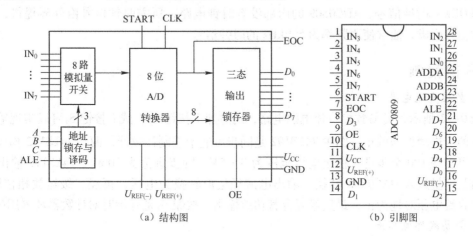

（a）结构图　　　　　　　　　　　（b）引脚图

图 9-10　ADC0809

各主要引脚功能如下。

$IN_0 \sim IN_7$：8 路模拟信号输入端。

$D_0 \sim D_7$：8 位数字量输出端。

ADDC，ADDB，ADDA：地址输入端，被选择模拟电压通道与地址输入端的关系见表 9-1。

表 9-1　地址码与 8 路通道的关系

ADDC	ADDB	ADDA	被选模拟电压通道
0	0	0	IN_0
0	0	1	IN_1
0	1	0	IN_2
0	1	1	IN_3
1	0	0	IN_4
1	0	1	IN_5
1	1	0	IN_6
1	1	1	IN_7

ALE 为通道地址锁存输入线，高电平有效。当 ALE 为高电平时，A，B，C 的值送入地址锁存器，译码后控制 8 路开关工作。

START：转换的启动控制端。其上升沿使 ADC0809 复位，下降沿启动 A/D 转换器开始转换。

EOC：转换结束信号线。启动 AD 转换后，EOC 变低；转换结束时，EOC 变高。

OE：数据输出允许控制线。OE = 1 时，转换结果经输出锁存器送至输出端；OE = 0 时，输出端高阻。

V_{CC}：工作电源，范围为 +5 ~ +15V。

GND：接地端。

$V_{REF(+)}$，$V_{REF(=)}$：正、负基准电压输入端。

CLOCK：时钟信号。ADC0809 的内部没有时钟电路，所需时钟信号由外界提供，因此有时钟信号引脚，通常使用频率为 500kHz 的时钟信号。

📖 应用案例

1. 数控直流电源

图 9-11 所示是简易数控直流电源电路，通过加 1 按键 S_1、减 1 按键 S_2 可以实现输出直流电压的步进增加和减小。图中 74LS192 是同步可逆十进制计数器，两片 74LS192 构成级联形式，可实现 100 个步进，输出电压范围为 0 ~ 5V，则步进值为 50mV。74LS192 输出 8 位步进值数字量进入 DAC0832 转换，输出电流经运放转换为电压，再经二级运放相位取反，使输出直流电压对地为正，最后经复合管功放输出。按钮 S_3 是开始时对计数器清零用的。

2. 简易数字电压表

ICL7107 是 CMOS 大规模集成电路芯片，它包含 $3\frac{1}{2}$ 位数字 A/D 转换器，可直接驱动 LED 数码管，内部设有参考电压、独立模拟开关、逻辑控制、显示驱动、自动调零功能等，只要外接少量元件就可构成各种应用电路。下面我们介绍用它来构成 20V 量程的数字电压表。

图 9-12 是 ICL7107 芯片引脚图，其各引脚定义如下。

1 脚：U_+ = 5V，电源正端。

2 ~ 8 脚：个位数显示器的笔段驱动输出端，各笔段输出端分别与个位数显示器对应的笔段 a ~ g 相连接。

9 ~ 14，25 脚：十位数显示器的笔段驱动输出端，各笔段输出端分别与十位数显示器对应的笔段 a ~ g 相连接。

15 ~ 18，22 ~ 24 脚：百位数显示器的笔段驱动输出端，各笔段输出端分别与百位数显示器对应的笔段 a ~ g 相连接。

19 脚：千位数笔段驱动输出端，由于 $3\frac{1}{2}$ 位的计数满量程显示为 1999，所以该输出端应接千位数显示器显示 1 的 b 和 c 笔段。

20 脚：极性显示端（负显示），与千位数显示器的 g 笔段相连接（或另行设置的负极性笔段）。当输入信号的电压极性为负时，负号显示；当输入信号的电压极性为正时，极性负号不显示。

21 脚：液晶显示器背电极，与正负电源的公共地端相连接。

26 脚：U_- = -5V，电源负端。

27 脚：INT，积分器输出端，外接积分电容 C（一般取 $C = 0.22\mu F$）。

28 脚：BUFF，输入缓冲放大器的输出端，外接积分电阻 R（一般取 $R = 47k\Omega$）。

29 脚：积分器和比较器的反相输入端，接自校零电容 C_{AZ}（取 $C_{AZ} = 0.47\mu F$）。

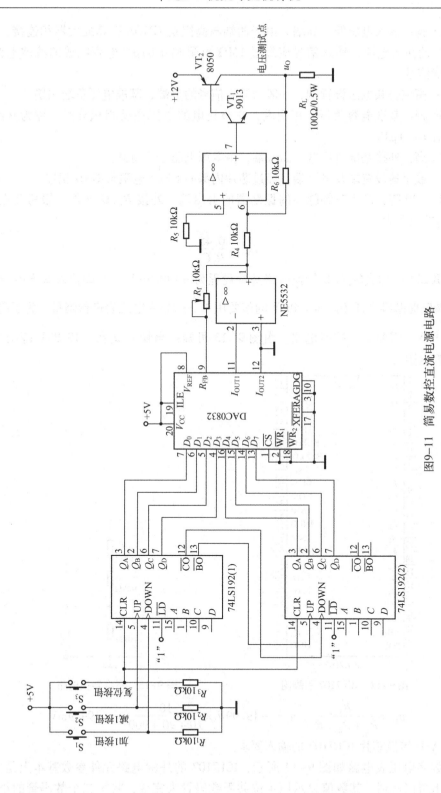

图9-11 简易数控直流电源电路

30，31 脚：输入电压低、高端。由于两端与高阻抗 CMOS 运算放大器相连接，可以忽略输入信号的注入电流，输入信号应经过 $1M\Omega$ 电阻和 $0.01\mu F$ 电容组成的滤波电路输入，以滤除干扰信号。

32 脚：模拟公共电压设置端，一般与输入信号的负端、基准电压负端相接。

33，34 脚：基准电容负压、正压端，它被充电的电压在反相积分时，称为基准电压，通常取 $C_{REF}=0.1\mu F$。

35，36 脚：外接基准电压低、高位端，由电源电压分压得到。

37 脚：数字地设置端及测试端，经过芯片内部的 500Ω 电阻与 GND 相连。

38，39，40 脚：产生时钟脉冲的振荡器的引出端，外接 R_1，C_1 元件。振荡器主振频率 f_{osc} 与 R_1C_1 的关系为

$$f_{osc}=\frac{0.45}{R_1C_1}$$

由于 ICL7107 构成的 A/D 转换电路基本量程为 $\pm199.9mV$，36 脚输入基准电压 $U_{REF}=100mV$，调整时基准电压 $U_{REF}=100mV$ 的值要用 $4\frac{1}{2}$ 的数字电压表进行测量。为了将量程扩展成 $\pm19.99V$，需要量程扩展电路。由图 9-13 可知：当输入 u_i 在 $\pm19.99V$ 范围变化时，由量程变换电阻得

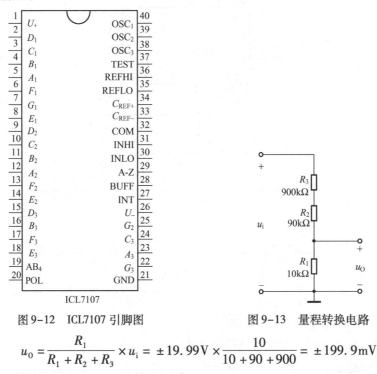

图 9-12　ICL7107 引脚图　　　　图 9-13　量程转换电路

$$u_O=\frac{R_1}{R_1+R_2+R_3}\times u_i=\pm19.99V\times\frac{10}{10+90+900}=\pm199.9mV$$

满足 A/D 转换芯片 ICL7107 的输入要求。

简易数字电压表电路如图 9-14 所示，ICL7107 的外围电路元件参数基本上是标准的，由其手册上可以得到。其数值显示用 4 位共阳数码管来完成，将第二个数码管的小数点接地，限流电阻用 $100\Omega/2W$ 电阻，因为最多 8 个 LED 点亮，电流较大，限流电阻偏小较合适，多个 LED 的电流由限流电阻提供，所以其功率要大。

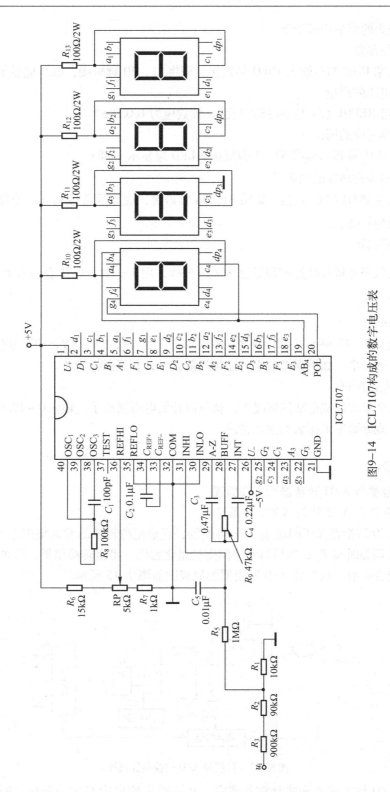

图9-14 ICL7107构成的数字电压表

数字电压表的调试步骤如下。

1）零电压测量

将正输入端 INHI 与负输入 INLO 端短接，即将 31，30 脚短接，LED 应显示 0000。

2）基准电压的测量

将 INHI 与 REFHI（31 与 36 脚）短接，读数应为 100.0 ±1。

3）显示器笔段的测试

将 TEST 与 U_+ 短接，即将 37，1 脚短接，LED 应显示 1888；

4）负号与溢出功能的检查

将正输入端 INHI 与 U_- 短接，即将 31，26 脚短接，应显示负号和显示千位的 1，而百、十、个位各段均不亮。

5）满量程调试

本数字电压表的量程经过扩展后已达 ±19.99V，用 $4\frac{1}{2}$ 数字电压表输入 19.99V 直流电压，应显示 19.99。

6）关键调试

可以在量程 0~19.99V 范围内选择一些关键点，如 2V，5V，8V，10V 等调试点，来进行数字电压表的校准。如果误差较大，还须反复调试，直至满意为止。

7）输入电压测试

在前面 6 个步骤调试正常的情况下，就可以开始电压测量了。输入 0~19.99V 任意大小的直流电压，观察数字电压表的显示情况。

拓展知识

9.3 其他类型 A/D 转换器的工作原理

9.3.1 双积分 A/D 转换器的工作原理

双积分 A/D 转换器属于间接型 A/D 转换器，它是把待转换的输入模拟电压先转换为一个中间变量（例如时间 T）；然后再对中间变量量化编码，得出转换结果，这种 A/D 转换器为电压 – 时间变换型。双积分 A/D 转换器的原理图如图 9-15 所示。

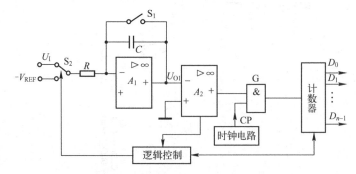

图 9-15 双积分 A/D 转换器原理图

双积分 A/D 转换前要先将计数器清零，并接通 S_1 使电容 C 完全放电，断开 S_1 转换开始，整个转换过程分两阶段进行。

1. 第一阶段：采样阶段（一次积分）

令开关 S_2 置于输入信号 U_1 一侧。积分器对 U_1 进行固定时间 T_1 的积分，设 $U_1 > 0$，则 $U_{O1} < 0$，过零比较器输出为逻辑"1"，G 门打开输出计数脉冲，转换开始的同时，逻辑控制电路将计数门打开，计数器计数。当计数器达到满量程 N 时，计数器由全"1"复"0"，这个时间正好等于固定的积分时间 T_1。积分结束时积分器的输出电压为

$$U_{O1} = \frac{1}{C} \int_0^{T_1} \left(-\frac{U_1}{R} \right) \mathrm{d}t = -\frac{T_1}{RC} U_1$$

可见积分器的输出 U_{O1} 与 U_1 成正比。计数器复"0"时，同时给出一个溢出脉冲使控制逻辑电路发出信号，令开关 S_2 转换至参考电压 $-V_{REF}$ 一侧，采样阶段结束。

2. 第二阶段：定速率积分过程（二次积分）

采样阶段结束时，因参考电压 $-V_{REF}$ 与输入信号 U_1 极性相反，积分器向相反方向积分。计数器由 0 开始计数，经过 T_2 时间后，积分器输出电压回升为零，过零比较器输出低电平，关闭 G 门，计数器停止计数，同时通过逻辑控制电路使开关 S_2 与 U_1 相连，重复第一步。两次积分电压变化相同，所以有

$$\frac{T_2}{RC} V_{REF} = -\frac{T_1}{RC} U_1$$

即

$$T_2 = \frac{T_1}{V_{REF}} U_1$$

上式中，

$$T_1 = N_1 T, T_2 = N_2 T$$

T 为计数脉冲的时钟周期，N_1 和 N_2 分别为一次积分和二次积分时计数器的计数值。则计数的脉冲数为

$$N_2 = \frac{N_1}{V_{REF}} U_1$$

计数器中的数值 N_2 就是 A/D 转换器转换后的数字量，它与输入电压 U_1 成正比。双积分转换波形如图 9-16 所示。可以看出，不管输入电压多大，其充电时间是相同的，当输入 U_1 较小时，其累积量小，放电时间就短（放电速度是相同的），二次积分的计数值也就较小，其大小始终反映输入电压的大小。

9.3.2　逐次比较型 A/D 转换器

逐次比较型 ADC 的结构框图如图 9-17 所示，它由电压比较器、控制逻辑电路、D/A 转换器、移位寄存器、数据寄存器及时钟电路组成。

逐次比较型 A/D 转换器是将大小不同的参考电压与输入模拟电压逐步进行比较，比较结果以相应的二进制代码表示。转换开始前先将数据寄存器清零，即送给 D/A 转换器的数字量为 0，没有输出。转换控制信号有效后（为高电平）开始转换，在时钟脉冲作用下，移位寄存器逐位改变其中的数码。首先控制逻辑将数据寄存器的最高位置为 1，使其输出为 100……00。这个数码被 D/A 转换器转换成相应的模拟电压 u_0，送到电压比较器与待转换的输入模拟电压 u_1 进行比较。若 $u_0 > u_1$，说明寄存器输出数码过大，故将最高位的 1 变成 0，同时将次高位置 1；若 $u_0 \leq u_1$，说明寄存器输出数码还不够大，则应将这一位的 1 保留。数码的取舍通过电压比较器的输出经控制器来完成。以此类推，按上述方法将下一位置 1 进行

比较确定该位的 1 是否保留，直到最低位为止。此时寄存器里保留下来的数码即为所求的输出数字量。逐次比较型 A/D 转换器的特点是转换速度较快，且输出代码的位数多，精度高。

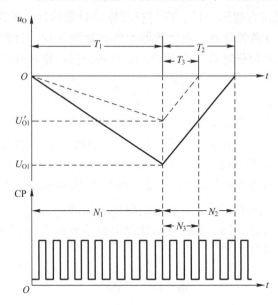

图 9-16　双积分 A/D 转换器波形图

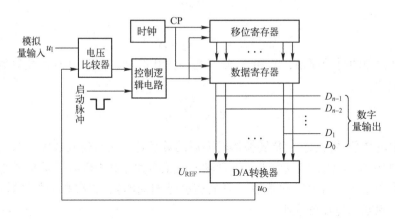

图 9-17　逐次比较型 ADC 方框图

例 9-2　8 位 A/D 转换器，输入模拟量 $u_I = 6.84V$，D/A 转换器基准电压 $U_{REF} = 10V$，求输出数字量。

解：根据逐次比较原理，比较过程见表 9-2。

从表 9-2 中可以看出，最终输出数字量是 10101111，其对应的模拟量是 6.8359375，绝对误差为 $\Delta = 6.84 - 6.8359375 = 0.0040625V$，相对误差为 0.06%，可见，ADC 的转换位数越多，则转换精度越高。

当然，在实际应用中我们不能用上面的方法来求数字量，由于 A/D 转换器基准电压 $U_{REF} = 10V$，所以当输入模拟量为 6.84V 时，输出对应的十进制数应为 $\frac{6.84}{10} \times 2^8 = 175$，转换为二进制为 10101111，结果与上面一致。

表 9-2 例 9-2 逐次比较过程

CP	$D_7 D_6 D_5 D_4 D_3 D_2 D_1 D_0$（逐次比较）	u_0/V	$u_1 > u_0$	$D_7 D_6 D_5 D_4 D_3 D_2 D_1 D_0$（正确输出）
0	10000000	5	小	10000000
1	11000000	7.5	大	10000000
2	10100000	6.25	小	10100000
3	10110000	6.875	大	10100000
4	10101000	6.5625	小	10101000
5	10101100	6.71875	小	10101100
6	10101110	6.796875	小	10101110
7	10101111	6.8359375	小	10101111

双积分型 A/D 转换器若与逐次比较型 A/D 转换器相比较，因有积分器的存在，积分器的输出只对输入信号的平均值有所响应，所以，它的突出优点是工作性能比较稳定且抗干扰能力强；由以上分析可以看出，只要两次积分过程中积分器的时间常数相等，计数器的计数结果与 RC 无关，所以，该电路对 RC 精度的要求不高，而且电路的结构也比较简单。双积分型 A/D 转换器属于低速型 A/D 转换器，一次转换时间为 $1 \sim 2ms$，而逐次比较型 A/D 转换器可达到 1ms。不过在工业控制系统中的许多场合，毫秒级的转换时间已经足够了，双积分型 A/D 转换器的优点正好有了用武之地。

能力训练

实训 9-1 DAC0832 的应用

1. 实训目的

（1）了解 DAC 的基本结构和工作原理。

（2）掌握 DAC0832 的功能和典型应用。

2. 实训电路

DAC0832 在应用时，由于内部无参考电压，须外接高精度的基准电源。同时 DAC0832 是电流输出型数模转换器，要获得模拟电压输出时，还要外加一个由运放构成的电流–电压转换器，实训电路如图 9-18 所示。

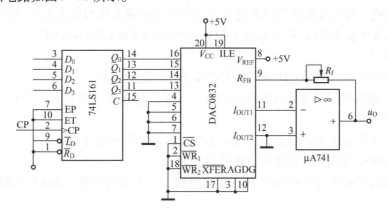

图 9-18 DAC0832 实训电路图

3. 实训步骤

（1）按实训图接线，电路接成直通方式，即 $\overline{CS}$，$\overline{WR_1}$，$\overline{WR_2}$，$\overline{XFER}$接地；ILE，V_{CC}，V_{REF}接 +5V 电源；运放电源接正负 12V，$D_0 \sim D_7$接逻辑开关的输出插口，输出端 u_0 接直流数字电压表。

（2）调零，令 $D_0 \sim D_7$ 全置零，调节运放的电位器使 μA741 输出为零。

（3）按表 9-3 所列输入数字信号，用数字电压表测量运放的输出电压 u_0，将测量结果填入表 9-3 中，并与理论值进行比较。

表 9-3 DAC 转换测量记录表

输入数字量								模拟量实际输出 V_{OS}/V	模拟量理论输出 V_{OL}/V	绝对精度
D_7	D_6	D_5	D_4	D_3	D_2	D_1	D_0	$V_{CC} = +5V$		$\Delta e_{max} = (u_{imax} - u_{imin})$
0	0	0	0	0	0	0	0			
0	0	0	0	0	0	0	1			
0	0	0	0	0	0	1	0			
0	0	0	0	0	1	0	0			
0	0	0	0	1	0	0	0			
0	0	0	1	0	0	0	0			
0	0	1	0	0	0	0	0			
0	1	0	0	0	0	0	0			
1	0	0	0	0	0	0	0			
1	1	1	1	1	1	1	1			

通过测量与分析可知：集成二进制计数器 74LS161 在计数脉冲作用下，在 DAC0832 端得到 16 个 8 位二进制 00000000→11110000（对应的十进数最小是 0，最大是 240），它们的低 4 位不变，高 4 位循环输出 0000→1111，这样在集成运放 μA741 输出端获得 16 个模拟输出电压值，若通过示波器观察输出电压（将计数频率调得稍高一点），会得到与计数脉冲同频率的斜波曲线，若通过数字万用表测量（将计数频率调为 0.5 Hz 左右），则可以清晰地测量到输出电压最小值为 0V，最大值为 4.67V（对应 $5 \times 240 \div 255 \approx 4.67V$）。

4. 分析讨论

（1）通过实训测量结果，D/A 转换器的基本功能是什么？

（2）D/A 输出模拟量与输入数字量有什么关系？输出电压极性有何变化？DAC0832 的最小分辨率是多少？

（3）DAC0832 除了实训中的直通连接方式，还有没有其他连接方式？

（4）DAC0832 输出为什么要经过集成运放转换？

（5）集成运放输出与 DAC0832 的 9 脚之间接了一个反馈电阻，去掉后再测量，若有用，用处是什么？

（6）D/A 转换器有哪些应用？查找相关资料，试举一例。

实训 9-2　ADC0809 的应用

1. 实训目的

（1）了解 ADC 的基本结构和工作原理。

（2）掌握 ADC0809 的功能和典型应用。

2. 实训电路

ADC0809 可以和微处理器直接接口，也可以单独使用。图 9-19 是模拟量输入的测量电路，保证 ADC0809 的时钟信号频率在 500kHz 左右，移动滑动电阻器的滑动端，ADDC，ADDB，ADDA 接地，模拟电压从通道 0 送入，再按下按钮开关产生一个上升沿信号，对输入电压采样，下降沿启动 A/D 转换，在输出端就得到与输入模拟量成正比的数字量输出，在实验室里可通过逻辑指示灯来观察。

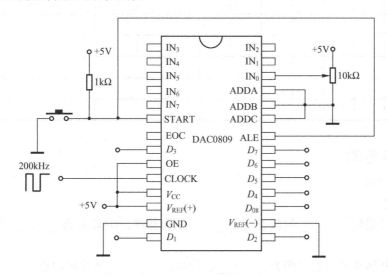

图 9-19　模拟量测量电路

3. 实训步骤

（1）按实训图接线，CLOCK 端频率不能超过 500kHz，否则 ADC 转换速度达不到要求；启动转换脉冲为单次脉冲，并与 ALE 相连；OE，V_{CC}，V_{REF} 接 +5V 电源；模拟量从 0 通道输入，则地址译码端 ADDC，ADDB，ADDA 接地；$D_0 \sim D_7$ 接逻辑开关指示灯。

（2）将直流电压表接在输入通道 0 上，调整电位器使输入电压为零，使输出逻辑灯全灭，即调零，接着将电位器旋至最大，使输出逻辑灯全亮，即调满量程。

（3）然后输入电压从 0 开始逐渐增加，按表 9-4 输入模拟量，记录转换输出数字量，将测量结果填入表 9-4 中，并与理论值进行比较。

4. 分析讨论

（1）通过实训测量结果，A/D 转换器的基本功能是什么？

（2）A/D 输出数字量与输入模拟量有什么关系？输入通道如何选择？

（3）ADC0809 的参考电压极性如何确定？不用电源做参考电压可不可以？

（4）ALE 的时钟频率有何特别要求？

（5）你觉得 A/D 转换误差的主要原因是什么？

（6）查找相关资料，简述如何根据设计要求选择 A/D 芯片。

表 9-4   ADC 转换测量记录表

输入模拟量	实际输出数字量									理论十进制
U_i/V	D_7	D_6	D_5	D_4	D_3	D_2	D_1	D_0	十进制	$D_{10}=\dfrac{U_i}{U_{REF}}\times 2^n$
0										
1.0										
1.5										
2.0										
2.5										
3.0										
3.5										
4.0										
4.5										
5.0										

练习与思考

（一）练习题

1. 填空题

9.1   ADC 是将_____量转换成_____量的器件，DAC 是将_____量转换成_____量的器件。

9.2   A/D 转换的一般步骤为_____、保持、_____及编码四步。

9.3   就逐次比较型和双积分型两种 A/D 转换器而言，_____A/D 转换器的抗干扰能力强，_____A/D 转换器的转换速度快。

9.4   8 位 D/A 转换器当输入数字量只有最高位为高电平时输出电压为 5V，若只有最低位为高电平，则输出电压为_____。若输入为 10000000，则输出电压为_____。

9.5   A/D 转换器的主要参数有_____、相对精度、转换_____和电源抑制等。

9.6   A/D 转换器通常分为_____和_____两大类。

9.7   T 型电阻网络 DAC 的电阻取值只有_____和_____两种。

9.8   已知 8 位 A/D 转换器的最大输入电压是 5V，它能区分出输入信号的最小电压为_____。

9.9   通常量化的方式有_____和_____两种。

2. 判断题

9.10   D/A 转换器是将模拟量转换为数字量的电路。   （   ）

9.11   D/A 转换器的位数越多，能够分辨的最小输出电压变化量就越小。   （   ）

9.12   一个无符号 10 位数字输入的 ADC，其输出电平的级数为 1023。   （   ）

9.13   权电阻网络 D/A 转换器的电路简单且便于集成工艺制造，因此被广泛使用。

                                                                          （   ）

9.14　A/D 转换器的二进制数的位数越多，量化单位 Δ 越小。　　　　　（　　）

9.15　A/D 转换过程中，必然会出现量化误差。　　　　　　　　　　　（　　）

9.16　采样定理的规定，是为了能不失真地恢复原模拟信号，而又不使电路过于复杂。

（　　）

9.17　双积分型 A/D 转换器的转换精度高、抗干扰能力强，因此常用于数字式仪表中。

（　　）

9.18　D/A 转换器的最大输出电压的绝对值可达到基准电压 V_{REF}。　　　（　　）

9.19　10 位 D/A 转换器的分辨率是 $\dfrac{1}{1023}$。　　　　　　　　　　　（　　）

9.20　8 位 A/D 转换器的分辨率是 8。　　　　　　　　　　　　　　　（　　）

3. 选择题

9.21　一个无符号 10 位数字输入的 DAC，其输出电平的级数为（　　）。

　　　A. 4　　　　　　　　B. 10　　　　　　　　C. 1023　　　　　　　D. 2^{10}

9.22　某 ADC 取量化单位 $\Delta = \dfrac{1}{8}V_{REF}$，并规定对于输入电压 u_I，在 $0 \leqslant u_I < \dfrac{1}{8}V_{REF}$ 时，

认为输入的模拟电压为 0V，输出的二进制数为 000，则 $\dfrac{6}{8}V_{REF} \leqslant u_I < \dfrac{7}{8}V_{REF}$ 时，输出的二进

制数为（　　）。

　　　A. 001　　　　　　　B. 101　　　　　　　C. 110　　　　　　　D. 111

9.23　将模拟信号转换为数字信号，应选用（　　）。

　　　A. A/D 转换器　　　B. 译码器　　　　　　C. D/A 转换器　　　　D. 计数器

9.24　数模转换器为达到转换精度，若仅根据分辨率考虑，当要求精度达到 ±0.2% 时，
至少采用 DAC 的位数为（　　）。

　　　A. 10 位　　　　　　B. 11 位　　　　　　C. 9 位　　　　　　　D. 8 位

9.25　一个 8 位 T 型电阻网络数模转换器，$R_f = 3R$，最小输出电压为 0.02V，则当输入
数字量 $d_7 \sim d_0$ 为 00101000 时，输出电压为（　　）V。

　　　A. 2　　　　　　　　B. 1.4　　　　　　　C. 0.8　　　　　　　D. 1

9.26　模数转换器中转换速度最高的是（　　）。

　　　A. 双积分型　　　　B. 并行比较型　　　　C. 逐次比较型　　　　D. 串行输出

9.27　为使采样输出信号不失真地代表输入模拟信号，采样频率 f_s 和输入模拟信号的最
高频率 f_{Imax} 的关系是（　　）。

　　　A. $f_s \geqslant f_{Imax}$　　　B. $f_s \leqslant 2f_{Imax}$　　　C. $f_s \geqslant f_{Imax}$　　　D. $f_s \leqslant 2f_{Imax}$

9.28　将一个时间上连续变化的模拟量转换为时间上断续（离散）的模拟量的过程称
为（　　）。

　　　A. 采样　　　　　　B. 量化　　　　　　　C. 保持　　　　　　　D. 编码

9.29　将幅值、时间上离散的阶梯电平统一归并到最邻近的基准电平的过程称
为（　　）。

　　　A. 采样　　　　　　B. 量化　　　　　　　C. 保持　　　　　　　D. 编码

9.30　用二进制码表示指定离散电平的过程称为（　　）。

  A. 采样 B. 量化 C. 保持 D. 编码

4. 综合题

9.31 某 DAC 电路的最小分辨电压 $U_{LSB} = 5mV$，满刻度输出电压 $U_m = 10V$，试求该电路的分辨率和输入数字量的位数 n。

9.32 某 8 位 ADC 电路满值输入电压为 5V，当输入电压为 3.91V 时，输出数字量是多少？

（二）思考题

9.33 D/A 转换器的分辨率是如何定义的？与什么因素有关？

9.34 D/A 转换器的输出误差与输入数字量有无关系？

9.35 DAC0832 是什么类型的转换器？有几种输出方式？能否输出双极性电压？

9.36 A/D 转换器一般要经过哪几个转换过程？引起转换误差的主要因素是什么？

9.37 并行 A/D 转换器、逐次比较型 A/D 转换器、双积分型 A/D 转换器各自的转换速度如何？如何根据实际系统要求合理选用？

9.38 ADC0809 能同时进行多少通道模拟量的转换？它是哪一类型的 A/D 转换器？

附录 A 晶体管型号命名及含义

1. 国产半导体器件的命名方法

国产半导体器件的型号命名由五部分组成，各部分的意义见表 A-1。

表 A-1 国产半导体器件型号命名法

第一部分：用数字表示器件的电极数目		第二部分：用字母表示器件的材料和类性		第三部分：用字母表示器件的用途		第四部分：用数字表示序号	第五部分：用字母表示规格
符号	意义	符号	意义	符号	意义	意义	意义
2	二极管	A	N 型，锗材料	P	小信号管	反映了极限参数、直流参数和交流参数等的差别	承受反向击穿电压的程度。如规格号为 A，B，C，D，…。其中 A 承受的反响击穿电压最低，B 次之……
		B	P 型，锗材料	V	混频检波器		
		C	N 型，硅材料	W	稳压管		
		D	P 型，硅材料	C	变容管		
3	三极管	A	PNP 型，锗	Z	整流管		
		B	NPN 型，锗	S	隧道管		
		C	PNP 型，硅	GS	光电子显示器		
		D	NPN 型，硅	K	开关管		
		E	化合材料	X	低频小功率管		
				G	高频小功率管		
				D	低频大功率管		
				A	高频大功率管		
				T	半导体闸流管		
				Y	体校应器件		
				B	雪崩管		
				J	阶跃恢复管		
				CS	场效应器件		
				BT	半导体特殊器件		
				FH	复合管		
				PIN	PIN 管		
				GJ	激光管		

三极管型号命名示例如图 A-1 所示。

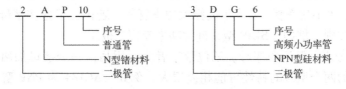

图 A-1 三极管型号命名示例

2. 国际电子联合会半导体器件命名法

国际电子联合会半导体器件型号命名由四部分组成，各部分的意义见表 A-2。

国际电子联合会晶体管型号命名法的特点如下。

（1）这种命名法被欧洲许多国家采用。因此，凡型号以两个字母开头，并且第一个字母是 A，B，C，D 或 R 的晶体管，大都是欧洲制造的产品，或是按欧洲某一厂家专利生产的产品。

表 A-2　国际电子联合会半导体器件型号命名法

第一部分：用字母表示使用的材料		第二部分：用字母表示类型及主要特性				第三部分：用数字或字母加数字表示登记号		第四部分：用字母对同一型号者分级	
符号	意义	符号	意义	符号	意义	符号	意义	符号	意义
A	锗材料	A	检波、开关和混频二极管	M	封闭磁路中的霍尔元件	三位数字	通用半导体器件的登记序号（同一类型器件使用同一登记号）	A B C D E F	
		B	变容二极管	P	光敏元件				
B	硅材料	C	低频小功率三极管	Q	发光器件				
		D	低频大功率三极管	R	小功率可控硅				
C	砷化镓	E	隧道二极管	S	小功率开关管				
		F	高频小功率三极管	T	大功率可控硅	一个字母加两位数字	专用半导体器件的登记序号（同一类型器件使用同一登记号）		
D	锑化铟	G	复合器件及其他器件	U	大功率开关管				
		H	磁敏二极管	X	倍增二极管				
R	复合材料	K	开放磁路中的霍尔元件	Y	整流二极管				
		L	高频大功率三极管	Z	稳压二极管，即齐纳二极管				

（2）第一个字母表示材料（A 表示锗管，B 表示硅管），但不表示极性（NPN 型或 PNP 型）。

（3）第二个字母表示器件的类别和主要特点。如 C 表示低频小功率管，D 表示低频大功率管，F 表示高频小功率管，L 表示高频大功率管等。若记住了这些字母的意义，不查手册也可以判断出类别。例如，BL49 型是硅大功率专用三极管。

（4）第三部分表示登记顺序号。三位数字者为通用品；一个字母加两位数字者为专用品，顺序号相邻的两个型号的特性可能相差很大。例如，AC184 为 PNP 型，而 AC185 则为 NPN 型。

（5）第四部分字母表示同一型号的某一参数（如 hFE 或 NF）。

（6）型号中的符号均不反映器件的极性（指 NPN 或 PNP）。极性的确定须查阅手册或测量。

3. 日本半导体器件型号命名及含义

日本半导体的型号命名（JIS—7012 工业标准）由五部分组成，各部分含义见表 A-3。

表 A-3　日本半导体器件型号命名及含义

第一部分：器件类型		第二部分：日本电子工业协会注册产品	第三部分：类别		第四部分：登记序号	第五部分：产品改进序号
数字	含义	字母	字母	含义		
0	光敏二极管、晶体管或其组合管	S　表示已在日本电子工业协会（JEIA）注册备案的半导体分立器件	A	PNP 高频管	用两位以上的整数表示在日本电子工业协会注册登记的顺序号	用字母 A，B，C，D，… 表示对原型号的改进
			B	PNP 低频管		
			C	NPN 高频管		
			D	NPN 低频管		
1	二极管		F	P 门极晶闸管		
2	三极管		G	N 门极晶闸管		
3	具有四个有效电极或具有三个 PN 结的晶体管		H	N 基极单结晶管		
			J	P 沟道场效应管		
			K	N 沟道场效应管		
			M	双向晶闸管		

半导体器件型号识别示例如下。

2SA733（PNP 型高频晶体管）：

2——晶体管。

S——JEIA 注册产品。

A———PNP 型高频管。

733———JEIA 登记序号。

2SC4706（NPN 型高频晶体管）：

2——晶体管。

S——JEIA 注册产品。

C———NPN 型高频管。

4706———JEIA 登记序号。

日本半导体器件型号命名法有如下特点。

（1）型号中的第一部分是数字，表示器件的类型和有效电极数。例如，用 1 表示二极管，用 2 表示三极管。而屏蔽用的接地电极不是有效电极。

（2）第二部分均为字母 S，表示日本电子工业协会注册产品，而不表示材料和极性。

（3）第三部分表示极性和类型。例如用 A 表示 PNP 型高频管，用 J 表示 P 沟道场效应三极管。但是，第三部分既不表示材料，也不表示功率的大小。

（4）第四部分只表示在日本工业协会（JEIA）注册登记的顺序号，并不反映器件的性能，顺序号相邻的两个器件的某一性能可能相差很远。例如，2SC2680 型的最大额定耗散功率为 200mW，而 2SC2681 的最大额定耗散功率为 100W。但是，登记顺序号能反映产品时间的先后。登记顺序号的数字越大，越是近期产品。

（5）第五部分的符号和意义各公司不完全相同。

（6）日本有些半导体分立器件的外壳上标记的型号，常采用简化标记的方法，即把 2S 省略。例如，2SD764 简化为 D764，2SC502A 简化为 C502A。

（7）在低频管（2SB 和 2SD 型）中，也有工作频率很高的管子。例如，2SD355 的特征频率 f_T 为 100MHz，所以，它们也可当高频管用。

（8）日本通常把 Pcm31W 的管子称为大功率管。

（9）日产塑封小功率管，如 2SC 系列、2SD 系列等的引脚通常按 e，b，c 的标准顺序排列，但晶体管型号后面有后缀 R 的，其引脚按 e，c，b 的顺序排列。例如，2SC1818GR 的引脚排列顺序就是 e，c，b，R 是英文 Reverse 的第一个字母，即颠倒、反向之意。明确这一点有助于对晶体管引脚进行快速识别。

4. 美国半导体器件型号命名及含义

美国晶体管或其他半导体器件的命名比较混乱。美国电子工业协会半导体分立器件命名方法见表 A-4。

表 A-4　美国半导体器件型号命名及含义

第一部分：用符号表示器件用途		第二部分：用数字表示 PN 结的数目		第三部分：美国电子工业协会（EIA）注册标志		第四部分：美国电子工业协会（EIA）登记顺序号		第五部分：用字母表示器件分级	
字母	含义	数字	含义	符号	含义	符号	含义	符号	含义
JAN	军级用品	1	二极管	N	该器件已在美国电子工业协会注册登记	多位数字	该器件在美国电子工业协会登记的顺序号	A B C D E	同一型号不同级别
JANTX	特军级	2	三极管						
JANTXV	超特军级	3	三个 PN 结器件						
JANS	宇航级	n	n 个 PN 结器件						
无	非军用品								

美国晶体管型号命名法的特点如下。

（1）型号命名法规定较早，又未做过改进，型号内容很不完备。例如，对于材料、极性、主要特性和类型，在型号中不能反映出来。例如，2N 开头的可能是一般晶体管，也可能是场效应管。因此，仍有一些厂家按自己规定的型号命名法命名。

（2）组成型号的第一部分是前缀，第五部分是后缀，中间的三部分为型号的基本部分。

（3）除去前缀以外，凡型号以 1N，2N 或 3NLL 开头的晶体管分立器件，大都是美国制造的，或按美国专利在其他国家制造的产品。

（4）第四部分数字只表示登记序号，而不含其他意义。因此，序号相邻的两器件可能特性相差很大。例如，2N3464 为硅 NPN 高频大功率管，而 2N3465 为 N 沟道场效应管。

（5）不同厂家生产的性能基本一致的器件，都使用同一个登记号。同一型号中某些参数的差异常用后缀字母表示。因此，型号相同的器件可以通用。

（6）登记序号数大的通常是近期产品。

附录 B　半导体集成电路命名及含义

1. 国产集成电路型号命名方法

我国集成电路型号由五部分组成，各部分意义见表 B-1。

表 B-1　半导体集成电路型号命名

第一部分：字母表示器件国标		第二部分：字母表示器件类型		第三部分：数字表示器件系列品种	第四部分：字母表示工作温度范围		第五部分：字母表示器件封装	
符号	意义	符号	意义	与国际上同类器件保持一致	符号	意义	符号	意义
C	中国制造	T	TTL	TTL 电路分为 54/74 系列　CMOS 电路分为 4000 系列和 54/74 系列	C	$0 \sim 70℃$	W	陶瓷扁平
		H	HTL		G	$-25 \sim 70℃$	B	塑料扁平
		E	ECL		L	$-25 \sim 85℃$	D	多层陶瓷双列直插
		C	CMOS		E	$-40 \sim 85℃$	P	塑料双列直插
		M	存储器		R	$-55 \sim 85℃$	S	塑料单列直插
		F	线性放大器		M	$-55 \sim 125℃$	H	黑瓷玻璃扁平
		D	音响电路				J	黑陶瓷双列直插
		W	集成稳压器				F	多层陶瓷扁平
		B	非线性电路				K	金属菱形
		J	接口电路				T	金属圆壳
		U	微型计算机器件				E	陶瓷芯片载体
		AD	模数转换器				C	塑料芯片载体
		DA	数模转换器				G	网络针栅阵列封装
		S	特殊电路					

集成电路型号识别如图 B-1 所示。

图 B-1　集成电路型号识别示例

2. 部分集成电路国外生产厂家及命名法

（1）PANASONIC 日本松下电器公司（见图 B-2）。

（2）RCA 美国无线电公司（见图 B-3）。

图 B-2　日本松下集成电路　　　图 B-3　美国无线电集成电路

型号改进标志：

A，B 表示可以更换原型的改型，C 表示不可以更换原型的改进型。

封装形式：

D 表示陶瓷双列直插式封装，E 表示塑料双列直插式封装，F 表示陶瓷双列直插式封装（玻璃密封），G 表示塑料封装密封片，H 表示片状封装，K 表示陶瓷扁平封装，L 表示梁式引线器件，Q 表示四列直插式塑料封装，S 表示双列直插式外引线的 TO-5 型封装，V1 表示具有成型引线的 TO-5 封装，EM 表示改进型双列直插式塑料封装（带散热片）。

（3）HITACHI 日本日立公司（见图 B-4）。

（4）SANYO 日本三洋公司（见图 B-5）。

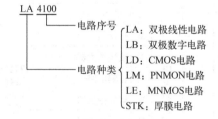

图 B-4　日本日立集成电路　　　图 B-5　日本三洋集成电路

电路序号：

这里的四位数字前两位区分电路主要功能，后两位是序号。其中"12××"表示 HF 放大电路，"32××"表示前置放大电路，"33××"表示 FM 调解器，"41××"和"44××"表示功率放大电路，"55××"表示直流电机速度控制电路。

（5）NATIONAL SEMICONDUCTOR 美国半导体公司（见图 B-6）。

图 B-6　美国半导体集成电路

封装形式；

H 表示金属 TO 型，N 表示塑料双列，J 表示陶瓷双列。

（6）MITSUBISHI 日本三菱电机公司（见图 B-7）。

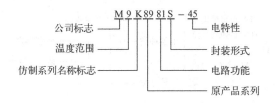

图 B-7 日本三菱集成电路

封装形式：

K 表示玻璃 – 陶瓷封装，P 表示塑料封装，S 表示金属 – 陶瓷封装。

仿制系列名称（厂商）：

K 表示 Mosteek 公司 MK 系列产品；

T 表示得克萨斯公司系列产品；

L 表示 Inter 公司系列产品；

G 表示通用仪器公司系列产品。

温度范围：

5 表示工业用/商业用，9 表示军用

原产品系列：

0 表示 CMOS 电路，1 表示线性电路，3 表示 TTL 电路，10 ~ 19 表示线性电路。

（7）MOTOROLA 美国摩托罗拉公司（见图 B-8）。

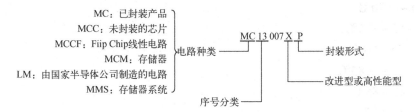

图 B-8 美国摩托罗拉集成电路

序号分类：

"14 × × ×"——仿 RCA 的 CD4000 系列 CMOS 集成电路。

"14 × ×"——双极型线性集成电路。

"58 × × ×"——八位 μC 系列电路。

"68 × × ×"——十六位 μC 系列电路封装形式。

F——陶瓷扁平封装。

P——塑料双列直插封装。

G——TO – 5 封装。

K——TO – 3 功率金属封装。

L——陶瓷双列直插封装。

U——陶瓷封装。

T——TO – 220 塑封。

（8）TOSHIBA 日本东芝公司（见图 B-9）。

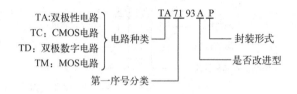

图 B-9　日本东芝集成电路

第一序号分类：

"4"代表 CMOS4000 系列电路，"7"代表视听电路。

封装形式：

P 表示塑料封装，M 表示金属封装，C 表示陶瓷封装。

（9）PRO ELECTRON 欧洲电子联盟（见图 B-10）。

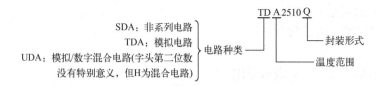

图 B-10　欧洲电子联盟集成电路

A——无明确规定温度范围。

B——0 ~ +70℃。

C——-55 ~ 125℃。

D——-25 ~ 70℃。

E——-25 ~ +85℃。

F——-40 ~ 85℃。

G——-55 +85℃。

封装形式：

① 后缀为一个字母。

C 表示圆柱形封装，D 表示陶瓷双列封装，F 表示扁平封装，Q 表示四列引线封装，U 表示芯片封装。

② 有两个后缀字母时第一个字母的含意。

C 表示柱形封装，D 表示双列引线封装，E 表示功率双列引线封装（带外散热片），F 表示扁平封装（二排引线），G 表示扁平封装（四排引线），K 表示菱形封装（TO - 3 系列），M 表示多重引线封装（除双列、三列、四列外），Q 表示四列引线封装，R 表示功率四列引线封装（外带散热片），S 表示单列引线封装（TO - 127 或 TO - 220 系列），T 表示三列引线封装。

③ 有两个后缀字母时第二个字母的含意。

C 表示金属 - 陶瓷封装，G 表示玻璃 - 陶瓷封装，M 表示金属封装，P 表示塑料封装。

（10）SPRAGUE ELECTRIC 美国史普拉格公司（见图 B-11）。

图 B-11 美国史普拉格集成电路

温度范围：

N——-25 ~ 70℃。

S——-55 ~ 125℃。

封装形式：

A——塑料双列直插式封装。

B——带散热片塑料双列直插式封装。

C——片状封装。

D——TO-99 封装。

(11) NEC 日本电气公司（见图 B-12）。

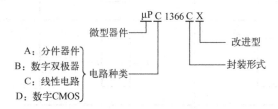

图 B-12 日本电气集成电路

封装形式：

C——塑料封装。

D——陶瓷或陶瓷双列直插。

附录 C　集成逻辑门电路新、旧图形符号对照

其对照见表 C-1。

表 C-1　集成逻辑门电路新、旧图形符号对照

名称	新国标图形符号	旧图形符号	逻辑表达式
与门			$Y = ABC$
或门			$Y = A + B + C$
非门			$Y = \overline{A}$
与非门			$Y = \overline{ABC}$
或非门			$Y = \overline{A + B + C}$
与或非门			$Y = \overline{AB + CD}$
异或门			$Y = A\,\overline{B} + \overline{A}B$

附录 D　集成触发器新、旧图形符号对照

其对照见表 D-1。

表 D-1　集成触发器新、旧图形符号对照

名　称	新国标图形符号	旧图形符号	触发方式
由与非门构成的基本 RS 触发器			无时钟输入，触发器状态直接由 S 和 R 的电平控制
由或非门构成的基本 RS 触发器			
TTL 边沿型 JK 触发器			CP 脉冲下降沿
TTL 边沿型 D 触发器			CP 脉冲上升沿
CMOS 边沿型 JK 触发器			CP 脉冲上升沿
CMOS 边沿型 D 触发器			CP 脉冲上升沿

附录E 部分集成电路引脚排列

1. 74LS 系列（见图 E-1）

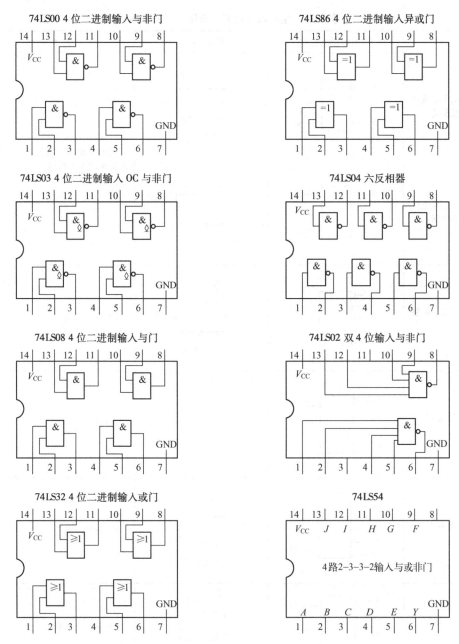

图 E-1　74LS 系列

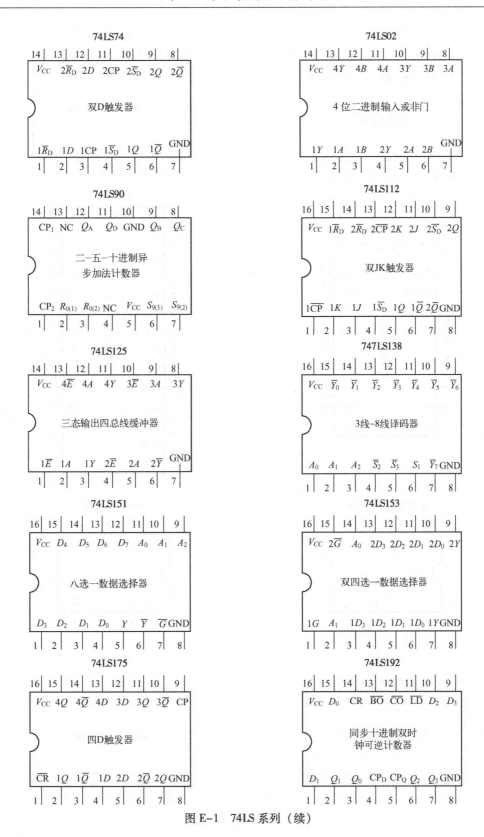

图 E-1 74LS 系列（续）

74LS193

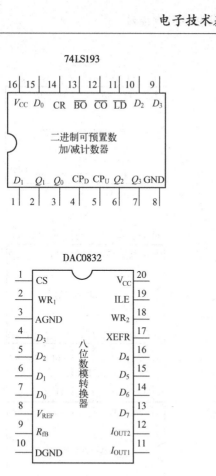

74LS194

DAC0832

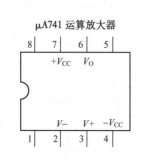

ADC0809

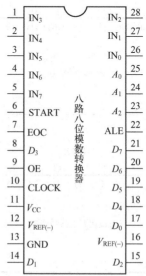

μA741 运算放大器

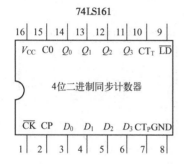

555 时基电路

74LS161

74LS148

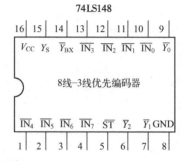

图 E-1　74LS 系列（续）

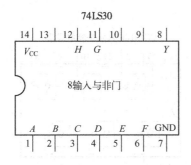

74LS30

8输入与非门

74LS244

八缓冲器/线驱动器/线接收器

图 E-1　74LS 系列（续）

2. CC4000 系列（见图 E-2）

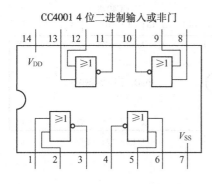

CC4001 4 位二进制输入或非门

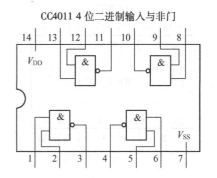

CC4011 4 位二进制输入与非门

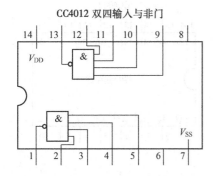

CC4012 双四输入与非门

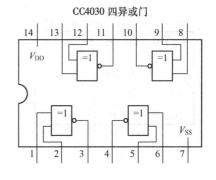

CC4030 四异或门

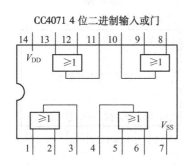

CC4071 4 位二进制输入或门

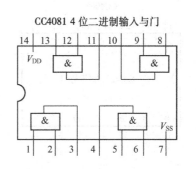

CC4081 4 位二进制输入与门

图 E-2　CC4000 系列

CC4069 六反相器

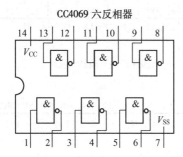

CC40106 六施密特触发器

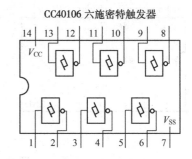

CC4027

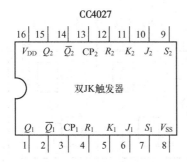

CC4028

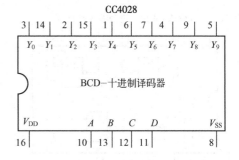

CC4013

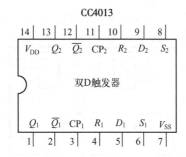

CC4042

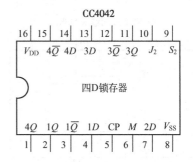

CC4068

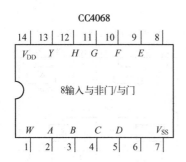

CC4020

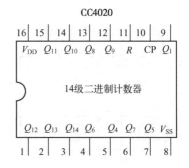

图 E-2　CC4000 系列（续）

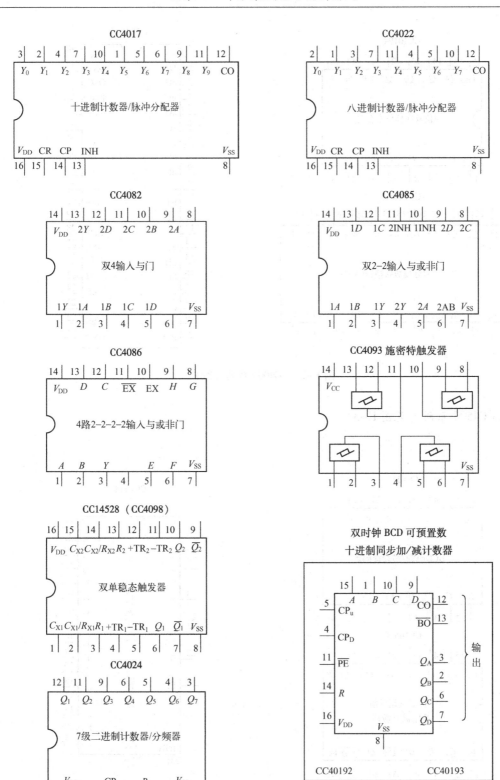

图 E-2 CC4000 系列（续）

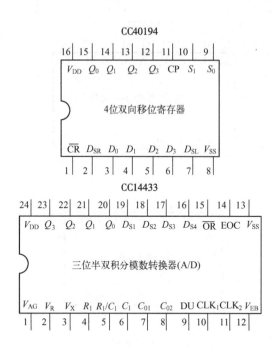

图 E-2　CC4000 系列（续）

3. CC4500 系列（见图 E-3）

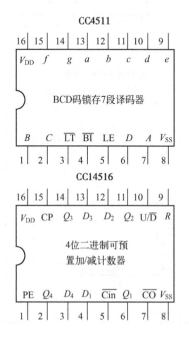

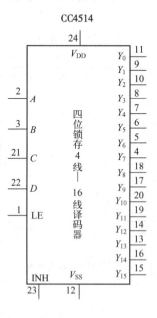

图 E-3　CC4500 系列

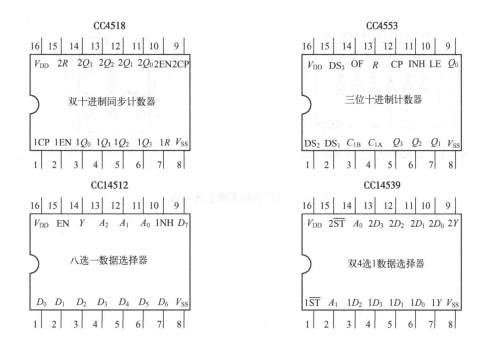

图 E-3 CC4500 系列（续）

4. 常用模拟集成电路（见图 E-4）

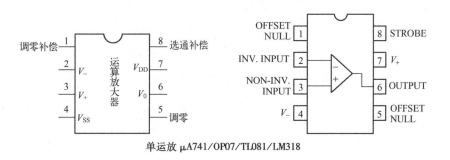

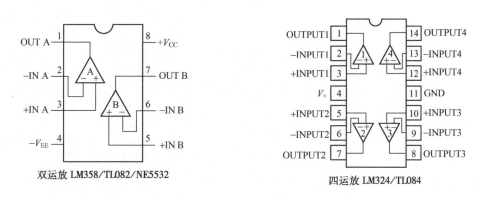

图 E-4 常用模拟集成电路

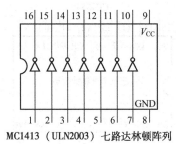

MC1413（ULN2003）七路达林顿阵列

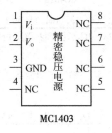

MC1403

图 E-4　常用模拟集成电路（续）

参 考 文 献

[1] 眭玲. 电子技术基础（模拟篇）. 2 版. 合肥：安徽科学技术出版社，2011.
[2] 杨林国. 电子技术基础（数字篇）. 2 版. 合肥：安徽科学技术出版社，2011.
[3] 周筱龙. 电子技术基础. 2 版. 北京：电子工业出版社，2006.
[4] 潘海燕. 电子技术基础. 3 版. 北京：电子工业出版社，2011.
[5] 康华光. 电子技术基础. 5 版. 北京：高等教育出版社，2005.
[6] 秦曾煌. 电工学：电子技术（下册）. 7 版. 北京：高等教育出版社，2009.

反侵权盗版声明

电子工业出版社依法对本作品享有专有出版权。任何未经权利人书面许可，复制、销售或通过信息网络传播本作品的行为；歪曲、篡改、剽窃本作品的行为，均违反《中华人民共和国著作权法》，其行为人应承担相应的民事责任和行政责任，构成犯罪的，将被依法追究刑事责任。

为了维护市场秩序，保护权利人的合法权益，本社将依法查处和打击侵权盗版的单位和个人。欢迎社会各界人士积极举报侵权盗版行为，本社将奖励举报有功人员，并保证举报人的信息不被泄露。

举报电话：(010) 88254396；(010) 88258888

传　　真：(010) 88254397

E-mail：dbqq@ phei. com. cn

通信地址：北京市海淀区万寿路 173 信箱
　　　　　电子工业出版社总编办公室

邮　　编：100036